高等学校精品规划教材

灌溉排水工程学

主　编　史海滨　田军仓　刘庆华
副主编　白清俊　马文敏　杨路华
参　编　施坰林　徐淑琴　姚碧玉
　　　　杨树青　王忠波　李瑞平

中国水利水电出版社
www.waterpub.com.cn

内　容　提　要

本书系高等学校精品规划教材，共分11章，系统介绍了农田水分状况，作物需水量与灌溉制度，灌水方法，田间工程，灌溉渠道系统的规划设计，灌溉水源与取水方式，农田排水，排水沟道系统的规划设计，雨水汇集利用，灌排系统管理等内容。教材除包含灌溉排水工程的基础理论外，还加入了近年来国内外的最新研究成果，特别是节水灌溉理论与应用，北方干旱区的雨水汇集利用理论与技术应用，以及灌区信息化管理等内容。

本教材可供高等学校水利水电工程、农业水利工程和水文学与水资源工程等专业教学教材，同时也可供同类专业工程技术人员参考。

图书在版编目（CIP）数据

灌溉排水工程学 / 史海滨，田军仓，刘庆华主编．—北京：中国水利水电出版社，2006（2023.8重印）

高等学校精品规划教材

ISBN 978-7-5084-3800-9

Ⅰ．灌…　Ⅱ．①史…②田…③刘…　Ⅲ．①农田灌溉-高等学校-教材②农田水利-排水-高等学校-教材　Ⅳ．S27

中国版本图书馆CIP数据核字（2006）第088117号

书　名	高等学校精品规划教材 **灌溉排水工程学**
作　者	主编　史海滨　田军仓　刘庆华
出版发行	中国水利水电出版社 （北京市海淀区玉渊潭南路1号D座　100038） 网址：www.waterpub.com.cn E-mail：sales@mwr.gov.cn 电话：（010）68545888（营销中心）
经　售	北京科水图书销售有限公司 电话：（010）68545874、63202643 全国各地新华书店和相关出版物销售网点
排　版	中国水利水电出版社微机排版中心
印　刷	天津嘉恒印务有限公司
规　格	184mm×260mm　16开本　21.75印张　516千字
版　次	2006年8月第1版　2023年8月第8次印刷
印　数	21001—22500册
定　价	**43.00**元

前 言

本书是全国水电类高等学校精品规划教材指导委员会计划出版的水利类《高等学校精品规划教材》系列教材之一。由于新水利类专业规范已将《农田水利学》课程名称改为《灌溉排水工程学》，故在本教材的编写时将书名调整为《灌溉排水工程学》，并在教材体系及内容上也做了相应调整以适应创新型人才培养的需要。

本书是按照50～60学时的“灌溉排水工程学教学大纲”编写的，可作为高等院校水利水电工程、水文学与水资源工程、农业水利工程等水利类专业的教材及水利工程专业技术人员的参考书。全书可分为三个部分，第一部介绍了灌溉的基础理论与技术，第二部分介绍了排水工程与雨水积蓄利用的基础理论与技术，第三部分介绍了灌溉与排水系统管理的基础理论。全书分11章，包括农田水分状况、作物需水量与灌溉制度、灌水方法、田间工程、灌溉渠道系统的规划设计、灌溉水源与取水方式、农田排水、排水沟道系统的规划设计、雨水汇集利用、灌排系统管理等内容。

在教材编写过程中，依据水利类专业的培养目标和本课程的培养目标，本着继承与发展相结合的原则，保留了本课程传统的、成熟的教学内容，吸取了近年来国内外灌溉与排水工程方面的最新成果以及各校的教学经验，力求反映灌溉与排水工程的基本理论、基本方法和基本知识，重点介绍灌溉与排水工程的规划设计、科学试验和运行管理，注重理论与生产实际的结合。

本书由史海滨（内蒙古农业大学）、田军仓（宁夏大学）、刘庆华（东北农业大学）任主编，白清俊（山东农业大学）、马文敏（宁夏大学）、杨路华（河北农业大学）任副主编。全书由史海滨统稿，陈亚新教授（内蒙古农业大学）主审。各章节编写分工如下：史海滨第一章、第二章、第三章第一节、第六章第三节；田军仓第三章第二、三、四、五节；刘庆华第四章、第十一章第一、二节；甘肃农业大学施坰林第五章；东北农业大学徐淑琴、王忠波第六章；杨路华第七章；云南农业大学饶碧玉第八章；白清俊第九章；马文敏第十章；内蒙古农业大学杨树青第二章第二节；内蒙古农业大学李瑞平第四章第二节、第六章第四节。

本教材在编写过程中参阅了书后所列文献的有关内容，其中部分章节引用了农田水利学（郭元裕主编）中的部分内容，内蒙古农业大学、李为萍、翟进参加了本书稿的校对工作，编者在此一并表示衷心的感谢。

对于书中不妥之处，诚恳希望读者批评指正，提出改进意见，以便在教学实践中加以纠正。

编 者

2013年1月

目　录

第一章　绪　　论

第一节　我国的水资源状况与水利事业

一、我国的水资源状况

水资源是一种有限的、部分可再生的资源，也是一种重要的经济资源，且具有稀缺性。它在维系人类和动植物生命、工农业生产、良好环境的功能特性等方面的作用是其他资源所无法替代的。水资源是维系生态与环境可持续发展的控制性要素，并且具有多功能性，主要表现在发电、航运、养殖和旅游等方面。

实现水资源的可持续利用，保障社会经济的可持续发展，是世界各国共同面临的重要问题。水资源指可供人类直接利用、能不断更新的天然淡水，主要指陆地上的地表水和地下水。水资源的补给来源主要为大气降水，赋存形式为地表水、地下水和土壤水，可通过水循环逐年得到更新。

我国地域辽阔，地形复杂，总的地势西部高东部低，受太平洋影响，大陆性季风气候显著。几千年来人们在这块古老的土地上休养生息，同时也干扰和破坏了自然的水土构成。因此，我国水资源具有以下的特点。

（一）水资源总量可观但人均水资源量少

根据全国水资源评价报告：我国的多年平均降水总量为 6.2 万亿 m^3，除通过土壤水直接利用于天然生态系统与人工生态系统外，可通过水循环更新的地表水和地下水的多年平均水资源总量为 2.7 万亿 m^3，居世界第 6 位。但按 2002 年人口统计，我国人均水资源量为 $2200m^3$，仅为世界平均水平的 28%，是世界平均水平的 1/4，居世界第 109 位，被列为世界 13 个贫水国家之一。近 20 年来，受气候和人类活动的影响，中国北方地区水资源呈减少趋势。黄淮海辽地区年径流量减小幅度超过了 10%，其中海河流域年径流量减少得更多，干旱缺水已成为中国北方地区发展经济的突出问题。预计到 2030 年我国人口达到 16 亿高峰时，水资源供需矛盾将进一步加剧。按国际上一般承认的标准，人均水资源量少于 $1700m^3$ 为用水紧张的国家，因此，我国未来水资源的形势是严峻的。人多水少，水资源时空分布不均，水土资源与经济社会发展布局不相匹配，是我国的基本水情。而长期粗放的经济增长方式则加剧了我国水资源问题的严重程度，也加大了这些问题的解决难度。从根本上说，干旱缺水、洪涝灾害、水污染和水土流失等水问题，既暴露出水利不适应经济社会可持续发展的需要，也暴露出长期粗放的经济增长方式不适应水资源和水环境条件。

（二）水资源时间分布极不均衡

除了人均水资源量紧缺外，我国水资源的时间分布也很不均衡。由于季风气候影响，各地降水主要发生在夏季，在年内分配集中，年际变化大，而且连丰、连枯年份出现突出。我国大部分地区冬春寒冷少雨，夏季多雨，年降水量集中在汛期几个月。雨热同期，是农业发展的一个有利条件，使我国在发展灌溉农业的同时，还有条件发展旱地农业。但由于降水季节过分集中，大部分地区每年汛期连续4个月的降水量占全年的60%～80%，不但容易形成春旱夏涝，而且水资源量中大约有2/3左右是洪水径流量，形成江河的汛期洪水和非汛期的枯水。而降水量的年际剧烈变化，更造成江河的特大洪水和严重枯水，甚至发生连续丰水年和连续枯水年。华北、东北、西北和西南地区雨季降水量占全年降水量的70%～80%，而冬春雨雪稀少，往往发生春旱。东南各省雨季多集中在4～6月，降雨量占全年降水量50%～60%，在7、8月往往发生伏旱。少数北方地区甚至一次暴雨的降水量相当于几年的降水量。

（三）水资源空间分布也极不均衡

我国的年降水量在东南沿海地区最高，逐渐向西北内陆地区递减。从黑龙江省的呼玛到西藏东南部边界，这条东北—西南走向的斜线，大体与年均降水400mm和年均最大24h降水50mm的暴雨等值线[1]一致，这是东南部湿润、半湿润地区和西北部干旱、半干旱地区的分界线。东南部的湿润和半湿润地区也是暴雨洪水的多发区。

水资源的空间分布和我国土地资源的分布不相匹配。我国辽河、海河、黄河、淮河四大流域的土地面积占全国的18.7%，耕地面积占全国的45.2%，人口占全国的38.4%，但水资源却只有2702亿m^3，相当于南方四大区域（长江流域及以南、珠江流域、浙闽台诸河和西南诸河）水资源的12%，人均、亩均水资源量低下，分别只有全国平均值的16%和14%。北方耕地面积占全国58.9%，水资源却只占全国总量的14.4%，该地区是我国水资源最为紧缺的地区。西北内陆河流域，土地面积占全国的35%，耕地占5.6%，人口占2.1%，水资源量占4.8%。该地区因人口稀少，水资源量人均约5200m^3，耕地亩均约1600m^3，如果在科学指导下，合理开发利用水土资源，并安排相适应的经济结构和控制人口的增长，可以满足发展的需要，但必需十分注意保护包括天然绿洲在内的荒漠生态环境。由于我国的水资源贫乏和时空分布不均，导致水、旱灾害频繁，对农业的危害极为严重。农业每年缺水量约为300亿m^3。

（四）江河水资源中高泥沙含量问题突出

我国西部地区是长江、黄河、珠江和众多国际河流的发源地，地形高差大，又有大面积的黄土高原和岩溶山地，自然因素加上长时期人为的破坏，使很多地区水土流失严重，对当地的土地资源和生态环境造成严重危害，也使许多江河挟带大量泥沙，黄河的高含沙量更是世界之最。黄河干流多年年平均含沙量高达37.6kg/m^3，上游多年平均含沙量在4kg/m^3以下，头道拐多年平均含沙量3.89kg/m^3，兰州1.89kg/m^3；龙门至三门峡的中游河段，多年平均含沙量20～25kg/m^3；下游花园口至利津河段多年平均含沙量不超过20kg/m^3，但是最大含沙量，中游均超过150kg/m^3，下游花园口、高村断面含沙量均有大于100kg/m^3的记录。黄河泥沙主要来自中游黄土地区，中游各条支流泥沙组成的地理分布具有明显的分带性，从西北到东南中值粒径逐渐减小，从0.045mm以上减小到0.015mm以下。

这些问题增加了我国江河治理的复杂性和生态环境建设的迫切性。从历史的观点看，

---

[1] 按气象部门规定，24h雨量超过50mm称之为暴雨，100～200mm为大暴雨，超过200mm为特大暴雨。

江河泥沙曾为我们创造了并继续发展着东部和中部总面积达 185 万 km^2 的广大冲积平原和山间盆地。这些地方，地势平坦，土壤肥沃，成为中华民族生存和发展的重要基地，但由于开发利用不当，也带来一系列的水旱灾害和环境问题。

（五）城市地下水超采与水资源污染严重

城市地下水超采严重。我国 640 多个城市中，缺水城市 300 多个，其中严重缺水城市 108 个，日缺水量 1000 万 m^3 以上，严重影响了工业生产和居民生活。全国 58%的城市缺水，达 58 亿 m^3/a，且主要集中在华北、沿海和省会、工业型城市。地下水严重超采，导致地下水位大幅度持续下降。华北地区的地下水位以每年 0.3～0.5m 的速度下降，一些超采严重的地区出现了较大面积的“漏斗”，导致地区沉降、地面塌陷、地裂缝、海水入侵等环境问题日趋严重。

由于工农业的发展，水质日益恶化，全国每年排放废污水量约达 363 亿 m^3，80%未经处理直接排入江河湖泊，严重影响生态环境。在水利部门对全国评价的近 10 万 km 长的河流中，被污染河长已经占半数，其中有 4 万 km 不符合渔业水质标准，2400km 河长鱼虾绝迹。全国 90%以上城市的水环境恶化，城市河流湖泊几乎成了排污道。主要湖泊的 26%已达到富营养化，严重威胁供水安全和渔业生产。若水污染得不到及时的控制与治理，将严重危及人民的健康，贻误子孙后代。

（六）气候变化对我国水资源影响严重

根据最近 50 年的降水和气温资料分析，我国近 20 年来呈现北旱南涝的局面。20 世纪 80 年代，华北地区持续偏旱，京津地区、海滦河流域、山东半岛 10 年平均降水量偏少 10%～15%。进入 90 年代，黄河中上游地区、汉江流域、淮河上游、四川盆地的 8 年平均降水量偏少约 5%～10%，黄河花园口的天然来水量初步估计偏少约 20%，海滦河和淮河的年径流量也都明显偏少。西北内陆地区，20 世纪 80 年代降水量略有减少（2.5%），90 年代略有增加（8.9%）。由于高山地区冰川融水的多年调节作用，各河流出山口的多年平均流量基本持平。少数河流如新疆的阿克苏河等径流量略有增加，个别河流如河西走廊的石羊河径流量偏少。北方缺水地区持续枯水年份的出现，以及黄河、淮河、海河与汉江同时遭遇枯水年份等不利因素的影响，加剧了北方水资源供需失衡的矛盾。据国际方面的有关研究，未来 50 年由于人类活动产生的温室效应，全球年平均气温可能升高，但预测值相差很大。气温升高将使地表蒸发量提高，水资源量将相应减少。

（七）西北地区水资源供需矛盾突现

西北是我国最干旱的地区，自然环境十分严峻。经过 2000 多年的疆土开拓，特别是新中国成立以来的快速发展，不少地方的水资源过度开发。该地区水资源的平均开发利用率达 53.3%，远高于全国平均水平 20%。其中甘肃河西走廊的石羊河流域高达 154%，黑河 112%；新疆的塔里木河 79%，准葛尔盆地 80%。许多地方的经济社会用水挤占了生态用水，使天然河湖萎缩以至消失，土地荒漠化迅速扩大，形成严重的生态危机。西北地区特定的自然地理条件决定了水资源在西北经济社会发展进程中占有举足轻重的战略地位，水利在西北的发展中发挥了重要的作用。近年来随着西部地区经济社会的快速发展，水资源供需矛盾更加突出，水资源短缺对西北地区可持续发展的瓶颈制约愈加明显。解决西北地区水资源问题，需要进一步转变用水观念、创新发展模式，科学配置水资源，通过创新水利发展模式，促进经济增长方式的转变。要坚持人与自然和谐相处，大力推进节水型社会建设，加强水资源的优化配置和统一管理，建立有利于水资源节约和保护的经济社会自律式发展模式，促进经济社会步入科学发展的轨道。

综上所述，水资源是经济社会发展中极其重要的战略性资源。近年来特别是“十五”时期，黄河、黑河等流域实行了取水总量控制，17 个省实施了用水定额管理，10 多个省实施了超定额累进加价制度，宁夏、内蒙古进行了行业间水权转换。全国用水效率显著提高，农业灌溉水有效利用系数达到 0.45，万元工业增加值年均用水量下降了 40%。为实现水资源的供需平衡，南方要严格控制污染；西北要遏制盲目开荒；黄、淮、海、辽流域要实施跨流域调水；西南要结合发电与防洪加快工程建设步伐。今后应大力加强水资源需求管理，提高用水效率，实行省际断面的水量水质总量控制。加大投资力度，重点加强水资源保护，加快供水工程的建设步伐。依法管水，加强计划用水，建立水资源利用的补偿机制和恢复机制，实现流域、行政区与城市三个层次的水资源统一管理。

但我国一些地方，一方面水资源贫乏，另一方面对现有水资源的利用率不高、保护不够、浪费严重的现象又普遍存在。有关专家指出，后者正是造成我国目前水资源紧缺的最主要原因。目前，我国可供利用的水量约为 1.1 万亿 m^3/a，而实际用水总量已占可利用水资源的 43%。在我国，水资源短缺是许多地区发展长期面对的问题。因此应该科学地制定合理的水资源开发利用规划，使有限的水资源尽可能的满足当代人各方面的需要又不危害后人满足其发展的需求能力。然而传统计划经济体制形成以供给为主的水利发展模式，不仅使水利基础产业本身的发展难以维持，而且会造成对水资源及水环境的极大浪费和损害。这与水资源的稀缺性和水资源开发利用的可持续发展战略思想相背，使我们难以走出水危机的困境。因此，我们在对水资源的开发利用中一定要坚持可持续性的原则，针对我国国情及水资源特点，采取多方面的措施配套进行。

二、我国水利事业的发展

水利是农业的命脉。几千年来，丰富的水利资源滋养了中国农业。同时，历史上旱涝灾害频繁，也对农业生产造成了严重威胁。因此中国的农业发展史，也就是发展农田水利、克服旱涝灾害的斗争史。中国是一个文明古国，中国的文明与发展与水利休戚相关，中华民族灿烂悠久的文明史，就是一部除水害、兴水利的历史。正是由于我们的祖先与水旱等自然灾害的不懈斗争，才使中华民族获得了基本的生存条件，为古老的中华文明发展奠定了物质基础。广为传颂的大禹治水的故事，反映古人靠自己的智慧、力量和不屈不挠的精神，与洪水进行顽强的抗争，并最终战胜了洪水。古代劳动人民修建的都江堰、郑国渠、灵渠、京杭大运河、海塘工程等大批水利工程，在历史上对于经济社会发展起到了至关重要的作用，有的至今仍在造福人民、发挥着效益。

特定的自然条件决定了防洪、灌溉、排水等水利工作在中国经济社会发展、生态和环境保护中有着十分重要的地位和作用。水利是农业的命脉，农业是国民经济的基础。搞好农业是关系到我国社会主义经济建设高速发展的全局性问题，只有农业得到了发展，国民经济的其他部门才具备最基本的发展条件。

中国治水的历史源远流长，传说中的大禹治水已有 4000 多年。2200 多年前，李冰父子修建都江堰，使成都平原从此“水旱从人，不知饥馑”，成为“天府之国”。经过历代修缮，至今仍发挥着巨大效益，成为世界著名的文化遗产。

中华人民共和国成立后的50多年来，水利事业得到了国家高度重视，把水资源作为实现中国可持续发展的重要战略资源，采取一系列政策和措施来促进防洪和灌溉、排水事业的发展，进入了一个快速发展时期。新中国进行了三次大规模农田水利建设。第一次：1958年前后到20世纪60年代中期。以兴建水库拦蓄地表水源、提高河道防洪能力、发展灌溉农田为主，建成了一大批水利工程，为新中国水利的发展打下了基础。灌溉面积从1949年的2.4亿亩增加到1965年的4.8亿亩，翻了一番，粮食产量从1100亿kg增加到1900亿kg，上了一个大台阶。第二次：20世纪70年代。北方打井开发利用地下水，发展井灌，南方地区依靠机电排灌技术，扩大灌溉面积，增加除涝面积。灌溉面积从1965年的4.8亿亩增加到1980年的7.3亿亩，粮食产量从1965年的1900亿kg增加到1980年的3200亿kg，连续上了三个台阶，基本扭转了南粮北运的局面。第三次：20世纪90年代。以大力推广节水灌溉为重点，对大型灌区进行以节水为中心的续建配套和改造，对中低产田进行农业综合开发改造，特点是从外延为主转向内涵为主，加强经营管理，提高用水效率。1999年与1990年比，净增灌溉面积8000万亩，改善灌溉面积6.6亿亩，新增和改善除涝面积1.5亿亩，粮食产量从4462亿kg增加到5000多亿kg。

截至目前，中国已累计建成江河堤防27.7万km，水库8.5万座，初步形成了七大江河防洪工程体系，主要江河的防洪减灾能力明显提高，战胜了1958年黄河大水、1991年江淮大水、1998年长江、嫩江大水等特大洪水；全国年供水能力已增加到6000亿m^3，保障了5625万hm^2农田灌溉、600多座城市和工业的基本供水；累计解决了农村2.82亿人的饮水困难；初步治理水土流失面积92万km^2；城市污水处理率达45%；水电装机容量已经增加到1.08亿kW。农田灌溉面积从1500万hm^2发展到5625万hm^2，每年在灌溉土地上生产的粮食占全国总量的3/4，生产的经济作物占90%以上。中国灌溉排水事业取得了巨大成就，使中国能够以占世界6%的可更新水资源量、6.8%的耕地，解决了占世界20%人口的温饱问题，为中国农业生产、粮食安全以及经济社会的稳定发展提供了保障。

近年来，特别是“十五”时期，我国按照科学发展观的要求，积极有效地开展了工作，努力保障防洪安全、供水安全和生态安全，水利事业取得了跨越性进展，突出表现在：有效地减轻了洪涝干旱等灾害的损失，水利基础设施建设迈上新的台阶，节水型社会建设取得初步成效以及水土保持和生态保护得到加强等四个方面。

我国“十一五”农村水利发展主要目标是首先加快农村饮水安全工程建设，解决1亿人的饮水安全问题。重点解决高砷水、高氟水、血吸虫病区改水、苦咸水、污染水和局部地区严重缺水等对人们身心健康或正常生活影响严重的饮水安全问题。其次，大力开展以节水为中心的农田灌排设施建设，在农业用水总量不增加的前提下，净增有效灌溉面积3000万亩，新增节水灌溉工程面积1.5亿亩。平原区重点加快大中型灌区节水改造步伐，以粮食主产区、水资源严重缺乏地区和贫困地区为重点，基本完成100个大型灌区和200个中型灌区骨干工程的节水改造任务；继续推进节水灌溉示范项目建设；加大末级渠系建设力度。山丘区重点加快集雨节灌工程和小型灌区建设，增加、恢复抗旱浇灌和有效灌溉面积。草原牧区重点加大节水灌溉饲草料地建设力度，新增灌溉饲草料地400万亩，实现既要发展畜牧业、增加牧民收入，又要保护和改善草原生态的双赢目标。经济发达地区、城市郊区和其他具备条件的地区，以整治农村水环境为重点，建设一批标准较高，生活、生产、生态环境设施协调发展的农村水利现代化典型。

第二节　我国不同区域的灌溉排水事业

我国的灌溉排水事业发展较快，万亩以上灌区5700多处，灌溉用水量3600亿m^3，总灌溉面积6000万hm^2，有效灌溉面积约5500万hm^2。30万亩以上灌区402多处，有效灌溉面积约1500万hm^2，创造1/3农业生产总值。

一、我国不同区域的灌溉排水

我国疆域辽阔，各地自然特点不同，发展农业的水利条件也有差异。根据不同地区及农作物对灌溉排水的不同要求，可按降水量的大小把全国大致分为3个不同的灌溉地带。即多年平均年降水量少于400mm的常年灌溉地带，年平均降水量大于400mm、小于1000mm的不稳定灌溉地带和平均降水量大于1000mm的水稻灌溉地带。

1. 常年灌溉地带

常年灌溉地带处于干旱和半干旱地区，由于缺乏足够的雨量淋洗，这个地区的土壤多属碱性，常年灌溉是这一地带发展农业的必要条件。其灌溉需要指数（即灌溉水量与农作物需水量的比值）一般均大于50%～60%。排水是由于灌溉和防治土壤盐碱化要求所致，包括灌溉退水和降低灌区地下水位。该地带又可细分为两个亚区，即：西北内陆地区和黄河中上游地区。西北内陆地区包括青海、新疆、甘肃河西走廊和内蒙古阿拉善高原。这一地区远离海洋，雨量稀少，特别是平原地区，年降水量不足200mm，大部分地区还不足100mm，而年蒸发量则达2000～3000mm，是我国最干旱的地区。没有水就没有生命，而且没有灌溉也就没有农业。水资源是这一地区开发的最大制约因素。在这里不仅全区径流总量1164亿m^3，主要由高山冰川和融雪形成。从提高已有耕地的产量和进一步扩大耕地面积方面来讲，该区域都有一定潜力。如能合理开发利用水资源，该地区在发展农业和畜牧业方面都有很好的前景。黄河中上游地区，包括陕西、甘肃、宁夏、山西及内蒙古的大部分地区，绝大部分为黄土高原，年降水量由西部200mm向东渐增至400mm。其中70%～80%集中在8、9月，且多暴雨，对土壤补给的有效降水很少，十年九旱，农作物必须灌溉才能正常生长。水土流失极为严重，是黄河泥沙的主要来源。水利工程的重点是，开展水土保持工作、发展节水灌溉和雨水的集蓄利用，平原灌溉还要注意排水防治土壤次生盐碱化。

2. 不稳定灌溉地带

不稳定灌溉地带主要包括黄淮海地区和东北地区。由于受季风的强烈影响，降水时空变化都很大，因而农作物对灌溉排水的要求很不稳定。旱作物的灌溉要求在黄淮海地区的北部和东北地区的西部较多，干旱年份更高，灌溉需要指数可在50%以上。这个地区旱作物总体上可以实施雨养农业，但必须有排涝设施，为了达到高产稳产，还必须发展灌溉；在低洼易涝地区，为了减少排灌投资，可以发展水稻，但需有灌溉保证。黄淮海地区，包括河北、河南、山东、苏北、皖北和京、津二市，大部属黄河、淮河与海河下游冲积平原，多年平均降水量500～900mm，但60%～80%集中在6～9月，降水的年内和年际分布极不均衡；人口和耕地都占全国的1/4左右。人均河川径流量仅363m^3，公顷均4200m^3，是全国水资源最紧缺的地区。由于受黄河多次决口改道的影响，打乱了本地区的排水系统，涝碱灾害也十分严重。因此，为了达到农业的高产稳产，必须实施旱、涝、碱综合治理，灌溉与排水并重的方略。在加强节水的基础上，还要开辟新的水源，才能满足工农业需水的要求。东北地区，包括辽宁、吉林、黑龙江三省及内蒙古自治区东部地区，地势平缓，土壤肥沃。中部的松江平原为东北农业最发达、机械化程度较高地区；东部的三江平原海拔较低，有大面积沼泽洼地，排水不畅，渍涝为害；南部的辽河平原农业也很发达。本区大部分属温带季风气候，只有黑龙江北部为寒温带气候。全区降水量300～900mm，自西向东递增；但降水量在年内分布不均，7～9月占全年60%以上，而4、5月仅10%～15%，春旱严重，且持续时间长。这一地区的水利工程须旱涝兼治、山丘区以治旱为主，平原洼地则以治涝为重点，改良沼泽地，并适当发展灌溉，解决春旱和发展水稻。

3. 水稻灌溉地带

水稻灌溉地带包括长江中下游地区，珠、闽江地区以及西南地区。雨量充沛，土壤多属酸性。这一地区是我国水稻主要产区，由于降水在年际和季节分布不均，水稻一般都需要进行补充灌溉，双季稻则更需要进行灌溉补足水分，灌溉需要指数在30%～60%之间。这一地区农作物的排涝要求普遍高于前两个地带，排水模数为20～50mm。该地带的灌溉作用，突出表现在保证水稻面积的扩大和复种指数的提高。排水是这一地带农作物稳产的基本保证。这一地区又可细分为3个亚区，即：长江中下游地区、珠闽江地区和西南地区，长江中下游地区包括湖南、湖北、江西、浙江、上海及江苏、安徽的大部分。全区属亚热带气候，温暖潮湿，多年平均降水量800～1800mm，降水集中在4～10月，汛期7～9月，洪水峰高量大，持续时间长；圩垸内地势低洼，易遭洪涝灾害。由于降水时空分布不均，往往发生伏旱和秋旱、影响作物生长，尤其是水稻必须灌溉才能保证高产稳产。本地区的水利工程在丘陵山区主要是发展灌溉，防冲排渍。在圩垸地区主要是防洪除涝。珠闽江地区，包括广东、广西、福建和海南。本区地处亚热带和热带、属湿热多雨的季风气候区，气温高，日照和无霜期长，年降水量在1000～2000mm。本地区的水利工程，平原地区以防洪除涝为主，丘陵坡地以发展灌溉为主。西南地区，包括云南、贵州、四川和西藏，地貌单元以高原山地为主。全区属亚热带与热带气候类型，年降水量1000～1500mm。本地区光、热、水资源丰富，但由于地形地貌复杂和降水时空分布不均，干旱是农业生产的主要威胁，因为水稻必须灌溉才能高产稳产。

二、解决北方水资源短缺的南水北调战略措施

我国水资源缺乏严重，全国水土资源分布很不均衡，长江流域及其以南河流的径流量占全国的80%以上，耕地面积不到全国的40%，属富水区；而黄河、淮河、海河三大流域和西北内陆的面积占全国50%，耕地占45%，人口占36%，水资源总量只有全国的12%，属缺水区。西北和华北土地、矿产资源丰富，是我国能源和粮棉油的生产基地，在国民经济中有重要的战略地位，尤其黄、淮、海平原和胶东半岛是我国人口密集、耕地率高、经济发达的地区，目前水资源缺乏已成为经济发展的制约因素，并造成生态环境恶

化，亟待调水解决。对北方地区，要从以超采地下水和利用未经处理的污水来维持经济增长转变为在大力节水治污和合理利用当地水资源的基础上，有步骤地推进南水北调，保证社会、经济的可持续增长。

（一）南水北调的必要性

根据对我国水资源2030年和2050年的供需平衡分析，黄淮海流域特别是黄河下游的黄淮海平原地区，是我国最缺水的地区。近年来，这里的许多地方，特别是黄河以北的海河流域，通过超采地下水和利用未经处理的污水维持了经济的增长。据海河水利委员会统计，海河平原1998年超采地下水55亿m^3，全流域废污水排放量63亿m^3，除排放入海5亿m^3外，其余或被利用或蒸发或渗入地下。据不完全统计，约有20多亿m^3废污水被用于灌溉。地下水超采最严重的是沧州、衡水和津浦铁路沿线地区。该区的浅层地下水绝大部分为不可利用的咸水和微咸水，多年来超采的是很难再生的含氟的深层地下水。据2000年有关方面的分析，深层地下水耗竭的时间将为10～15年。太行山麓的京广铁路沿线，由于城市和工业大量抽取地下水，也造成浅层地下水的大面积区域性漏斗。由于水资源的过度开发和污染不加防治，许多地方有河无水，有水皆污，洼淀枯竭，造成严重的环境问题。

预测到2030年，经充分挖潜和利用当地水资源，采用节水和污水回用等多种措施和考虑了目前引黄和引江的水量后，在地下水不再超采的情况下，黄淮海平原地区缺水量仍将达到150亿（平水年）～300亿（枯水年）m^3。考虑到生态环境的用水，今后通过南水北调增补的水源应在300亿m^3以上，其中增补黄河以北应在一半以上。南水北调工程的根本目标是改善和修复北方地区的生态环境。由于黄淮海流域的缺水量80%分布在黄淮海平原和胶东地区，因而优先实施东线和中线工程势在必行；在黄淮海平原和胶东地区的缺水量中，又有60%集中在城市，城市人口和工业产值集中，缺水所造成的经济社会影响巨大。因此，确定南水北调工程近期的供水目标为：解决城市缺水为主，兼顾生态和农业用水。南水北调东线和中线工程涉及7省（直辖市）的44座地级以上城市，受水区为京、津、冀、鲁、豫、苏的39座地级及以上城市、245座县级市（区、县城）。

（二）南水北调各条线路简介

南水北调总体布局包括从宏观构想到局部引水方案，是对水源、供水对象，线路和工程措施等进行具体研究逐步形成的。长江干流及主要支流，是南水北调解决我国北方水资源严重短缺的主要水源。南水北调工程是长江综合利用的重要任务，长江水资源对全国尤其北方缺水地区可持续发展具有重要的支撑作用。按照地势、山、水的地理位置和走向，来选择和论证引水线路及其适宜供水范围，相互衔接，形成合理的总体布局。南水北调工程分为东、中、西线三条线路分别调水。各线路示意图如图1-1所示。

1. 东线

南水北调东线工程是在现有的江苏省江水北调工程、京杭运河航道工程、治淮工程的基础上，结合治淮计划兴建一些有关工程规划布置的。东线主体工程由输水工程、蓄水工程、供电工程三部分组成。东线工程从长江下游扬州抽引长江水，利用京杭大运河及与其平行的河道逐级提水北送，并连接起调蓄作用的洪泽湖、骆马湖、南四湖、东平湖。出东平湖后分两路输水：一路向北，在位山附近经隧洞穿过黄河，送水到天津；另一路向东，

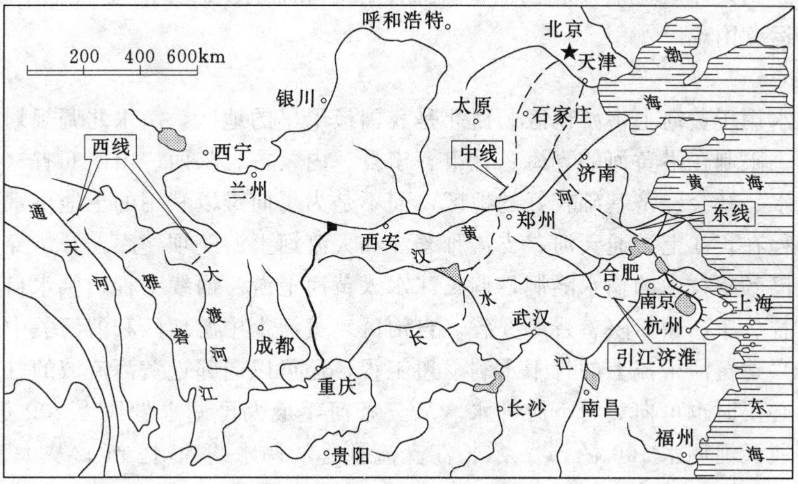

图 1-1 南水北调线路示意图

通过胶东地区输水干线经济南输水到烟台、威海。在原有引水量的基础上，增加年均引水约 150 亿 m^3，其中过黄河约 90 亿 m^3。

东线工程除可解决江苏和山东两省的缺水外，还可解决河北省东部深层地下水超采和高氟水导致的地方病以及天津市的缺水问题。其有利条件是：直接从长江引水，水源比较丰富可靠；可利用大运河和洪泽湖、骆马湖等现成的河道和调蓄湖泊，投资较低，并可分期分段实施，比较灵活。其难点是：沿线水质污染；需要电力提水，总扬程约 65m，经常运行费用较高。

2. 中线

中线调水工程为全自流供水至华北平原。我国当前最缺水的地区是华北平原，缓解华北水资源危机是南水北调的首要任务。黄河下游流经华北平原，黄河水资源为平原上工农业生产及人民的生活需水做出了很大贡献，但黄河水量不足，早已供不应求，随着生产力的发展，上中游用水增多，进入下游的水量逐年衰减，近年黄河多次发生断流而且断流时间及断流河段长度逐年增加，这既说明华北水资源危机在加剧，也说明黄河水资源利用程度过高，不堪重负，需寻求新的水源。

中线工程从加坝扩容后的丹江口水库陶岔渠首闸引水，多年平均的可能引水量估计约 130 亿 m^3/a，其中过黄河约 70 亿～75 亿 m^3/a。沿唐白河流域西侧过长江流域与淮河流域的分水岭方城垭口后，经黄淮海平原西部边缘，在郑州以西孤柏嘴处穿过黄河，继续沿京广铁路西侧北上，可基本自流到北京、天津。

中线工程除可解决河南省中东部的缺水外，还可解决河北省中部经济最发达地区和北京市的缺水。其有利条件是：目前水质较好；绝大部分自流引水，如不计建设成本和丹江口发电损失，运行费用较低。其难点是：从汉江的丹江口水库引水，水源相对有限，如遇连续枯水年难以满足要求；现在规划的线路缺少调蓄湖库，运行困难；黄河以北的线路经过太行山麓的特大暴雨区和地震高发区，安全风险很大；丹江口水库大坝加高需移民 25 万人，总干渠基建投资也较高，需要一次建成才能发挥效益，考虑到配套建设的种种问题，总干渠达到设计效益需要相当时间，加上来水和需水匹配的不稳定性，如以贷款建设，将发生运营困难。

3. 西线

西线调水用于黄河上中游地区。西北是我国最干旱的地区，南水北调规划中的西北地区供水目标，限制在沿黄河的青海、甘肃、宁夏、内蒙古、陕西、山西6省（自治区）中宜从黄河取水、社会经济基础较好的地区，而不是为了向难以利用的土地供水。

西线工程在长江上游通天河、支流雅砻江和大渡河上游筑坝建库，开凿穿过长江与黄河的分水岭巴颜喀拉山的输水隧洞，调长江水入黄河上游。西线工程的供水目标主要是解决涉及青、甘、宁、蒙、陕、晋等6省（自治区）黄河上中游地区和渭河关中平原的缺水问题。结合兴建黄河干流上的骨干水利枢纽工程，还可以向邻近黄河流域的甘肃河西走廊地区供水，必要时也可向黄河下游补水。从三条河年最大可调水量约为200亿m^3，其中从长江上游通天河调水100亿m^3；从长江支流雅砻江调水约50亿m^3；从大渡河调水50亿m^3。估计可能的调水量100亿～150亿m^3/a。实施难度远大于中线和东线，具体方案目前正在规划中。

综上所述，我国各类地区的气候和水土条件虽有很大差异，但要达到农业的高产稳产，都必须解决灌溉排水问题。这是我国灌溉排水事业历史悠久，并能得到持续发展的根本原因。

第三节　灌溉排水工程学的研究对象和基本内容

一、灌溉排水工程学的研究对象

由上述可知，我国水资源短缺的形势是十分严峻的，大力发展节水农业、推广节水灌溉、建成节水型社会是我国一项长期的基本国策。解决水资源危机问题，要从开源与节流两方面入手。一方面要抓紧跨流域调水的规划设计工作，从根本上改变水资源紧缺的局面；而另一方面要在节流上下功夫。我国在水资源的利用上，还有巨大的潜力可挖。不少灌区，尤其是北方灌区，由于灌水量偏大，净灌水定额在150mm以上，有些甚至高于300mm。这是由于渠道渗漏严重，加上管理不善等原因造成的，自流灌区灌溉水有效利用系数仅0.4左右。换句话说，每年经过水利工程引、蓄的4000多亿m^3水量中，约有60%左右是在各级渠道的输、配水和田间灌水过程中渗漏损失掉了，其数量惊人。水量损失不仅引起灌区地下水位的升高，土壤盐碱渍害，从而导致农业减产，并恶化灌区生态环境。采用科学的用水管理，推广节水灌溉技术，若将全国的灌溉水有效利用率平均提高10%～20%，则按全国农业用水总量3780亿m^3估计，每年可节约水量370亿～750亿m^3，这对缓解我国水资源供需矛盾将起到重要的作用。

灌溉排水工程学的任务是研究和利用灌溉排水工程措施来调节农田水分状况及改变和调节地区水情，以消除水旱灾害，合理而科学地利用水资源，为发展农业生产服务。

1. 调节农田水分状况

农田水分状况一般指农田土壤水、地面水和地下水的状况及其相关的养分、通气、热状况。农田水分不足或过多，都会影响作物的正常生长和作物的产量。调节农田水分状况的水利措施一般有：

（1）灌溉措施。即按照作物的需要，通过灌溉系统有计划地将水分输送和分配到田间，以补充农田水分的不足。

（2）排水措施。即通过排水系统将农田内多余的水分（包括地面水和地下水）排入容泄区（河流或湖泊等），使农田处于适宜的水分状况。在易涝易碱地区，排水系统还有控制地下水位和排盐作用。控制地下水位对作物增产具有重要作用。

2. 改变和调节地区水情

随着农业生产的发展和需要，人类改造自然的范围越来越广，农田水利措施不仅限于改变和调节农田本身的水分状况，而且要求改变和调节更大范围的地区水情。

地区水情主要是指地区水资源的数量、分布情况及其动态。改变和调节地区水情的措施，一般可分为以下两种：

（1）蓄水保水措施。通过修建水库、河网和控制利用湖泊、地下水库以及大面积的水土保持和田间蓄水措施（土壤水库），拦蓄当地径流和河流来水，改变水量在时间上（季节或多年范围内）和地区上（河流上下游之间、高低地之间）的水分分布状况，通过蓄措施可以减少汛期洪水流量，避免暴雨径流向低地汇集，可以增加枯水期河水流量以及干旱年份地区水量贮备。

（2）调水、排水措施。调水排水措施主要是通过引水渠道，使地区之间或流域之间的水量互相调剂，从而改变水量在地区上的分布状况。用水时期借引水渠道及取水设备、自水源（河流、水库、河网、地下水库）引水，以供地区用水。正在修建的南水北调工程就是调水工程的典型例子。

二、灌溉排水工程学的基本内容

灌溉是研究农田（广义的农田包括粮食与经济作物、草场、园林、蔬菜等一切需要灌溉的农业用地）的需水规律和需水量，灌溉用水过程和用水量的确定；灌溉方法和灌水技术；水资源在农业方面的合理利用，水源的取水方式；输水渠道（或管道）系统的规划布置及设计施工与管理。灌溉研究的内容可以概括为水源工程、输水工程和田间工程的规划设计、施工、管理的学科。

排水研究的主要内容有：产生农田水分过多的原因及相应的排水方法；田间排水工程的规划设计；排水输水沟道系统的规划设计、施工、管理和承纳排水系统排出水量的承泄区治理的学科。排水的对象一般有：①雨涝排水，是在降雨过多，地势低洼的地区形成地面积水，使作物受淹会引起减产时，需要排除地面水；②防渍排水，雨后地下水位高，土壤过湿，通气不良会引起渍害时，需要降低地下水位的排水；③沼泽地排水，它是在地下水溢出带，形成苇湖沼泽。进行垦殖前首先要排除地面水，然后还需降低地下水位的排水；④盐碱地排水，在干旱、半干旱地区，降雨量小，蒸发力强，当地下水位高，而且矿化度高时，水分通过地表蒸发，盐分在表土层中积累，形成土壤盐渍化或盐碱化，盐碱对作物有害，盐碱地的产量很低，因此，为了防止灌溉土地盐碱化和改良盐碱地，需要降低地下水位的排水。

灌溉排水是调节土壤水分状况以满足作物生长需要的适宜水分状况的措施。但是，在调节土壤水分状况的同时还可以起到调节农田小气候和调节土壤的温热、通气、溶液浓度等作用。例如，盛夏炎热季节灌水可以起到降温作用，冬灌可以起到防冻作用，盐碱地冲洗灌水可以使土壤脱盐，降低土壤盐溶液浓度。排水后土壤的自由孔隙度增加，改善了土壤的通气状况，有利于作物根系的呼吸，对好气性细菌活动有利，可以使有机质分解为无机养料，便于作物吸收利用。所以，灌溉排水是提高作物产量和改良土壤的重要工程措施。

世界各国的灌溉排水实践证明，进行科学的灌排能使作物产量成倍增长，在相应的农业技术措施配合下可以改良土壤，不断地提高土壤肥力。但是，在不合理的灌排条件下也会引起土地恶化，甚至产生一些不利的生态环境问题。

第二章　农田水分状况

在进行灌区规划时首先要对农田的水分状况与作物的需水规律之间的关系进行分析，以便搞清天然状态下水分对作物生长满足的程度，从而确定是否需要人工灌溉或排水。

农田的水分状况包括水分的来源及在农田的存在形式；大气水（空中的水汽、大气降水及蒸发）、地面水（田面径流及积水）、土壤水、地下水之间的转化过程；水分的流出与蒸发排泄过程等。农田土壤水与作物生长关系最为密切，它直接影响到作物生长的水、气、热、养分等状况。而地面水和地下水只有通过一定的转化关系变为土壤水分，才能为作物直接吸收利用。一切灌溉排水措施，归根结底都是为了调节和控制农田水分状况，以改善土壤中的水、气、热和养分等状况，并给农田小气候以有利的影响，达到促进农业增产的目的。因此，农田土壤水分状况是作物生长环境的核心。

第一节　农田水分存在形式及其对作物的影响

土壤水分在农田存在的形式及其量值的大小，不仅影响作物的正常需水，而且还会影响农田的温热、作物根的呼吸和对养分吸收的难易程度。灌溉排水在调节农田水分状况的同时，亦起到调节作物生态环境的作用。

农田水分存在 4 种基本形式，即大气水、地面水、土壤水和地下水，其对作物的影响如下。

1. 空气中的水气

空气中的水气，即空气的湿度，是影响作物蒸腾强度的主要因素。空气湿度低，蒸腾强度大，在土壤水分充足的情况下，蒸腾旺盛可增加作物对水与养料的吸取，从而加快生长。所以，在一定程度下，空气湿度低对作物生长有利。但是空气湿度太低，蒸腾强度过大，会造成太多的水分损失，同时，作物根系从土壤中吸取的水量不能满足蒸腾耗水的要求，即入不敷出，作物就会枯萎（大气干旱）。产生大气干旱的原因是干热风所致，干热风天气的指标是：日最高气温≥30℃、日最小相对湿度≤30%、风速≥3m/s（或 3 级以上）。我国黄淮海平原及西北地区每年 4～8 月常有干热风出现，对小麦的后期生长不利。新疆的吐鲁番盆地干热风出现在 3～10 月，为时长，危害大。防止大气干旱的措施有：设置防风护田林，减小风速；进行喷灌、雾灌，降低气温，增加空气湿度等。

2. 地面水

水稻采用淹灌时，不同生育阶段要求田面有一定的水层。对于旱作物一般不允许田面长期积水。旱作物受淹时间过长就要减产。拟开垦的灌区如果由于降雨过多，地势低洼，容易形成地面积水时，就要采取排水措施，排除地面水。稻田为了控制田面水层和排干晒田，也必须有排水措施。

3. 土壤水

土壤水是作物生长的主要水分来源，它和普通水分一样，随着温度的变化，在物理形态上也有固态、液态和汽态3种。固态水只有在土壤冻结时才会存在；汽态水存在于未被水分占据的土壤孔隙中，有利于微生物的活动，故对植物根系有利，汽态水由于数量很少，在计算时常略而不计；液态水是土壤水分存在的主要形态。在不同的温度条件下，水的3种形态可以相互转化。

液态水按其运动特性可分为吸着水、毛管水和重力水3类。

(1) 吸着水。

包括吸湿水和薄膜水（也称膜状水）两种形式。

1) 吸湿水。吸湿水是土壤微粒的表面力吸收空气中的水气，吸附于土粒表面的水分，不能在重力和毛管力的作用下自由移动。吸湿水达到最大时的土壤含水率称为吸湿系数。土壤性质不同吸湿系数也不同，各种土壤的吸湿系数大约变化在占干土重的1%～5%。这时土壤水所受吸持力约为3.14×10^6Pa(31atm，1.0Pa = 9.87×10^{-6}atm)。

2) 薄膜水。当吸湿水达到最大值时，土壤微粒只能吸附液态的水分子，在土粒表面形成连续的水膜，称为薄膜水，亦称膜状水。薄膜水主要是靠土粒的表面能量与水分子的偶极性作用所吸附的水量。所以，薄膜水达到最大值时的含水率亦称为最大分子持水率。土壤性状不同，最大分子持水率亦不同。各种土壤的最大分子持水率大约变化在占干土重的5%～20%，其相应所受吸持力约为6.31×10^5Pa（6.25atm）。因为作物根系的吸水力一般为6.06×10^5～7.07×10^5Pa，最大可达1.52×10^6Pa，所以，相当于最大分子持水率的土壤含水量中有一小部分水可以被作物所利用。最大分子持水率以下，到所受吸持力为1.52×10^6Pa之间的土壤水，大部分是无效水。农业生产中将相当于吸持力为1.52×10^6Pa（15atm）的土壤含水率称为凋萎系数（Wilting Coefficient）。土壤含水率维持在凋萎系数的时间过长，作物根系难以从土壤中吸收水分，就会发生永久性凋萎。因此，一般将凋萎系数作为土壤中有效水的下限。但是，一般灌溉土地允许含水量下限要高于此值。亦有用吸湿系数的1.5～2.0倍的土壤含水率作为凋萎系数的。

(2) 毛管水。

土壤的孔隙类似于一个复杂的毛管体系，毛管中的水汽界面为一弯月面，弯月面下的水体在水的表面张力作用下受到吸持力。这种对水的吸持力也称毛管力。靠毛管力保持在土壤中的水称为毛管水。根据供水条件不同，毛管水又可分为悬着毛管水和上升毛管水。

1) 悬着毛管水。当地下水位很低时，上部土层中的含水量不受地下水补给的影响，降水或灌溉水从地面向土壤水入渗，供水停止后，土层上部超过毛管持水力所能保持的水很快下渗，待上部土层的含水率比较稳定时，即为悬着毛管水。悬着毛管水的最大含水率亦称田间持水率（Field Capacity），如图2-1（*a*）所示。

从薄膜水到田间持水率的土壤含水量是作物容易利用的有效水。田间持水率是确定灌水定额时，计划湿润土层允许含水率的上限，因为超过田间持水率的土壤水，在重力作用下很快下渗，不能保持在计划湿润层中。灌水前土壤允许含水率下限，一般取田间持水率的50%～70%，视作物的种类及生育阶段对缺水的敏感性而定。

在生产实践中，常将灌水2天后土壤所能保持的含水率叫做田间持水率。相应的土壤

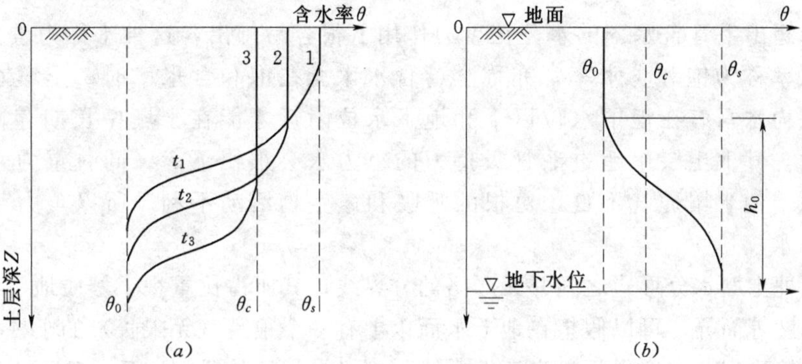

图 2-1 毛管水示意图

(*a*) 悬着毛管水；(*b*) 上升毛管水

θ_0—初始含水率；θ_c—田间持水率；θ_s—饱和含水率；t_1—入渗刚结束；t_2—重力水下渗；t_3—达到田间持水率

负压约为 $0.1\sim0.3\times10^5$ Pa。由于土质不同，排水的速度不同，因此排除重力水所需要的时间也不同。灌水 2 天后的土壤含水率，并不能完全代表停止重力排水时的含水率。特别是随着土壤水分运动理论的发展和观测设备精度的提高，人们认识到灌水后相当长时间内土壤含水率在重力作用下是不断减少的。虽然变化速率较小，但在长时间内仍可达到相当数量。因此，田间持水率并不是一个稳定的数值，而是一个时间的函数，田间持水率在灌溉排水实践中无疑是一个十分重要的指标，但以灌水后某一时间的含水率作为田间持水率，只能是一个相对的概念。此外，对于质地不同的土壤，田间持水率也显示出一定的差异（见表 2-1）。

表 2-1　　几种主要土壤的田间持水率

土壤类别	孔隙率（体积%）	田间持水率	
		占土体%	占孔隙%
砂土	30～40	12～20	35～55
沙壤土	40～45	17～30	40～65
壤土	45～50	24～35	50～70
粘土	50～55	35～45	65～80
重粘土	55～60	45～55	75～85

田间持水率的测定是在田间进行双环入渗试验。按计划测定的土层厚度，初步确定应入渗的水量，用自动加水器在内环保持薄水层入渗，外环内水层保持与内环水面相平。入渗结束后将田面覆盖，防止地面蒸发，待 1～2 日后，从地面向下沿垂线测定各点的土壤含水率，其值比较稳定时，各点的平均含水率即为测定土层的田间持水率。

2）上升毛管水。地下水位以上由于土壤的毛管力作用，从地下水中吸取并保持在地下水位以上土层中的水量称为上升毛管水。上升毛管水沿垂直剖面的分布为：靠近地下水位处土壤含水率最高，接近饱和含水率，愈向上含水率愈小，如图 2-1（*b*）所示。上升毛管水由于有地下水位垫托，在其上升范围内的平均含水率高于悬着毛管水含水率，所以也称为最大毛管持水率。

(3) 重力水。

土壤中超出毛管含水率的水分在重力作用下很容易排出，这种水称为重力水。这时的土壤含水率称为饱和含水率，亦称全蓄含水率。在饱和含水率时，土壤水所受吸持力为零。重力水只有在地下水位以下和地下水位附近才能在土壤中长期存留。当地下水位下降时，其上土层中超过毛管吸持力的重力水会很快下渗。同时重力水占据了全部土壤孔隙，使土壤通气不良，对根的呼吸和微生物活动不利。所以重力水也是无效水或称过剩水。

在这几种土壤水分形式之间并无严格的分界线，其所占比重视土壤质地、结构、有机质含量和温度等而异。可以假想在地下水面以上有一个很高（无限长）的土柱，如果地下水位长期保持稳定，地表也不发生蒸发入渗，则经过很长的时间以后，地下水面以上将会形成一个稳定的土壤水分分布曲线。这个曲线反映了土壤负压和土壤含水率的关系，亦即是土壤水分特征曲线。由于土壤的粒径组成不同、结构状况不同，所以，每一种土壤都有它独特的水分特征曲线。土壤水分特征曲线一般应当通过实测来确定。测定土壤水分特征曲线需同时测定含水量与其相应的负压水头或称吸力水头。土壤水分特征曲线反映的是土壤含水率与基质势的关系，即土壤水的含量与其能量之间的关系。它可用于讨论土壤水分运动。比如有了土壤含水率就可以在水分特征曲线上查得其基质势，反之亦然。同时也是土壤水分运动的主要特征参数之一，是以能态观念描述土壤水分运动的主要依据。图 2-2是实测的几种土壤的水分特征曲线。图中的 γ 是土壤的容重。曲线表示吸力（负压）随着土壤水分的增大而减少的过程。在曲线中并不能反映水分形态的严格的界限。

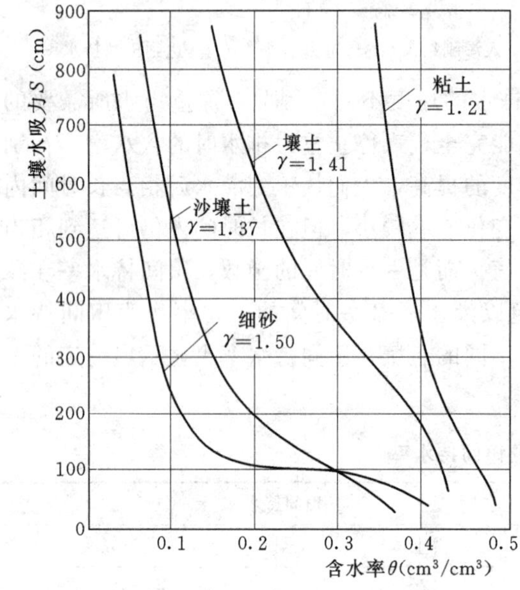

图 2-2　不同土壤的水分特征曲线
（低吸力脱水过程）

常见的土壤水分特征曲线用 Van Genuchten（1980）模型：

$$\theta = \begin{cases} \theta + \dfrac{\theta_s - \theta_r}{[1+(\alpha S)^n]^m}, & S > 0 \\ \theta_s, & S = 0 \end{cases} \tag{2-1}$$

式中　θ——土壤含水率，cm^3/cm^3；

θ_r——残余土壤含水率，cm^3/cm^3；

θ_s——饱和土壤含水率，cm^3/cm^3；

S——土壤吸力，cm；

α——土壤进气值的倒数，cm^{-1}，一般取 $\alpha = 0.005 \sim 0.05cm^{-1}$；

n——孔径分布指数，一般取 $n=1.1 \sim 3.5$；

m——拟合参数，取：$m=1-1/n$，$n>1$。

或

$$S=a(\theta/\theta_s)^b \tag{2-2}$$

式中 a、b——经验系数。

在土壤吸水和脱水过程中取得的水分特征曲线是不同的，这种现象常称为滞后现象。由于脱湿过程中的吸力较吸湿过程的吸力大，脱水过程与吸水过程的同一含水率下所对应的吸力值不同，即含水率与吸力的关系不是单值的，分为脱水支与吸水支两条曲线。由脱水转变为吸水过程时，由一支曲线变化到另一支曲线，中间由扫描曲线连接（图 2-3）。土壤水分特征曲线应当按脱水及吸水过程分别测定。

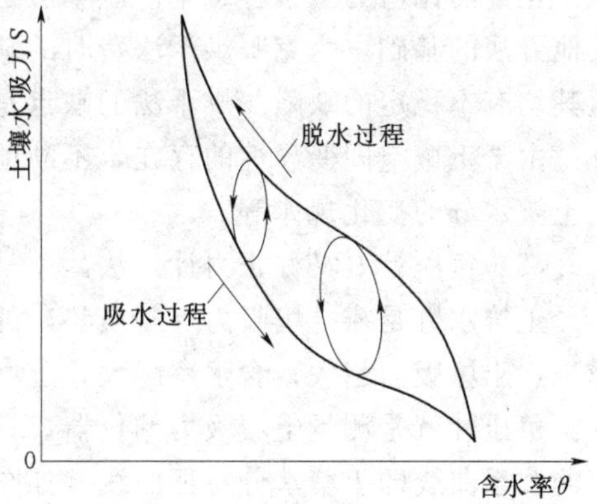

图 2-3 土壤水分特征曲线的滞后现象

无效水、有效水和过剩水是根据土壤水分对作物的有效性划分的。一般常将田间持水率作为重力水和毛管水以及有效水分和过剩水分的分界线。上述吸湿系数、凋萎系数、田间持水率、最大毛管持水率、饱和含水率等，都是与土壤含水率大小、土壤水所受吸持力大小和作物利用的难易程度联系在一起进行分类的。这种分类方法称为土壤水形态分类法。相当于各形态的土壤含水率称为水分常数，它可以用来描述土壤水分的数量及其与作物生长的关系。各种水分常数决定于土壤的种类和质地，但土壤水分常数也随着当地的耕作情况、土壤结构和施肥情况以及有机质含量的改变而变化。它在农业生产上使用方便，所以至今仍在广泛应用。

形态分类法的缺点是无法讨论土壤水分运动，只能靠实测来确定不同土壤的各个水分常数。而且所谓水分常数也是定性的分析，只能确定一个大致的范围，实际上各水分常数之间并无绝对的界限，它们都是在重力场中，在各种力的作用下不断运动，趋向平衡的。

从 20 世纪中叶起逐渐发展形成的土壤水动力学，用能态的观点研究土壤水分运动，是一个很大的突破。通过建立土壤水数量与能量之间的关系，用质量及能量守恒定律及多孔介质中流体运动原理，求得土壤水分的数量变化。这一方法的优点是将土壤、作物、大气中的水分运动用统一的能量单位联系起来。近年来发展起来的土壤—植物—大气连续体系中的水分运动的研究（简称 SPAC 系统），为进一步研究田间水循环和水管理提供了理论依据。

4. 地下水

地下水靠毛细管作用上升到作物根系活动层中的水量可以为作物所利用。但是地下水位如果太高，一般距离地面小于 1m 时，则会造成根系活动层内土壤含水率过高，通气不良，根系呼吸困难，有机质的分解减弱，不利于作物对无机养料吸收，从而造成减产。这种现象造成的减产，一般称为渍害。有渍害的地区必须采取排水措施降低地下水位，避免根系活动层中土壤过湿。在干旱、半干旱地区，浅层地下水消耗于地面蒸发的比重很大，当地下水矿化度高时（如大于3g/L），地下水通过地表蒸发后造成表土盐分的积累，形成盐渍害，需要通过排水降低地下水位。

5. 土壤含水率的测定及表示方法

土壤含水率（亦称含水量），是衡量土壤含水多少的数量指标。为了掌握土壤水分状况及其变化规律，用以指导农田灌溉和排水，经常需要测定土壤含水率。测定土壤含水率的方法很多，如称重法（包括烘干法、酒精燃烧法、红外线法）、负压计法、TDR法、核物理法（γ射线法和中子散射法）等。下面介绍常用的几种方法。

（1）烘干法。

将采集的土样称得湿重后，放在105～110℃的烘箱中烘干至恒重，然后称重，水重与干土重的比值为土壤含水率。烘干法是最基本的直接测定土壤含水率的方法，也是检验其他方法的基础。为克服烘干法费时的缺陷，可用酒精燃烧法、红外和微波脱水的方法，但其均有不稳定的缺陷。烘干法的缺点是土样受到破坏，且不能连续观测某处的土壤含水率。由于土壤空间变异性的存在，不断地变动取土点会产生取样换位误差，难以精确地研究土壤水分的变化规律等。

（2）负压计（又称张力计）法。

土壤水分是靠土壤吸力（基质势）的作用而存在于土壤中的。对于同一种土壤含水率越小，土壤吸力越大；含水率越大，土壤吸力越小。当含水率达到饱和时，土壤吸力等于零。负压计就是测量土壤吸力的仪器。只要事先按不同土壤率定建立土壤吸力与土壤含水率的关系曲线即土壤水分特征曲线（如图2－2所示，可通过同时测定负压计读数和用烘干法测定土壤含水率来建立），而后用负压计测得土壤吸力，再查已建立的土壤水分特征曲线即得土壤含水率。负压计的结构简单，能定量连续观测土壤含水率，既可用于扰动土壤，又可用于原状土样。如果分层埋设，可以及时掌握土壤水分运动情况，也可在不同测点多处埋设，配合自动观测设备，同时测得多点的土壤含水率及其变化过程。但是由于负压计的量测范围限制，多数情况下所测得的最大吸力为0.8×10^5～0.9×10^5Pa，不适用于测定非常干燥的土壤含水率。同时土壤与负压计的水势需要长时间平衡，不能快速跟踪土壤水分变化。负压计与土壤的接触不易保证，经常会产生较大误差。即使如此，对大多数农业土壤来说，其测定范围已包括了土壤有效水分的50%～75%。因此，负压计法在实际工作中被广泛应用。

（3）TDR法。

即时域反射仪（Time Domain Reflectometry）法，它是利用土壤的介电常数随土壤含水率的增大而增大且关系密切的规律，根据探测器发出的电磁波在不同介电常数物质中的传输时间的不同，计算出被测土壤的含水率。该方法测量范围大，测量快速准确，安全方便，受土壤理化特性变异影响较小，不破坏土壤结构，是目前使用广泛的一种方法。

（4）中子法。

所谓中子法就是用中子仪在田间测定各土层的土壤含水量。将中子源埋入待测土壤中，中子源不断发射快中子，快中子进入土壤介质与各种原子离子相碰撞，从而使其慢化。当快中子与氢原子相碰撞时，损失能量最大，更易于慢化，土壤中水分含量越高，氢原子越多，从而慢中子云密度就越大。中子仪测定土壤水分就是通过测定慢中子云密度来确定土壤含水率。它可以在原地不同深度周期性地反复测定而不破坏土壤，也不大受周围温度的影响，测量快速准确。主要缺点是在测定前一般要用烘干法确定率定曲线。此外空间分辨率低，不能测定表层土壤含水量，以及中子会对人体健康有影响。

(5) γ 射线法。

γ 射线法是20世纪50、60年代发展起来的另一种测定土壤含水量的方法，其基本原理是放射性同位素放射的 γ 射线穿透土壤时，其衰减度随土壤湿容重的增大而提高。在实验室，将放射源置于靠近土柱的一边，在土柱另一边置检测器，γ 射线穿过土柱由检测器测得 γ 射线衰减度，由此可间接求得土壤含水率。在田间，通常打两个相距一定距离的平行测孔，将放射源落入其中一个测孔的某一深度，在另一测孔的同一深度放置检测器，于是如实验室那样，可测得土壤剖面的含水量。γ 射线测定快速，不破坏土壤结构，能连续定点监测，且垂直分别率比中子法高。但其受土壤质地和容重影响较大，而且不便防护。一般适合于实验室使用，不便于田间使用。

土壤含水率的表示方法有：质量含水率 θ_m (g/g)、体积含水率 θ_v (cm^3/cm^3) 和水层厚度 h (mm) 等。水层厚度是将某一土层内所含的水量折算成水层厚度来表示土壤的含水率。$1.0m^3$/亩的水量相当于田面建立1.5mm的水层厚度。这种方法便于将土壤含水率与降雨量、灌水量和排水量进行比较。

第二节　作物生长对农田水分状况的要求

一、水对作物的生态作用

作物从种子发芽到新种子成熟的一生中，其生长发育状态与水分有着十分密切的关系。水分在作物生长发育过程中占有重要的地位，它不仅是作物本身的主要组成部分，也是作物进行一切生命活动所必需的物质，是联系作物有机体与外界环境的重要环节。水分过多或不足都会导致农作物生长不良，产量降低。

土壤含水量的多少，直接影响根系的发育。旱作物在潮湿的土壤中，其根系生长缓慢，多在表土下较浅的土层中平行横走，分布范围窄，根冠比率［根/（茎+叶）］小。当土壤含水率降低到田间持水率以下时，根系生长速度显著增快，根冠比率相应增大。在土壤含水率较低的地方，根系往往较发达，主根的长度可比地上部分的高度大几倍甚至十几倍，并且根系扩展的范围广，从而可以吸收更大范围的土壤水分。水稻在长期淹水、氧气缺乏的土壤中，一般多长出生命力弱的黄根，甚至出现很多黑根，而在水、气较协调的稻田中，则能长出一些生命力强的白根。

土壤水分状况明显影响作物茎叶的生长。当土壤水分缺乏时，茎叶生长缓慢；水分过多时往往使作物茎杆细长柔弱，后期容易倒伏。

水分对作物生长有一个最高、最适合和最低的点。土壤水分低于最低点，作物生长停止，甚至枯死。高于最高点，根系缺氧、窒息、烂根，植株生长困难，甚至死亡。只有处于一个适宜的范围内，才能维持作物水分平衡，保证作物生长发育良好。

土壤含水量对作物各种生理活动的影响是不一致的。大多数作物的生长最适含水量较高，蒸腾最适土壤含水量较低，而同化的最适含水量则最低。所以当土壤有效水分减少时，对作物生长的影响最大，其次是蒸腾，最后才是同化。实验表明，在作物萎蔫前蒸腾量减少到正常值的65%，同化作用减少到55%，而此时呼吸却增长62%，从而导致作物生长基本停止。

土壤含水量还影响作物的产品质量。作物氮素和蛋白质含量与土壤含水量有直接关系。以小麦为例，在生长期土壤含水量较小时，小麦的氮素和蛋白质含量都有所增加，表明在大陆性气候的少雨地区，有利于氮和蛋白质的形成和积累。

碳水化合物和土壤含水量的关系与蛋白质不同。土壤含水量减少时，淀粉含量相应减少，同时木质素和半纤维素有所增加，纤维素不变，果胶质则减少。脂肪含量与蛋白质的含量相反，土壤含水量增高时，脂肪含量和油的碘价（每百克植物油因其所含不饱和脂肪酸的种类和多寡不同所吸收碘的克数，碘价高则油质好）都有增高的趋势。

纤维作物的纤维似乎也是在较干旱的环境下才比较发达。棉花和黄麻最适生长的土壤水分比纤维发育的最适水分要高。在土壤含水量较低的情况下，作物的导管发达，输导组织充实，纤维质量好。

二、水分对改善作物生态环境的作用

1. 以水调气

在一定土壤中，土壤水分与土壤空气共同占有土壤孔隙，水多气就少，水少气就多。由于土壤空气是土壤肥力的重要因素之一，如果土壤空气减少，作物缺乏必要的氧气，呼吸作用和根气活力减弱，即使水分多，作物也不能正常吸水。在土壤空气不足时，嫌气微生物活动旺盛，产生大量有毒物质，危害作物生长。我国农业生产中的最主要问题是“北方缺水，南方缺气”。由于水—气这一对矛盾中，水是矛盾的主要方面。因此，可通过调节土壤水分状况来调节土壤空气。

2. 以水调温

水的热容量和导热率均比空气大得多。为了调节农田土壤温度或稻田水温，常常通过增加或减少农田水量的办法来解决。例如：早稻生长的前期，为了提高水温和泥温，白天将水排除，使稻田的热容量减小，温度就容易升高；棉花生长初期要注意排渍，主要目的也是为了使棉田温度尽快升高。相反，晚稻生长初期，由于温度过高，又要多灌水，才能保证晚稻正常生长。北方的“冬前灌”，以及为“降温”或“防冻”所采取的喷灌，均是以水调温的典型措施。

3. 以水调肥

作物吸收养分是有条件进行的，并不是只要土壤中存在足够的养分就能满足作物养分需要。首先，养分的吸收是以水为媒介的；其次，养分必须转化为作物能够吸收利用的速效养分。一般来说，土壤中的养分有两种形态，一种是可供作物直接吸收利用的“速效性养分”；一种是不能被作物直接吸收利用的“迟效性养分”。而且在迟效养分中，有一类需要在土壤水分较多时，腐殖质化，然后进一步分解成作物所能吸收的速效养分；另一类则需要在土壤水分较少时矿物质化，然后溶于水中为作物所利用。无论哪一类养分的吸收和转化，都是以一定的水分条件为基础的。

4. 改善农田小气候

通过合理的灌排措施，不仅可以调节土壤温度，而且也可以调节农田内部一定空气层

的气温、空气湿度等因素。当农田水分多时，蒸发蒸腾强烈，空气湿度增高，气温降低；反之亦然。

5. 提高耕作质量和效率

影响耕作质量和效率的主要因素之一是田间水分状况。旱田土壤含水率适宜，土壤的物理机械性介于粘结性与可塑性之间时，耕作质量和效率最佳；水稻田泡田以及耕地同时放水灌溉的方法，也是通过调节水分来满足耕作要求的措施。

6. 其他要求

农业生产中的许多农技措施都需要与灌溉和排水有机地结合起来进行。如稻田的“适时晒田”可调节水稻群体，“适时落干”可控制水稻贪青晚熟。杀虫也常要结合灌排进行。

三、水稻生态需水特性

稻田水层不仅可以保证水稻的生理需水，更重要的是能够创造一个适宜于水稻生长发育的生态环境。

1. 增加土壤养分

在淹水条件下，保持一定的嫌气环境，有机物分解慢，铵态氮易于保存，有效磷增加，铁、硅也易释放，有利于水稻的吸收利用。水层能提高生物固氮作用，据估计，水稻根际细菌所固定的氮素，可达 52.5～60kg/hm^2。此外，水层还可以使土壤膨软，利于稻根伸展以吸收养分。

2. 改善田间小气候

低温时稻田灌水能保温，高温时灌流动水可降温；干冷风（寒露风、霜降风）和干热风时灌深水可调节田间温湿度，可对防止水稻遭受不良气候的危害起一定作用。

3. 防治杂草与病虫害

在淹水条件下，很多杂草种子发芽困难。实验证明，水层深 2.5cm 时，杂草群落显著减少；水深 7cm 时，没有禾本科杂草；水深 15cm 时，许多杂草都不能滋生。采用敌稗、除草醚等化学除草剂时，也需水层配合，才能收到良好效果。水层灌溉对减少稻瘟病（因稻田干旱时，水稻吸收硅酸量减少，易感染稻瘟病）和防治二化螟等也有良好作用。

以上是水层对水稻生理生态有利的一面。但必须看到，如果长期保持水层，特别是长期保持深水层也会对水稻带来不利影响。例如使土壤空气十分缺乏，有机质分解缓慢而不彻底；有毒物质增加，根系生长不良，吸收能力减弱；茎秆细长软弱，容易倒伏；通风透光不良，株间湿度过大，容易引起胡麻叶斑病、纹枯病、白叶枯病以及稻飞虱等的严重危害。因此，稻田不宜采用长期水层灌溉，而应经常采取排水晒田或湿润露田的措施。

排水晒田，可促使土壤通气，土壤含氧量增加，氧化还原电位升高，还原物质得到氧化，减少对稻根的毒害。同时土壤的通透性增加，土壤好气微生物活动加强，矿化速度提高，使晒田复水后，土壤中有效养分含量显著增加。晒田还能提高土壤温度，增大昼夜温差，改善通风透光条件，使株间湿度下降，从而抑制病原菌的繁殖和传播，同时稻株抗病性能提高，可减少病虫害。晒田后，由于土壤理化性状和田间小气候的改善，可促进根系生长，扩大吸收范围，同时白根增多，黄根、黑根减少，提高根的活力。晒田能促进碳水化合物在秆和叶鞘中积累，使茎壁增厚，机械组织发达，茎秆坚韧，还能抑制基部节间伸长，从而提高抗倒伏的能力。分蘖末期晒田，造成短期缺水停肥，能抑制无效分蘖发生，并促使幼小高位蘖死亡，使养分集中到主茎和大穗，从而巩固有效分蘖，提高成穗率。

由于作物所需的水分是通过根系吸收土壤中的水分而得到的，对于不同的作物，其对农田水分状况的要求是不一样的。旱作物要求农田具有适宜的含水率，水稻则要求农田具有适宜的淹灌水层。

四、旱作地区作物生长对农田水分状况的要求

旱作地区的各种形式的水分，并非全部能被作物所直接利用。如地面水和地下水必须适时适量地转化为作物根系吸水层（可供根系吸水的土层，略大于根系集中层）中的土壤水，才能被作物吸收利用。通常地面不允许积聚水量，以免造成淹涝，危害作物。地下水一般不允许上升至根系吸水层，以免造成渍害。因此，地下水只应通过毛管作用上升至根系吸水层，供作物利用。这样，地下水必须维持在根系吸水层以下一定距离处，见图2-4。

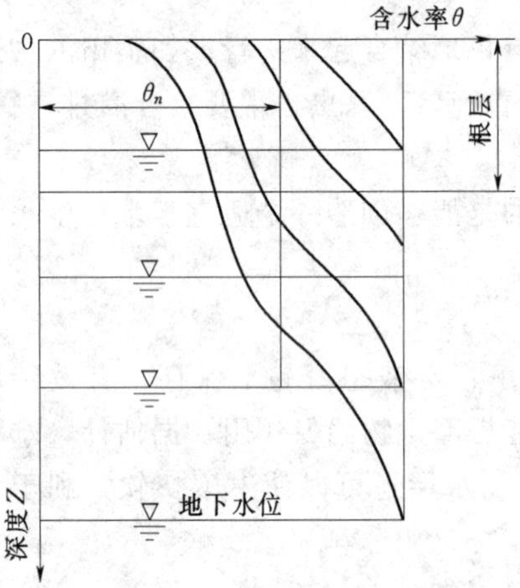

图 2-4　地下水位对作物根系吸水层内土壤含水率分布的影响示意图

作物根系吸水层中的土壤水，以毛管水最容易被旱作物吸收，是对旱作物生长最有价值的水分形式。超过毛管水最大含水量的重力水，一般都下渗流失，不能为土壤所保存，因此很少能被旱作物利用。同时，如果重力水长期保存在土壤中，也会影响到土壤的通气状况（通气不良），对旱作物生长不利。所以，旱作物根系吸水层中允许的最大含水率一般不超过根系吸水层中的田间持水率。当根系吸水层的土壤含水率下降到凋萎系数以下时，土壤水分也不能为作物利用。

当植物根部从土壤中吸收的水分来不及补给叶面蒸腾时，便会使植物体的含水量不断减少，特别是叶片的含水量迅速降低。这种由于根系吸水不足以至破坏了植物体水分平衡和协调的现象，即谓之干旱。由于产生干旱的原因不同，可分为大气干旱和土壤干旱两种情况。在农田水分尚不妨碍植物根系的吸收，但由于大气的温度过高和相对湿度过低，阳光过强，或遇到干热风造成植物蒸腾耗水过大，都会使根系吸水速度不能满足蒸腾需要，这种情况谓之大气干旱。我国西北、华北均有大气干旱。大气干旱过久会造成植物生长停滞，甚至使作物因过热而死亡。若土壤含水率过低，植物根系从土壤中所能吸取的水量很少，无法补偿叶面蒸腾的消耗，则形成所谓土壤干旱的情况。短期的土壤干旱，会使产量显著降低，干旱时间过长，即会造成植物的死亡，其危害性要比大气干旱更为严重。为了防止土壤干旱，最低的要求就是使土壤水的渗透压力不小于根毛细胞液的渗透压力，凋萎系数便是这样的土壤含水率临界值。

土壤含水率减小，使土壤溶液浓度增大，从而引起土壤溶液渗透压力增加。因此，土壤根系吸水层的最低含水率，还必须使土壤溶液浓度不超过作物在各个生育期所容许的最高值，以免发生凋萎。这对盐渍土地区来说，更为重要。土壤水允许的含盐溶液浓度的最高值视盐类及作物种类而定。按此条件，根系吸水层内土壤含水率应不小于

$$\theta_{\min} = \frac{S}{C} \times 100\% \qquad (2-3)$$

式中 $\theta_{\min}$——按盐类溶液浓度要求所规定的最小含水率，占干土重，%；

S——根系吸水层中易溶于水的盐类数量，占干土重，%；

C——允许的盐类溶液浓度，占水重，%。

养分浓度过高也会影响到根系对土壤水分的吸收，甚至发生枯死现象。因此在确定最小含水率时还需考虑养分浓度的最大限度。

根据以上所述，旱作物田间（根系吸水层）允许平均最大含水率不应超过田间持水率，最小含水率不应小于凋萎系数。为了保证旱作物丰产所必须的田间适宜含水率范围，应在研究水分状况与其他生活要素之间的最适关系的基础上，总结实践经验，并与先进的农业增产措施相结合来加以确定。

五、水稻地区的农田水分状况

由于水稻的栽培技术和灌溉方法与旱作物不同，因此农田水分存在的形式也不相同。我国水稻灌水技术，传统采用田面建立一定水层的淹灌方法，故田面经常（除烤田外）有水层存在，并不断地向根系吸水层中入渗，供给水稻根部以必要的水分。根据地下水埋藏深度，不透水层位置，地下水出流情况（有无排水沟、天然河道、人工河网）的不同，地面水、土壤水与地下水的关系也不同。

当地下水位埋藏较浅、又无出流条件时，由于地面水不断下渗，使原地下水位至地面间土层的土壤空隙达到饱和，此时地下水便上升到地面并与地面水连成一体。

当地下水埋藏较深、出流条件较好时，地面水虽然仍不断入渗，并补给地下水，但地下水位常保持在地面下一定深度。此时，地下水位至地面间土层的土壤空隙不一定达到饱和。

水稻是喜水喜湿性作物，保持适宜的淹灌水层，能对稻作水分及养分的供应提供良好的条件；同时，还能调节和改善其他如湿、热及气候等状况。但过深的水层（不合理的灌溉或降雨过多造成的）对水稻生长也是不利的，特别是长期的深水淹浸，更会引起水稻减产，甚至死亡。因此，淹灌水层上下限的确定，具有重要的实际意义。通常与作物品种和发育阶段、自然环境及人为条件有关，应根据实践经验来确定。

第三节 土壤水分运动

土壤是自然生态环境的一个重要组成部分，它与人类的生活和生产活动有着密切的关系。作为多孔介质的土壤，是由矿物质和有机质构成其固定骨架，水溶液和空气充填其中孔隙的三相体。土壤水是农田水分存在的主要形式，本节着重介绍非饱和土壤水分运动问题。

人们对饱和土壤中的水分运动问题的研究历史较长，其理论基础为达西（Darcy）定律，并逐步完善形成地下水动力学。非饱和土壤中的水分运动问题一直是土壤学研究的重点，19 世纪下半叶以来，人们对非饱和土壤水分问题的研究主要采用形态观点，定性描述或分析土壤中水分的保持和运动，即毛管理论。它把土壤看成为一束均匀的或不同管径的毛管，将土壤水运动简化为水在毛管中的运动。毛管理论清楚易懂，上世纪50年代以前应用比较广泛，目前仍有一定的实际意义。上世纪初出现了土壤水分能态观点，即势能理论，克服了形态理论的缺陷，根据在土壤水势的基础上推导出的扩散方程，研究土壤的水分运动。这种方法的理论比较严谨，可以适用于各种边界条件，特别是随着电子计算机和数值计算的应用，近40年来利用势能理论研究土壤水分运动已取得很大的进展，其用于研究有关灌溉排水中的土壤水分运动有着广阔的前景。

一、土水势及其分势

像自然界其他物质一样，土壤水也具有不同形式和不同量级的能量。经典物理学将能量分为动能和势能两部分。动能是由物体运动的速度和质量所决定的。由于土壤中水的流速非常慢，动能一般可以忽略不计。势能是由物体的相对位置及内部状态所决定，它是制约土壤水状态及运动的主要能量。所以今后说到土壤水能态时，是指土壤水的势能，简称土水势。

国际土壤协会1963年对土水势定义为：可逆地和等温地从特定高度和大气压下的纯水水池转移极少量水到土壤中某一研究点每单位数量纯水所做的功。

根据影响土水势的各种因素，土水势可由若干分势组成。必须强调的是，在不同情况下，总土水势由不同分势（并不一定是所有分势）组成。

1. 重力势（ψ_g）

土壤处于重力场中，其势能的大小取决于物体在重力场的位置，可用重力势表达。任一点土壤水的重力势是由其参照的基准面的相对高度决定的。

2. 压力势（ψ_p）

当土壤处在地下水自由水面以下或土壤表面长期积水情况下，土壤水具有压力势，压力势是由土壤水静水压力所产生的。压力势为正值。

3. 基质势（ψ_m 或 h）

土壤颗粒对水分有吸附力，毛细现象产生毛管力，这两种力吸引和束缚着水保持在土壤孔隙中，降低了土壤水的势能，就形成吸附势和毛管势。这两者很难分开，合称基质势。非饱和土壤中基质势为负值，饱和土壤中基质势为零。

4. 溶质势（ψ_s 或 s）

土壤水溶液中存在各种溶质，溶质离子和水分子之间存在吸引力，降低了水分的自由能并低于纯水，降低的自由能即溶质势，所以溶质势也是负值，其大小和溶质的数量有关。在盐分较高的土壤中研究土壤水与植物间水分关系时，必须考虑溶质势。

在非饱和土壤中，土壤势是由基质势和重力势组成。而在饱和土壤中，存在重力势和压力势，在盐碱土研究土壤与植物水分关系时，应包括基质势、重力势和溶质势。

由于在土—水系统中基质势（ψ_m 或 h）和溶质势（ψ_s 或 s）一般都取负值，使用起来有时不大方便。为此，将基质势（ψ_m 或 h）和溶质势（ψ_s 或 s）的相反数定义为吸力 S，即 $S=-\psi_m$ 或 $S=-h$，分别称为基质吸力和溶质吸力。

土壤水吸力不像基质势有严格的物理意义，但它能较形象地表示出土壤基质对水分的吸持作用，同时又避免了使用负数的势值，故该术语常被采用。基质势愈大，则吸力愈小；反之若基质势愈小，则吸力愈大。所以，土壤水有自吸力低处向吸力高处流动的趋势。

二、土壤水运动的基本方程

在一般情况下，达西定律同样适用于非饱和土壤水分运动。在水平和垂直方向的渗透速度在 v_x、v_z 可分别写成

$$\begin{cases} v_x = -K(\theta)\dfrac{\partial\psi}{\partial x} \\ v_z = -K(\theta)\dfrac{\partial\psi}{\partial z} \end{cases} \tag{2-4}$$

式中 ψ——土壤水势，$\psi = h + z$（以总水头表示）；

h——压力势（水头），在饱和土壤（地下水）中压力水头为正值，在非饱和土壤中 h 为基质势，为负值；

z——重力势，坐标 z 向上为正时，重力势取正值，坐标 z 向下为正时，重力势取负值；

K——土壤导水率也称作水力传导度，为单位水势梯度时的土壤水分通量，其单位与速度相同，一般用 m/s 或 m/h 等。

非饱和土壤导水率是土壤体积含水率 θ 的函数 $K(\theta)$ 或土壤负压水头 h 的函数 $K(h)$。常用的导水率与土壤含水率间的关系如下

$$K(\theta) = K_s\left(\frac{\theta-\theta_0}{\theta_s-\theta_0}\right)^n \tag{2-5}$$

式中 K_s——当 θ 等于 θ_s（即饱和含水率）时的导水率，也称为饱和导水率或渗透系数；

n——经验指数，$n=3.5\sim4$；

θ_0——不易移动的土壤含水率，其值可取最大分子持水率。

非饱和土壤导水率与土壤压力水头之间的关系式可写成：

$$K(h) = \frac{a}{|h|^n + b} \tag{2-6}$$

或

$$K(h) = K_s e^{ch} \tag{2-7}$$

式中的 a、b 和 c 值均为经验常数。Van Genuchten 模型为

$$K = K_s\frac{\{1-|\alpha h|^{n-1}[1+|\alpha h|^n]^{-m}\}^2}{[1+|\alpha h|^n]^{m\gamma}} \tag{2-8}$$

式中 γ——孔隙连续参数，平均值为 0.5。

设土壤水在垂直平面上发生二维运动，取微小单位体体积为 $\Delta x\times\Delta z\times1$（垂直 xz 平面厚度为 1）（如图 2-5 所示）。在 dt 时间内从 x 方向流入和流出单元体的水量为

$$q_1 = v_x dt dz\times1 \tag{2-9}$$

$$q_2 = \left(v_x + \frac{\partial v_x}{\partial x}dx\right)dt dz\times1 \tag{2-10}$$

在 dt 时间内从 z 方向流入和流出单元体的水量为：

$$q_3 = v_z dt dx\times1 \tag{2-11}$$

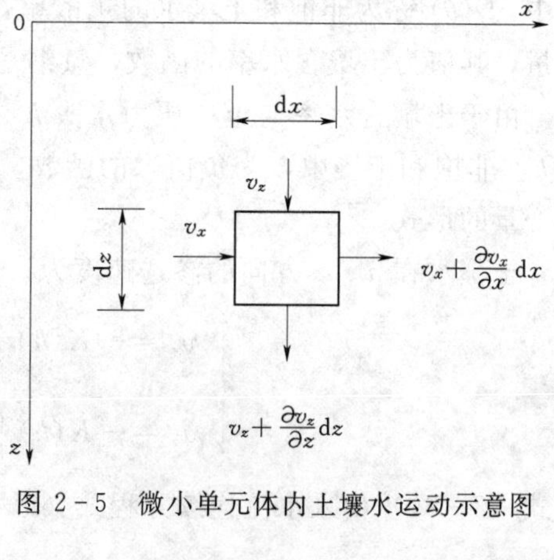

图 2-5 微小单元体内土壤水运动示意图

$$q_4 = \left(v_z + \frac{\partial v_z}{\partial z}\mathrm{d}z\right)\mathrm{d}t\mathrm{d}x \times 1 \tag{2-12}$$

则在 $\mathrm{d}t$ 时间内从 x、z 方向流入和流出单元体的水量差值为

$$(q_1 - q_2) + (q_3 - q_4) = -\left(\frac{\partial v_x}{\partial x} + \frac{\partial v_z}{\partial z}\right)\mathrm{d}x\mathrm{d}z\mathrm{d}t \tag{2-13}$$

在 $\mathrm{d}t$ 时间内土壤单元体中贮水量的变化率为

$$\frac{\partial \theta}{\partial t}\mathrm{d}x\mathrm{d}z\mathrm{d}t \tag{2-14}$$

式中 θ——体积含水率。

根据质量守恒的原理，式（2-13）、式（2-14）应相等，整理可得到土壤水流连续方程

$$\frac{\partial \theta}{\partial t} = -\left(\frac{\partial v_x}{\partial x} + \frac{\partial v_z}{\partial z}\right) \tag{2-15}$$

将 v_x，v_z 代入水流连续方程式（2-15）后，可得

$$\frac{\partial \theta}{\partial t} = \frac{\partial}{\partial x}\left[K(\theta)\frac{\partial \psi}{\partial x}\right] + \frac{\partial}{\partial z}\left[K(\theta)\frac{\partial \psi}{\partial z}\right] \tag{2-16}$$

考虑到 $\psi = h - z$（z 坐标取向下为正时），则有

$$\frac{\partial \psi}{\partial x} = \frac{\partial h}{\partial x}, \quad \frac{\partial \psi}{\partial z} = \frac{\partial h}{\partial z} - 1 \tag{2-17}$$

代入式（2-16），得

$$\frac{\partial \theta}{\partial t} = \frac{\partial}{\partial x}\left[K(\theta)\frac{\partial h}{\partial x}\right] + \frac{\partial}{\partial z}\left[K(\theta)\frac{\partial h}{\partial z}\right] - \frac{\partial K(\theta)}{\partial z} \tag{2-18}$$

因为

$$\frac{\partial h}{\partial x} = \frac{\partial h}{\partial \theta}\frac{\partial \theta}{\partial x} \quad 及 \quad \frac{\partial h}{\partial z} = \frac{\partial h}{\partial \theta}\frac{\partial \theta}{\partial z}$$

并令

$$D(\theta) = K(\theta)\frac{\partial h}{\partial \theta} \tag{2-19}$$

并代入式（2-18）可得到以土壤含水率为自变量的土壤水分运动基本方程

$$\frac{\partial \theta}{\partial t} = \frac{\partial}{\partial x}\left[D(\theta)\frac{\partial \theta}{\partial x}\right] + \frac{\partial}{\partial z}\left[D(\theta)\frac{\partial \theta}{\partial z}\right] - \frac{\partial K(\theta)}{\partial z} \tag{2-20}$$

式中，$D(\theta)$ 称为非饱和土壤水的扩散率，表示单位含水率梯度下通过单位面积的土壤水流量，其值为土壤含水率的函数，量纲是［L^2/T］。

由于土壤含水率与土壤压力水头 h 之间存在着函数关系，导水率 K 也可写成压力水头 h（非饱和土壤中 h 为负值）的函数，因此，土壤水运动基本方程也可写成另一种以 h 为变量的形式。

土壤水在 x、z 方向的渗透速度为

$$\begin{cases} v_x = -K(h)\dfrac{\partial \psi}{\partial x} = -K(h)\dfrac{\partial h}{\partial x} \\ v_z = -K(h)\dfrac{\partial \psi}{\partial z} = -K(h)\left(\dfrac{\partial h}{\partial z} - 1\right) \end{cases} \tag{2-21}$$

将式（2-21）代入水流连续方程式（2-15），得

$$\frac{\partial\theta}{\partial t}=\frac{\partial}{\partial x}\left[K(h)\frac{\partial h}{\partial x}\right]+\frac{\partial}{\partial z}\left[K(h)\frac{\partial h}{\partial z}\right]-\frac{\partial K(h)}{\partial z} \tag{2-22}$$

令

$$C(h)=\frac{\mathrm{d}\theta}{\mathrm{d}h} \tag{2-23}$$

考虑到 $$\frac{\partial\theta}{\partial t}=\frac{\partial\theta}{\partial h}\frac{\partial h}{\partial t}=C(h)\frac{\partial h}{\partial t}$$

将式（2-23）代入式（2-22），得

$$C(h)\frac{\partial h}{\partial t}=\frac{\partial}{\partial x}\left[K(h)\frac{\partial h}{\partial x}\right]+\frac{\partial}{\partial z}\left[K(h)\frac{\partial h}{\partial z}\right]-\frac{\partial K(h)}{\partial z} \tag{2-24}$$

式中，$C(h)$ 称为土壤的容水度，表示压力水头减小一个单位时，自单位体积土壤中所能释放出来的水体积；其量纲是 $[\mathrm{L}^{-1}]$。注意这里式（2-20）与式（2-24）是在 z 坐标向下为正的条件下得出的。

在初始条件和边界条件已知的情况下，可根据这些定解条件求解式（2-20）或式（2-24），求得各点土壤含水率或土壤负压和土壤水流量的计算公式，或用数值计算方法直接计算各点土壤含水率（或负压）和土壤水的流量。

三、入渗条件下土壤水分运动

降雨和灌水入渗是补给农田水分的主要来源。入渗速度与总量及入渗后剖面上土壤含水率的分布，对拟定农田水分状况的调节措施有重要意义。下面以地下水埋深较大、剖面土壤含水率均匀分布、地表形成薄水层这一简单的情况为例，说明入渗速度和土壤含水率的计算方法。在大面积的灌溉淋洗、蒸发条件下，完全可以忽略水平方向的水力梯度，割取其中一个垂向单元体进行独立的一维研究。在垂直入渗的情况下，坐标轴 $z=0$ 取在地表，取 z 向下为正，则一维土壤水运动的基本方程可写成

$$\frac{\partial\theta}{\partial t}=\frac{\partial}{\partial z}\left[D(\theta)\frac{\partial\theta}{\partial z}\right]-\frac{\partial K(\theta)}{\partial z} \tag{2-25}$$

如降雨或灌水前剖面上各点初始含水率为 θ_0，则初始条件为

$$\theta(z,0)=\theta_0 \tag{2-26}$$

在地表有薄水层时，表层含水率等于饱和含水率 θ_s，在 z 相当大（$z\rightarrow\infty$）时，含水率不变，即 $\theta=\theta_0$，则边界条件为

$$\begin{cases}\theta(0,t)=\theta_s\\ \theta(\infty,t)=\theta_0\end{cases} \tag{2-27}$$

式（2-25）为非线性偏微分方程组，求解比较困难。为了简化计算，近似地以平均扩散度 $\overline{D}$ 代替 $D(\theta)$，由于 $\frac{\partial K}{\partial Z}=\frac{\mathrm{d}K}{\mathrm{d}\theta}\frac{\partial\theta}{\partial Z}$，以 $N=\frac{K(\theta_S)-K(\theta_0)}{\theta_s-\theta_0}$ 代替 $\frac{\mathrm{d}K}{\mathrm{d}\theta}$，则式（2-25）变为常系数的线性微分方程

$$\frac{\partial\theta}{\partial t}=\overline{D}\frac{\partial^2\theta}{\partial z^2}-N\frac{\partial\theta}{\partial z} \tag{2-28}$$

采用拉氏变换求解。经变换后 θ 的象函数 $\overline{\theta}$ 为

$$\overline{\theta}(z,p)=\int_0^\infty\theta(z,t)\mathrm{e}^{-pt}\mathrm{d}t \tag{2-29}$$

对式（2-28）中 $\frac{\partial\theta}{\partial t}$ 采用拉氏变换，即

$$\int_0^\infty \frac{\partial\theta}{\partial t}\mathrm{e}^{-pt}\,\mathrm{d}t \tag{2-30}$$

采用分部积分法，设 $\frac{\partial\theta}{\partial t}\mathrm{d}t=\mathrm{d}u$，$\mathrm{e}^{-pt}=v$，$u=\theta$，$\mathrm{d}v=-p\mathrm{e}^{-pt}\mathrm{d}t$

$$\int_0^\infty \frac{\partial\theta}{\partial t}\mathrm{e}^{-pt}\,\mathrm{d}t=\theta\mathrm{e}^{-pt}\Big|_0^\infty+p\int_0^\infty\theta\mathrm{e}^{-pt}\,\mathrm{d}t=p\bar{\theta}-\theta_0 \tag{2-31}$$

对式（2-28）右侧进行变换，得

$$\int_0^\infty \frac{\partial\theta}{\partial z}\mathrm{e}^{-pt}\,\mathrm{d}t=\frac{\partial}{\partial z}\int_0^\infty\theta\mathrm{e}^{-pt}\,\mathrm{d}t=\frac{\partial\bar{\theta}}{\partial z} \tag{2-32}$$

$$\int_0^\infty \frac{\partial^2\theta}{\partial z^2}\mathrm{e}^{-pt}\,\mathrm{d}t=\frac{\partial}{\partial z^2}\int_0^\infty\theta\mathrm{e}^{-pt}\,\mathrm{d}t=\frac{\partial^2\bar{\theta}}{\partial z^2} \tag{2-33}$$

式（2-28）经变换后，由于仅包含象函数对 z 的导数，可写成常微分形式

$$p\bar{\theta}-\theta_0=\overline{D}\frac{\mathrm{d}^2\bar{\theta}}{\mathrm{d}z^2}-N\frac{\mathrm{d}\bar{\theta}}{\mathrm{d}z} \tag{2-34}$$

式（2-27）经变换后，得

$$\begin{cases}\bar{\theta}(0,p)=\dfrac{\theta_s}{p}\\[2ex]\bar{\theta}(\infty,p)=\dfrac{\theta_0}{p}\end{cases} \tag{2-35}$$

式（2-34）的通解为

$$\bar{\theta}(z,p)=\frac{\theta_0}{p}+C_1\mathrm{e}^{\frac{N+\sqrt{N^2+4\overline{D}P}}{2\overline{D}}z}+C_2\mathrm{e}^{\frac{N-\sqrt{N^2+4\overline{D}P}}{2\overline{D}}z} \tag{2-36}$$

式（2-35）由于在 $z\rightarrow\infty$ 时，$\bar{\theta}$为有限值 $\frac{\theta_0}{p}$，为使 $C_1\mathrm{e}^\infty$ 为有限值，C_1 必须为 0，则式（2-28）化为

$$\bar{\theta}(0,p)=\frac{\theta_s}{p}=\frac{\theta_0}{p}+C_2 \tag{2-37}$$

$$C_2=\frac{\theta_s-\theta_0}{p} \tag{2-38}$$

代入式（2-36），得象函数$\bar{\theta}$的解为

$$\bar{\theta}(z,p)=\frac{\theta_0}{p}+\frac{\theta_s-\theta_0}{p}\mathrm{e}^{\frac{N_z}{2\overline{D}}}\mathrm{e}^{-\sqrt{\frac{z^2}{2\overline{D}}\left(P+\frac{N^2}{4\overline{D}}\right)}} \tag{2-39}$$

由拉氏变换逆变换表

$$\frac{1}{p}\mathrm{e}^{-\sqrt{\alpha(p+\beta)}}\rightarrow\frac{1}{2}\left\{\mathrm{e}^{-\sqrt{\alpha\beta}}\operatorname{erfc}\left(\frac{1}{2}\sqrt{\frac{\alpha}{t}}-\sqrt{\beta t}\right)+\mathrm{e}^{\sqrt{\alpha\beta}}\operatorname{erfc}\left(\frac{1}{2}\sqrt{\frac{\alpha}{t}}+\sqrt{\beta t}\right)\right\}$$

经逆变换后，得

$$\theta(z,t)=\theta_0+\frac{\theta_s-\theta_0}{2}\left\{\operatorname{erfc}\left(\frac{z-Nt}{2\sqrt{\overline{D}t}}\right)+\mathrm{e}^{\frac{N_z}{\overline{D}}}\operatorname{erfc}\left(\frac{z+Nt}{2\sqrt{\overline{D}t}}\right)\right\} \tag{2-40}$$

式中：$\operatorname{erfc}(z)=\frac{2}{\sqrt{\pi}}\int_z^\infty\mathrm{e}^{-u^2}\mathrm{d}u$ 为补余误差函数

$$\overline{D}=\frac{5/3}{(\theta_s-\theta_0)^{5/3}}\int_{\theta_0}^{\theta_s}D(\theta)(\theta-\theta_0)\mathrm{d}\theta \tag{2-41}$$

剖面含水率的分布可从式（2-40）求得，如图 2-6 所示。

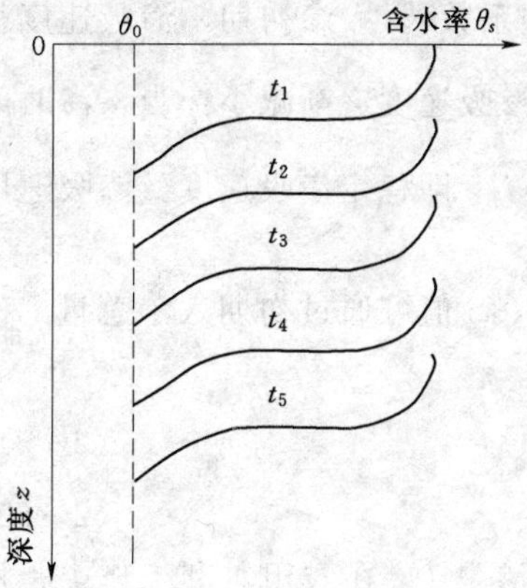

图 2-6　入渗条件下土壤剖面含水率分布图

地表入渗速度的计算式为

$$i=-K(\theta)\left(\frac{\partial h}{\partial z}-1\right)\Bigg|_{z=0}=-\left[D(\theta)\frac{\partial \theta}{\partial z}-K(\theta)\right]\Bigg|_{z=0} \tag{2-42}$$

由于在有水层入渗时，地表处含水率达到饱和，$K(\theta)=K_s$ 等于土壤饱和时的水力传导度。$D(\theta)$ 仍采用平均值 $\overline{D}$，$\frac{\partial \theta}{\partial z}$ 可自象函数 $\frac{\partial \bar{\theta}}{\partial z}$ 推求，由式（2-36）得

$$\frac{\partial \bar{\theta}}{\partial z}=\frac{\theta_s-\theta_0}{p}\frac{N-\sqrt{N^2+4\overline{D}p}}{2\overline{D}}\mathrm{e}^{\frac{N-\sqrt{N^2+4\overline{D}p}}{2\overline{D}}z} \tag{2-43}$$

$$\frac{\partial \bar{\theta}}{\partial z}\Bigg|_{z=0}=\frac{\theta_s-\theta_0}{p}\frac{N-\sqrt{N^2+4\overline{D}p}}{2\overline{D}} \tag{2-44}$$

在入渗初期 $t\ll\frac{4\overline{D}}{N^2}$ 时，根据拉氏变换原理，相当于 $p\gg\frac{N^2}{4\overline{D}}$，则

$$\frac{N-\sqrt{N^2+4\overline{D}p}}{2\overline{D}}\approx-\sqrt{\frac{p}{\overline{D}}}$$

$$\frac{\partial \bar{\theta}}{\partial z}\Bigg|_{z=0}=-(\theta_s-\theta_0)\frac{1}{\sqrt{p\overline{D}}} \tag{2-45}$$

查逆变换表

$$\frac{1}{\sqrt{p}}\doteq\frac{1}{\sqrt{\pi t}}$$

$$\frac{\partial \bar{\theta}}{\partial z}\Bigg|_{z=0}\doteq-(\theta_s-\theta_0)\frac{1}{\sqrt{\pi\overline{D}t}} \tag{2-46}$$

代入式（2-42），得

$$i=(\theta_s-\theta_0)\sqrt{\frac{\overline{D}}{\pi}}t^{-\frac{1}{2}}+K_s \tag{2-47}$$

入渗时间较久时，$t\gg\frac{4\overline{D}}{N^2}$，相当于 $p\ll\frac{N^2}{4\overline{D}}$，$N^2+4\overline{D}p\approx N^2$，此时 $\frac{\partial \bar{\theta}}{\partial z}=0$，$\frac{\partial \theta}{\partial z}=0$，$i=K_s$，因此，可将式（2-47）作为入渗速度的近似计算式。

在时间 t 内入渗的总水量 I 为：

$$I=2(\theta_s-\theta_0)\sqrt{\frac{\overline{D}t}{\pi}}+K_st \tag{2-48}$$

菲利普（Philip）根据严格的数学推导求得了非线性方程（2-25）的无穷级数解。其渗吸速度（也称为入渗速度）的近似式为：

$$i=\frac{S}{2}t^{-\frac{1}{2}}+i_f \tag{2-49}$$

在时间 t 内的入渗总量（以水层厚度表示）的计算式为

$$I = St^{\frac{1}{2}} + i_f t \tag{2-50}$$

式中，S，i_f 均为土壤特性常数。S 的大小与土壤初始含水率有关，一般称为吸水率。i_f 为稳定渗吸速度，相当于土壤饱和时的导水率 K_s（即渗透系数）。入渗初期，渗吸速度很大，i_f 远较 $\frac{S}{2}t^{-\frac{1}{2}}$ 为小，可忽略不计。随着时间的增长，渗吸速度逐渐减小。当入渗时间很久时，即 $t \to \infty$，则式（2-49）中第一项趋近于 0，$i = i_f$，即稳定渗吸速度。渗吸速度在时间上的变化如图 2-7（a）所示。

渗吸速度理论公式中的常数需要通过试验确定。例如，S 值可通过初期入渗总量 I 确定，即

$$I = St^{\frac{1}{2}} \tag{2-51}$$

$$S = It^{-\frac{1}{2}} \tag{2-52}$$

在生产中，常直接采用经验公式计算入渗速度 i 和入渗量 I。在农田水利工作中常用考斯加可夫（Kostikov）经验公式

$$i = i_1 t^{-\alpha} \tag{2-53}$$

式中 α——经验指数，其值根据土壤性质和初始含水率而定，变化介于 0.3～0.8 之间，轻质土壤 α 值较小，重质土壤 α 值较大；初始含水率愈大，α 值愈小，一般土壤多取 α=0.5；

i_1——在第一个单位时间末的渗吸速度。

在时间 t 内入渗总量 I（以水层深度表示）为

$$I = \int_0^t i \mathrm{d}t = \int_0^t \frac{i_1}{t^\alpha} \mathrm{d}t = \frac{i_1}{1-\alpha} t^{1-\alpha} \tag{2-54}$$

应当指出，无论是根据线性方程求得的近似理论公式（2-42），还是根据非线性方程求得的精确解（2-49），都是在初始剖面含水率均匀分布的基础上求得的。在实际情况下，土壤剖面含水率分布是不均匀的，其值常随深度而变化，即 $\theta(z,0) = \theta(z)$。在理论公式中采用根据野外入渗资料确定的土壤特性常数时，实际上这些公式已具有半经验的性质。

在农田采用畦灌或漫灌时，灌溉水向土壤的入渗属于上述有水层的一维入渗问题。在降雨或利用喷灌进行灌水的情况下，开始时，如降雨和喷灌强度不超过土壤的入渗能力，地表将不形成水层，这种情况下的入渗成为自由入渗，土壤的入渗速度取决于降雨强度 p，此时的边界条件为

$$-D(\theta)\frac{\partial \theta}{\partial z} + K(\theta) = p(t) \tag{2-55}$$

式（2-55）表明在形成水层以前，土壤入渗速度的大小决定于降雨和喷灌强度。随着入渗时间的增长，入渗能力逐渐减弱，当降雨或灌水强度超过入渗能力时，田面将形成水层。在这种情况下，土壤的入渗速度将决定于土壤的入渗能力。在一定的土壤质地和初始含水率条件下，降雨或灌水强度不同，入渗过程有一定差异。如将在有水层存在时的入渗强度的变化过程近似地作为土壤的入渗能力，如图 2-7（b）中实线所示，在降雨强度

很大时，田面很快形成积水，由自由入渗转化为有压入渗，入渗过程如虚线所示。在降雨强度较小时，经过很长时间，降雨强度才会超过土壤的入渗能力，因此，田面形成水层的时间也较晚，其入渗过程如图 2-7 (*b*) 中点划线所示。

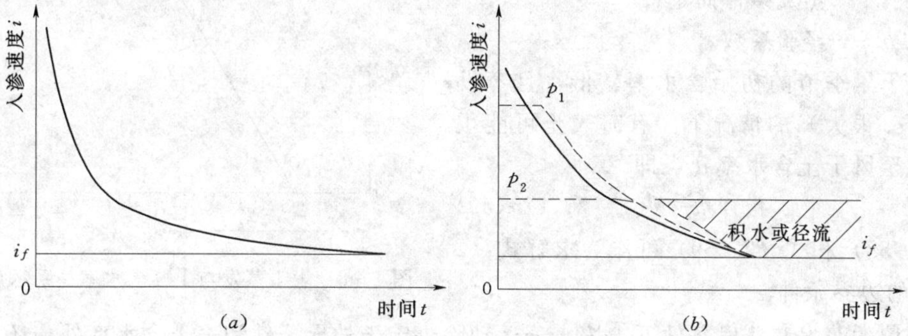

图 2-7　土壤入渗情况分析

(*a*) 入渗速度随时间的变化；(*b*) 不同降雨强度条件下的入渗过程

在采用沟灌和渗灌进行灌水的条件下，水自沟槽和渗水管向土壤沿 x、z 两个方向入渗，这种情况下的入渗属于二维的入渗问题，需采取数值方法计算，根据相应的定解条件如初始条件和边界条件求解式 (2-20) 或式 (2-24)。在采用滴灌时水分向 x、y、z 三个方向扩散，入渗过程属于三维的入渗问题，其水流的基本方程需在式 (2-20) 和式 (2-24) 中分别增加 y 方向的扩散项 $\frac{\partial}{\partial y}\left[D(\theta)\frac{\partial \theta}{\partial y}\right]$ 和 $\frac{\partial}{\partial y}\left[K(h)\frac{\partial h}{\partial y}\right]$ 项。所以，三维条件下土壤水分运动基本方程为

$$\frac{\partial \theta}{\partial t}=\frac{\partial}{\partial x}\left[D(\theta)\frac{\partial \theta}{\partial x}\right]+\frac{\partial}{\partial y}\left[D(\theta)\frac{\partial \theta}{\partial y}\right]+\frac{\partial}{\partial z}\left[D(\theta)\frac{\partial \theta}{\partial z}\right]-\frac{\partial K(\theta)}{\partial z} \tag{2-56}$$

$$C(h)\frac{\partial h}{\partial t}=\frac{\partial}{\partial x}\left[K(h)\frac{\partial h}{\partial x}\right]+\frac{\partial}{\partial y}\left[K(h)\frac{\partial h}{\partial y}\right]+\frac{\partial}{\partial z}\left[K(h)\frac{\partial h}{\partial z}\right]-\frac{\partial K(h)}{\partial z} \tag{2-57}$$

四、蒸发条件下土壤水运动

土壤水分的蒸发，发生在土壤的表层，其强度一般取决于两个因素：一为外界蒸发能力，即气象条件所限定的最大可能蒸发强度；二是土壤自下部土层向上的输水能力，其数值随含水率的降低而减小。表土蒸发强度决定于二者的较小值。在土壤的输水能力大于外界蒸发能力时，表土蒸发强度等于外界蒸发能力（常以水面蒸发来表征），在外界蒸发能力大于土壤的输水能力时，表土蒸发强度以土壤的输水能力为限。降雨或灌水后土壤蒸发一般可分为两个阶段。当土壤含水率大于临界含水率 θ_c 和土壤的输水能力大于外界蒸发能力时，土壤蒸发强度等于水面蒸发 ε_0。如外界蒸发能力不变，则蒸发强度保持稳定。这一阶段为稳定蒸发阶段。当 $\theta<\theta_c$ 时，土壤蒸发决定于输水能力，而后者又决定于土壤含水率 θ，随着含水率的降低，蒸发强度逐渐减少。这一阶段为蒸发强度递减阶段。根据室内外试验资料，表土蒸发强度 ε 与水面蒸发 ε_0 和土壤含水率 θ 有以下经验关系（如图 2-8 所示）

$$\begin{cases}\varepsilon=\varepsilon_0, & \theta\geqslant\theta_c\\ \dfrac{\varepsilon}{\varepsilon_0}=a\theta+b, & \theta<\theta_c\end{cases} \tag{2-58}$$

式中 θ_c——临界含水率，即土壤输水能力等于外界蒸发能力时的土壤含水率，其值视土壤性质和外界蒸发条件而定；

a、b——经验系数。

在干旱季节的初始含水率较低，且蒸发强烈（ε_{0_t}很大）的情况下，有时表土可能很快降低至风干土含水率 θ_a，即

$$\theta = \theta_a \tag{2-59}$$

式（2-58）和式（2-59）可作为求解式（2-25）的边界条件。

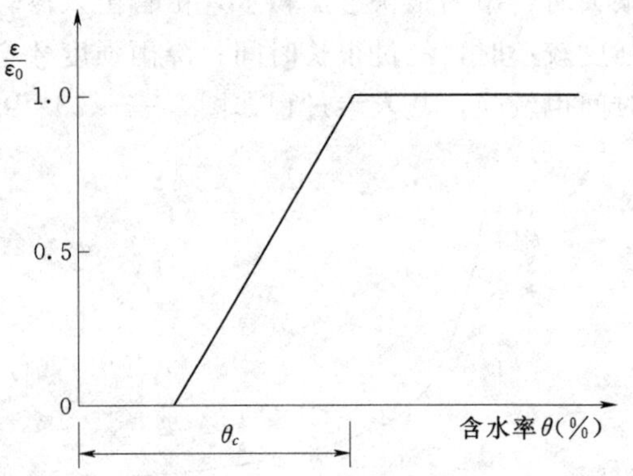

图 2-8　表土蒸发与土壤含水率关系示意图

土壤的蒸发和蒸发条件下土壤水分运动除决定于外界条件和表土含水率外，还与土壤剖面初始含水率分布和地下水埋深有密切关系。

现以降雨或灌水后地下水位接近地表，通过地下排水措施，使地下水位迅速下降至一定深度 L 的情况为例，研究蒸发过程和土壤水分运动。在所研究的土壤剖面深度内，处于地下水位的变动带，采用以水头 h 为变量的方程式（2-24）来进行土壤水运动的分析计算比较方便。取纵坐标 z 向下为正时，一维垂直土壤水运动基本方程为

$$C(h)\frac{\partial h}{\partial t} = \frac{\partial}{\partial z}\left[K(h)\frac{\partial h}{\partial z}\right] - \frac{\partial K(h)}{\partial z} \tag{2-60}$$

初始条件

$$h(z,0) = h_0(z) \tag{2-61}$$

上边界条件（$z=0$）

有蒸发时

$$-\varepsilon = -K(h)\left(\frac{\partial h}{\partial z} - 1\right) = \varepsilon_0[a\theta(h) + b] \tag{2-62}$$

无蒸发时

$$\frac{\partial h}{\partial z} = 1 \tag{2-63}$$

下边界条件（$z = L$，z 自地面算起，L 为控制的地下水埋深）

$$h(L,t) = 0 \tag{2-64}$$

以上方程求解困难，需采用数值法进行计算，常用的方法有有限差分法（ADI）和有限单元法（FEM）。在采用数值方法时，首先要对时空坐标离散化：将地表至地下水面之间的土层 N 等分，空间步长为 Δz，然后再将时间 t 划分为 M 个时段，对时间的间隔为时间步长 Δt。将式（2-60）中各项微商近似地用差商代替，即

$$C(h)\frac{\partial h}{\partial t} \approx C_i^{j+\frac{1}{2}}\frac{h_i^{j+1} - h_i^j}{\Delta t} \tag{2-65}$$

$$\frac{\partial}{\partial z}\left[K(h)\frac{\partial h}{\partial z}\right] \approx \left[K_{i+\frac{1}{2}}^{j+\frac{1}{2}}\frac{h_{i+1}^{j+1} - h_i^{j+1}}{\Delta z} - K_{i-\frac{1}{2}}^{j+\frac{1}{2}}\frac{h_i^{j+1} - h_{i-1}^{j+1}}{\Delta z}\right]\Big/\Delta z \tag{2-66}$$

$$\frac{\partial K}{\partial z} \approx \frac{K_{i+\frac{1}{2}}^{j+\frac{1}{2}} - K_{i-\frac{1}{2}}^{j+\frac{1}{2}}}{\Delta z} \tag{2-67}$$

代入式（2-60）得任何一时段 $j\Delta t \sim (j+1)\Delta t$ 内，剖面上围绕任一点 i 的土壤水运动差

分方程为

$$C_i^{j+\frac{1}{2}}\frac{h_i^{j+1}-h_i^j}{\Delta t}=K_{i+\frac{1}{2}}^{j+\frac{1}{2}}\frac{h_{i+1}^{j+1}-h_i^{j+1}}{\Delta z^2}-K_{i-\frac{1}{2}}^{j+\frac{1}{2}}\frac{h_i^{j+1}-h_{i-1}^{j+1}}{\Delta z^2}-\frac{K_{i+\frac{1}{2}}^{j+\frac{1}{2}}-K_{i-\frac{1}{2}}^{j+\frac{1}{2}}}{\Delta z} \tag{2-68}$$

式中　i——在剖面上结点的序号，自表层数起，$i=1，2，\cdots，N$；

j——在离散后时间结点上的序号，$j=1，2，\cdots，M$。

$$\left\{\begin{aligned}&C_i^{j+\frac{1}{2}}=[C(h_i^{j+1})+C(h_i^j)]/2\\&K_{i\pm\frac{1}{2}}^{j+\frac{1}{2}}=[K(h_{i\pm1}^{j+\frac{1}{2}})+K(h_i^{j+\frac{1}{2}})]/2\\&h_i^{j+\frac{1}{2}}=(h_i^{j+1}+h_i^j)/2\end{aligned}\right. \tag{2-69}$$

经整理后式（2-68）可以写成

$$E_ih_{i-1}^{j+1}+F_ih_i^{j+1}+G_ih_{i+1}^{j+1}=H_i \tag{2-70}$$

式中

$$\left\{\begin{aligned}&E_i=-K_{i-\frac{1}{2}}^{j+\frac{1}{2}}\quad G_i=-K_{i+\frac{1}{2}}^{j+\frac{1}{2}}\\&F_i=K_{i+\frac{1}{2}}^{j+\frac{1}{2}}+K_{i-\frac{1}{2}}^{j+\frac{1}{2}}+rC_i^{j+\frac{1}{2}}\\&H_i=rC_i^{j+\frac{1}{2}}h_i^j+\Delta z(K_{i-\frac{1}{2}}^{j+\frac{1}{2}}-K_{i+\frac{1}{2}}^{j+\frac{1}{2}})\\&r=\Delta z^2/\Delta t\end{aligned}\right. \tag{2-71}$$

式（2-70）为三对角线方程，结合定解条件——初始条件与边界条件后，可用追赶法求解。

在生产实践中经常遇到非均质土壤的情况，土壤剖面上粘土夹层的存在对土壤水分和盐分运动有重要作用。

图 2-9 表示在无蒸发入渗条件下，不同质地均质土壤在地下水面以上土壤含水率的分布。在层状土的情况下，则连接各层自地下水面画起的水分特征曲线即可得到无蒸发入渗条件下的土壤剖面含水率的分布曲线。图 2-9 中实线表示在土壤剖面由 3 种土壤组成（0～1m 为壤土，1～2m 为粘土，2～3m 为砂土）的情况下，无蒸发入渗时土壤含水率的分布曲线，3 条虚线分别表示 3 种土壤自地下水面画起的水分特征曲线。与均质土壤的情况相似，在有蒸发的情况下土壤剖面含水率分布曲线应在各层水分特征曲线的左侧（即含水率小于水分特征曲线上的含水率值），在有入渗情况下，含水率分布曲线应在各层水分特征曲线的右侧，即含水率高于水分特征曲线上的含水率值。在非均质土壤稳定蒸发情况下蒸发强度（相当于地下水的补给量）和土壤含水率分布的计算仍可用与均质土类

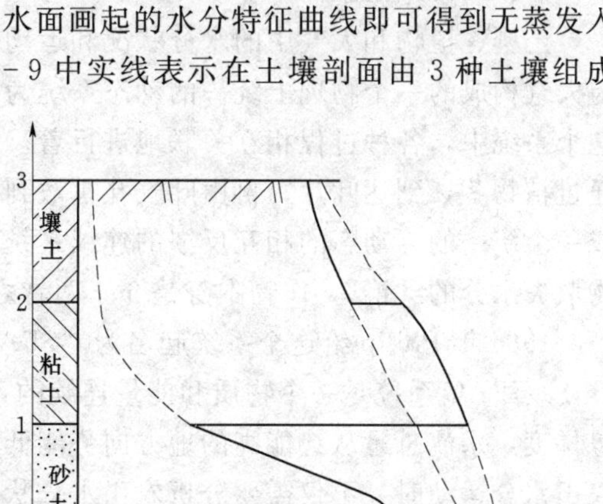

图 2-9　非均质土层剖面上土壤含水率分布示意图

似的数值方法进行计算，但须考虑在两层土壤交界面上两层土壤的压力水头 h 相等和水流连续（即上下两层流入和流出的水流通量 q 应相当）的条件。由于重质土壤的水力传导度远小于轻质土壤，在剖面上有粘土夹层存在时地下水的蒸发量将显著减少，因而具有阻止水分上升防止土壤积盐的作用。粘土夹层抑制蒸发作用的大小视粘土夹层所在部位、厚度和地下水的埋深而定。现以地表以下土层依次由轻壤、粘土和粉砂等 3 层土壤（其饱和水力传导度分别为 0.006、0.001cm/min 和 0.018cm/min）组成，水面蒸发强度为 4.25mm/d，地下水埋深为 1.5m 时为例，根据数值模拟分别求得粘土层所在部位为地表，地面以下 40、80、120cm，厚度为 0、10、20、30、40、50cm 时地下水蒸发量，如表 2-2。自表 2-2 可以看到粘土层位置愈靠近地表，抑制蒸发的作用愈大；在粘土层靠近地下水面时其抑制蒸发的作用减弱。粘土层厚度愈大，土壤蒸发愈小，但超过 30cm 后，厚度的增加对进一步减少蒸发的作用将不太显著。

表 2-2　地下水埋深 150cm 时不同粘土层部位和厚度条件下稳定蒸发强度表　单位：mm/d

粘土层厚度（m）	粘土层埋深（m）			
	0	0.4	0.8	1.2
0（全剖面为粉砂土）	4.25	4.25	4.25	4.25
0.1	1.642	2.477	3.629	4.234
0.2	1.094	1.526	3.01	4.176
0.3	0.792	1.253	2.808	4.146
0.4	0.302	1.037	2.549	
0.5	0.23	0.95	2.376	

第四节　土壤—植物—大气连续体的水分传输

一、SPAC 系统

土壤、植物和大气中的水分状况和运动是相互制约的，田间水分循环是以土壤、植物与大气构成的一个物理上统一的动态系统为基础的（Gardner，1960；Cowan，1965），在这个系统中，各种过程相互关联地进行着。水分经由土壤到达植物根表层、进入根系后，通过植物茎，到达叶片，再由叶气孔扩散到宁静的空气层，最后参与大气的湍流交换，形成一个统一的、动态的相互反馈的连续系统。土壤是供给作物吸水的“源”，大气则是作物散失水分的“汇”，作物本身是介于两者之间可导水的介质。

1966 年 Philip 给这个系统起名为“SPAC”系统（Soil-Plant-Atmosphere Continuum），SPAC 系统是一个物质和能量连续的系统。在这个系统中，水分运动的驱动力是水势梯度，水流总是从势能高的地方向势能低的地方移动。因此，在研究有作物生长条件下农田水分运动时，不仅需要分析农田水分状况和水分在土壤中的运动，还需要考虑土壤水分向根系的运动和植物体中液态水分的运动以及自植物叶面和土层向大气的水汽扩散运动等。土壤中水分经过土壤被植物吸收并散发到大气中去的运动过程，是沿着水势高向水势低的方向进行的。中间经过了三个环节：第一个环节是土壤中水分向根系运动，并通过根膜吸入植物体内，即根系吸水过程；第二个环节是水在植物体内运移、输送过程；第三个环节是植物体内水分向大气散发过程。

由于植物的生长是缓慢的，在一定时间内，植物吸收的水分中很少一部分用于形成植物体本身和消耗于植物的代谢作用，绝大部分消耗于蒸腾。因此，在土壤充分供水条件下，如外界蒸发条件基本保持不变，忽略植株体内贮水量的微小变化，则可假定流经植物体内的水流为稳定流，即植物叶面的蒸腾强度与植物体内输水速度相等，也与植物根部对土壤水分的吸收速度相等。这样，整个系统中不同部位的水势差将与水流阻力成正比，其水流通量可以用电学中的欧姆定率来模拟，系统中不同部位的水势差将与水流阻力成正比，并可近似地用下式表示：

$$q=\frac{\psi_s-\psi_r}{R_{sr}}=\frac{\psi_r-\psi_l}{R_{rl}}=\frac{\psi_l-\psi_a}{R_{la}} \tag{2-72}$$

式中 q——水流通量；

ψ_s、ψ_r、ψ_l、ψ_a——土水势、根水势、叶水势和大气水势，在SPAC系统中各部位水势的大小顺序是：

$$\psi_s>\psi_r>\psi_l>\psi_a \tag{2-73}$$

R_{sr}，R_{rl}，R_{la}——通过土壤到达根表皮，越过根部通过木质部上升到叶气孔腔，通过气孔蒸腾扩散到周围空气中各段路径的水流阻力。

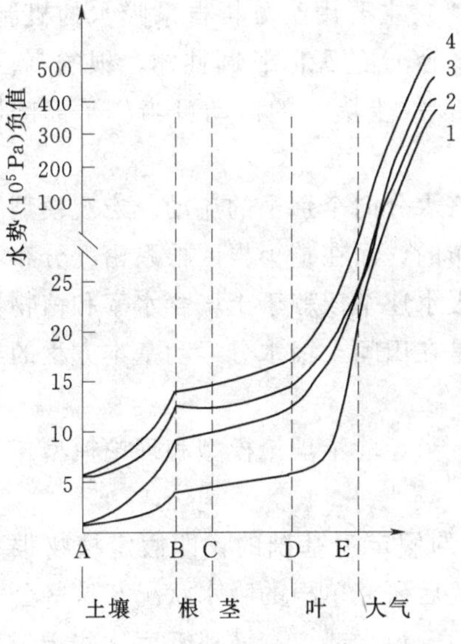

图2-10 不同条件下SPAC系统中水势的分布

从土壤到大气总水势差可达数百个10^5Pa，在干燥的条件下甚至可达1000×10^5Pa。总水势差中从叶面至大气的水势差最大。SPAC系统中水势分布如图2-10所示。图中曲线1表示土壤较湿（水势较高）的情况；曲线2表示土壤较湿但蒸发强度较大情况；曲线3表示土壤较干的情况；曲线4表示土壤较干而蒸发强度又较大的情况。

土水势一般为0～－0.2MPa，低至－1.5MPa时，根系吸水就困难。根水势一般最高为－0.2MPa，最低可降至－1.5MPa。茎高每增高1m，茎水势降低0.03～0.04MPa。一般农作物的茎水势约为－0.2～－0.4MPa。正常生长情况下的叶水势一般在－0.6MPa左右。大气的水势特别低，当空气相对湿度为50%左右时，其水势约为－100MPa。由于有这样大的水势梯度，足以使作物体内水分通过叶气孔连接不断地向大气蒸散。叶片失水后，叶水势降低，吸水力增大，作物体内的液态水流就受到一种向上拉的蒸腾拉力，使茎中水分向上输导。同时，茎水势降低，便从根部吸水，将这种拉力传至根部，促使根系进一步从土壤中吸水。这种由上下水势差所产生的蒸腾拉力，可使水分沿树木上升到100m以上的高大乔木的顶端，是水分向上输导的主要动力，而根压最多使水分上升20.4m。

此外，水分子的巨大内聚力（一般为20～30MPa以上），可使上升水柱不被拉断和脱离管壁，从而保持水柱的连续性，这对保证蒸腾拉力使水分上升有很重要的作用。

自图 2-10 可以看出在 SPAC 系统中水分运动是比较复杂的。植物能否得到足够的水分供应并不单纯取决于土壤含水率及相应的土壤水势，还取决于土壤的导水性能，植物根系的吸水能力和植物体的输水性能以及大气的状况。在根系吸水速率能够满足蒸腾要求的情况下，植物才可以正常生长，在吸水速率低于蒸腾速率时，将由于植物体损失一定的水分，影响正常生长，久之将导致植物枯萎。因此，引起植物枯萎的含水率（即所谓枯萎点）并不是一个固定不变的土壤特性常数，而应是在 SPAC 系统中植物自土壤所吸取的水分不足以平衡大气所需求的蒸腾速率时所需求的土壤含水率。在有植物生长条件下土壤水分运动除如前节所述与土面蒸发和降雨、灌水有关外，还受到根系吸水的影响。为了研究调节农田水分状况的具体灌溉排水措施和方法，必须着重研究在一定的土壤和气象条件下 SPAC 系统中，农作物的蒸腾量和根系吸水率的分布与土壤含水率（土壤水势）的关系，以及在有根系吸水存在时的土壤水分运动。农作物的腾发量亦即作物需水量是拟定农作物灌溉制度和估算灌溉用水量的重要依据，其确定方法、影响因素以及变化规律将在下一章论述。本节仅对根系吸水率的确定及在有根系吸水条件下土壤水运动做简要介绍。

二、根系吸水率的确定

在 SPAC 系统中水分运移模拟研究中，根系吸水是一个非常重要的环节。目前研究根系吸水的方法有 2 种，即微观法和宏观法。微观法研究单个根的吸水状况，假定植物根系分布是均匀的，在根层中的土壤水吸力也是均匀的，它主要用于分析根系吸水的机制。微观模型首先由 Gardner 提出，通过简化将根视为半径为 r_r 的无限长圆柱体，根的直径、吸水特性及土壤的初始条件和导水性能等沿根长不变，故土壤水的流动可当作平面问题处理。

宏观法综合考虑根系总体对土壤水分的吸收，忽略水分向个别根的流动。宏观模型将整个根系看作是扩散吸水器，各土层的根系是均匀分布的，而在整个根区根系密度分布不同，整个根系以不同的速率从土壤中吸收水分。根系吸水速率依赖于土壤含水率和植物特性等因素，还与微气象条件有关。宏观模型的表达式是在田间土壤水分运动基本方程的右边加上一个根系吸水项而得到的。

也有一些学者将现有的模型分为 3 类：经验模型、半经验半理论模型和理论模型。

（1）经验模型。

经验模型中的大多是以 Van den Honert（1948）的假定为基础的，即假定植物根系分布是均匀的，在根层中的土壤水也是均匀分布的，然后研究单根的吸水状况。这些公式的物理学与生理学意义是正确的，但由于包含有根阻力、根水势、有效根密度这些难于测定的参数，不便于实际应用。

（2）半经验半理论模型。

Herklrath 在 Van den Honert 公式的基础上考虑了土根的接触作用，即用饱和度（θ/θ_s）作为接触作用的一级校正因素，所提出的根系吸水模式为

$$S(z,t)=\frac{\theta(z,t)}{\theta_s}K_rL(z,t)[\psi_s(z,t)-\psi_r(z,t)] \tag{2-74}$$

式中 S——根系吸水率；

θ——土壤含水率；

K_r——单位长度根长的透水性；

L——根系长度；

ψ_s、ψ_r——土壤与根系水势；

其余各项同前。

Herklrath 等用冬小麦分层根系试验研究的结果表明，这一模式能用于土壤水分动态预报。Molz 和 Remson 又提出了有效根密度的概念。植物根系的吸水速率与蒸腾速率 $T(t)$、有效根密度 $L_e(z, t)$ 和土壤水分扩散率 $D(\theta)$ 之和成正比，即

$$S(z,t)=\frac{T(t)L_e(z,t)D(\theta)}{\int_0^{Z_r}L_e(z,t)D(\theta)} \tag{2-75}$$

式中 Z_r——作物根系层深度。

Nimath 和 Hanks 在 Molz - Remson 模式的基础上进行了改进，他们考虑了溶质的影响和植物根导管传导水分的内摩擦阻力，提出了一个比较复杂的根系吸水模式，即

$$S(z,t)=\frac{[H_r+(R_r\cdot Z)-H_m(z,t)]R_{DF}(Z)K(\theta)}{\Delta x\cdot\Delta z} \tag{2-76}$$

式中 H_r——地表处根系内的有效水压力；

R_r——运动水流在单位深度上的压力损失；

H_m——以等效水头表示的土壤水压力；

R_{DF}——Δz 深度内的有效根和总有效根的比率；

Δx——吸水项计算点植物的根间距离；

Δz——计算深度上的空间步长。

该模型经过 Hanks 等人（Nimath 和 Hanks，1973；Childs 和 Hanks，1975；Wolf，1977）在不同条件下验证，结果表明用该模式模拟的田间土壤水分动态与实测值非常接近。但是，该模型没有考虑根系吸水与蒸腾之间的固有关系，因而没有考虑根穿透性及其随溶质、土壤含水量的变化和对根吸水的影响。邵明安在 Molz 模式的基础上提出如下根系吸水模式：

$$S(z,t)=\frac{T(t)\lambda(\theta)L^{1/n}(z,t)[\psi_s(z,t)-\psi_x(t)]/R_{sr}}{\int_0^{z_r}\frac{\lambda(\theta)L^{1/n}(z,t)[\psi_s(z,t)-\psi_x(t)]}{R_{sr}}\mathrm{d}z} \tag{2-77}$$

式中 $\lambda(\theta)$——土壤水分限制因子；

R_{sr}——根系吸水过程中所遇到的阻力之和；

其余同前。

模型较全面地考虑了土壤（水分状况、能态、导水能力、质地等）、植物（根系密度、根区深度）、大气（通过蒸腾的影响来反映）等因素中的主导因子，因而从理论上有一定的意义。半经验半理论模型能较好地考虑植物生长对水分吸收的影响，以及植物根系阻力与水流推动力和水流速度的关系。其结果可直接应用到田间情况。但上述模型忽略了根系微域的水势梯度和其他类似现象，将根系描述成固定的阻力网络，不允许根系传导性随时间发生变化，因而限制了该类模型的广泛应用性。

（3）理论模型。

植物根系吸水的理论模型最早建立在 Vanden Honert（1948）的电模型水流运动的基础上的。Hillel 采用了这种机理模型研究根系吸水速率的变化规律，即

$$S(z,t)=[\psi_s(z,t)-\psi_r(z,t)]/(R_s+R_r) \tag{2-78}$$

式中各项同前。

理论模型较前两种模型更能较好地描述植株根系吸水机制，即可定量反应根系吸收土壤水分的过程和机理，而且形式简便，但由于仪器条件的限制，目前这类模型实际应用还较少。

目前有些学者直接采用动态模拟的方法估算作物根系吸水速率。研究根系生理学特征空间变异的运动学机理，通过根系生长的几何模型建立了根系功能变异性模型，并实现了可视化。

总之，在描述植物生长发育和根系吸水方面，宏观模型均比微观模型使用更加方便。从数学描述的角度，宏观模型的边界条件容易确定。尽管如此，宏观模型也有其不足之处，如一般忽略根系微域的水势梯度，将根系的传导性设为常量等。

三、考虑根系吸水条件下土壤水分运动

在 SPAC 系统中由于有根系吸水的存在，土壤水运动的基本方程中应增加根系吸水项，在这种情况下一维水流方程式（2-25）和式（2-60）变为

$$\frac{\partial\theta}{\partial t}=\frac{\partial}{\partial z}\left[D(\theta)\frac{\partial\theta}{\partial z}\right]-\frac{\partial K(\theta)}{\partial z}-S \tag{2-79}$$

$$C(h)\frac{\partial h}{\partial t}=\frac{\partial}{\partial z}\left[K(h)\left(\frac{\partial h}{\partial z}-1\right)\right]-S \tag{2-80}$$

在不同边界条件下土壤剖面上各点含水率的分布，表层入渗量和蒸发量可以通过数值计算求解。

第三章 作物需水量和灌溉制度

第一节 作物需水量

作物需水量是农业用水的主要组成部分，也是整个国民经济中消耗水分的最主要部分。因此，它是水资源规划与开发利用时的必需资料，同时也是灌排工程规划、设计、管理的基本依据。目前全世界的用水量不断增长，水资源不足日益突出，因此，对作物需水量的研究和估算，已成为一个重要研究课题。

一、概述

农田水分的消耗主要包括 3 部分：一是植株蒸腾（Transpiration），即作物将根系从土壤中吸入体内的水分，通过叶片的气孔蒸散到大气中去的现象。作物根系吸收的水分有99%以上消耗于蒸腾，仅有不到1%的水分留在植物体内，成为植物体的组成部分。二是株间土壤蒸发（Evaporation），指植株间土壤或田面的水分蒸发。株间土壤蒸发和植株蒸腾都受气象因素的影响，但蒸腾因植株的繁茂而增加，株间土壤蒸发因植株造成的地面覆盖率加大而减小，所以蒸腾与株间土壤蒸发二者互为消长。一般作物生育初期植株小，地面裸露大，以株间土壤蒸发为主；随着植株增大，叶面覆盖率增大，植株蒸腾逐渐大于株间土壤蒸发，到作物生育后期，作物生理活动减弱，蒸腾耗水又逐渐减小，株间土壤蒸发又相对增加。第三部分是深层渗漏，旱田中由于降雨量或灌溉水量太多，使土壤水分超过了田间持水率，向根系活动层以下的土层产生渗漏的现象。深层渗漏一般是无益的，且会造成水分和养分的流失。田间渗漏是指水稻田的渗漏。由于水稻田经常保持一定的水层，所以水稻田经常产生渗漏，且数量较大。对土质粘重、地下水位高且排水不畅的地区，长期淹灌的稻田，由于土壤中氧气不足，容易产生硫化氢、氧化亚铁等有毒物质，影响作物的生长发育，造成减产。因此，认为稻田应有适当的渗漏量，可以促进土壤通气，改善还原条件，消除有毒物质，有利于作物生长，但是渗漏量过大，会造成水量和肥料的流失，与开展节水灌溉有一定矛盾。

植株蒸腾和株间土壤蒸发合称为腾发，两者消耗的水量合称为腾发量（Evapotranspiration），通常又把腾发量称为作物需水量（Crops Water Requirements）。腾发量的大小及其变化规律，主要决定于气象条件、作物特性、土壤性质和农业技术措施等，而渗漏量的大小与土壤性质、水文地质条件等因素有关，它和腾发量的性质完全不同。因此，一般都是将腾发量与渗漏量分别进行计算。对水稻田来说，也有将稻田渗漏量计入需水量之内，通常则称之为“田间耗水量”，以使与需水量概念有所区别。

根据大量灌溉试验资料分析，作物需水量的大小与气象条件（温度、日照、湿度、风速）、土壤含水状况、作物种类及其生长发育阶段、农业技术措施、灌溉排水措施等有关。这些因素对需水量的影响是互相联系的，也是错综复杂的，目前尚难从理论上对作物需水方面常采用某些计算方法确定作物需水量。

现有计算作物需水量的方法，大致可归纳为两类，一类是直接计算出作物需水量，另一类是通过计算参照作物需水量来推算实际作物需水量。

二、直接计算需水量的方法

这种方法一般是先从影响作物需水量的诸因素中，选择几个主要因素（例如水面蒸发、气温、湿度、日照、辐射等），再根据试验观测资料分析这些主要因素与作物需水量之间存在的数量关系，最后归纳成某种形式的经验公式。当已知影响因素的参数值时，便可根据公式算出需水量。目前常见的这类经验公式大致有以下几种：

1. 以水面蒸发为参数的需水系数法（简称“α 值法”或称蒸发皿法）

大量灌溉试验资料表明，各种气象因素都与当地的水面蒸发量之间有较为密切的关系，而水面蒸发量又与作物需水量之间存在一定程度的相关关系。因此，可以用水面蒸发量这一参数来衡量作物需水量的大小。这种方法的计算公式一般为

$$ET = \alpha E_0 \tag{3-1}$$

或

$$ET = aE_0 + b \tag{3-2}$$

式中 ET——某时段内的作物需水量，以水层深度 mm 计；

E_0——与 ET 同时段的水面蒸发量，以水层深度 mm 计，E_0 一般采用 80cm 口径蒸发皿的蒸发值；

a、b——经验常数；

α——需水系数，或称蒸发系数，为需水量与水面蒸发量之比值。

由于“α 值法”只要水面蒸发量资料，易于获得且比较稳定，所以该法在我国水稻地区曾被广泛采用。表 3-1 中列举了湖北、湖南、广东、广西等若干站多年水稻的 α 值资料。从表中可看出，α 值在各生育阶段的变化及全生育期总的情况都还比较稳定。多年来的实践证明，用 α 值法时除了必须注意使水面蒸发皿的规格、安设方式及观测场地规范化外，还必须注意非气象条件（如土壤、水文地质、农业技术措施、水利措施等）对 α 值的影响，否则将会给资料整理工作带来困难，并使计算成果产生较大误差。

表 3-1　水稻各生育期需水系数 α 值统计表

省　站	资料系列（站、年、组）	生育阶段						全生育期
		移栽～返青	返青～分蘖	分蘖～孕穗	孕穗～抽穗	抽穗～乳熟	乳熟～收割	
早　稻								
湖南各地综合分析	26	0.835	0.973	1.515	1.471	1.438	1.200	2.214
广西南宁等地综合分析	23	0.954	1.090	1.281	1.259	1.220	1.095	1.150
广东新兴站	26	1.313	1.344	1.081	1.302	0.958	0.855	1.142
湖北长渠站	15	0.572	1.005	1.250	1.342	1.351	0.682	1.038
中　稻								
湖南黔阳站	2	0.737	0.917	1.113	1.334	1.320	1.185	1.150
湖北长渠站	15	0.784	1.070	1.341	1.178	1.060	1.133	1.100
广西随桑江站	3	0.980	1.085	1.650	2.200	1.218		1.376

续表

省站	资料系列（站、年、组）	生育阶段						全生育期
		移栽～返青	返青～分蘖	分蘖～孕穗	孕穗～抽穗	抽穗～乳熟	乳熟～收割	
晚稻								
湖南各地综合分析	38	0.806	0.992	1.074	1.272	1.358	1.397	1.128
广西南宁等地综合分析	23	0.951	1.096	1.323	1.359	1.230	1.003	1.166
广东新兴站	19	0.891	1.044	1.360	1.225	1.050	0.788	1.090
湖北随县车水沟站	9	1.183	1.161	0.753	1.100	1.060		1.187

对于旱作物，棵间土壤蒸发变异性较大，α 值受非气象条件的影响较大。华北一些地区，冬小麦 $\alpha=0.5\sim0.55$，湿润年值小，干旱年值大。应针对不同的水文年份，采用不同的 α 值，并根据非气象因素对 α 值进行修正。一般水稻用 α 值法比旱作物用此法好。

2. 以产量为参数的需水系数法（简称“K 值法”）

作物产量是太阳能的累积与水、土、肥、热、气诸因素的协调及农业措施综合作用的结果。在一定的气象条件下和一定范围内，作物田间需水量将随产量的提高而增加，如图 3-1所示，但需水量的增加并不完全与产量成比例。由图 3-1 还可看出，单位产量的需水量随产量的增加而逐渐减小，说明当作物产量达到一定水平后，要进一步提高产量就不能仅靠增加水量，而必须同时改善作物生长所必需的其他条件。用作物产量计算作物需水量的表达式为

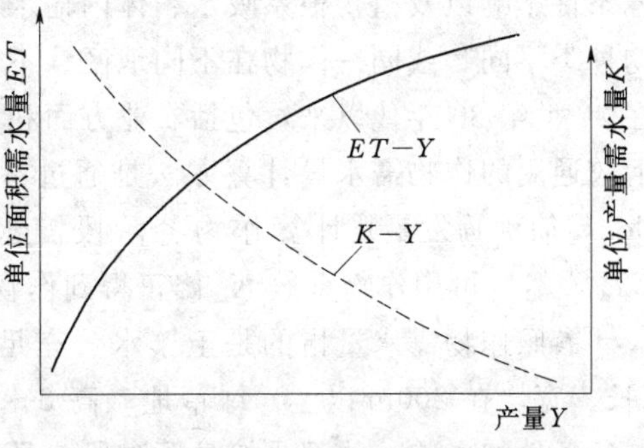

图 3-1　作物需水量与产量关系示意图

$$ET = KY \tag{3-3}$$

或

$$ET = KY^n + c \tag{3-4}$$

式中　ET——作物全生育期内总需水量，mm 或 m^3/hm^2；

Y——作物单位面积产量，kg/hm^2；

K——以产量为指标的需水系数。对于式（3-4），K 代表单位产量的需水量，m^3/kg；n、c 分别为经验指数和常数。K、n 及 c 的数值可通过试验确定。

此法使需水量与产量相联系，便于进行灌溉经济分析。对于旱作物，在土壤水分不足而影响高产的情况下，需水量随产量的提高而增大，用此法推算较可靠。但对于土壤水分充足的旱田以及水稻田，需水量主要受气象条件控制，产量与需水量关系不明确，用此法推算的误差较大。K 值法曾在上世纪 50～60 年代得到广泛的应用，但由于 K 值中包含了气象、土壤、作物及农业措施的综合影响，难以得到稳定的数值，故该法的应用受到了一定的限制。

上述各方法都可估算全生育期作物需水量，也可估算各生育阶段的作物需水量。在生产实践中，过去常习惯采用所谓模系数法估算作物各生育阶段的需水量，即先确定全生育期作物需水量，然后按照各生育阶段需水规律，以一定比例进行分配，即

$$ET_i = \frac{1}{100}K_iET \qquad (3-5)$$

式中 ET_i——某一生育阶段作物需水量；

K_i——需水量模比系数，即生育阶段作物需水量占全生育期作物需水量的百分数，可以从试验资料中取得。

然而，这种按模比系数法估算作物各生育阶段需水量的方法存在较大的缺点。例如，水稻整个生育期的需水系数 α 值和总需水量的时程分配即模比系数 K_i 均非常量，而是各年不同的。所以按一个平均的 α 值和 K_i 值计算水稻各生育阶段的需水量，计算结果不仅失真，而且导致需水时程分配均匀化而偏于不安全。因此，近年来，在计算水稻各生育阶段的需水量时，一般根据试验求得的水稻阶段需水系数 α_i 直接加以推求。

必须指出，上述直接计算需水量的方法，虽然缺乏充分的理论依据，但我国在估算水稻需水量时尚有采用，因为方法比较简便，水面蒸发量资料容易取得。

三、参考作物需水量的计算

作物需水量的大小受蒸发面的液体扩散及其向上空的气体紊流过程的物理作用或称环境条件影响以及植物根系吸水、体内输水和水面气孔开闭等生理过程的综合影响。其随作物种类不同、或同一作物在不同地区、不同年份、生育阶段、栽培条件均有变化。特别是在 20 世纪 80 年代以来，包括农业方面和其他方面的作物需水量都迅速增加。目前，国际上较通用的作物需水量计算方法是通过参考作物蒸腾蒸发量（Reference Evapotranspiration，简称腾发量）计算作物各阶段需水量的方法。该方法首先计算参考作物腾发量 ET_0，然后再用作物系数 K_c 修正得到作物某阶段的实际需水量。

参照作物需水量指的是土壤水分充足、地面完全覆盖、生长正常、高矮整齐的开阔（长、宽均在 200m 以上）绿草地（高 3～15cm）的蒸发蒸腾量。因参照作物需水量只受气象条件的影响，故都是按日历时段（月、旬或日），根据相应时段的气象参数进行计算。

（一）布莱尼－克莱多（Blaney－Criddie）法

该方法认为土壤水分供应充足时，ET_0 随日平均气温和每日白昼小时数的百分数而变化，其计算公式为

$$ET_0 = CP(0.46T + 8.13) \qquad (3-6)$$

式中 ET_0——计算时段内参照作物蒸发蒸腾量，mm/d；

C——根据最低相对湿度、日照时数、白天风速确定的修正系数；

P——某月日平均昼长时数占全年昼长时数的百分比，可根据纬度和月份查表确定；

T——日平均气温，℃。

（二）以辐射为参数的计算方法

$$ET_0 = CWR_n \qquad (3-7)$$

式中 R_n——计算时段内太阳辐射，以等效水面蒸发量计，mm/d；

W——取决于日平均温度与高程的权重系数；

C——取决于平均相对湿度与白天风速的修正系数。

（三）Penman－Monteith 法

1. 参考作物 ET_0

联合国粮农组织 FAO 在 1977 年推荐使用经修改的 Penman 公式（FAO－24）来确定参考作物腾发量，首次充分利用了参考作物腾发量和作物系数的概念。但其需要昼夜风速修正系数 C 修正，而包括我国在内的许多国家都没有昼夜风速的实测资料，一般均以日为单位，所以使用不便。根据研究成果其一般过量估计 ET_0。平均误差在干旱地区为 18%，湿润地区为 35%；在 ET_0 高峰季节，误差分别为 11%和 34%。而 FAO 在 1979 年提出的 Penman 修正式（FAO－17）虽然精度略低，但却便于实际应用。我国的灌溉排水渠系设计规范 GB50288—99 也仍推荐采用此式。根据近年研究成果，FAO 和 ICID 认为有必要规范 ET_0 计算方法。在 1990 年 3 月意大利罗马举行的作物需水量计算方法研讨会上推荐使用 FAO Penman－Monteith 近似式，作为定义牧草 ET_0 和确定作物系数 K_c 的基本方法。Penman－Monteith 方法不需要专门的地区修正函数和风函数等，使用一般气象资料即可计算 ET_0 值，实际应用价值较高。而且精度较高，在干旱地区 ET_0 高峰期过低估计 ET_0 4%，而在湿润地区过量估计 ET_0 4%。Penman－Monteith 公式也克服了以往 ET_0 计算式仅适用于某个生长周期或月的不足，其可用于以月、旬、日或小时为周期的计算。

ET_0 是确定气象因素对土壤—植物—大气连续体研究中水分传输与水汽扩散速率影响的主要指标。修正 Penman 公式存在一些弱点，首先，把某一种具体作物的潜在腾发量作为定义 ET_0 的标准是很困难的，即使是同一种草，在不同地区、不同气候条件下，其表面形态特征也是不同的。其次，为适应不同地区的实际情况，修正 Penman 法中加入了许多修正参数与风函数，有些参数难以准确量测，而且过多的修正参数和函数会造成使用者的混淆与难度。为此，FAO 对参考作物腾发量 ET_0（Reference Evapotranspiration）进行了重新定义，用一种假想的参考冠层代替实际的参考作物：ET_0 为假设作物高度为 0.12m，并且有固定的叶面冠层阻力 $\gamma_s = 70\text{s/m}$ 和反射率 $\alpha = 0.23$ 的假想参考作物的腾发率。相当于从高度均一，生长旺盛，完全覆盖地面并不缺水的开阔绿草地的腾发量。

2. FAO Penman－Monteith 公式

根据重新定义的 ET_0 概念，FAO 提供了以能量平衡和水汽扩散理论为基础，既考虑了作物的生理特征，又考虑了空气动力学参数的变化，具有较高精度的 ET_0 新计算式——Penman－Monteith公式。

根据能量平衡定律，忽略平流作用、光合作用和农田内部物理变化所消耗的能量，可写出作物冠层能量平衡方程如下

$$R_n = \lambda ET + H + G \tag{3-8}$$

式中 R_n——输入冠层的净辐射，MJ/(m^2·d)；

λET——腾发作用耗能，λ 为水的汽化潜热，MJ/(m^2·d)；

H——增热空气消耗的显热，MJ/(m^2·d)；

G——增热土壤消耗的热量，MJ/(m^2·d)。

由紊流扩散理论

$$H = \rho C_p (T_0 - T_z)/r_a \tag{3-9}$$

$$\lambda ET = \frac{\rho C_p}{\gamma}(e_{w0} - e_d)/(r_s + r_a) \tag{3-10}$$

式中 ρ——空气密度，kg/m^3；

e_{w0}——叶气孔腔内水汽压，kPa；

C_p——空气定压比热，MJ/(kg・℃)；

e_d——气象观测点水汽压，kPa；

γ——湿度计常数，kPa/℃；

T_0——叶冠层处气温，℃；

r_a——空气动力学阻力，s/m；

T_z——气象观测点气温，℃；

r_s——作物叶面阻力，s/m。

综合以上 3 式，并引入饱和水汽压—温度曲线斜率 $\Delta = de_a/dT$ 可得 Penman - Monteith 的基本方程如下：

$$\lambda ET_0 = \frac{\Delta(R_n - G) + \rho C_p (e_a - e_d)/r_a}{\Delta + \gamma(1 + r_s/r_a)} \tag{3-11}$$

当用这一基本方程计算草的潜在腾发量 ET_0 时，假设空气边界层为中性稳定结层，则

$$r_a = \frac{\ln\frac{z_m - d}{z_{0m}} \ln\frac{z_n - d}{z_{0n}}}{k^2 u_z} \tag{3-12}$$

式中 z_m——风速的测量高度，m；

z_n——温度和湿度测量高度，m；

z_{0m}——控制动量传输的糙率长度，m；

z_{0n}——控制热和水汽传输的糙率长度，m；

d——风廓线零平面位移高度，m；

u_z——在 z_m 高度处测得的风速，m/s；

k——卡尔曼常数，k=0.41。

如以草为参照作物，可有以下近似关系（Brutsaert，1975，Monteith，1981）

$$d = 0.667h_c, \quad z_{0m} = 0.123h_c, \quad z_{0n} = 0.1z_{0m} \tag{3-13}$$

式中 h_c——作物高度，m。

草的叶面阻力可用下式估算（Jensen 等，1990）

$$r_s = r_1/0.5LAI \tag{3-14}$$

式中 r_1——单一叶片气孔阻力；对 24h 的时间尺度 $r_1 \approx 100s/m$；

LAI——叶面积指数，对于修剪了的草 $LAI = 24h_c$，$h_c = 0.08 \sim 0.15m$；对于苜蓿 $LAI = 5.5 + 1.5\text{Ln}h_c$，$h_c = 0.1 \sim 0.5m$（Allen 等，1989）。

为使计算公式统一化、标准化，FAO 按照 Penman－Monteith 方程的要求，给出了参照作物腾发量的新的定义（Allen 等，1994）。

由上述定义可得：$h_c=0.12\text{m}$，$r_s=70\text{s/m}$。

取风速等气象要素的观测高度均为标准高度 2.0m，则

$$r_a = 208/u_2 \tag{3-15}$$

$$\gamma(1+r_s/r_a) = \gamma(1+0.34u_2) \tag{3-16}$$

由于 λ 随温度变化不大，取 $T=20℃$ 时，$\lambda=0.2501-(2.361\times10^{-3})T\approx2.45$ (MJ/kg)，代入式（3-10）得到用于计算 24h 参照作物腾法量的 Penman-Monteith 方程

$$ET_{0p} = \frac{0.408\Delta(R_n-G)+\gamma\dfrac{900}{T+273}u_2 VPD}{\Delta+\gamma(1+0.34u_2)} \tag{3-17}$$

式中 ET_{0p}——FAO Penman-Monteith 法计算参考作物腾发量，mm/d；

R_n——作物表面的净辐射量，$\text{MJ}/(\text{m}^2\cdot\text{d})$；

G——土壤热通量，$\text{MJ}/(\text{m}^2\cdot\text{d})$；

T——平均日或月气温，℃；

u_2——2m 高处平均风速，m/s；

VPD——2m 高处水汽压亏缺量，$VPD=e_a-e_d$，e_a 和 e_d 分别为饱和、实际水汽压，kPa；

Δ——饱和水汽压 e_a 与温度曲线的斜率，kPa/℃；

γ——干湿表常数，kPa/℃。

式（3-17）可分为辐射项 ET_{rp} 和空气动力学项 ET_{ap} 两项

$$ET_{0p} = ET_{rp} + ET_{ap} \tag{3-18}$$

$$ET_{rp} = \frac{0.408\Delta(R_n-G)}{\Delta+\gamma(1+0.34u_2)} \tag{3-19}$$

$$ET_{ap} = \frac{\gamma\dfrac{900}{T+273}u_2 VPD}{\Delta+\gamma(1+0.34u_2)} \tag{3-20}$$

式中 Δ 和 γ 可根据气温与海拔直接求得；其余几项可用下式求得

$$R_n = 0.77R_s - 2.45\times10^{-9}\left(1.35\frac{R_s}{R_{so}}-0.35\right)(0.34-0.14\sqrt{e_d})(T_{kx}^4+T_{kn}^4) \tag{3-21}$$

式中 R_s、R_{so}——实际和晴天短波辐射量，$\text{MJ}/(\text{m}^2\cdot\text{d})$；

e_d——实际水汽压，kPa；

T_{kx}、T_{kn}——最高和最低气温，K。

对于日 ET_0 计算中

$$G = 0.1(T_i - T_{i-1}) \tag{3-22}$$

式中 T_i、T_{i-1}——计算日和计算日前 3 天的平均气温，℃。

对于月 ET_0 计算

$$G = 0.07(T_{mi+1} - T_{mi-1}) \tag{3-23}$$

式中 T_{mi+1}、T_{mi-1}——计算月下一个月和前一个月的月平均气温，℃。

当实测风速高度不在 2m 高时

$$u_2 = u_x \frac{4.87}{\ln(67.8Z_m - 5.42)} \tag{3-24}$$

式中 u_x——实测风速，m/s；

Z_m——风速测定实际高度，m。

$$R_s = \left(a_s - b_s \frac{n}{N}\right) R_a \tag{3-25}$$

式中 a_s、b_s——短波辐射比例系数；

n、N——实际日照与最大天文日照时数，h；

R_a——大气外层太阳辐射通量，MJ/(m² · d)。

四、实际作物需水量的计算

当已知参照作物蒸发蒸腾量 ET_0 后，则采用“作物系数” k_c 进行修正，即得作物实际需水量 ET，即

$$ET = k_c ET_0 \tag{3-26}$$

式中的 ET 与 ET_0 应取相同单位。

作物系数 k_c 是作物本身生理学特性的反映，它与作物种类、品种、生育期、作物群体叶面积有关。而在较适宜的土壤水分条件下，作物能达高产潜力时的作物系数主要随生育阶段而变化。实测结果表明，作物系数 k_c 在作物全生育期内的变化规律是：前期和后期相对较小，生长盛期较大。由于实际作物的需水量与参考作物需水量两者受气象因素的影响是同步的，因此在同一产量水平下，不同水文年份的作物系数相对较稳定。

土壤水分不足时，作物蒸发蒸腾不仅受到外界蒸发条件和作物本身生理特性的影响，同时，还受到土壤含水率的限制。土壤含水率对作物蒸发蒸腾的影响可分为两个阶段。当土壤含水率高时，导水率大，土壤水分向根系移动（供植物吸取）及向地表移动（供株间土壤蒸发）的速度，足以满足作物蒸发蒸腾所需水分，此即为腾发第一阶段。当土壤含水率低于一定的临界含水率后，由于土壤毛管断裂，导水率明显下降，此时向根系供水的速度不能满足作物蒸腾的要求，即作物蒸腾受到抑制。同样株间土壤蒸发也由于含水率低不满足大气蒸发力的要求而受到抑制，此为农田蒸发的第二阶段。

通常情况下，土壤水分不足时的作物需水量可由土壤水分充足时的作物需水量乘以土壤水分修正系数而得到，即

$$ET = K_w K_c ET_0 \tag{3-27}$$

式中 K_w——土壤水分修正系数；其他符号意义同前。

土壤水分修正系数随土壤含水率而变化，普遍采用的是对数形式的詹森（M. Jensen）公式

$$K_w = \frac{\ln(AW + 1)}{\ln(101)} \tag{3-28}$$

式中 AW——相对有效含水率，$AW = \dfrac{\theta - \theta_p}{\theta_f - \theta_p}$，$\theta$ 为土壤含水率，θ_p、θ_f 分别为凋萎系数和田间持水率。

第二节 作物充分灌溉制度

农作物的灌溉制度是指作物播种前（或水稻栽秧前）及全生育期内的灌水次数、每次的灌水日期和灌水定额以及灌溉定额。灌水定额是指一次灌水单位灌溉面积上的灌水量，各次灌水定额之和，叫灌溉定额。灌水定额和灌溉定额常以 m^3/亩或 mm 表示。灌溉制度是灌区规划设计的主要内容和组成部分，也是水土资源平衡计算和渠系设计的基本依据，还是灌区运行管理的重要依据。

灌溉制度分充分灌溉制度和非充分灌溉制度。充分灌溉制度（即充分灌溉条件下的灌溉制度），是指灌溉供水能够充分满足作物各生育阶段的需水量要求而设计制定的灌溉制度。长期以来，人们都是按照充分灌溉制度来规划、设计灌溉工程。当灌溉水源充足时，也是按照这种灌溉制度来进行灌水。因此，作为设计灌溉制度的一种基本理论，研究制定充分灌溉制度有重要意义。

常采用以下三种方法来确定充分灌溉制度。

一、总结群众丰产灌水经验确定灌溉制度

无论是新建灌区还是已建灌区，调查类似灌区群众进行灌水的实践经验是制定灌溉制度的重要依据。灌溉制度调查应根据设计要求的干旱年份，调查这些年份的不同生育期的作物田间耗水强度（mm/d）及灌水次数、灌水时间间距、灌水定额及灌溉定额。根据调查资料，可以分析确定这些年份的灌溉制度。一些实际调查的灌溉制度举例见表 3-2。

表 3-2　湖北省水稻泡田定额及生育期灌溉定额调查成果表（中等干旱年）

项　目	早稻	中稻	一季晚稻	双季晚稻
泡田定额（m^3/亩）	70～80	80～100	70～80	30～60
灌溉定额（m^3/亩）	200～250	250～350	350～500	240～300
总灌溉定额（m^3/亩）	270～330	330～450	420～580	270～360

对于旱作物，湿润年份及南方地区的灌水次数少，灌溉定额小；干旱年份及北方地区的灌水次数多，灌溉定额大。我国北方地区几种主要作物的灌溉制度见表 3-3。

表 3-3　我国北方地区几种主要旱作物的灌溉制度（调查）

作　物	生育期灌溉制度			备　注
	灌水次数	灌水定额（m^3/亩）	灌溉定额（m^3/亩）	
小麦	3～6	40～80	200～300	干旱年份
棉花	2～4	30～40	80～150	
玉米	3～4	40～60	150～250	

二、根据灌溉试验资料制定灌溉制度

我国许多灌区设置了灌溉试验站，试验项目一般包括作物需水量、灌溉制度、灌水技

术等。试验站积累的试验资料，是制定灌溉制度的主要依据。但是，在选用试验资料时，必须注意原试验的条件，不能一概照搬。

三、按水量平衡原理分析制定作物灌溉制度

根据农田水量平衡原理分析制定作物灌溉制度有一定的理论依据，比较完善，但还须根据当地具体条件，参考群众丰产灌水经验和田间试验资料。也即这三种方法结合起来，所制定的灌溉制度才更切合实际。下面分别就旱作物和水稻介绍这一方法。

（一）旱作物灌溉制度

用水量平衡分析法制定旱作物的灌溉制度时，通常以作物主要根系吸水层作为灌水时的土壤计划湿润层，并要求该土层内的储水量能保持在作物所要求的范围内。

1. 水量平衡方程

对于旱作物，在整个生育期中任何一个时段 t，土壤计划湿润层 H 内储水量的变化可以用下列水量平衡方程表示（见图 3-2）

$$W_t - W_0 = W_r + P_0 + K + M - ET \tag{3-29}$$

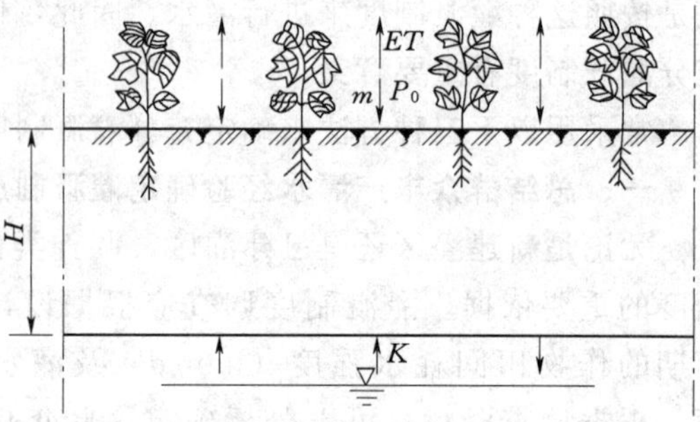

图 3-2 土壤计划湿润层水量平衡示意图

式中 W_0，W_t——时段初和任一时间 t 时的 H 内的储水量，mm 或 m^3/亩；

W_r——由于 H 增加而增加的水量，如 H 在时段内无变化则无此项，mm 或 m^3/亩；

P_0——保存在 H 内的有效雨量，mm 或 m^3/亩；

K——时段 t 内的地下水补给量，即 $K=kt$（k 为 t 时段内平均每昼夜地下水补给量），mm 或 m^3/亩；

M——时段 t 内的灌溉水量，mm 或 m^3/亩；

ET——时段 t 内的作物田间需水量，即 $ET=et$（e 为 t 时段内平均每昼夜的作物田间需水量），mm 或 m^3/亩。

2. 基本资料的收集

拟定的灌溉制度是否正确，关键在于方程中涉及的基本资料等选用是否合理。

（1）土壤计划湿润层深度（H）。

H 系指在旱田进行灌溉时，计划调节控制土壤水分状况的土层深度。它随作物根系活动层深度、土壤性质、地下水埋深等因素而变。在作物生长初期，根系虽然很浅，但为了维持土壤微生物活动，并为以后根系生长创造条件，需要在一定土层深度内有适当的含水量，一般采用 30～40cm；随着作物的成长和根系的发育，需水量增多，计划湿润层也应逐渐增加，至生长末期，由于作物根系停止发育，需水量减少，计划层深度不宜继续加大，一般不超过 0.8～1.0m。在地下水位较高的盐碱化地区，计划湿润层深度不宜大于 0.6m。计划湿润层深度应通过试验来确定。下面给出棉花、冬小麦不同生育阶段的计划湿润层深度，如表 3-4、表 3-5 所示。

表 3-4 棉花土壤计划湿润层深度和适宜含水率表

生育阶段	土壤计划湿润层深度（cm）	土壤适宜含水率（以田间持水率的%计）
幼苗	30～40	55～70
现蕾	40～60	60～70
开花	60～80	70～80
吐絮	60～80	50～70

表 3-5 冬小麦土壤计划湿润层深度和适宜含水率表

生育阶段	土壤计划湿润层深度（cm）	土壤适宜含水率（以田间持水率的%计）
出 苗	30～40	45～60
三 叶	30～40	45～60
分 蘖	40～50	45～60
拔 节	50～60	45～60
抽 穗	50～80	60～75
开 花	60～100	60～75
成 熟	60～100	60～75

（2）土壤最适宜含水率（$\theta_{适}$）及允许的最大、最小含水率。

$\theta_{适}$ 随作物种类、生育阶段的需水特点、施肥情况和土壤性质（包括含盐状况）等因素而异，一般应通过试验或调查总结群众经验确定。表 3-4、表 3-5 中数值可供参考。

由于作物需水的持续性与农田灌溉或降雨的间歇性，土壤计划湿润层的含水率不可能经常保持某一最适宜含水率数值而不变。为了保证作物正常生长，土壤含水率应控制在允许最大和允许最小含水率之间变化。允许最大含水率（θ_{max}）一般以不致造成深层渗漏为原则，所以采用 $\theta_{max}=\theta_{田}$，$\theta_{田}$ 为土壤田间持水率，见表 3-6。作物允许最小含水率（θ_{min}）应大于凋萎系数。具体数值可根据试验确定，缺乏试验资料时，可参考表 3-4 和表 3-5 中的下限值。

在土壤盐碱化较严重的地区，往往由于土壤溶液浓度过高，而妨碍作物吸取正常生长所需的水分，因此还要依作物不同生育阶段允许的土壤溶液浓度作为控制条件来确定 θ_{min}。

表 3-6 各种土壤的田间持水率

土 壤 类 别	孔隙率（体积%）	田 间 持 水 率	
		占土体%	占孔隙率%
砂土	30～40	12～20	35～50
砂壤土	40～45	17～30	40～65
壤土	45～50	24～35	50～70
粘土	50～55	35～45	65～80
重粘土	55～65	45～55	75～85

（3）降雨入渗量（P_0）。

P_0 指降雨量（P）减去地面径流损失（$P_{地}$）后的水量，即

$$P_0 = P - P_{地} \tag{3-30}$$

一般用以代表有效降雨量。

降雨入渗量也可用降雨入渗系数来表示：

$$P_0 = \alpha P \tag{3-31}$$

式中 α——降雨入渗系数，其值与一次降雨量、降雨强度、降雨延续时间、土壤性质、地面覆盖及地形等因素有关。一般认为当次降雨量大于 50mm 时，α=0.7～0.8；当一次降雨量在 5～50mm 时，α 约为 1.0～0.8；一次降雨量小于 5mm 时，α 为 0，但在干旱地区，也有的取 α 为 1。

（4）地下水补给量（K）。

K 系指地下水借土壤毛细管作用上升至作物根系吸水层而被作物利用的水量，其大小与地下水埋藏深度、土壤性质、作物种类、作物需水强度、计划湿润土层含水量等有关。地下水利用量（K）应随灌区地下水动态和各阶段计划湿润层深度不同而变化。目前由于试验资料较少，只能确定总量大小，如内蒙古灌区春小麦地下水利用量，当地下水埋深为 1.5～2.5m 时，利用量为 40～80m^3/亩；河南省人民胜利渠在 1957、1958 年观测资料证明，冬小麦生长期内地下水埋深 1.0～2.0m 时，地下水利用量可占耗水量的 20%（中壤土）。由此可见，地下水补给量是很可观的。所以，在设计灌溉制度时，必须根据当地或条件类似地区的试验、调查资料估算。

（5）由于计划湿润层增加而增加的水量（W_T）。

W_T 系指由于计划湿润层增加，可利用一部分深层土壤的原有储水量，W_T 可按下式计算

$$W_T = 667(H_2 - H_1)n\bar{\theta} \quad (m^3/亩) \tag{3-32}$$

或

$$W_T = 667(H_2 - H_1)\frac{\gamma}{\gamma_{水}}\overline{\theta'} \quad (m^3/亩) \tag{3-33}$$

式中 H_1——计划时段初计划湿润层深度，m；

H_2——计划时段末计划湿润层深度，m；

$\bar{\theta}$——（$H_2 - H_1$）深度的土层中的平均含水率，以占孔隙率%计，一般 $\bar{\theta} < \theta_{田}$；

n——土壤孔隙率，以占土体积%计；

$\overline{\theta'}$——同 $\bar{\theta}$，但以占干土重%计；

γ、$\gamma_{水}$——土壤干容重和水的容重，t/m^3。

当以上各项设计依据确定之后，即可分别计算旱作物的播前灌水定额和生育期的灌溉制度。

3. 旱作物播前的灌水定额（M_1）的确定

播前灌水往往只进行一次，其目的在于保证作物种子发芽和出苗所必须的土壤含水量或储水于土壤中以供作物生育后期之用。一般可按下式计算

$$M_1 = 667Hn(\theta_{max} - \theta_0) \quad (m^3/亩) \tag{3-34}$$

或

$$M_1 = 667\frac{\gamma}{\gamma_{水}}H(\theta'_{max} - \theta'_0) \quad (m^3/亩) \tag{3-35}$$

式中　H——土壤计划湿润层深度（m），应根据播前灌水要求决定；

n——相应于 H 土层内的土壤孔隙率，以占土壤体积%计；

θ_{max}——一般取田间持水率，以占孔隙率%计；

θ_0——播前 H 土层内的平均含水率，以占孔隙率%计；

θ'_{max}、θ'_0——同 θ_{max}、θ_0，但以占干土重%计。

4. 根据水量平衡图解法拟定旱作物的灌溉制度

为了满足农作物正常生长的需要，任一时段内土壤计划湿润层内的储水量必须经常保持在一定的适宜范围以内，即通常要求不小于作物允许的最小储水量（W_{min}）和不大于作物允许的最大储水量（W_{max}）。在天然情况下，当某些时段内降雨很小或没有降雨量时，往往使土壤计划湿润层内的储水量很快降低到或接近于作物允许的最小储水量，此时即需进行灌溉。

例如，某时段内没有降雨，则水量平衡方程可写为

$$W_{min} = W_0 - (ET - K) \tag{3-36}$$

式中　W_{min}——土壤计划湿润层内允许最小储水量，mm 或 m^3/亩；

其余符号同前。

如图 3-3 所示，设时段初土壤储水量为 W_0，则由式（3-36）可推算出开始进行灌水时的时间间距为

$$t = \frac{W_0 - W_{min}}{e - k} \tag{3-37}$$

而这一时段末灌水定额 m 为

$$m = W_{max} - W_{min} = 667nH(\theta_{max} - \theta_{min}) \tag{3-38}$$

或 $$m = W_{max} - W_{min} = 667\gamma H(\theta'_{max} - \theta'_{min}) \tag{3-39}$$

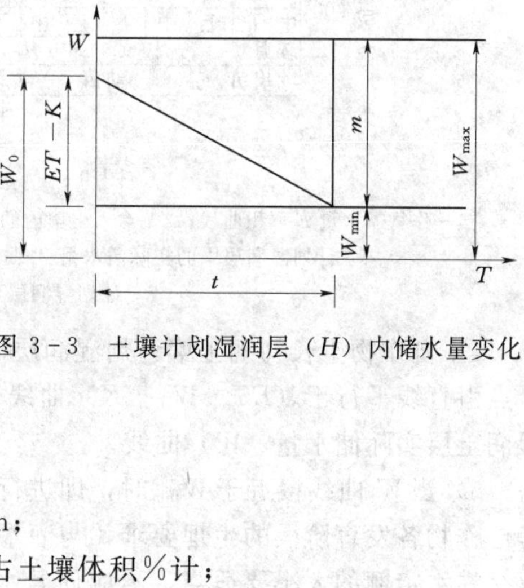

图 3-3　土壤计划湿润层（H）内储水量变化

式中　m——灌水定额，m^3/亩；

H——该时段内土壤计划湿润层深度，m；

n——计划湿润层内土壤的空隙率，以占土壤体积%计；

θ_{max}、θ_{min}——该时段内允许的土壤最大含水率和最小含水率，以占土壤空隙体积%计；

γ——计划湿润层内土壤的干容重，t/m^3；

θ'_{max}、θ'_{min}——同 θ_{max}，θ_{min}，但以占干土重%计。

同理，可以求出其他时段在不同情况下的灌水时距与灌水定额，从而确定出作物全生育期内的灌溉制度。以上推算 t 和 m 的过程也可以直接在图 3-3 上通过图解得出。

以棉花灌溉制度为例（见图 3-4）。其图解分析法拟定灌溉制度的步骤如下：

1）根据各旬的计划湿润层深度 H 和土壤含水率的上限 θ_{max} 和下限 θ_{min}，求出 H 土层内允许储水量上限 W_{max} 及下限 W_{min}，绘于图 3-4 上。

2）分别绘制 ET、W_T 和 K 累积曲线以及净耗水量（$ET - W_T - K$）累积曲线。

3）根据设计年雨量，求出渗入土壤的降雨量 P_0，逐时段绘于图上。

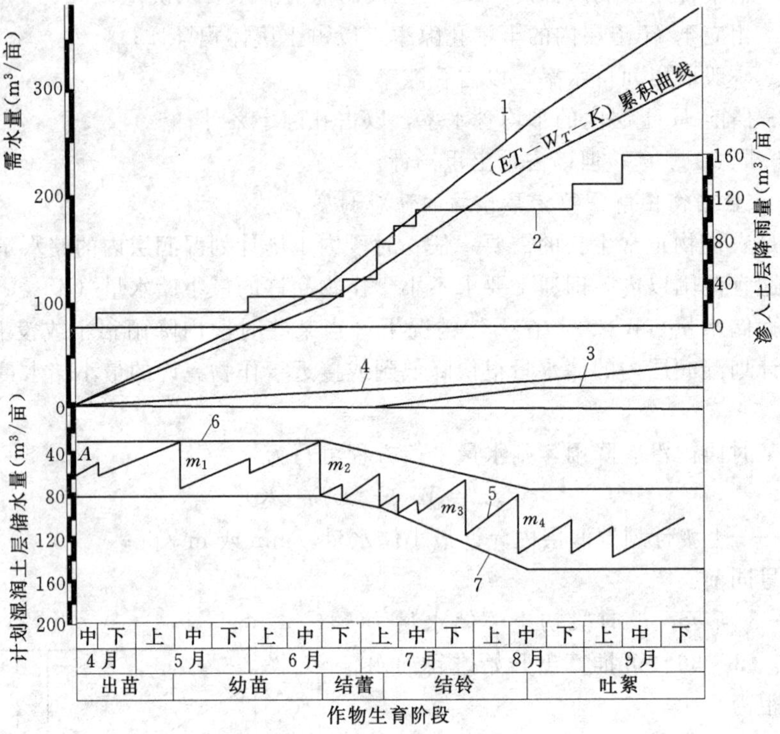

图 3-4 棉花灌溉制度设计图

1—作物需水量 E 累积曲线；2—渗入土壤内的降雨量累积曲线；3—W_T 累积曲线；4—K 值累积曲线；
5—计划湿润层中的实际需水量 W 曲线；6—计划湿润层用许最小储水量 W_{min} 曲线；
7—计划湿润层允许最大储水量 W_{min} 曲线

4）自作物生长初期土壤计划湿润层储水量 W_0，逐旬减去（$ET-W_T-K$）值，即至 A 点引直线平行于（$ET-W_T-K$）曲线，当遇有降雨时再加上降雨入渗量 P_0，即得计划湿润土层实际储水量（W）曲线。

5）当 W 曲线接近于 W_{min} 时，即进行灌水。灌水日期除考虑水量盈亏的因素外，还应考虑作物各发育阶段的生理要求，与灌水相关的农业技术措施以及灌水和耕作的劳动组织等。灌水定额的大小要适当，不应使灌水后土壤储水量大于 W_{max}，也不宜给灌水技术的实施造成困难。如畦灌灌水定额一般不宜小于 30m³/亩。灌水定额值也像降雨入渗量一样加在 W 曲线上。

6）如此继续进行，即可得到全生育期的各次灌水次数、灌水时间和灌水定额。

7）生育期灌溉定额 $M_2=\sum m$，m 为各次灌水定额。

5. 根据水量平衡列表法拟定旱作物的灌溉制度

根据水量平衡原理，也可列表计算，计算时段采用一旬或五天。计算也十分简便。

为节省计算时间，各种作物的灌溉制度均可编制程序利用电子计算机进行计算。下面给出计算旱作物灌溉制度的通用电算框图，如图 3-5 所示。

求得生育期灌溉定额后，加上播前灌水定额，即得旱作物的总灌溉定额 M，即

$$M=M_1+M_2 \tag{3-40}$$

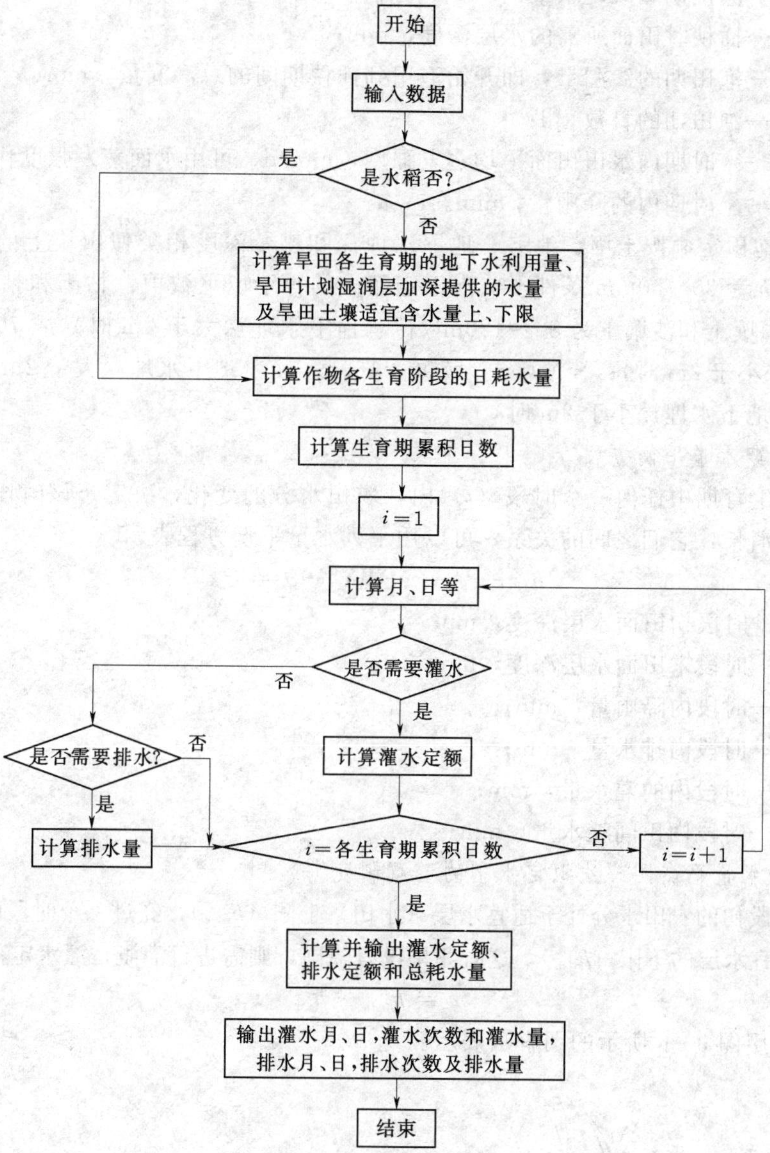

图 3-5　旱作物和水稻灌溉制度电算通用程序框图

按水量平衡方法估算灌溉制度，如果作物耗水量和降雨量资料比较精确，其计算结果比较接近实际情况。对于比较大的灌区，由于自然地理条件差别较大，应分区制定灌溉制度，并与前面调查和试验结果相互核对，以求比较切合实际。

(二) 水稻灌溉制度

水稻本田的灌溉制度。可分别针对泡田期及插秧以后的生育期进行设计。

1. 泡田期灌溉用水量（泡田定额）的确定

泡田定额可用下式计算

$$M_1 = 0.667(h_0 + S_1 + e_1 t_1 - P_1) \tag{3-41}$$

式中 M_1——泡田期灌溉用水量，m^3/亩；

h_0——插秧时田面所需的水层深度，mm；

S_1——泡田期的渗漏量，即开始泡田到插秧期间的总渗漏量，mm；

t_1——泡田期的日数，d；

e_1——t_1 时期内水田田面平均蒸发强度，mm/d，可用水面蒸发强度代替；

P_1——t_1 时期内的降雨量，mm。

通常，泡田定额按土壤、地势、地下水埋深和耕犁深度相类似田块上的实测资料决定，一般在 $h_0=30\sim50$mm 条件下，泡田定额大约等于以下数值：粘土和粘壤土为 50～80m^3/亩；中壤土和沙壤土为 80～120m^3/亩（地下水埋深大于 2m 时）或 70～100m^3/亩（地下水埋深小于 2m 时）；轻沙壤土为 100～160m^3/亩（地下水埋深大于 2m 时）或 80～130m^3/亩（地下水埋深小于 2m 时）。

2. 生育期水量平衡方程

在水稻生育期中任何一个时段（t）内，农田水分的变化，决定于该时段内的来水和耗水之间的消长，它们之间的关系，可以用下列水量平衡方程表示

$$h_1 + P + m - WC - d = h_2 \tag{3-42}$$

式中 h_1——时段初田面水层深度，mm；

h_2——时段末田面水层深度，mm；

P——时段内降雨量，mm；

d——时段内排水量，mm；

m——时段内的灌水量，mm；

WC——时段内田间耗水量，mm。

3. 根据水量平衡图解法拟定水稻的灌溉制度

如果时段初的农田水分处于适宜水层（水田）上限（h_{max}），经过一个时段的消耗，田面水层降到适宜水层的下限（h_{min}），这时如果没有降雨，则需进行灌溉，灌水定额即为

$$m = h_{max} - h_{min} \tag{3-43}$$

这一过程可用图 3-6 所示的图解法表示。

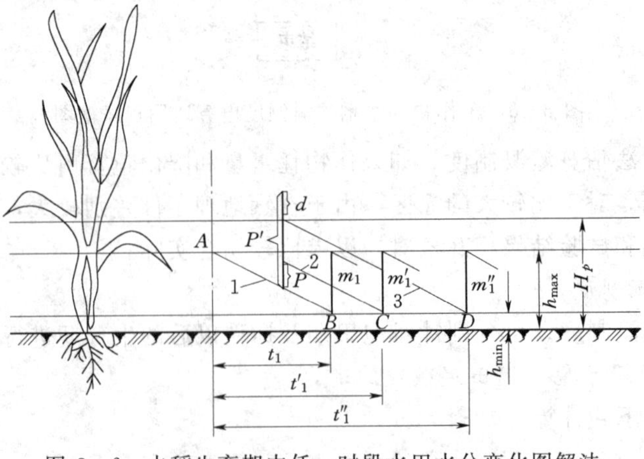

图 3-6 水稻生育期中任一时段水田水分变化图解法

如在时段初 A 点，水田应按 1 线耗水，至 B 点田面水层降至适宜水层下限，即需灌水，灌水定额为 m；如果时段内有降雨 P，则在降雨后，田面水层回升降雨深 P，再按 2 线耗水至 C 点时进行灌溉；如降雨 P' 很大，超过适宜水层上限（或允许蓄水深），多余的部分需要排除，排水量为 d，然后按 3 线耗水至 D 点时进行灌溉。表 3-7 中列出的各种水层深度可供参考。表中水层为：适宜水层下限（h_{min}）～适宜水层上限（h_{max}）～降雨后最大蓄水深度（H_p）。

表 3-7　各生育阶段淹灌水层深度

单位：mm

生育阶段＼作物	早稻	中稻	双季晚稻
返　青	5～30～50	10～30～50	20～40～70
分蘖前	20～50～70	20～50～70	10～30～70
分蘖后	20～50～80	30～60～90	10～30～80
拔节孕穗	30～60～90	30～60～120	20～50～90
抽穗开花	10～30～80	10～30～100	10～30～50
乳　熟	10～30～60	10～20～60	10～20～60
黄　熟	10～20	落干	落干

根据上述原理可知，当确定了各生育阶段的适宜水层 h_{max} 和 h_{min} 以及阶段需水强度 e_i，便可用图解法推求出水稻灌溉制度。

4. 根据水量平衡列表法拟定水稻的灌溉制度

现以某灌区某设计年早稻为例，说明列表法推求水稻灌溉制度的具体步骤。

其基本资料如下：

1）早稻生育期各生育阶段耗水强度，见表 3-8。

2）生育期降雨量，见表 3-9 第（5）栏。

3）各生育阶段适宜水层深度。

根据灌区具体条件，采用浅灌深蓄方式，参照灌溉试验站资料，选取表 3-7 所列早稻数值，黄熟期自然落干。列入表 3-9 第（3）栏。

其计算过程列于表 3-9。

表 3-8　逐日耗水量计算表

生育期	返青	分蘖前	分蘖末	拔节孕穗	抽穗开花	乳熟	黄熟	全生育期
起止月日	4.25～5.2	5.3～5.10	5.11～5.26	5.27～6.12	6.13～6.27	6.28～7.6	7.7～7.14	4.25～7.14
天数	8	8	16	17	15	9	8	81
阶段水面蒸发量（mm）	30	56.5	104.3	102	81.1	19	20	412.9
阶段需水系数 α	0.8	0.85	0.92	1.25	1.48	1.42	1.2	
阶段需水量（mm）	24	48	96	127.5	120	27	24	466.5
阶段渗漏量（mm）	8	8	16	17	15	9	8	81
阶段耗水量（mm）	32	56	112	144.5	135	36	32	547.5
翌日耗水量（mm）	4	7	7	8.5	9	4	4	

注　稻田渗漏量为 1mm/d。

表 3-9　某灌区某年早稻生育期灌溉制度计算表　单位：mm

日期		生育期	设计淹灌水层	逐日耗水量	逐日降雨量	淹灌水层变化	灌水量	排水量
月	日							
(1)		(2)	(3)	(4)	(5)	(6)	(7)	(8)
4	24					10.1		
	25	返青期	5～30～50	4.0		6.1		
	26				7.7	9.7		
	27					5.7		
	28				7.4	9.1		
	29					5.1		
	30				61.0	50.0		12.1
5	1					46.0		
	2					42.0		
	3	分蘖前	20～50～70	7.0		35.0		
	4				16.0	44.0		
	5				12.9	49.9		
	6					42.9		
	7					35.9		
	8					28.9		
	9					21.9		
	10					44.9	30	
	11	分蘖末	20～50～80	7.0	6.7	44.6		
	12					37.6		
	13				24.3	54.9		
	14				5.3	53.2		
	15					46.2		
	16					39.2		
	17				21.5	53.7		
	18					46.7		
	19					39.7		
	20				1.9	34.6		
	21					27.6		
	22					20.6		
	23					43.6	30	
	24					36.6		
	25					29.6		
	26					22.6		
	27	拔节孕穗	30～60～90	8.5		54.1	40	
	28					45.6		
	29					37.1		
	30					28.6		
	31					60.1	40	
6	1					51.6		
	2					43.1		
	3					34.6		
	4					26.1		

续表

日期		生育期	设计淹灌水层	逐日耗水量	逐日降雨量	淹灌水层变化	灌水量	排水量
月	日							
(1)		(2)	(3)	(4)	(5)	(6)	(7)	(8)
6	5	拔节孕穗	30～60～90	8.5		57.6	40	
	6					49.1		
	7					40.6		
	8					32.1		
	9				2.3	25.9		
	10				5.3	22.7		
	11					54.2	40	
	12					45.7		
	13	抽穗开花	10～30～80	9.0		36.7		
	14					27.7		
	15					18.7		
	16					9.7		
	17					30.7	30	
	18					21.7		
	19					12.7		
	20				2.5	36.2	30	
	21				2.1	29.3		
	22					20.3		
	23					11.3		
	24					32.3	30	
	25					23.3		
	26				10	24.3		
	27					15.3		
	28	乳熟	10～30～60	4.0		11.3		
	29					37.3	30	
	30					33.3		
7	1					29.3		
	2					25.3		
	3					21.3		
	4					17.3		
	5					13.3		
	6				4.6	13.9		
	7 ⋮ 14	黄熟	落干	4.0				
合计				515.5	191.5		340	12.1

注 未包括黄熟期耗水。

校核

$$h_{始} + \sum P - \sum d + \sum m - \sum WC = h_{末}$$

$$10 + 191.5 - 12.1 + 340 - 515.5 = 13.9(\mathrm{mm})$$

与7月6日淹灌水层相符，计算无误。

说明：在插秧后3～5天以内，允许田面水层略低于适宜水层下限，避免过早灌水引起飘秧。

例如，起始日4月24日末水层 $h_1=10mm$（泡田后建立的田面水层），则25日末水深为

$$h_2 = 10 + 0 + 0 - 4 = 6(mm)$$

26日 $$h_2 = 6 + 7.7 + 0 - 4 = 9.7(mm)$$

30日 $$h_2 = 5.1 + 61.0 - 4 = 62.1(mm)$$

超过蓄水上限，应排水12.1mm，使水层保持在50mm。

又如，5月10日，$h_2=21.9+0+0-7=14.9$（mm），低于淹水层下限，需进行灌水。灌水量按照灌水上限50mm控制，在5月10日灌水30mm，水层为44.9mm。

如此进行逐日计算，即可求得生育期灌溉制度成果，见表3-10。

表3-10　　某灌区某年早稻生育期设计灌溉制度表

灌水次数	灌水日期	灌水定额		灌水次数	灌水日期	灌水定额	
		mm	m^3/亩			mm	m^3/亩
1	5.10	30	20	7	6.17	30	20
2	5.23	30	20	8	6.20	30	20
3	5.27	40	26.7	9	6.24	30	20
4	5.31	40	26.7	10	6.29	30	20
5	6.5	40	26.7	合　计		340	227
6	6.11	40	26.7				

若泡田定额为80m^3/亩，则总灌溉定额为 $M=M_1+M_2=80+227=307$（m^3/亩）。

以上列表计算过程，为节省计算时间，也可编制程序利用电子计算机进行计算。其通用电算框图同旱作物，如图3-5所示。

必须强调指出，在本节中所讨论的作物需水量是指在充分供水条件下的作物腾发量而言，一般来说，它是一个固定的常数。如果在非充分供水条件下，则作物的需水量将随供水量的多少而变化。供水多时，需水量大，供水少时，需水量小。需水量将是供水量的函数，而不是一个定值。换言之，在这种情况下的作物需水量是随着非充分供水条件下的作物灌溉制度而异，求出灌溉制度即可以计算其相应的需水量。

应当指出，这里所讲的灌溉制度是指某一具体年份一种作物的灌溉制度，如果需要求出多年的灌溉用水系列，还须求出每年各种作物的灌溉制度。

第三节　作物非充分灌溉制度

按照传统的灌溉理论，农田灌溉是以某一定作物获得单位面积产量最高为工程设计的基本准则。在这一理论的指导下，有关作物田间耗水量的确定、灌溉制度设计、灌溉用水推算、灌溉工程规模的选定，以及灌区计划用水管理等都是建立在农田充分灌溉的基础上。随着工农业的飞速发展，全社会对水资源的需要不断增长，尤其在我国北方地区，水资源短缺的情况已十分严重，在采用各种节约用水措施的同时，不得不从根本上探讨水资

源的最合理利用方式，着力提高水的有效利用率，非充分灌溉理论就是在这一客观现实条件下产生的。

所谓非充分灌溉（deficit irrigation），是指由于可供灌溉的水资源不足，不能充分满足作物各个生育阶段的需水量要求，而允许作物受一定程度的缺水和减产，但仍可使单位水量获得最大的经济效益的一种灌溉方式。非充分灌溉也称不充足灌溉（inadequate irrigation）、限额灌溉（limited irrigation）、部分灌溉或经济灌溉等。研究非充分灌溉，必须首先研究作物产量与缺水量之间的关系，了解非充分灌溉的原理。

一、作物水分生产函数

作物水分生产函数（crop water production function）是指在作物生长发育过程中，作物产量与投入水量或作物消耗水量之间的数量关系。作物水分生产函数可以确定作物在不同时期遇到不同程度的缺水时对产量带来的影响。因此，它是研究非充分灌溉的必需资料之一，为灌溉系统的规划设计或某地区进行节水灌溉制定优化配水计划提供基本依据。

作物水分生产函数是随不同的作物、地点、年份、灌溉与农业技术条件而变化，一般应根据当地的具体条件进行灌溉试验来确定。图 3-7 表示作物水分生产函数的一般形式。图中虚线代表产量与作物腾发量之间的关系；实线代表投入水量（包括降雨量）与产量的关系，即作物水分生产函数。由图可以看出，函数的前半部分大致成直线，并且与腾发量函数也大致相平行。如果继续投入水量，函数变成曲线，产量不仅没有增加，反而减少；而投入的水量就形成渗漏和地表径流损失，实际上就成为充分灌溉了。因此，供水过多或过少都会使作物减产。而非充分灌溉首先是要研究作物缺水对产量的影响程度，亦即作物水分生产函数。

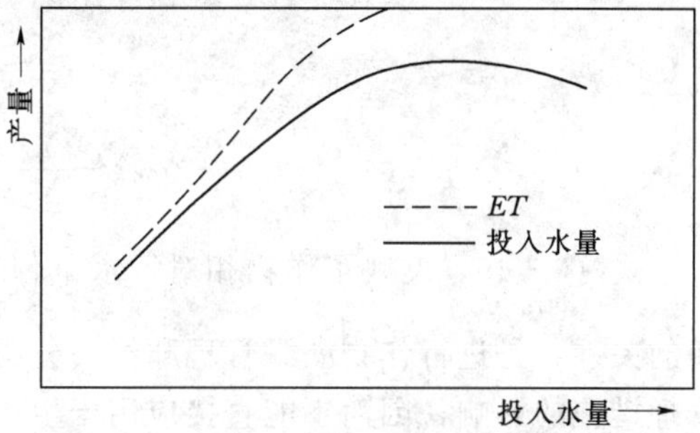

图 3-7　作物水分生产函数示意图

1. 全生育期作物水分生产函数模型

(1) 线性模型。

一般适用于灌溉工程开发初期及中、低产量水平地区，其公式为

$$Y_a = a_1 + b_1 ET_a \tag{3-44}$$

式中　Y_a——作物产量；

a_1、b_1——经验系数；

ET_a——作物全生育期实际腾发量。

本式以绝对腾发量作为产量的自变量，公式简单，易于统计分析，但未考虑水文年型、气候环境因子的校准影响，因而不同试验年、不同地区的相关系数较差，模型的输出数据缺乏足够的精度。

De. Wit（1958 年）在前人研究基础上发现，产量与相对腾发量有较好的关系，提出了半干旱地区全生育期相对蒸腾量模型为

$$Y = m \frac{T}{E_0} \tag{3-45}$$

式中　Y——干物质产量；

m——作物因子，随作物种类而变；

T——作物叶面蒸腾量；

E_0——生育期内平均自由水面蒸发量。

由于大田观测过程中，土壤棵间蒸发 E_s 和作物叶面蒸腾量 T 多数是一起观测的，Stewart 采用了下述模型

$$Y_a = m' \frac{ET_a}{E_0} \tag{3-46}$$

式中　m'——作物因子；

ET_a——作物实际腾发量，$ET_a = T + E_s$。

当满足最大腾发量 ET_m 条件时，产量达到最大值 Y_m，即

$$Y_m = m' \frac{ET_m}{E_0} \tag{3-47}$$

由式（3-46）和式（3-47）得到等比模型为

$$\frac{Y_a}{Y_m} = \frac{ET_a}{ET_m} \tag{3-48}$$

即

$$1 - \frac{Y_a}{Y_m} = 1 - \frac{ET_a}{ET_m} \tag{3-49}$$

式（3-49）反映了作物相对亏水量$\left(ET_D = 1 - \frac{ET_a}{ET_m}\right)$与相对减产量$\left(Y_D = 1 - \frac{Y_a}{Y_m}\right)$之间的关系，是进行作物灌溉管理和经济分析的基础模型，但由于模型中未考虑作物因子和管理措施的影响，因而不能直接应用于生产。考虑到相对腾发量与相对产量并非简单的等比关系，J. Doornbos 和 A. H. Kasam（1975）等考虑了不同作物对水分亏缺的敏感性差异，引入了产量反映系数 K_y，将式（3-49）修改为适用于全生育期的线性模型（以下简称 D-K 模型）为

$$1 - \frac{Y_a}{Y_m} = K_y\left(1 - \frac{ET_a}{ET_m}\right) \tag{3-50}$$

式中　Y_a——作物实际产量，kg/亩；

Y_m——作物最大产量，kg/亩；

ET_m——作物最大腾发量，mm；

K_y——产量反应（影响）系数或敏感系数，K_y 一般由劣态性试验确定。

线性模型，在相对缺水量比值较大（一般认为 $1 - ET_a/ET_m \geqslant 0.5$），或描述全生育相对腾发量与相对产量关系时，具有较好的精度，但产量随腾发量线性增加的假定，并不完全合理。大量试验表明，作物产量与腾发量（或供水量）之间呈非线性关系。

（2）非线性模型。

一般的非线性作物水分生产函数模型为

$$Y_a = a_2 + b_2 ET_a + c_2 ET_a^n \tag{3-51}$$

式中　a_2、b_2、c_2——经验系数，由试验资料经回归分析求得；

n——经验指数，$n = 0.5 \sim 2.0$，由试验资料经回归分析求得。

非线性模型反映了作物生理需水上限的特性，如 2 次型模型，当腾发量等于 $b_2/(2c_2)$

时，作物产量将达到潜在产量 $a_2-b_2^2/(4c_2)$。同时非线性模型也较好地描述了不同亏缺水程度对产量的影响，可用于边际效益分析，从而指导农业水资源的经济管理。

非线性作物水分生产函数模型，根据地区试验统计资料分析建立，较真实地反映了作物产量与用水量之间的关系。大量研究成果表明，该模型在描述全生育期产量与水量关系时，具有较高的精度；对不同类型的灌区，不同水文年型，在调整参数的前提下，模型具有通用性。但该模型反映的是全生育期平均情况，掩盖了作物不同生育阶段对水的需求量不相同这一重要事实，不能用以分析作物生育阶段水的分配。因此，有必要研究不同生育阶段作物水分生产函数。

2. 不同生育阶段作物水分生产函数模型

(1) 加法模型。

加法模型是以阶段相对腾发量为自变量及相应阶段的产量反映系数 $k_{y(i)}$ 的乘积表征的模型：有 Blank（1975 年）、Stewart（1976 年）、Hiler 和 Clark（1971 年）、Howell 和 Hiler（1975 年）、Singh（1987 年）、舒达等（1981 年）模型等。典型的加法模型是 Stewart（1976 年）模型

$$\frac{Y_a}{Y_m}=1-\sum_{i=1}^{n}k_{y(i)}\left(1-\frac{ET_a}{ET_m}\right)_i \tag{3-52}$$

式中 i——生育阶段划分序号；

n——划分的生育阶段总数；

$\left(\frac{ET_a}{ET_m}\right)_i$——第 i 生育阶段实际腾发量与该阶段潜在腾发量之比；

$\frac{Y_a}{Y_m}$——作物实际产量与作物最大产量之比；

$k_{y(i)}$——第 i 生育阶段作物产量敏感系数，$k_{y(i)}$ 越大，表明该阶段对产量形成的比重越大，因而对缺水的敏感性越大。

(2) 乘法模型。

该模型用各生育阶段相对腾发量指数函数的乘积表达对相对产量的影响。有 M. E. Jensen（1968）模型、Hall 与 Butcher（1968 年）模型、Hanks（1974 年）模型、Minhas 等（1974 年）模型、Hill（1979 年）模型、Rao（1988 年）模型。最常用的为 M. E. Jensen（1968 年）模型

$$\frac{Y_a}{Y_m}=\prod_{i=1}^{n}\left(\frac{ET_a}{ET_m}\right)_i^{\lambda_i} \tag{3-53}$$

式中 λ_i——作物第 i 生育阶段缺水对产量影响的敏感指数；

其他符号意义同前。

由于实际灌溉过程中，$ET_a/ET_m\leqslant 1.0$，而 $\lambda_i\geqslant 0$，故在相同的腾发量水平条件下，λ_i 值越大，则 $(ET_a/ET_m)_i^{\lambda_i}$ 越小，表明该阶段对产量的影响越大，即敏感性大，反之，λ_i 值越小，则表明该阶段对产量的影响越小，即敏感性小。

在我国，一般认为 Jensen 乘法模型和 Stewart 加法模型适用性较广。加法模型将各生育阶段缺水对产量的影响进行简单的叠加，没有考虑连旱的情况，而且当作物在某个生育阶段受旱而死亡绝产的情况下仍能算出产量，这显然不合理。乘法模型则在一定程度上克服了上

述缺陷，由于反映了作物在任何时期死亡，其最终籽粒产量将为零这一事实，同时采用连乘式考虑了多阶段间的相互影响，对产量的反映有其灵敏度高等特点，因而得到了较多的研究及应用。加法模型直观上似乎将各生育阶段割裂开来分析，对严重缺水情况描述不尽合理，其应用受到一定程度的影响。但加法模型具有模型简单、易于建立数学模型进行多阶段优化分析的特点。不少试验研究表明，无论加法模型还是乘法模型，其预测的产量与实际产量的相关系数均很高。在预测作物实际产量方面，乘法模型与加法模型并无重大区别。

二、非充分灌溉原理

非充分灌溉的原理可用水分生产函数的三个阶段（见图 3-8）的特征说明。图中，$Y \sim ET_a$曲线为投入ET_a（水量）与产出Y（单位面积作物产量）的示意关系曲线（其他因素不变），$y \sim ET_a$曲线为投入水量ET_a与边际产量$y(=\mathrm{d}Y/\mathrm{d}ET_a)$的关系曲线，边际产量表示水量的变化引起作物产量的变动率，$k \sim ET_a$曲线为投入水量ET_a与单位水量的产量k（水生产效率$=Y/ET_a$）的关系曲线。在$Y \sim ET_a$曲线的始点a到水生产效率曲线达到最大值k_{max}所对应的c点（第1阶段），随着水量的增加，水生产效率（k）不断增加，水的边际产量（y）始终大于此阶段水生产效率（k），产量增加幅度大于投入水量增加幅度，为“报酬递增”阶段。但bc段，边际产量逐渐下降，直至两者在g点相等，此时水生产效率达到最大值k_{max}。第1阶段是作物需水最为敏感的阶段，水量的增值效益也最为明显。从c点到作物达到最高产量Y_{max}时的d点（第2阶段），当水生产效率达到最大值k_{max}后，随着水量的增加，作物产量仍将继续增加，但水的边际产量曲线及水生产效率曲线不断下降，产量增加幅度小于投入水量增加幅度，出现了所谓“报酬递减”现象，直至边际产量$y=\mathrm{d}Y/\mathrm{d}ET_a=0$，即单位水量的增加引起的产量增值为零。此时，供水量达到充分灌溉的上界，相应的作物产量达到最大值Y_{max}。在作物产量达到最大值c点以后的持续下降阶段（第3阶段），边际产量为负值，水生产效率曲线继续下降，为不合理的供水行为。在这种情况下，投入水量的多少应以总效益来确定。

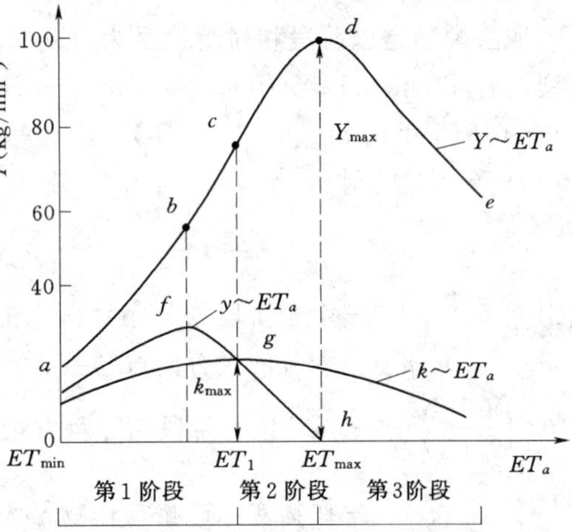

图 3-8 水分生产函数的三个阶段

非充分灌溉的原理也可用效益和费用函数来说明（见图 3-9）。图中曲线为投入水量与效益的关系曲线，其形状与一般的作物水分生产函数相类似。倾斜的直线为投入水量与灌溉工程的年运行费用（包括水费、动力费和管理费用等）曲线。一般来说，年运行费用是随

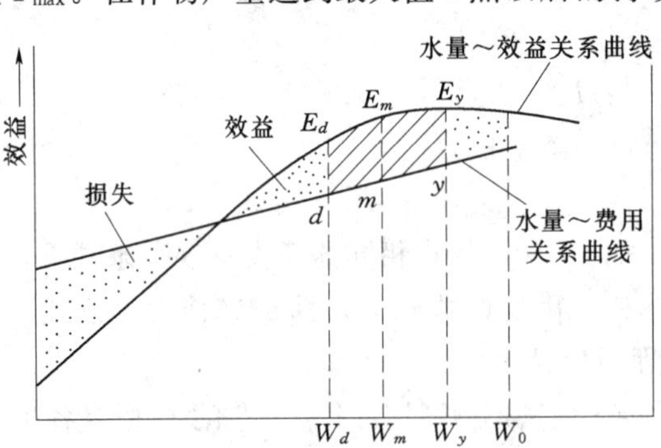

图 3-9 灌溉水量与效益、费用关系曲线

着投入水量的增加而相应地按一定比例增加，可以称之为可变生产费用。此直线在纵坐标上的截距代表这一灌溉工程的固定费用。一般的概念是，随着投入水量的增加，作物的产量也增加，相应地灌溉效益也增加。但如果与年费用结合来考虑，就会引起上述概念的变化。当投入水量达到 W_m 时，其净效益为最大，即 E_m 点，该点的曲线斜率恰好与生产费用直线的斜率相等。如果投入的水量继续增加到 W_y 点，这时的作物产量可能是最大，但由于生产费用的增加，E_y 点的净效益却不是最大。一般来说，W_y 就是最大供水量，也即到达充分灌溉的上限。如果用水量继续增加到 W_0，就形成过量用水，产量和效益都要下降。所谓非充分灌溉，就是要让用水量适当减少，使其小于 W_y。如果用水量减少到 W_d，这时的净效益（$E_d d$）正好等于获得最高产量时的净效益（$E_y y$）。如果灌溉面积用水量继续减少，则灌溉净效益就会降低。所以，我们说非充分灌溉的用水范围是在 W_y 以下，具体范围需试验确定。在这个范围内进行灌溉，虽然所获得的作物产量不是最高，但其净效益却始终大于在最高产量时所获得的净效益 $E_y y$。这也就是把非充分灌溉称之为经济灌溉的道理，即用水量虽然减少了，产量也相应减少了，但其经济效益仍可能较大或最大。

另外，当水源紧张时，还可采取减少灌溉面积上作物非关键需水时期的灌水定额或灌水次数，用节省下来的水量尽可能多灌一些面积。这样，总的灌溉水量所获得的效益将为最大，这也是推行非充分灌溉的重要原因。

三、非充分灌溉制度（limited irrigation schedule）

由于水资源日益匮乏，无论是在我国北方干旱及半干旱地区，还是在我国南方稻作区，采用非充分灌溉已经十分必要，但在作物的全生育期内如何合理地分配有限的水量，以期获得较高的产量或效益，或者使缺水造成的减产损失减少，是实行非充分灌溉的关键问题之一。

所谓非充分灌溉制度是在有限灌溉水量条件下，为获取最佳的产量目标，对作物灌水时间和灌水定额进行最优分配的优化灌溉制度。确定优化灌溉制度为作物水分生产函数的最基本用途之一。

我国各地试验站对非充分灌溉制度都进行了不同的试验。在实践中，对非充分灌溉制度已积累了一定的经验。对旱作物常实施 4 种方法：采用减少灌水次数的方法，即减少对作物生长影响不大的灌水，保证关键时期的灌水；采用减少灌水定额的方法，不是使土壤达到最大田间持水量，而仅是田间持水量的一部分；将削减下来的水量去扩大灌溉面积，以求得总产量的最高；将节省下来的水量去灌溉经济价值较高的作物，以求得全灌区的作物增产价值量最高。

对水稻则是采用浅水、湿润、晒田相结合的灌水方法，不是以控制淹灌水层的上下限来设计灌溉制度，而是以控制稻田的土壤水分为主。常用的有 4 种方法：①控制灌溉法。在山东济宁地区大面积推广的水稻控制灌溉制度是：插秧以后在田面保持薄水层，为 5～25mm，以利返青活苗。返青以后在田面不保留水层，而是控制土壤含水量。控制的上限为土壤饱和含水量，下限为饱和含水量的 60%～70%。该技术也已在宁夏干旱地区的盐碱地稻区大面积示范推广，一般认为，土壤全盐量在 0.3%以下，适用控制灌溉技术，土壤全盐量在 0.3%以上，适用控制灌溉与定期淋洗相结合的技术。水稻本田生长期田间土壤水分控制指标为：返青期田间水层深度上限为 30mm，下限为 10mm；其余各期稻田土壤水分上限为饱和含水率，土壤水分下限指标分别为：分蘖前期、中期和后期下限分别为饱和含水率的80%、70%和60%，拔节孕穗前期下限为饱和含水率的70%，拔节孕穗后期下限为饱和含水率的80%，抽穗开花期下限为饱和含水率的80%，乳熟期下限为饱和含水率的70%，黄熟期稻田土壤水分为自然落干状态。②“薄露”灌溉法。浙江省绍兴地区普遍推广的“薄露”灌溉是：除返青期深灌（早稻保温，晚稻降温）以外，以后一律灌溉薄水层，水层越薄越好，只要求达到土壤饱和。每次灌水，包括降雨以后都要落干晒田。在拔节期以前轻度晒田，至田面表土将要开裂时，再进行灌水。孕穗期至抽穗期间，晒至田面不见水层时即复灌。乳熟期至收割以前，逐渐加重晒田程度，至田面出现微小裂缝，约为最大田间持水量的60%～70%。收割以前7～10天，停止灌水。③浅、湿、晒法。广西自治区在1000万亩面积上推广水稻节水灌溉，主要也是浅水、湿润、晒田相结合的灌溉制度。④“水稻旱种”法。此外，南北方灌区还推广“旱育稀植”技术，取得了更好的节水效果。

我国在理论上，对非充分灌溉的优化灌溉制度也进行了一些研究。对于一定种类的作物，不仅灌溉总量对产量具有影响，而且相同的灌溉总量条件下，灌溉水量在各阶段的分配对产量亦产生较大影响。目前，多是以M. E. Jensen提出的作物水分生产函数为目标函数，以土壤含水量和可供水量等为约束条件，进行优化计算，取得的目标是总产量最高又省水的优化灌溉制度。也有一些研究在目标函数中同时引入生产费用等因素，以获得总灌溉净效益最高而又省水的优化灌溉制度。以下对制定优化灌溉制度做一介绍。

（一）优化灌溉制度的确定方法

非充分灌溉条件下，作物的灌溉制度是对有限的可供水量在作物全生育期内进行灌水时间和灌水定额的最优分配。由于作物每一生育阶段的灌水决策与时间有关，因此，这种最优化过程是与作物生育阶段密切相关的多阶段决策过程，常用的求解方法是动态规划法。

1）目标。以单位面积产量最大或总效益最大为目标。

2）阶段变量。以作物生育阶段为阶段变量。

3）状态变量。对旱作物而言，其状态变量为：各阶段初可供水量及计划湿润层内可供作物利用的土壤含水量。对于水稻而言，状态变量为各阶段初可供水量及初始田面蓄水深度。

4）决策变量。决策变量为作物各生育阶段的实际灌水量及实际蒸发蒸腾量。

5）策略。由各阶段决策组成全过程的策略，即最优灌溉制度。

（二）优化灌溉制度设计实例

以河北黑龙港地区的冬小麦优化灌溉制度设计为例。根据河北省临西灌溉试验站的非充分灌溉试验，冬小麦的全生育期分为6个生育阶段，各阶段的参数见表3-11。

表3-11　冬小麦灌溉制度设计基本参数

生育阶段	播种～分蘖	分蘖～返青	返青～拔节	拔节～抽穗	抽穗～乳熟	乳熟～成熟
多年平均 ET_i (m^3/hm^2)	288	420	946.5	922.5	805.5	831
中等年有效雨量 P_i (m^3/hm^2)	66	220.5	126	33	990	214.5
敏感指数 (λ_i)	0.099	0.041	0.037	0.290	0.209	0

(1) 目标函数。以单位面积产量最大为目标，采用Jensen模型：

$$F = \max\left(\frac{Y_a}{Y_m}\right) = \max\prod_{i=1}^{n}\left(\frac{ET_a}{ET_m}\right)_i^{\lambda_i} \tag{3-54}$$

(2) 约束条件。

1) 决策约束

$$0 \leqslant d_i \leqslant q_i \quad (i = 1,2,3,4,5,6) \tag{3-55}$$

$$\sum_{i=1}^{n} d_i = Q \tag{3-56}$$

$$(ET_{\min})_i \leqslant ET_i \leqslant (ET_{\max})_i \tag{3-57}$$

式中 d_i——i阶段的灌水量，m^3/hm^2；

q_i——i阶段初始单位面积可供水量，m^3/hm^2；

Q——全生育期单位面积作物总可供水量，m^3/hm^2；

$(ET_{\min})_i$、$(ET_{\max})_i$——i阶段的最小与最大蒸发蒸腾量，m^3/hm^2。

2) 土壤含水率约束

$$\theta_{WP} \leqslant \theta_i \leqslant \theta_f \tag{3-58}$$

式中 θ_i——i阶段土壤含水率，以体积%计；

θ_{WP}、θ_f——凋萎系数及田间持水率，以体积%计。

(3) 初始条件。

1) 第一阶段初土壤可利用水量

$$W_1 = 10H\gamma(\theta_0 - \theta_{WP}) \tag{3-59}$$

式中 W_1——时段初土壤水可利用量，mm；

θ_0、θ_{WP}——播种时土壤含水率与凋萎系数，占干土重%；

H——计划湿润层深度，m；

γ——土壤干容重，t/m^3。

2) 第一阶段初可用的灌溉水量

$$q_1 \leqslant Q_0 \tag{3-60}$$

式中 Q_0——第一阶段灌溉定额上限。

(4) 状态转移方程。

1) 计划湿润层土壤水量平衡方程：

$$W_{i+1} = W_i + P_i + K_i + d_i - ET_i - S_i \tag{3-61}$$

式中 K_i、S_i——i阶段地下水补给量和深层渗漏量。

2) 水量分配方程

$$q_{i+1} = q_i - d_i \tag{3-62}$$

(5) 递推方程。由于该问题有两个状态变量（q_i，W_i），因此有两个递推方程

$$f_i^*(q_i) = \max_{d_i}[R_i(q_i, d_i) f_{i+1}^*(q_{i+1})]$$

$$f_n^*(q_n) = \left(\frac{ET_a}{ET_m}\right)_n^{\lambda_n} \quad i = 1,2,3,\cdots,n-1 \tag{3-63}$$

式中 $R_i(q_i, d_i)$——i阶段在q_i状态下作出决策d_i时所得到的效益，$R_i(q_i,d_i) = \left(\frac{ET_a}{ET_m}\right)_i^{\lambda_i}$；

$f_{i+1}^{*}(q_{i+1})$——余留阶段的最大总效益。

$$f_i^*(W_i)=\max_{ET_i}[R_i(W_i,ET_i)f_{i+1}^*(W_{i+1})]$$

$$f_n^*(W_n)=\left(\frac{ET_a}{ET_m}\right)_n^{\lambda_n}\quad i=1,2,3,\cdots,n-1 \tag{3-64}$$

式中 $R_i(W_i,ET_i)$——状态 W_i 下，作出决策 ET_i 时所得 i 阶段的效益；

$f_{i+1}^{*}(W_{i+1})$——余留阶段的最大总效益。

本模型是一个二维动态规划问题，采用动态规划逐次渐近法求解，可得到中等水文年或中等干旱年的冬小麦优化灌溉制度，其中中等水文年的优化灌溉制度如表 3-12 所示。

表 3-12　　中等水文年冬小麦优化灌溉制度表

可供水量 (m^3/hm^2)	各阶段可供水量 (m^3/hm^2)						
	播种～分蘖	分蘖～返青	返青～拔节	拔节～抽穗	抽穗～乳熟	乳熟～成熟	Y_a/Y_m
0	0	0	0	0	0	0	0.5668
450	0	0	0	450	0	0	0.7481
900	0	0	0	900	0	0	0.8595
1350	450	0	0	900	0	0	0.9468
1800	450	0	450	900	0	0	0.9827

从表 3-12 可知，冬小麦产量随灌溉定额的增大而明显增加。在中等水文年，不灌水时，其产量相当于充分灌溉时产量的 60%左右，灌一次水（450m^3/hm^2），其产量可达充分灌溉时产量的 75%；灌两次水（总灌水量 900m^3/hm^2），其产量为充分灌溉时产量的 85%；灌三次水（总灌水量 1350m^3/hm^2），其产量可达充分灌溉时产量的 95%以上。若再增加灌水次数，其产量增加并不明显。从上述情况看，对该地区而言，冬小麦灌水 2～3 次为宜，总灌水量 900～1350m^3/hm^2 是较优的灌水方案，对灌水时间而言，若灌 2 次水，2 次灌水均放在拔节～抽穗期进行灌溉，若灌 3 次水，除拔节～抽穗期灌两次外，另一次灌水放在播种～分蘖期。

第四节　灌　水　率

灌水率是指灌区单位面积上所需灌溉的净流量 $q_净$，又称灌水模数，以 m^3/（s·万亩）计。它是根据灌溉制度确定的，利用它可以计算灌区渠首的引水流量和灌溉渠道的设计流量。

灌水率 $q_净$ 应分别根据灌区各种作物的每次灌水定额，逐一进行计算，如某灌区的面积为 A（亩），种有甲、乙、丙……各种作物，面积各为 α_1A、α_2A、α_3A、…；α_1、α_2、α_3…分别为各种作物种植面积占灌区面积的百分数。如作物甲的各次灌水定额分别为 m_1、m_2、…、m_n（m^3/亩），要求各次灌水在 T_1、T_2、…、T_n 昼夜内完成，则对于甲作物，各次灌水所要求的灌水率为：

第 i 次灌水时 $q_{i,净} = \frac{\alpha_1 m_i}{8.64 T_i}$ [m^3/(s·万亩)] $(i = 1,2,\cdots,n)$ (3-65)

对于乙作物，各次灌水所要求的灌水率为：

第 i 次灌水时 $q_{i,净} = \frac{\alpha_2 m_i}{8.64 T_i}$ [m^3/(s·万亩)] $(i = 1,2,\cdots,n)$ (3-66)

上述灌水率计算公式中，T_1、T_2、…、T_n 均为灌水延续时间，以 d 计。对于自流灌区，每天灌水延续时间一般以 24h 计；对于抽水灌区，则每天抽灌时间以 20～22h 计，式(3-65)和式(3-66)中系数 8.64 均应相应地改为 7.2～7.92。

同理，可求出灌区各种作物每次灌水的灌水率，见表 3-13。

表 3-13　灌水率计算表

作物	作物所占面积（%）	灌水次数	灌水定额（m^3/亩）	灌水时间（日/月）始	终	中间日	灌水延续时间（d）	灌水率[m^3/（s·万亩）]
小麦	50	1	65	16/9	27/9	22/9	12	0.31
		2	50	19/3	28/3	24/3	10	0.29
		3	55	16/4	25/4	21/4	10	0.32
		4	55	6/5	15/5	11/5	10	0.32
棉花	25	1	55	27/3	3/4	30/3	8	0.20
		2	45	1/5	8/5	5/5	8	0.16
		3	45	20/6	27/6	24/6	8	0.16
		4	45	26/7	2/8	30/7	8	0.16
谷子	25	1	60	12/4	21/4	17/4	10	0.17
		2	55	3/5	12/5	8/5	10	0.16
		3	50	16/6	25/6	21/6	10	0.14
		4	50	10/7	19/7	15/7	10	0.14
玉米	50	1	55	8/6	17/6	13/6	10	0.32
		2	50	2/7	11/7	7/7	10	0.29
		3	45	1/8	10/8	6/8	10	0.26

由式(3-65)可见，灌水延续时间 T 直接影响着灌水率的大小，从而在设计渠道时，也影响着渠道的设计流量以及渠道和渠系建筑物的造价，因此必须慎重选定。灌水延续时间与作物种类、灌区面积大小及农业生产劳动计划等有关。灌水延续时间愈短、作物对水分的要求愈容易得到及时满足，但这将加大渠道的设计流量，并造成灌水时劳动力的过分紧张。不同作物允许的灌水延续时间也不同。对主要作物的关键性的灌水，灌水延续时间不宜过长；次要作物可以延长一些。如灌区面积较大，劳动条件较差，则灌水时间亦可较长。但延长灌水时间应在农业技术条件许可和不降低作物产量的条件下进行。对于大中型灌区，灌溉面积在万亩以上的，我国各地主要作物灌水延续时间大致如下：

水稻：泡田期灌水 7～15 昼夜，生育期灌水 3～5 昼夜。

小麦：播前灌 10～20 昼夜；拔节后灌水 10～15 昼夜。

棉花：苗期、花铃期 8～12 昼夜；吐絮期 8～15 昼夜。

玉米：拔节抽穗 10～15 昼夜；开花期 8～13 昼夜。

对于灌溉面积较小的灌区，灌水延续时间要相应减小，例如，一条农渠的灌水延续时间一般约12～24h。

为了确定设计灌水率、推算渠首引水流量或灌溉渠道设计流量，通常可先对某一设计代表年计算出灌区各种作物每次灌水的灌水率（如表3-13），并将所得灌水率绘在方格纸上，如图3-10所示，称为灌水率图。从图可见，各时期的灌水率大小相差悬殊，渠道输水断断续续，不利于管理。如以其中最大的灌水率计算渠道流量，势必偏大，不经济。因此，必须对初步算得的灌水率图进行必要的修正，尽可能消除灌水率高峰和短期停水现象。

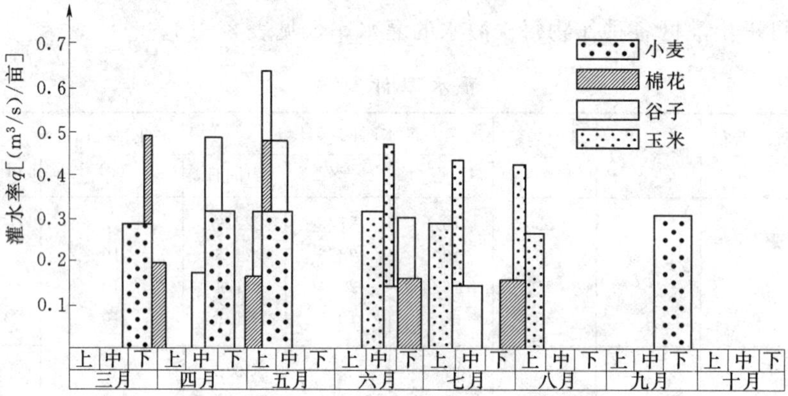

图3-10　北方某灌区初步灌水率图

在修正灌水率图时，要以不影响作物需水要求为原则，尽量不要改变主要作物关键用水期的各次灌水时间，若必须调整移动，以往前移动为主，前后移动不超过三天；调整其他各次灌水时，要使修正后的灌水率图比较均匀、连续。此外，为了减少输水损失，并使渠道工作制度比较平稳，在调整时不应使灌水率数值相差悬殊。一般最小灌水率不应小于最大灌水率的40%。修正后的灌水率图见图3-11。

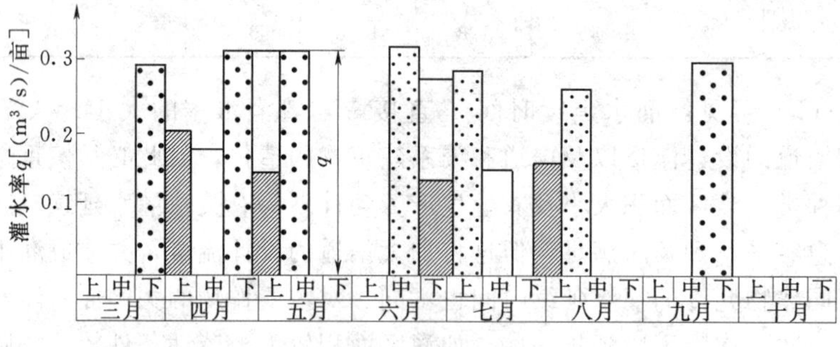

图3-11　北方某灌区修正后的灌水率图

作为设计渠道用的设计灌水率，应从图3-11中选取延续时间较长（例如达到20～30天）的最大灌水率值，如图中所示q值，而不是短暂的高峰值，这样不致使设计的渠道断面过大，增加渠道工程量。在渠道运用过程中，对短暂的大流量，可由渠堤超高部分的断面去满足。

根据调查统计，大面积水稻灌区（万亩以上）的设计净灌水率（$q_{净}$）一般为0.45～

0.6 m^3/（s·万亩）；大面积旱作灌区的设计净灌水率一般为0.2～0.35 m^3/（s·万亩）；水旱田均有的大中型灌区，其综合净灌水率可按水旱面积比例加权平均求得。对于控制灌溉面积较小的斗、农渠（灌溉面积为几十亩到上千亩），常要在短期内集中灌水，则设计净灌水率远较上述经验数字为大。

随着乡镇企业的发展和农村人民生活水平的提高，每个灌区都应考虑乡镇工业和人民生活用水的需要。为此，在修正后的灌水率图上还应加上乡镇和其他供水量，以满足实际需要。

第五节 灌溉用水量

灌溉用水量是指某一灌溉面积上需要水源供给的总灌溉水量，其大小及其在多年和年内的变化情况，与各种作物的灌溉制度、灌溉面积、作物种植结构、土壤、水文地质、气象条件以及渠系输水和田间灌水的水量损失等因素有关。

在进行灌溉工程规划、设计、管理时，首先要计算灌溉用水总量及其用水过程，其目的：一是根据当地水资源开发利用条件，为新建工程确定出可能开发的灌溉面积及相应的工程规模，灌溉用水量的大小直接影响着灌溉工程的规模；其二是为已建工程的水利工程管理部门提出不同时期的用水要求，以便对水资源实行统一合理调度；其三是为了进行供水和用水的平衡计算，当供水不能满足用水要求时，应提出所要采取的措施。

一、设计典型年的选择

对一个灌区来说，农作物需要消耗的水量主要来自灌溉、降雨和地下水补给。地下水补给量是比较稳定的，而降雨量在年际之间变化很大。因此，各年的灌溉用水量就有很大的差异。

若为已建工程的管理运用而确定灌溉用水量，如制定水库调度计划、渠系配水计划等，则需要以该运用年份内各种作物灌溉的基本资料，如灌溉制度、灌溉面积和水量损失等情况为依据。若为新建工程的规划设计而确定灌溉用水量，则需要以多年系列或设计年份内的这些基本资料为依据。

在规划设计中，常需事先选定一个特定的水文年份作为规划设计的依据，通常把这个特定的水文年份称为“设计典型年”。根据设计典型年的气象资料计算出来的灌溉制度被称为“设计典型年的灌溉制度”，简称为“设计灌溉制度”，相应的灌溉用水量称为“设计灌溉用水量”。根据历年降雨量资料，可以用频率方法进行统计分析，确定几种不同干旱程度的典型年份，如中等年（降雨量频率为50%），中等干旱年（降雨量频率为75%）以及干旱年（降雨量频率为85%～90%）等，以这些典型年的降雨量资料作为计算设计灌溉制度和灌溉用水量的依据。

二、典型年灌溉用水量及用水过程线

灌溉用水量及用水过程线计算可用下面三种方法进行。

（一）用灌水定额和灌溉面积直接计算（直接推算法）

对于任何一种作物的某一次灌水，须供水到田间的灌水量（称净灌溉用水量）$W_{净}$ 可用下式求得

$$W_{净} = mA \quad (m^3) \tag{3-67}$$

式中　m——某作物某次灌水定额，m^3/亩；

　　A——某作物的种植面积，亩。

对于任何一种作物，在典型年内的灌溉面积、灌溉制度确定后［如表 3-14 中之（1）～（6）项］，并可用式（3-67）推算出各次灌水的净灌溉用水量［表 3-14 中之（7）～（11）项］。由于灌溉制度本身已确定了各次灌水的时期，故在计算各种作物每次灌水的净灌溉用水量的同时，也就确定了某年内各种作物的灌溉用水量过程线［把表 3-14 中之（1）项与（7）～（11）项联系起来］。

表 3-14　××灌区中旱年灌溉用水过程推算表（直接推算法）

作物及灌溉面积（10^4 亩）/ 时间（月、旬）		各种作物各次灌水定额（m^3/亩）					各种作物各次净灌溉用水量（$10^4 m^3$）					全灌区净灌溉用水量（$10^4 m^3$）	全灌区毛灌溉用水量（$10^4 m^3$）
		双季早	中稻	一季晚	双季晚	旱作	双季早	中稻	一季晚	双季晚	旱作		
		A_1=44.1	A_2=12.6	A_3=6.3	A_4=37.4	A_5=27	A_1	A_2	A_3	A_4	A_5		
(1)		(2)	(3)	(4)	(5)	(6)	(7)	(8)	(9)	(10)	(11)	(12)	(13)
4	上												
	中	80 泡					3528					3528	5428
	下												
5	上	20	90 泡				882	1130				2012	3095
	中												
	下	73.5	100				3250	1260				4510	6940
6	上	26.7	50				1180	630				1810	2790
	中	66.7	120	80 泡			2950	1510	500			4960	7650
	下	40.0	70				1770	880				2650	4070
7	上		70	60	40 泡			880	380	1500		2760	4250
	中			60	60	50			380	2240	1350	3970	6120
	下				80					3000		3000	4620
8	上			100					630			630	970
	中												
	下				60					2240		2240	3450
9	上												
	中												
	下												
全年内		307	500	300	240	50	13560	6290	1890	8980	1350	32070	49338

注　1. 全灌区库灌面积＝90 万亩。
　　2. 灌溉水利用系数 $\eta_{水}=0.65$。

全灌区任何一个时段内的净灌溉用水量是该时段内各种作物净灌溉用水量之和，按此可求得典型年全灌区净灌溉用水量过程［见表 3-14 中的（12）项］。

灌溉水由水源经各级渠道输送到田间，有部分水量损失掉了（主要是渠道渗漏损失）。故要求水源供给的灌溉水量（称毛灌溉用水量）为净灌溉用水量与损失水量之和，这样才能满足田间得到净灌溉水量之要求。通常用净灌溉用水量 $W_{净}$ 与毛灌溉用水量 $W_{毛}$ 之比值 $\eta_{水}$ 作为衡量灌溉水量损失情况的指标，$\eta_{水}=W_{净}/W_{毛}$，称灌溉水利用系数。已知净灌溉用水量 $W_{净}$ 后，可用 $W_{毛}=W_{净}/\eta_{水}$，求得毛灌溉用水量［表 3－14 中第（13）项］。

$\eta_{水}$ 的大小与各级渠道的长度、流量、沿渠土壤、水文地质条件、渠道工程状况和灌溉管理水平等有关。在管理运用过程中，可实测确定。我国南方各省，在规划设计中，对于大、中、小型灌区，一般 $\eta_{水}$ 分别取为 0.50～0.60、0.60～0.70 和 0.70～0.80。若考虑防渗措施，则 $\eta_{水}$ 可采用较大数值。若无防渗措施，可取较小数值。实际上，在目前管理条件下，许多已成灌区都只能达到 0.45～0.60，有些灌区甚至更小，如宁夏引黄灌区为 0.35。

（二）用综合灌水定额推算（间接推算法）

全灌区的综合灌水定额 $m_{综}$ 是同一时段内各种作物灌水定额的面积加权平均值，即

$$m_{综净}=\sum_{i=1}^{n}\alpha_i m_i \tag{3-68}$$

式中 $m_{综净}$——某时段内综合净灌水定额，m^3/亩；

α_i——第 i 种作物灌溉面积与灌区总灌溉面积的比值；

m_i——第 i 种作物在该时段的灌水定额，m^3/亩；

i——从第 1 种至第 n 种作物的序号。

全灌区任何时段毛灌溉用水量 $W_{净}$，可用下式求得

$$W_{净}=m_{综净}A \quad (m^3) \tag{3-69}$$

式中 A——全灌区灌溉面积，亩。

计入水量损失，则综合毛灌溉定额

$$m_{综毛}=\frac{m_{综净}}{\eta_{水}} \quad (m^3/亩) \tag{3-70}$$

全灌区任何时段的毛灌溉用水量

$$W_{毛}=m_{综毛}A \quad (m^3) \tag{3-71}$$

通过综合灌水定额推算灌溉用水量，与式（3-67）直接推算方法相比，其繁简程度类似，但求得综合灌水定额有以下作用：①它是衡量全灌区灌溉用水是否合适的一项重要指标，与自然条件及作物种植面积比例类似的灌区进行对比，便于发现 $m_{综}$ 是否偏大或偏小，从而进行调整、修改。②若一个较大灌区的局部范围（如一些支渠控制范围）内，其各种作物种植面积比例与全灌区的情况类似，则求得 $m_{综}$ 后，不仅便于推算全灌区灌溉用水量，同时可利用它推算局部范围内的灌溉用水量。③有时，灌区的作物种植面积比例已根据当地的农业发展计划确定好了，但灌区总的灌溉面积还须根据水源等条件决定，此时，须利用综合毛灌溉定额推求全灌区应发展的灌溉面积

$$A=\frac{W_{源}}{m_{综毛}} \quad (亩) \tag{3-72}$$

式中 $W_{源}$——水源可能供给的年灌溉水量，m^3；

$m_{综毛}$——综合毛灌溉定额，m^3/亩 。

用间接推算法计算的灌溉用水过程线见表 3-15。

表 3-15　××灌区中旱年灌溉用水过程推算表（间接推算法）

时间（月、旬）		各种作物各次灌水定额（m^3/亩） 双季早 $\alpha_1=49\%$	中稻 $\alpha_2=14\%$	一季晚 $\alpha_3=7\%$	双季晚 $\alpha_4=42\%$	旱作 $\alpha_5=30\%$	综合净灌水定额 $m_{综净}$（m^3/亩）	综合毛灌水定额 $m_{综毛}$（m^3/亩）	全灌区毛灌溉用水量 $M_毛$（10^4m^3）
（1）		（2）	（3）	（12）	（5）	（6）	（7）	（8）	（9）
4	上								
	中	80 泡					39.2	60.3	5428
	下								
5	上	20	90 泡				22.4	34.4	3095
	中								
	下	73.5	100				50.0	76.9	6940
6	上	26.7	50				20.1	30.9	2790
	中	66.7	120	80 泡			55.1	84.8	7650
	下	40.0	70				29.4	45.2	4070
7	上		70	60	40 泡		30.8	47.3	4250
	中			60	60	50	44.4	68.3	6120
	下				80		33.6	51.7	4620
8	上			100			7.0	10.8	970
	中								
	下				60		25.2	38.7	3450
9	上								
	中								
	下								
全年内		307	500	300	240	50	357.2	549.3	49400

注　1. 全灌区库灌面积=90 万亩。

2. 灌溉水利用系数 $\eta_水=0.65$。

（三）利用灌水率图推算（灌水率法）

调整后的灌水率图可以作为推算灌溉用水量及用水过程线的依据。图中各时段的柱状面积为各时段的净灌溉用水量，其计算式为

$$W_净 = 8.64 q_净 AT \quad (万\ m^3) \tag{3-73}$$

式中　$q_净$——某时段的灌水率，m^3/（s·万亩）；

A——灌区总灌溉面积，万亩；

T——相应的时段，d。

各时段毛灌溉用水量用下式计算

$$W_{毛} = \frac{8.64 q_{净} AT}{\eta_{水}} \quad (万\ m^3) \tag{3-74}$$

式中符号同前。

各时段毛灌溉用水量之和，即为全灌区各种作物一年内的灌溉用水量。

对于小型灌区或没有以上这些要求的情况，一般可用直接推算法计算。

必须指出，对于一些大型灌区，灌区内不同地区的气候、土壤、作物品种等条件有明显差异，因而同种作物的灌溉制度也有明显的不同，此时，须先分区求出各区的灌溉用水量，而后再汇总成为全灌区的灌溉用水量。

三、多年灌溉用水量的确定和灌溉用水频率曲线

以上是某一具体年份灌溉用水量及年灌溉用水过程的计算方法。在用长系列法进行大、中型水库的规划设计或做多年调节水库的规划及控制运用计划时，常须求得多年的灌溉用水量系列。多年灌溉用水量可按照以上方法逐年推求。

有了多年的灌溉用水量系列，与年径流频率曲线一样，也可以应用数理统计原理求得年灌溉用水量的理论频率曲线。根据对我国 23 个大型水库灌区的分析，初步证实灌溉用水量频率曲线也可采用皮Ⅲ型曲线，经验点据与理论频率曲线配合尚好，其统计参数亦有一定的规律性，一般 C_V 为 0.15～0.45；C_S 为 C_V 的 1～3 倍。在一定条件下，灌溉用水量频率曲线的统计参数应能进行地区综合，做出等值线图或分区图，这样应用起来就方便了。但是，由于影响灌溉用水量的因素十分复杂，而且随着国民经济的发展、灌溉技术及农业技术措施的改革，使得灌溉用水量的变化规律更不确定，这些问题都有待进一步深入研究。

灌溉用水量频率曲线可用于推求代表年灌溉用水量，在采用数理统计法进行多年调节计算时，可用它与来水频率曲线进行组合去推求多年调节兴利库容或用于其他水文水利计算问题。

四、乡镇供水量

乡镇供水主要包括农村人畜用水、乡镇企业和工业用水等。根据统计，农业灌溉用水是农村用水中的大户，约占总用水量的 93.0%，其余 7%左右为农村人畜用水、乡镇企业和工业用水等。在建设社会主义新农村、全面实现小康社会的今天，建设乡镇供水已成为广大农村生产生活的迫切需要，在灌区内开展乡镇供水也是水利部门开展全方位服务的主要内容之一，不仅促进了国民经济的发展和人民生活水平的提高，而且也为水利部门自身增加了经济效益。

截至 1999 年底，全国累计投入资金 300 多亿元，在农村修建各类饮水工程 300 多万处，解决了 2.16 亿人的饮水困难；投资 400 亿元建成不同规模的乡镇供水工程约 3 万处，解决和改善了近 1.5 亿人口和大量企事业单位的生活和生产用水。但是，目前全国有一半的乡镇没有统一的供水设施或供水不足，全国农村尚有 2400 万人饮水困难没有得到解决。要解决这些困难，需总投资 310 亿元。

为此，在新建灌区设计渠道和建筑物时，必须考虑乡镇供水的问题，加大渠道的供水能力。对于已成灌区，一般来说，过去都没有考虑乡镇供水问题，或者是考虑很不够，灌区渠道都是按灌溉用水量要求设计。为了满足乡镇供水的要求，通常采用两种方式：一是在工程许可条件下，扩大渠道的供水能力；二是压缩农业用水的比例，增加乡镇供水量。如有的灌区是开展农业节水灌溉，或是调整作物种植结构，即减少需水量大的作物种植面积，改种需水量少的作物等。例如，广东省湛江市青年运河管理局就是通过渠道防渗、开展节约用水和压缩水稻面积，发展甘蔗等需水量较少的作物的办法，把节省下来的水量发展乡镇和城市供水的。先后为湛江、廉江、遂溪、海康等城镇自来水公司和糖厂、纸厂等增建了一批从青年运河直接引水的供水工程。工业和生活供水量已由1986年的2100万m^3扩大到1991年的5722万m^3。相应地，工业和生活供水的水费收入由1986年的46.5万元，提高到1991年的286.1万元，占水费总收入的70%。宁夏决定利用10年左右的时间，把宁夏初步建设成节水型社会。一个重要的做法就是通过市场运作的方式，实施水权转换，由拟用黄河水的建设项目业主单位投资，组织农业灌溉节水工程，以工业来反哺农业，将农业节约的水量有偿转让给工业和城市。目前，已在3家拟建火力发电厂收取水权转换专项资金3500万元，用这些资金维修农渠80多km，新建、翻建渠系建筑663座，共减少渠道渗漏损失水量5000多m^3，节约下来的水量指标再分配给工业使用。水权交易市场的初步形成，使宁夏走出了一条解决西部干旱地区经济社会持续快速发展的用水新路。

乡镇供水的供水量指标，对于工业和乡镇企业来说，其供水量应视实际需要而定。对于人畜用水可按下述指标设计：北方农村，每人每天20～25 L；南方农村，每人每天25～40L；在经济发达的郊区，每人每天70～80 L。大牲畜，每头每天25～35 L；中等牲畜，每头每天8～25L。乡镇企业的用水标准则因企业的生产性质不同而有很大差异。例如制砖1000块，需0.8～1.0m^3水；豆制品加工需5～15m^3/t水；酿酒需20～50m^3/t水；饴糖加工需20m^3/t水等。在规划时根据具体情况，可查阅有关手册。应该指出，随着农村经济的发展和人民生活的提高，乡镇供水的内容也相应扩大，不仅包括人畜和工业用水，而且还应考虑美化环境、游乐和消防用水等。

五、生态用水量

生态用水又被称为环境用水或生态环境用水。其内在含义是指改善生态环境质量或维护环境质量不至于进一步下降时需要的水量。

依生态用水的来源可把生态用水类型归为3类：①绿洲生态用水与城市园林绿地生态用水，它主要利用地表水，且是以灌溉方式来保证的；②低地草甸、荒漠河岸林、河谷林等天然植被类型，它们的生态用水主要来源于地下水的供应；③河、湖类的生态用水，其来源既有地下水的补充、又有地表水的供给。

对于第一类，因其组成要素对其生长状况的要求与它所庇护下的农作物要求基本相同，且在长期的绿洲经营实践中已有很好的工作基础，故可直接用其组成要素的相应面积乘以其灌溉定额求得。

对于第三类的河、湖生态用水，基于对湖泊的整体认识，在流域规划当中，已经有相应的河、湖水面保护目标，在要求一定面积的情况下，其补给项应等于消耗项，而消耗项中，主要是河、湖水面蒸发损失，故可用蒸发量乘以相应的湖、河保护面积来推算其生态用水量。

第二类生态用水的计算则稍显麻烦。就目前的工作来看，基于灌溉恢复方面尚有一定资料，但对于天然植被的水分蒸散方面则很少做过工作。因此，在水文分析计算中常用间接法进行推求，即某一植被类型在某一潜水位的面积乘以该潜水位下的潜水蒸发量与植被系数，其公式为：

$$WST_i = A_i W g_i K \tag{3-75}$$

式中 WST_i——植被类型 i 的生态用水；

A_i——植被类型 i 的面积；

Wg_i——植被类型 i 所处某一地下水埋深时的潜水蒸发量；

K——植被系数，是有植被地段的潜水蒸发量除以无植被地段的潜水蒸发量，常由实验确定。

目前，在灌溉工程设计中，生态用水常根据经验取为引水量的一定百分数。

第四章 灌 水 方 法

灌水方法是指灌溉水进入田间并湿润根区土壤的方式与方法。在选择灌水方法时，要考虑灌溉的作物、土壤、地形、水源条件等。适宜的灌水方法可以更有效地调节和改善农田水分状况、养分状况和热状况，为农作物的生长创造更好的水、肥、气、热条件。

第一节 灌 水 方 法 分 类

一、灌水方法的分类

根据灌溉水输送到田间的方式和湿润土壤方式的不同，灌水方法一般可分为地面灌溉、喷灌、微灌等。

1. 地面灌溉

水是从地表面进入田间并借重力和毛细管作用浸润土壤，所以也称为重力灌水法。这种方法是最古老的也是目前应用最广泛、最主要的一种灌水方法。按其湿润土壤方式的不同，又可分为畦灌、沟灌、淹灌和漫灌。

1）畦灌。畦灌是用田埂将灌溉土地分隔成一系列小畦。灌水时，将水引入畦田后，在畦田上形成很薄的水层，沿畦长方向流动，在流动过程中主要借重力作用逐渐湿润土壤。

2）沟灌。沟灌是在垄作条件下向作物行间的垄沟灌水，水在进入灌水垄沟后，在流动的过程中主要借毛细管作用湿润土壤。和畦灌比较，其明显的优点是不会破坏作物根部附近的土壤结构，不会导致田面板结，能减少土壤蒸发损失，适用于宽行距的中耕作物。

3）淹灌（又称格田灌溉）。淹灌是用田埂将灌溉土地划分成许多格田，灌水时，使格田内建立一定深度的水层，借重力作用湿润土壤，主要适用于水稻。

4）漫灌。漫灌是在田间不做任何沟埂，灌水时任其在地面漫流，借重力渗入土壤，是一种比较粗放的灌水方法。灌水均匀性差，水量浪费较大。

2. 喷灌

喷灌是利用专门设备将有压水送到灌溉地段，并喷射到空中散成细小的水滴，像天然降雨一样进行灌溉。其突出优点是对地形的适应性强，机械化程度高，灌水均匀，灌溉水利用系数高，尤其是适合于透水性强的土壤，并可调节空气湿度和温度。

3. 微灌

微灌通常是用较小的设备以较低的工作压力和较小的流量将灌溉水供应到作物根区土壤的灌水方法，按灌水方式的不同又可分为滴灌、微喷灌、渗灌、涌灌等。

1）滴灌。滴灌是由地下灌溉发展而来的，是利用一套塑料管道系统将水直接输送到每棵作物根部，水由滴头直接滴在作物根部，然后渗入土壤并浸润作物根系最发达的区域。其突出优点是省水，自动化程度高，可以使土壤湿度始终保持在最优状态。但需要大量塑料管，投资较高，滴头极易堵塞。

把滴灌毛管布置在地膜的下面，可基本上避免地面无效蒸发，称之为膜下滴灌。

(2) 微喷灌。微喷灌又称为微型喷灌或微喷灌溉。是用很小的喷头（微喷头）将水喷洒在土壤表面。微喷头的工作压力与普通喷头相比要小得多，因而它比普通喷灌节省能量；微喷头的射程很小，一般为2～3m，所以，喷头组合的密度大，灌水均匀。微喷灌比较适用于庭院灌溉。

4. 精细地面灌溉

(1) 涌灌。涌灌又称涌泉灌溉，是通过置于作物根部附近的开口的小管向上涌出的小水流或小涌泉将水灌到土壤表面。灌水流量较大（但一般也不大于220L/h），远远超过土壤的渗吸速度，因此通常需要在地表形成小水洼来控制水量的分布。涌灌对地形适应性强，它与低压管道输水的地面灌溉相类似，出流孔口较大，不易堵塞。

(2) 膜上灌。膜上灌是我国新疆试验研究的灌水方法，近几年在我国许多地方普遍采用，它是让灌溉水在地膜表面的凹形沟内借助重力流动，从膜上的出苗孔或膜侧缝渗入土壤进行灌溉。灌入膜下的灌溉水受到地膜的保水作用，地面无效蒸发大大减少。

5. 渗灌

渗灌是利用铺设在地下的专门设施（地下管道系统）将灌溉水引入田间耕作层，借毛细管作用自下而上湿润土壤，所以又称为地下灌溉。近年来也有在地表下埋设塑料管，由专门的渗头向作物根区渗水。其优点是灌水质量好，蒸发损失少，少占耕地便于机耕，但地表湿润差，地下管道造价高，容易淤塞，检修困难。

上述灌水方法各有其优缺点，都有其一定的适用范围，在选择时主要应考虑到作物、地形、土壤和水源等条件。对于水源缺乏地区应优先采用滴灌、渗灌、微喷灌和喷灌；在地形坡度较陡、地形复杂的地区及土壤透水性大的地区，应考虑采用喷灌；对于宽行作物可用沟灌；密植作物则宜采用畦灌；果树和瓜类等可用滴灌；水稻主要用淹灌；在地形平坦、土壤透水性不大的地方，为了节约投资，可考虑用畦灌、沟灌或淹灌。各种灌水方法的适用条件见表4-1。

表4-1　各种灌水方法适用条件简表

灌水方法		作　物	地　形	水　源	土　壤
地面灌溉	畦灌	密植作物（小麦、谷子等）、牧草、某些蔬菜	坡度均匀，坡度不超过0.2%	水量充足	中等透水性
	沟灌	宽行作物（棉花、玉米等）及某些蔬菜	坡度均匀，坡度不超过2%～5%	水量充足	中等透水性
	淹灌	水稻	平坦或局部平坦	水量丰富	透水性小，盐碱土
	漫灌	牧草	较平坦	水量充足	中等透水性
喷灌		经济作物、蔬菜、果树	各种坡度均可，尤其适用于复杂地形	水量较少	适用于各种透水性，尤其是透水性大的土壤
渗灌		根系较深的作物	平坦	水量缺乏	透水性较小
滴灌		果树、瓜类、宽行作物	较平坦	水量极其缺乏	适用于各种透水性
微喷灌		果树、花卉、蔬菜	较平坦	水量缺乏	适用于各种透水性

二、灌水方法应满足的要求

在生产实践中，要根据灌溉地区的作物种类、土壤透水性、地形条件、水源条件等来选择灌水方法。先进、合理的灌水方法和灌水技术应满足以下几个方面的要求。

1）灌水均匀。能保证将水按拟定的灌水定额灌到田间，而且使得每棵作物都可以得到相同的水量。常以均匀系数来表示。

2）灌溉水的利用率高，省水。使灌溉水保持在作物可以吸收到的土层内，尽量减少地面径流、深层渗漏和蒸发损失，田间水利用系数高。

3）少破坏或不破坏土壤团粒结构。灌水后能使土壤保持疏松状态，表土不形成结壳，以减少地表蒸发。

4）便于和其他农业措施相结合。现代灌溉已发展到不仅应满足作物对水分的要求，而且还应满足作物对肥料及环境的要求。因此现代的灌水方法应当便于与施肥、施农药、冲洗盐碱、调节田间小气候等相结合。此外，要有利于中耕、收获等农业操作，对田间交通的影响少。

5）应有较高的劳动生产率。采用的灌水方法应便于实现机械化和自动化，省力、省工。

6）对地形的适应性强。适应各种地形坡度以及田间不很平坦地块的灌溉，从而减少对土地平整的要求。

7）田间工程占地少。节地，土地利用率高。

8）基本建设投资与管理费用低。灌溉工程的效益费用比大，经济效益好。

第二节　地面节水灌溉技术

地面灌溉是当今世界上采用最普遍的农田灌溉方法。据统计，全世界采用地面灌水方法的灌溉面积占总灌溉面积的90%左右，我国现有灌溉面积的97%也是采用这类方法。

地面灌水方法是使灌溉水通过田间渠沟或管道输入田间，水流在田面上呈连续水层或细小水流沿田面流动，主要借重力作用和毛细管作用湿润土壤的灌水方法，又称重力灌水方法或全面灌水方法。

一、畦灌节水技术

（一）畦灌的灌水技术

1. 畦灌的特点

畦灌是用临时修筑的土埂将灌溉土地分隔成一系列的长方形田块，即灌水畦，又称畦田。灌溉水从输水垄沟或直接从田间毛渠引入畦田后，在畦田田面上形成很薄的水层，沿畦长坡度方向均匀流动，在流动的过程中主要借重力作用，以垂直下渗的方式逐渐湿润土壤的灌水方法。

畦灌方法主要适用于灌溉窄行距密植作物。如小麦、谷子等粮食作物，花生、芝麻等油料作物，以及牧草和速生密植蔬菜等。此外，在进行各种作物播前储水灌溉时，有时也常用畦灌方法，以加大灌溉水向土壤中下渗的水量，使土壤中储存更多的水分。

2. 畦田布置及规格

(1) 畦田布置。

畦田布置应主要依据地形条件，并结合考虑耕作方向，一般认为以南北方向布置为最好，但应保证畦田沿长边方向有一定的坡度。一般适宜的畦田田面坡度为 0.001～0.003，最大可达 0.02，但畦田田面坡度过大，容易冲刷土壤而引发水土流失。

根据地形坡度，畦田布置有两种形式，在南北方向地面坡度较平缓的情况下，通常沿地面坡度布置，也就是畦田的长边方向与地面等高线垂直，如图 4-1 (*b*) 所示。若土地平整较差，南北方向地面坡度较大时，为减缓畦田内地面坡度，畦田也可与地面等高线斜交或基本上与地面等高线方向平行，见图 4-1 (*c*)。

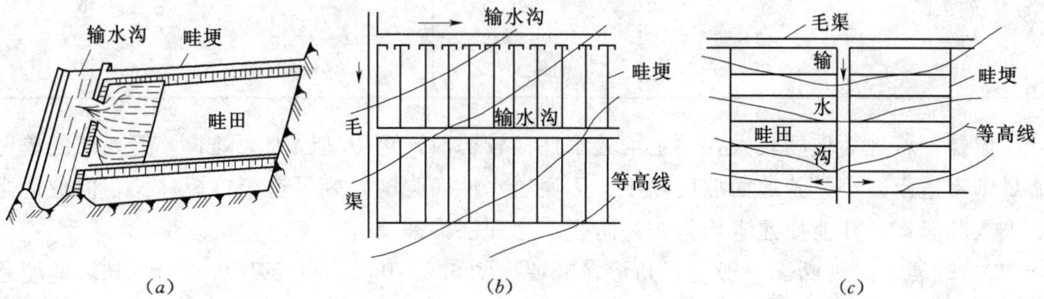

图 4-1 畦田布置示意图

(*a*) 畦田示意图；(*b*) 畦田与地面等高线垂直布置；(*c*) 畦田与地面等高线平行布置

根据输水垄沟或毛渠向畦田的供水方式，畦田可分为单向灌水和双向灌水两种形式。单向灌水法是输水垄沟或毛渠只向一侧畦田供水，它适用于地面坡度较小，土地平整较好的情况。

在山区、丘陵地区，地形比较复杂，应结合当地地形等具体情况，因地制宜地确定畦田布置形式，通常可采用梯田小畦或在畦田内加筑各种形式的土挡地埂，以分散水流，减缓畦田内水流流速，防止冲刷畦田田面，促使土壤湿润均匀，提高灌水均匀度。

(2) 畦田规格。

畦田规格主要指畦田的长度、畦田的宽度和畦埂断面。畦田规格的大小对灌水质量的好坏，灌水效率的高低，土地平整工作量的多少，以及对田间渠网的布置形式和密度与畦埂占地面积等影响很大。畦田规格主要与地形和耕作水平等因素有关，实施畦灌，必须合理确定畦长、畦宽和畦埂断面。

1) 畦宽。畦宽主要取决于畦田的土壤性质和农业技术要求，以及农业机具的宽度。通常，畦宽多按当地农业机具宽度的整倍数确定，一般约 2～4m，传统畦灌法的畦宽一般都要求最宽不宜大于 3m。在水源流量小时或井灌区，为了迅速在整个畦田面上形成流动的薄水层，一般畦田的宽度较小，多为 0.8～1.2m。为了灌水均匀，一般要求畦田田面无横向坡度，以免水流集中，冲刷畦田田面土壤。

2) 畦长。畦长应根据畦田纵坡、土壤质地及土壤透水性能、土地平整情况和农业技术条件等合理确定。畦田田面坡度大的畦长宜短，纵坡小的畦长可稍长；砂质土壤，土壤透水性能强，畦田长度宜短；粉质土壤，土壤透水性能弱，畦长可以稍长；总之，畦田的长短，应要求畦田田面灌水均匀，并尽量使湿润土壤均匀，筑畦省工，畦埂少占地，便于农业机具工作和田间管理。若畦田过长，往往会使畦首、畦尾灌水很难一致，土壤湿润更不易均匀。目前我国自流灌区，一般传统畦灌法的畦长以50～75m为宜，以保证灌水均匀，能实现定额灌水。在提水灌区和井灌区，畦长应短一些。一般畦长约30～50m。畦长与土壤质地及地面坡度的关系见表4-2，供参考。

表4-2　不同土壤质地及地面坡度的畦长　单位：m

土质	坡度			
	<0.002	0.002～0.005	0.005～0.01	0.01～0.02
轻砂壤土	20～30	50～60	60～70	70～80
砂壤土	30～40	60～70	70～80	80～90
粘壤土	40～50	70～80	80～90	90～100
粘土	50～60	70～80	80～90	100～110

但是，若地面坡度较大，而土壤透水性又较弱时，可以适当加大畦长，但入畦的单宽流量则需适当减小。若地面坡度较小、土壤透水性较强时，则要适当缩短畦长，但应适当加大入畦流量，才能使灌水均匀，并防止产生深层渗漏。

3）畦埂。畦埂断面一般为三角形，畦埂高约0.2～0.25m，底宽0.3～0.4m。畦埂是临时性的，应与整地、播种相结合，最好采用筑埂器修筑。对于密植作物，畦埂也可以进行播种。为防止畦埂跑水，在畦田地边和路边最好修筑固定的地边畦埂和路边畦埂，其埂高不应小于0.3m，底宽0.5～0.6m，顶宽0.2～0.3m。

3. 畦灌灌水技术

理想的畦灌灌水技术应当是在一定的灌水定额情况下，薄层水流由畦首流到畦尾的同时，从畦田地表面向下的垂直入渗也将该定额水量全部渗完，并在整个畦田面的纵横两个方向下渗水量分布均匀，而且不易造成部分畦田田面积水与部分畦田土层湿润不足或者发生深层渗漏与泄水流失。为达到灌水均匀，防止深层渗漏，湿润土壤均匀，必须选定或确定合理的灌水技术要素。

畦灌灌水技术要素主要指畦田长度、畦宽、每米畦宽引用的入畦流量（即单宽流量）和放水入畦时间。影响这些要素的因素主要有：土壤渗透性、畦田田面坡度、畦田粗糙率与平整程度，以及作物的种植情况等。

为使沿畦长任何断面处渗入土壤中的水量都能达到大致相等，湿润土层基本均匀，就要求畦灌灌水技术要素之间应有如下关系：

1）渗入到畦田内土壤中的水量达到计划灌水定额时，畦田内各处所需要的入渗时间依下述经验公式确定

$$H_t = K_0 t_n^{1-a} \tag{4-1}$$

或

$$t_n = (m/k_0)^{1/(1-a)} \tag{4-2}$$

式中　H_t——t_n时间渗入到土壤中的水量，cm；

m——计划的灌水定额，cm；

k_0——第一个单位时间内的平均入渗速度，cm/h；

t_n——畦田内各处入渗水量达到计划灌水定额所需要的下渗时间，h；

a——土壤入渗递减指数。

K_0 和 a 需通过土壤入渗试验得到，若无实测资料也可采用下述数值：对于弱透水性土壤，采用 $K_0 \leqslant 5$cm/h；强透水性土壤，$K_0 \geqslant 15$cm/h；中等透水性土壤，$K_0 = 5 \sim 15$cm/h。

地面灌溉的土壤入渗大致可分为两个阶段：在土壤渗水初期，由于地表土壤含水量较低，土壤孔隙多，土壤吸水能力强，所以土壤入渗速度大，随着土壤入渗时间继续，土壤含水量逐渐增加，土壤孔隙渐为水所充满，吸水能力减弱，则入渗速度逐渐减低。这种入渗速度随时间而变化的过程，称为初渗阶段。随着入渗继续，当全部土壤孔隙均充满了水，已基本达到饱和含水量状态时，入渗速度就渐趋于常数，不再随时间而变化，此时的入渗速度称稳定入渗速度，这个阶段就称为稳渗阶段。

土壤入渗速度的高低取决于土壤的孔隙、质地、结构，以及初始土壤含水量、表土状况和水温等因素。其中，土壤质地影响最大。砂土不仅初始入渗速度高，达到稳定入渗速度所需时间短，而且稳定入渗速度值也高。粘土则相反，虽然初始入渗速度较低，达到稳定入渗速度所需要的时间长，其稳定入渗速度值也小。表 4-3 为几种不同质地土壤的稳定入渗速度取值范围。

表 4-3　　几种不同质地土壤的稳定入渗速度

土　　壤	砂	砂质土壤和粉砂质土壤	壤土	粘质土壤	碱化粘质土壤
稳定入渗速度（mm/h）	＞20	10～20	5～10	1～5	＜1

在一般情况下，不能用式（4-2）所求得的下渗时间 t_n 作为畦首放水到停止所需要的全部供水延续时间。因为，此时畦首虽然入渗水量已达到了计划灌水定额，但是畦尾很可能湿润不足，甚至有可能出现薄层水流尚未流动到达畦尾的现象。但若以下渗时间 t_n 作为薄层水流到达畦尾时畦首停止供水的时间，虽然畦尾达到了计划灌水定额的入渗水量，但很有可能畦首部分湿润土壤的水量超过了计划灌水定额，而发生深层渗漏。由于影响下渗时间 t_n 的因素复杂，实际确定较困难，故畦首供水时间通常都近似采用下渗时间 t_n。

2）进入畦田的总灌水量应与灌水定额所需要的水量相等，即

$$3600Qt = mbL \tag{4-3}$$

令

$$q = Q/b$$

则式（4-3）可改写为

$$3600qt = mL \tag{4-4}$$

式中　Q——畦首控制的入畦流量，m^3/s；

q——入畦单宽流量，$m^3/(s \cdot m)$；

b——畦宽，m；

L——畦长，m；

m——灌水定额，m^3/亩；

t——畦首处畦田的供水时间，h，可近似采用下渗时间 t_n。

由式（4-4）和式（4-2）即可计算已知畦田规格情况下的入畦单宽流量 q，或选定入畦单宽流量 q 后，设计畦长及畦宽。

由式（4－4）可知，在相同的土质、地面坡度和畦长情况下，入畦单宽流量的大小主要与灌水定额有关。入畦单宽流量愈小，灌水定额愈大，入畦单宽流量愈大，灌水定额愈小。因此，可在不同条件下引用不同的入畦单宽流量，以控制达到计划的灌水定额。地面坡度大的畦田，入畦单宽流量应选小些，地面坡度小的，入畦单宽流量则可选大些。如在相同地面坡度条件下，畦田长，入畦单宽流量可大些；畦田短，入畦单宽流量可小些。砂土地畦田渗透快，入畦单宽流量应大；土质粘重或壤土地畦田渗水慢，入畦单宽流量宜小。地面平整差的畦田，入畦单宽流量可大些；地面平整好的畦田，入畦单宽流量可小些。

在农田灌溉生产实践中，灌水定额、土壤性质以及地面坡度均先确定，此时畦灌技术和畦灌设计主要是确定畦田长度和入畦单宽流量，但还应防止入畦水流对畦田田面土壤的冲刷，从而产生水、土、肥的严重流失。因此，一般要求畦田上的薄层水流推进流速不得超过 0.1～0.2m/s。根据陕西省关中灌区各地灌溉试验结果，当灌水定额为 40～50m^3/亩，畦田地面坡度为 1/400～1/1000 时，在中壤土和轻壤土土质上，畦长为 30～100m 条件下，入畦单宽流量以采用 3～6L/（s·m）为宜，见表 4－4。表 4－5 列举了河南省引黄灌区畦田灌水技术要素之间的关系。

表 4－4　　陕西省关中、陕北大田作物畦灌技术要素表

灌　区	土壤	地面坡度	单宽流量 [L/（s·m）]	畦长 (m)
泾惠、洛惠、宝鸡峡灌区	壤土及砂壤土	1/1000～1/2000	2～5	50～100
陕北灌区	砂土及砂壤土	3/1000～7/1000	2.5～5	15～25
小型抽水及井灌区	砂壤土	5/1000	2～3	7～15

表 4－5　　河南省引黄灌区畦灌技术要素表

土　质	坡度及技术要素								
	<0.002			0.002～0.01			0.01～0.025		
	畦长 (m)	单宽流量 [L/(s·m)]	畦宽 (m)	畦长 (m)	单宽流量 [L/(s·m)]	畦宽 (m)	畦长 (m)	单宽流量 [L/(s·m)]	畦宽 (m)
强透水性轻质土壤	30～50	5～6	3.0	50～70	5～6	3.0	70～80	3～4	3.0
中等透水性土壤	50～70	5～6	3.0	70～80	4～5	3.0	80～100	3～4	3.0
弱透水性土壤	70～80	4～5	3.0	80～100	3～5	3.0	100～130	3	3.0

3）为保证灌水均匀，在实施畦灌时，通常采用在畦首控制供水时间，及时封口改水的方法。采用以畦田薄水层水流长度与畦长的比值作为畦首供水时间的依据，也就是当薄层水流到达畦长的一定距离时就封堵该畦田入水口，并改水灌溉另一块畦田。例如，薄层水流流至畦长的 80%时，封口改水，即为八成改水。封口后的畦田，畦口虽已停止供水，但畦田田面上的剩余薄层水流仍将继续向畦尾流动，流至畦尾后再经过 t 时间，畦尾存水刚好全部渗入土壤，以使整个畦田湿润土壤达到既定的灌水定额。

（二）节水型畦灌技术

1. 水平畦灌灌水技术

水平畦灌是在短时间内供水给大面积地块灌水的一种新的地面灌水方法，也是一种节约灌溉用水的先进灌水技术。水平畦灌的主要特点如下。

1）畦田田面各方向的坡度都很小（≤1/3000）或为零，整个畦田田面可看作是水平田面。所以，水平畦田上的薄层水流在田面上的推进过程，将不受畦田田面坡度的影响，而只借助于薄层水流沿畦田流程上水深变化所产生的水流压力向前推进。

2）进入水平畦田的总流量很大，以便入畦薄层水流能在短时间内迅速布满整个畦田地块。

3）由于水平畦田首末两端地面高差很小或为零，所以对水平畦田田面的平整程度要求很高，从而一般情况下，水平畦田不会产生田面泄水流失或出现畦田首端入渗水量不足及畦田末端发生深层渗漏现象，灌水均匀度高。在土壤入渗速度较低的条件下，灌溉田间水利用率可达98%以上。

2. 小畦灌水技术

小畦灌水技术主要是指畦田“三改”灌水技术，也就是“长畦改短畦，宽畦改窄畦，大畦改小畦”的畦灌灌水技术。

小畦灌水技术的畦田宽度，自流灌区为2～3m，机井提水灌区以1～2m为宜。地面坡度1/400～1/1000时，单宽流量为2.0～4.5L/s，灌水定额为20～45m³/亩；畦长，自流灌区以30～50m为宜，最长不超过70m；机井和高扬程提水灌区以30m左右为宜。畦埂高度一般为0.2～0.3m为宜，宽度0.4m左右。

3. 长畦分段灌水技术

小畦灌灌水技术需要增加田间输水渠沟和分水、控水装置，畦埂也较多，在实践中推广应用存在有一定的困难。为此近年来，在我国北方干旱缺水地区出现了一种将一条长畦分成若干个没有横向畦埂的短畦，采用地面纵向输水沟或塑料薄壁软管，将灌溉水输送入畦田，然后自上而下或自下而上依次逐段向短畦内灌水，直至全部短畦灌完为止的灌水技术，称为长畦分段灌水技术。

长畦分段短灌水技术的畦宽可以宽至5～10m，畦长可达200m以上，一般均在100～400m左右，但其单宽流量不增大。这种灌水技术的要求是，正确确定入畦灌水流量，侧向分段开口的间距（即短畦长度与间距）和分段改水时间或改水成数。

二、沟灌节水技术

沟灌是在作物行间开沟灌水，灌溉水由输水沟或毛渠进入灌水沟，水在流动的过程中，主要借土壤毛细管作用从沟底和沟壁向周围渗透而湿润土壤的。沟灌法与畦灌法相比较，其主要优点是：①灌水后不会破坏作物根部附近的土壤结构，可以保持根部土壤疏松，透气良好；②不会形成严重的土壤表面板结，能减少深层渗透，防止地下水位升高和土壤养分流失；③在多雨季节，还可以利用灌水沟渠汇集地面径流，并及时进行排水，起排水作用；④沟灌能减少植株间的土壤蒸发损失，有利于土壤保墒。

（一）沟灌的灌水技术

1. 灌水沟的类型

依灌水沟沟尾是否封闭划分，有封闭沟和流通沟两种。灌水沟沟尾用土埂封堵死的，称封闭沟。当灌溉水流入封闭灌水沟后，其在流动的过程中一部分水量下渗入土壤内，而在放水停止后，沟中仍将蓄存一部分水量，再经过一段时间，才逐渐完全渗入土壤内，所以，封闭沟适用的地面坡度较小，一般地面坡度以小于1/200的地区为宜。灌水沟的尾部不封闭的，称为流通沟。在流通沟情况下，灌溉水流入灌水沟后，在流动的过程中全部渗入土壤内，灌水停止后，沟中不需要存蓄部分水量。因此，流通沟适用于地面坡度较大或地面坡度虽小但土壤透水性亦小的地区。

我国沟灌技术主要采用封闭沟灌水，基本布置形式见图4-2。我国细流沟灌的灌水沟属于封闭沟类型，主要是因为实施中期灌水沟尾经常用低土埂适当封堵，以防发生沟尾泄水流失现象。

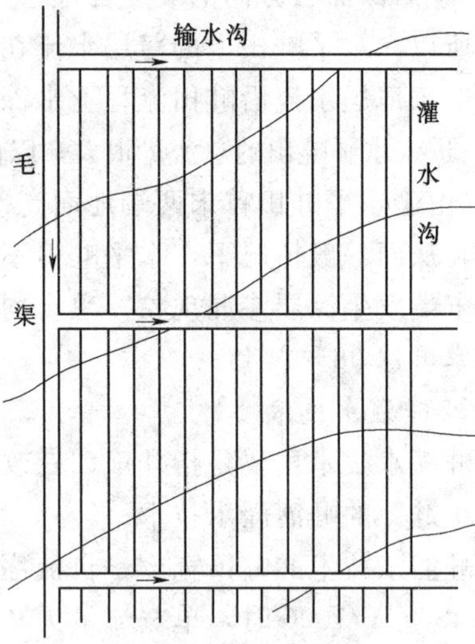

图4-2　封闭灌水沟布置图

2. 灌水沟的规格

灌水沟的规格主要指灌水沟的间距，灌水沟的长度。灌水沟规格的确定是否合理，将对沟灌灌水质量、灌水效率、土地平整工作量以及田间灌水沟的布置等影响很大，应依据沟灌田间试验资料和群众沟灌灌水实践经验认真分析研究，合理确定。

(1) 灌水沟的间距。

灌水沟的间距，也就是沟距，应和沟灌的湿润范围相适应，并应满足农业耕作和栽培上的要求。

沟灌灌水时，由于灌溉水沿灌水沟向土壤入渗的同时，受着两种力的作用。其中，重力作用主要使沿灌水沟流动的灌溉水垂直下渗，而毛细管力的作用除使灌溉水向下浸润外，亦向四周扩散，甚至向上浸润。因此，沿灌水沟断面不仅有纵向下渗湿润土壤，同时也有横向入渗浸润。灌水沟中纵、横两个方向的浸润范围主要取决于土壤的透水性能与灌水沟中的水深，或在灌水沟中水流的时间长短。在轻质土壤上，水流受重力作用，其垂直下渗速度较快，而向灌水沟四周沟壁的侧渗速度相对较弱，所以其土壤湿润范围呈长椭圆形。在重质土壤上，毛细管力的作用较强烈，灌水沟中水流通过沟底的垂直下渗与通过沟壁的侧渗接近平衡，故土壤湿润范围呈扁椭圆形，如图4-3所示。

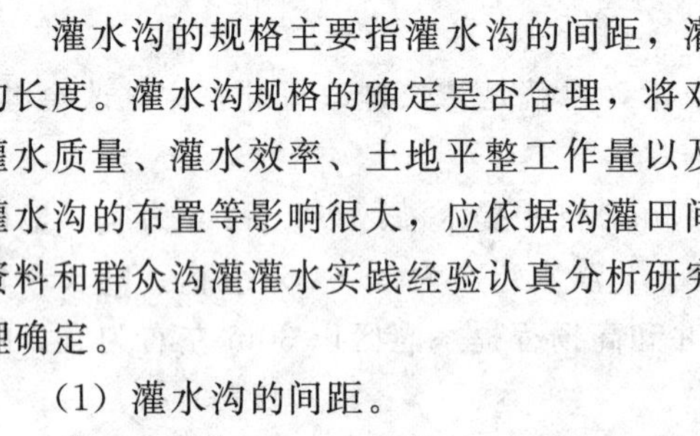

图4-3　灌水沟水流土壤湿润范围示意图

为了使土壤湿润均匀，灌水沟的间距应使土壤的浸润范围相互连接。因此，在透水性较强的轻质土壤上，其沟距应适当加宽。陕西省总结各灌区不同土质条件下的灌水沟间距见表4-6。

表4-6　陕西省各地不同土壤的灌水沟沟距

土　质	砂　壤　土	黏　壤　土	黏　土
间距（cm）	45～60	60～75	75～90

(2) 灌水沟的长度。

灌水沟的长度与土壤的透水性和地面坡度有直接关系。地面坡度较大，土壤的透水性能减弱时，灌水沟长度可以适当长一些。而在地面坡度较小，土壤透水性较强时，要适当缩短灌水沟沟长。根据灌溉试验结果和生产实践经验，一般砂壤土上的灌水沟长度为30～50m，粘性土壤上的沟长在50～100m，蔬菜作物的灌水沟长度一般较短，农作物的沟长较长。但灌水沟长度不宜超过100m，以防止产生田间灌水损失，影响田间灌水质量。

3. 沟灌灌水技术要素的确定和灌水时间

沟灌湿润土壤的过程和原理基本上与畦灌相同。沟灌灌水技术主要是控制和掌握灌水沟长度与输入灌水沟的单沟流量。灌水沟长度与入沟流量都与土壤的透水性能、地形坡度，以及灌水定额和灌水沟的形状等因素有关，而且它们之间也是互相制约的。

封闭沟灌一般有两种情况：第一种情况，沟中水流除在灌水期间渗入到土壤中的一部分水量外，灌水停止后，沟中存储一部分水量；第二种情况，沟中水流在灌水期间全部下渗到土壤计划湿润层内，灌水停止后，沟内不存蓄水量。

对于第一种情况，封闭灌水沟各灌水要素之间有如下关系。

1) 计划灌水定额应等于在 t 时间内渗入土壤中的水量与灌水停止后在沟中存蓄的水量之和，其计算公式为

$$maL=(b_0h+P_0Kt)L \tag{4-5}$$

式中 h——灌水沟中的平均蓄水深度，m；

a——灌水沟的间距，m；

m——灌水定额，m；

L——沟长，m；

b_0——灌水沟中的平均水面宽度；

P_0——在时间 t 内灌水沟的平均有效湿润周长，m；

t——灌水时间（不考虑滞渗），h；

K——t 时间内的土壤平均入渗速度，m/h。

2) 封闭灌水沟的沟长与地面坡度及沟中水深的关系为

$$L=\frac{h_2-h_1}{i} \tag{4-6}$$

式中 h_1——灌水停止时封闭灌水沟的沟首水深，m；

h_2——灌水停止时封闭灌水沟的沟尾水深，m；

L——沟长，m；

i——灌水沟的坡度。

3) 当灌水沟的沟长与入沟流量已知时，灌水时间为

$$qt=maL \tag{4-7}$$

$$t=\frac{maL}{q} \tag{4-8}$$

式中 q——灌水沟流量，m^3/s；

其余符号意义同前。

对于第二种情况，封闭灌水沟各灌水技术要素之间有如下关系。

1）在灌水时间 t 内的入渗水量等于计划的灌水定额，即

$$maL = P_0\overline{K}_t tL = P_0 K_0 t^{(1-\alpha)} L \tag{4-9}$$

$$t = \left(\frac{am}{K_0 P_0}\right)^{1/(1-\alpha)} \tag{4-10}$$

式中 α——土壤入渗速度递减指数；

其余符号意义同式（4-5）。

此处计算的时间 t，实质上是沿灌水沟各点处湿润土壤均匀并达到计划灌水定额所需要的入渗时间，与畦灌同理，若不考虑滞渗时间，则可近似认为是沟口的放水时间，一般不会产生较大的偏差。

2）灌水流量与沟长的关系：

$$qt = maL \tag{4-11}$$

由上述沟灌灌水技术要素之间的关系可以看出，在地面坡度小、土壤透水性能强、土地平整较差时，应使灌水沟长度短一些，入渗流量大一些，以使沿灌水沟土壤均匀湿润，沟首端不发生深层渗漏，沟尾端不产生泄水流失。当地面坡度大，土壤透水性弱，土地平整较好时，应使灌水沟长一些，入沟流量小一些，以保证有足够的湿润时间。根据目前我国各地封闭沟沟灌实践经验，不同土壤、灌水定额和地面坡度等条件下的灌水沟长度见表4-7。入沟流量一般为0.5～3.0L/s。为使入沟流量适当，可根据田间毛渠或输水沟的流量大小，调整同时开口放水的灌水沟数目。表4-8为河南引黄灌区技术要素表，供参考。陕西省洛惠渠灌区沟灌试验结果，在轻壤土上，灌水沟坡度为1/800～1/1000时，较为适宜的入沟流量，灌水沟长度和灌水定额之间的关系参见表4-9。

表4-7　不同土壤、灌水定额和地面坡度等条件下的灌水沟长度　单位：m

地面坡度	不同土壤的灌水定额（m^3/亩）								
	粘壤土			中壤土			轻壤土		
	25	30	35	25	30	35	25	30	35
0.001	30	35	45	20	25	35	20	25	30
0.001～0.003	35	40	60	30	40	55	30	45	50
0.004	50	65	80	45	60	70	45	50	60

表4-8　河南省引黄灌区灌水沟长度与灌水流量关系表

土壤透水性	沟底比降	沟长（m）	灌水沟流量（L/s）	沟中水深与沟深比
强	0.01～0.004	60～80	0.6～0.9	1/3以下
	0.004～0.002	40～60	0.7～1.0	1/3以下
	<0.002	30～40	1.0～1.5	2/3以下
中	0.01～0.004	80～100	0.4～0.6	1/3以下
	0.004～0.002	70～90	0.5～0.6	1/3以下
	<0.002	40～60	0.7～1.0	2/3以下

续表

土壤透水性	沟底比降	沟　长 (m)	灌水沟流量 (L/s)	沟中水深与沟深比
弱	0.01～0.004	90～120	0.2～0.4	1/3 以下
	0.004～0.002	80～100	0.4～0.5	1/3 以下
	<0.002	50～80	0.5～0.6	2/3 以下

表 4-9　　入沟流量与沟长和灌水定额的关系

灌水定额 (m^3/亩)	入 沟 流 量 (L/s)								
	0.2	0.3	0.4	0.5	0.6	0.7	0.8	0.9	1
40	31.7	28.7	26.4	24.5	23.1	21.8	21	20.4	20
50	40	34.5	28.7	28.7	26.8	25.3	23.9	22.7	21.7
70	42	35.8	30	30	28.3	27	26	25.3	24.8
100	44	37.5	30.8	30.8	29.1	28.5	28.5	28.4	29

为保证沿灌水沟长度各点湿润土壤均匀，就必须控制其各点处的土壤入渗时间大致相等，也就是应严格控制沟灌的灌水时间。

（二）节水型沟灌技术

1. 封闭式直形沟沟灌技术

封闭式直形沟沟灌（见图 4-4）主要适用于土壤透水性较强、地面坡度较小的地块。一般封闭沟沟距约 0.6～0.7m，沟深约 0.15～0.25m，沟长为 30～50m。当地面坡度 1/400～1/1000 时，单沟流量一般为 0.5～1.0L/s，灌水定额为 20～40m^3/亩。灌水时，将 3～5 条灌水沟划为一组，由两人看管，一人在灌水沟首负责调剂入沟水量、巡护渠道和改灌水沟沟口，另一人随水流疏通灌水沟，掌握各沟水流进度。

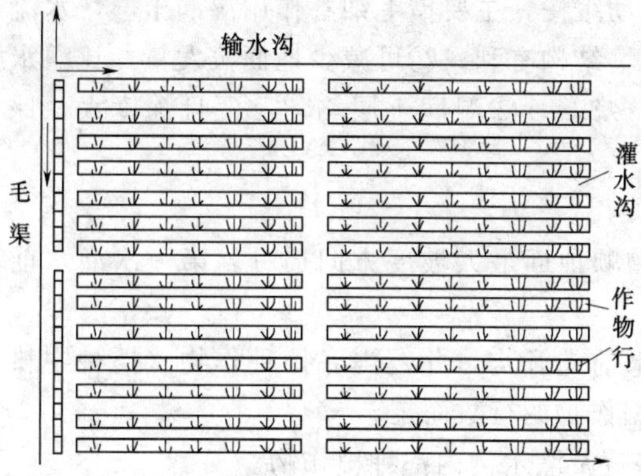

图 4-4　直形沟

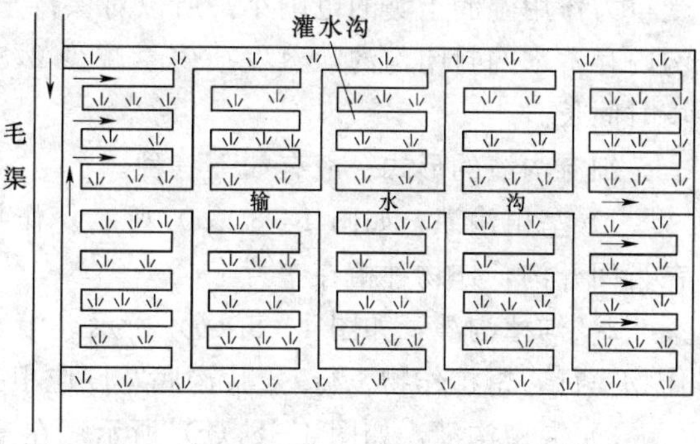

图 4-5　方形沟

2. 方形沟沟灌技术

方形沟沟灌（见图 4-5）主要适用于地形较复杂、地面坡度较陡（1/50～1/200）的地段。灌水沟长一般约为 2～10m，地面坡度陡时宜短，坡缓时宜长。每 5～10 条灌水沟为一组，组间留一条沟作为输水沟，就成为一个方形沟组。灌水时，从输水沟下段第一方形组开口，由下而上浇灌。第二次灌水时，利用原渠口由上而下浇灌。

3. 锁链沟沟灌技术

锁链沟沟灌（见图 4-6）主要适用于地面坡度 1/200～1/600，土壤透水性较弱的地块。锁链沟可以延长水在沟中的入渗时间，提高灌水均匀度。

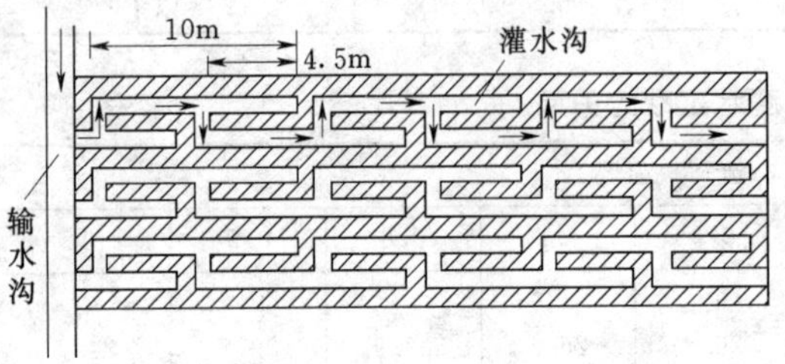

图 4-6 锁链沟

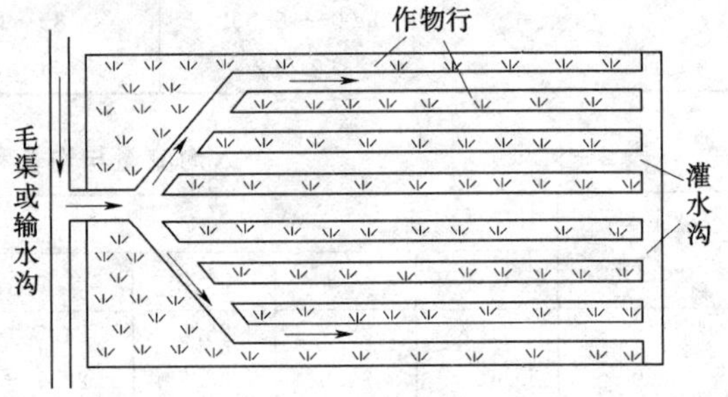

图 4-7 八字形沟

4. 八字沟沟灌技术

八字沟沟灌（见图 4-7）由输水沟或者分水沟引水，经引水短沟（长 1.0～1.5m），然后分水到灌水沟内。每一八字沟可以控制 5～9 条灌水沟。八字沟向灌水沟灌水时，应先远后近，待两侧灌水沟流到 1/3 沟长后，再向中间灌水沟灌水，这样就可以较好地控制入沟水量，克服各沟进水不均匀的缺点。八字沟适用于地形较复杂的地块。

5. 细流沟灌技术

细流沟灌是用短管（或虹吸管从输水沟上开一小口引水。流量较小，单沟流量为 0.1～0.3L/s。灌水沟内水深一般不超过沟深的 1/2，大约为 1/5～2/5 沟深。因此，细流沟灌在灌水过程中，水流在灌水沟内，边流动边下渗，直到全部灌溉水量均渗入土壤计划湿润层内为止，一般放水停止后在沟内不会形成积水。

细流沟灌的优点是：①由于沟内水浅，流动缓慢，主要借毛细管作用湿润土壤，水流受重力作用湿润土壤的范围小，所以对保持土壤结构有利；②可减少地面蒸发量，比灌水沟内存蓄水的封闭沟沟灌蒸发损失量减少 2/3～3/4；③湿润土层均匀，而且深度大，保墒时间长。

细流沟灌的形式一般有如下三种。

1）垄植沟灌，如图 4-8（*a*）所示。作物顺地面最大坡度方向播种，第一次灌水前在行间开沟，作物种植在垄背上。

2）沟植沟灌，如图 4-8（*b*）所示。灌水前先开沟，并在沟底播种作物（播种中耕作物一行，密植作物三行），其沟底宽度应根据作物的行数而定。

3）混植沟灌，如图 4-8（*c*）所示。在垄背及灌水沟内都种植作物。

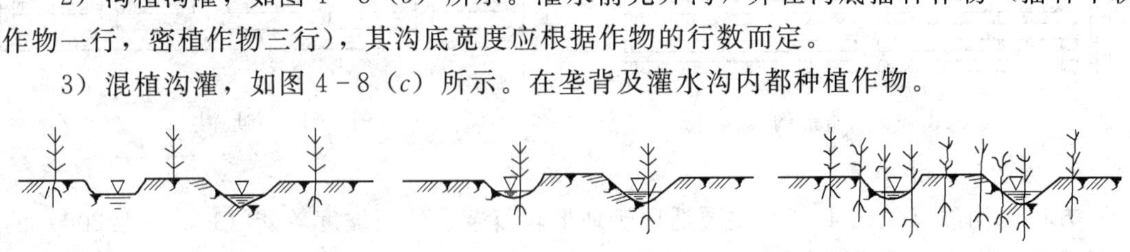

图 4-8 细流沟灌形式

（*a*）垄植沟灌；（*b*）沟植沟灌；（*c*）混植沟灌

6. 沟垄灌灌水技术

沟垄灌灌水技术（见图 4－9），是在播种前，根据作物行距的要求，先在田块上按两行作物形成一个沟垄，在垄上种植两行作物，则垄间就形成灌水沟，留作灌水使用。因此，其湿润作物根系区土壤的方式主要是靠灌水沟内的旁侧土壤毛细管作用渗透湿润。

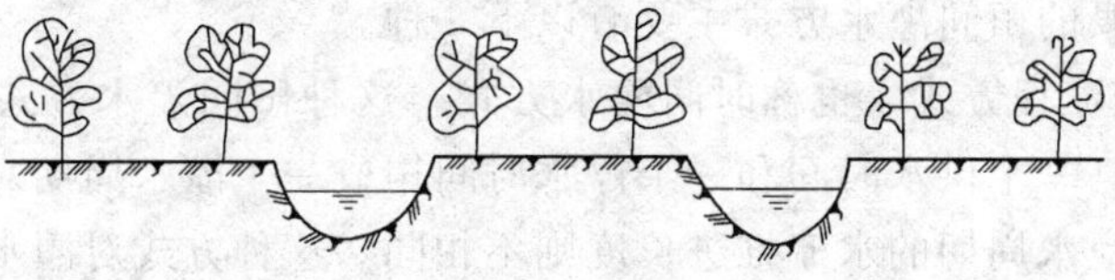

图 4－9　沟垄灌

7. 沟畦灌灌水技术

沟畦灌（见图 4－10）类似于畦灌中宽浅式畦沟结合的灌水方法。这种沟畦灌是以三行作物为一个单元，将每三行作物中的中行作物行间部位处的土壤，向两侧的两行作物根部培土，形成土垄，而中行作物只对单株作物根部周围培土，行间就形成浅沟，留作灌水时使用。

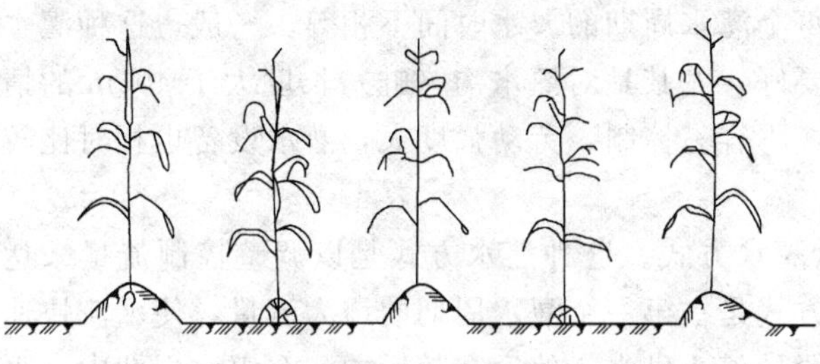

图 4－10　沟畦灌

8. 沟浸灌田字形沟灌水技术

沟浸灌田字形沟灌（见图 4－11），是水稻田地区在水稻收割后种植旱作物的一种灌水方法。采用这种沟灌方法可以同时起到旱灌涝排的双重作用。

9. 隔沟灌技术

为减少作物植株间的土壤蒸发和控制作物根系的生长，对宽行作物采取控制隔沟灌灌水。这种隔沟灌水方法是在作物某个时期只对某些灌水沟实施灌水，而在另一个时期，则对其相邻的灌水沟灌水，达到了节水的目的。

三、涌流灌溉

涌流灌溉又称间歇灌溉，它是把灌溉水断续交替地按一定周期向灌水沟（畦）供水，逐段湿润土壤，直到水流推进到灌水沟（畦）末端为止的一种节水型地面灌溉新技术。与传统的地面沟（畦）不同，它向灌水沟（畦）供水不是连续的，其灌溉水流也不是一次灌水就推进到灌水沟（畦）末端，而是灌溉水在第一次供水输入灌水沟（畦）达一定距离后，暂停供水，然后过一定时间后，再继续供水，如此分几次间歇反复地向

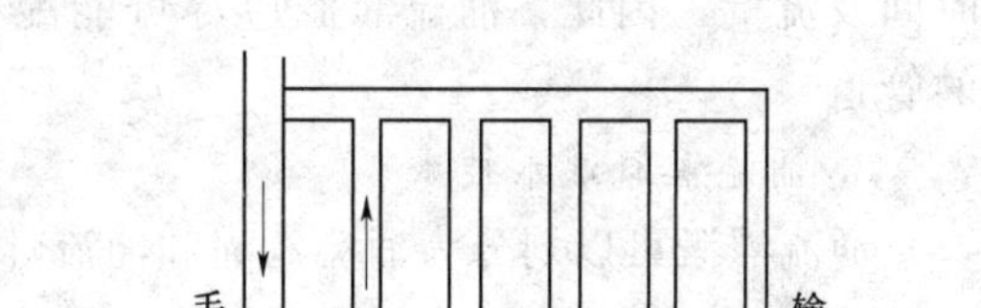

图 4－11　沟浸灌田字形沟

灌水沟（畦）供水的地面灌水技术。

涌流灌溉较传统地面沟（畦）灌水方法具有灌水均匀，灌水质量高，田面水流推进速度快，省水、节能和保肥等优点，另外还具有容易实行小定额灌溉和自动控制等特点。特别适宜在我国旱作物灌区农田地面灌溉推广应用。

1. 涌流灌溉的灌水方法

目前，涌流灌溉的田间灌水方式主要有以下 3 种。

1）定时段—变流程方式，也称时间灌水方式。这种田间灌水方式是在灌水的全过程中，每个灌水周期（一个供水时间和一个停水时间构成一个灌水周期）的放水流量和放水时间一定，而每个灌水周期的水流推进长度则不相同。这种方式对灌水沟（畦）长度小于 400m 的情况很有效，需要的自动控制装置比较简单、操作方便，而且在灌水过程中也很容易控制。因此，目前在实际灌溉中，涌流灌溉多采用此种方式。

2）定流程—变时段方式，也称距离灌水方式。这种田间灌水方式是，每个灌水周期的水流推进的长度和放水流量相同，而每个灌水周期的放水时间不相等。一般，这种灌水方式比定时段—变流程方式的灌水效果要好，尤其是对灌水沟（畦）长度大于 400m 的情况，灌水效果更佳。但是，这种灌水方式不容易控制，劳动强度大，灌水设备也相对比较复杂。

3）定流程—变流量方式，也称增量灌水方式。这种灌水方式是以调整控制流量来达到较高灌水质量的一种灌水方式。这种方式是在第一个灌水周期内增大流量，使水流快速推进到灌水沟（畦）总长度的 3/4 的位置处停止供水。然后在随后的几个灌水周期中，再按定时段—变流程方式或定流程—变时段方式，以较小的流量来满足计划灌水定额的要求。主要适用于土壤透水性能较强的条件。

2. 涌流灌溉的田间灌水系统

涌流灌溉需要向灌水沟（畦）间歇性地交替放水和停水，这可以通过人工控制或自动控制实现。但是，若用人工对灌水沟（畦）进行反复地封口、改口和开口，灌水工作人员的劳动强度是非常繁重的，而且很不容易按设计计划控制封口、改口和开口的时间及流量，因此，涌流灌溉应尽可能配备自动化程度较高的专用控制装置和带阀门的管道。

3. 涌流灌溉灌水技术

涌流灌溉可以划分为涌流沟灌和涌流畦灌两类。它们与传统的连续沟、畦灌的最主要区别就在于，在一次灌水过程中包含有几个供水和停水阶段。

涌流沟（畦）灌灌水技术要素主要有 4 项：①单沟或单宽放水流量；②周期放水时间；③灌水周期数；④循环率等。

涌流沟（畦）灌的一个放水和停水过程就构成为一个灌水周期。周期放水时间与停水时间之和称为周期时间；而放水时间与周期时间之比则称为循环率。完成涌流沟（畦）灌灌水全过程所需要的放水和停水过程的次数称为周期数。

陕西省泾惠渠灌区在 1992～1993 年两年中，进行了涌流畦灌灌水技术的示范推广，它较同条件下的连续畦灌平均节水 21%，提高了灌水质量，收到了良好的灌水效果。

四、评估地面灌溉节水技术的主要指标

（一）评估地面灌溉节水技术的经济指标

1. 节水增产率

节水增产率是指在同样气候等自然条件和农业技术条件下，旱作物采用地面灌水方法某种节水灌水技术与传统地面灌水技术相比，其平均单位面积产量所增加的产量百分数，即

$$F_y = \frac{Y_1 - Y_2}{Y_1} \times 100\% \tag{4-12}$$

式中 F_y——节水增产率，%；

Y_1、Y_2——两种灌水方法或两项灌水技术的平均单位面积产量，kg/亩。

节水增产率是评估地面灌水方法或灌水技术的一项综合性指标，它标志着某种地面节水方法或某项灌水技术的增产效果及产量水平。

2. 田间灌溉效率

田间灌溉效率是指某次由最末一级固定渠道或管道（一般指毛渠、毛管）引入田间灌水，平均每昼夜 1 个流量（自流灌区为 24h，提水灌区一般以 22h 计）实际灌溉的面积，即

$$F_t = 86400\,\frac{A}{Q} \tag{4-13}$$

式中 F_t——田间灌溉效率，亩/（$m^3 \cdot s^{-1} \cdot d$）；

A——1 昼夜实灌面积，亩/d；

Q——最末一级固定渠道或管道实际引入田间的流量，m^3/s；按 24h 计算的秒数，86400s 为一昼夜。

田间灌溉效率综合反映田间灌水管理工作的质量，是田间灌水管理的一项重要指标。

3. 灌水劳动生产率

田间灌水劳动生产率是指实施地面灌溉，每个灌水员 1 班（通常 1 班为 8h 或 12h）可能灌溉的面积，或者每个灌水员灌溉 1 亩农田所需要的工日数。

$$F_W = \frac{A}{nN} \tag{4-14}$$

或

$$D_W = \frac{nN}{A} \tag{4-15}$$

式中 F_W、D_W——灌水劳动生产率，单位分别为亩/（人・班）和工日/亩；

A——1 昼夜实际灌溉的面积，亩；

N——灌水员每班人数，人；

n——1 昼夜的灌水班数，班。

田间灌水劳动生产率的高低与田间工程的合理布局和完善程度，灌水劳动组织，灌水工具及设备，田面平整状况及灌水员的技术熟练程度等有密切关系。

4. 田间灌水成本

田间灌水成本是指旱作物采用地面节水技术灌溉农田单位面积所需要的费用。

$$C=\frac{C_P+C_W+C_J+C_I}{A} \tag{4-16}$$

式中 C——田间灌水成本，元/亩；

C_P——灌水员的工资，元；

C_W——水费或水资源费，元；

C_J——灌水工具，灌水设备、机具、机电装置，以及田间工程设施和土地平整等的折旧费用，元；

C_I——燃料，包括机电用油或用电及照明等的费用，元；

A——实灌面积，亩。

5. 节水率

节水率是标志灌水方法效益高低的重要指标。节水率指不同地面灌水方法单位面积灌溉用水量的比值，即

$$\eta_\alpha=\frac{W_1-W_2}{W_1}\times 100\% \tag{4-17}$$

式中 η_α——节水率，%；

W_1、W_2——两种灌水方法单位面积上的灌溉用水量，通常可用实际的灌水定额计算，m^3/亩。

（二）评估地面灌水方法的质量指标

正确设计和实施地面灌水方法，必须制定一套完整的质量指标体系。多年来，国内外许多农田灌溉专家、学者曾提出了多个分析评估农田灌水方法的田间灌水质量指标。其中，目前最常用的有以下 3 个。

1. 田间灌溉水有效利用率

田间灌溉水有效利用率是指应用某种地面灌水方法或某项灌水技术后湿润作物根系土壤区内的水量与实际灌入田间的总水量的比值，即

$$E_\alpha=\frac{V_s}{V}=(V_1+V_4)/V=(V_1+V_4)/(V_1+V_2+V_3+V_4) \tag{4-18}$$

式中 E_α——田间灌溉水有效利用率，%；

V_s——灌溉后储存于计划湿润作物根系土壤区内的水量，m^3 或 mm；

V_1——作物有效利用的水量，即作物蒸腾量，m^3 或 mm；

V_2——深层渗漏损失水量，m^3 或 mm；

V_3——田间灌水径流流失水量，m^3 或 mm；

V_4——对于地面灌水方法，主要指作物植株之间的土壤蒸发量，m^3 或 mm；

V——输入田间实施灌水的总水量，m^3 或 mm。

各水量的关系见图 4-12。

田间灌溉水有效利用率表征应用某种地面灌水方法或某项灌水技术后农田灌溉水充分利用的程度，是标志农田灌水质量优劣的一个重要评估指标。对于旱作物地面灌溉，SL207—98《节水灌溉技术规范》要求田间灌溉水有效利用率 $E_\alpha\geqslant 90\%$。

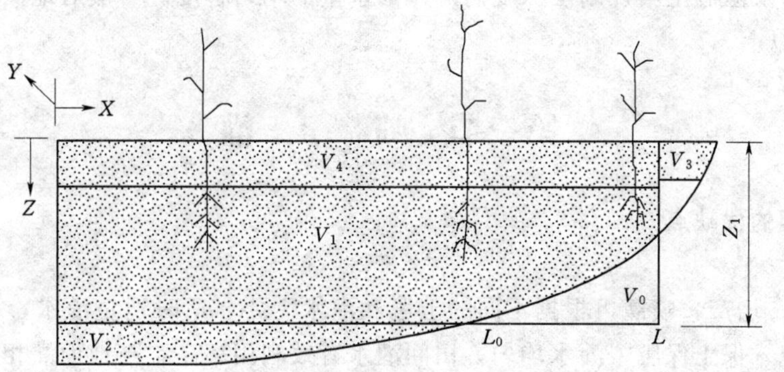

图 4-12　土壤入渗剖面湿润土层图

2. 田间灌溉水储存率

田间灌溉水储存率是指应用某种地面灌水方法或某项灌水技术灌溉后，储存于计划湿润作物根系土壤区内的水量与灌溉前计划湿润作物根系土壤区所需要的总水量的比值，即

$$E_s = \frac{V_s}{V_n} = (V_1 + V_4)/(V_1 + V_4 + V_0) \tag{4-19}$$

式中　E_s——田间灌溉水储存率，%；

V_n——灌水前计划湿润作物根系土壤区内所需要的总水量，m^3 或 mm；

V_0——灌水量不足区域所欠缺的水量，m^3 或 mm；

其余符号意义同前。

田间灌溉水储存率表征应用某种地面灌水方法、某项灌水技术实施灌水后，能满足计划湿润作物根系土壤区所需要水量的程度。

3. 田间灌水均匀度

田间灌水均匀度是指应用地面灌水方法实施灌水后，田间灌溉水湿润作物根系土壤区的均匀程度，或者田间灌溉水下渗湿润作物计划湿润土层深度的均匀程度，或者表征为田间灌溉水在田面上各点分布的均匀程度，通常用下述公式表示：

$$E_d = 1 - \frac{\Delta Z}{Z_d} \tag{4-20}$$

或

$$V_d = 1 - \left[\sum_{i=1}^{N} X_i - M\right]/(NM) \tag{4-21}$$

式中　E_d、V_d——田间灌水均匀度，%；

ΔZ——灌水后各测点的实际入渗水量与平均入渗水量离差绝对值的平均值，m^3 或 mm；

Z_d——灌水后土壤内的平均入渗水量，m^3 或 mm；

M——N 个测点的平均入渗水量，m^3 或 mm；

X_i——等面积测点的点入渗水量，m^3 或 mm；

N——测点数目。

田间灌水均匀度表征应用某种地面灌水方法、灌水技术实施灌水后，田面各点受水的均匀程度，以及湿润土壤计划层深度内的入渗水量的均匀程度。一般对地面灌水方法应要求 $E_d \geqslant 85\%$以上。

第三节　喷　　灌

一、喷灌的优缺点

1. 优点

1）省水、增产。喷灌可根据不同的土壤和灌水需要，适时适量灌水，不产生深层渗漏和田面径流，保土保肥，灌水均匀，田间灌水有效利用率高，与地面灌相比，一般可节水 30%～50%，对透水性大的土壤，节水量更大。增产作用十分明显，粮食作物灌溉比地面沟畦灌增产 10%～30%。

2）适应性强。喷灌适用于蔬菜、果园、苗圃和多种作物灌溉。对地形和土壤的适应性强。当地面坡度大于 2%时，采用地面灌溉有困难，需要进行大量的土地平整工作，在土壤透水性强的地区，如采用地面灌溉，将有大量的灌溉水渗漏浪费，而喷灌则不受地形和土壤的影响，特别是地形复杂，坡陡、土层薄，渗漏严重，不适于地面灌溉的地区，最适于发展喷灌。

3）省工省地。喷灌可减少土地平整工程量；田间渠道少，不打畦，不筑埂，田间工程量小；灌水效率高，节约劳力，少占耕地，土地利用率高。据统计，喷灌用工只为地面灌的 1/6，可节省土地 7%～13%。

4）有利于实现灌水机械化和自动化。还可结合喷灌进行喷肥、喷药、防干热风、防霜冻等。

2. 缺点

1）初期投资大，运行维修费高。

2）受风的影响大，在风速大于 3 级时，不宜进行喷灌。

二、喷灌的主要灌水质量指标

衡量喷灌灌水质量的指标一般包括喷灌强度、喷灌均匀度和水滴直径。

1. 喷灌强度

喷灌强度是单位时间内喷洒在单位面积上的水量，亦即单位时间内喷洒在灌溉土地上的水深。一般用 mm/min 或 mm/h 表示。由于喷洒时，水量分布常常是不均匀的，因此喷灌强度有点喷灌强度 ρ_i 和平均喷灌强度（面积和时间都平均）$\bar{\rho}$ 两种概念。

点喷灌强度 ρ_i 是指一定时间 Δt 内喷洒到某一点土壤表面的水深 Δh 与 Δt 的比值，即：

$$\rho_i = \frac{\Delta h}{\Delta t} \tag{4-22}$$

平均喷灌强度 $\bar{\rho}$ 是指一定喷灌面积上各点在单位时间内喷灌水深的平均值，以平均喷灌水深 h 与相应时间 t 的比值表示：

$$\bar{\rho} = \frac{h}{t} \tag{4-23}$$

单喷头全圆喷洒时的平均喷灌强度 $\bar{\rho}_{全}$ 可用下式计算：

$$\bar{\rho}_{全} = \frac{1000q\eta}{A}(\mathrm{mm/h}) \tag{4-24}$$

式中 q——喷头的喷水量，m^3/h；

A——在全圆转动时一个喷头的湿润面积，m^2；

η——喷洒水的有效利用系数，即扣去喷灌水滴在空中的蒸发和漂移损失，一般为0.8～0.95。

在喷灌系统中，各喷头的湿润面积有一定的重叠，实际的喷灌强度要比上式计算的高一些，为准确起见，可以用有效面积 $A_{有效}$ 代替上式中的 A 值：

$$A_{有效} = S_l S_m \tag{4-25}$$

式中 S_l——在支管上喷头的间距；

S_m——支管的间距。

在一般情况下，平均喷灌强度应与土壤透水性相适应，应使喷灌强度不超过土壤的入渗率（即渗吸速度），这样喷洒到土壤表面的水才能及时渗入土中，而不会在地表中形成积水和径流。

各类土壤的允许喷灌强度值引自GBJ85—85《喷灌工程技术规范》见表4-10，可在喷灌系统设计时参考使用。在斜坡地上，随着地面坡度的增大，土壤的吸水能力将降低，产生地面冲蚀的危险性增加，因此在坡地上喷灌需降低喷灌强度，降低值可参考表4-11。

表4-10　各类土壤的允许喷灌强度值

土壤质地	允许喷灌强度（mm/h）
砂　土	20
砂壤土	15
壤　土	12
壤黏土	10
黏　土	8

表4-11　坡地允许喷灌强度降低值

地面坡度（%）	允许喷灌强度降低值（%）
<5	10
5～8	20
9～12	40
13～20	60
>20	75

测定喷灌强度一般是与喷灌均匀度试验结合进行。具体方法是在喷头的湿润面积内均匀布置一定数量的量雨筒，喷洒一定时间后，测量雨筒中的水深。量雨筒所在点喷灌强度用下式计算：

$$\rho_i = \frac{100W}{t\omega}(\mathrm{mm/min}) \tag{4-26}$$

式中 W——量雨筒承接的水量，cm^3；

t——试验持续时间，min；

ω——量雨筒上部开敞口面积，cm^2。

而喷灌面积上的平均强度为

$$\bar{\rho}=\frac{\sum \rho_i}{n} \tag{4-27}$$

式中　n——量雨筒的数目。

2. 喷灌均匀度

喷灌均匀度是指在喷灌面积上水量分布的均匀强度，它是衡量喷灌质量好坏的主要指标之一。影响均匀度的因素有喷头结构、工作压力、喷头布置形式、喷头间距、喷头转速的均匀性、竖管的倾斜度、地面坡度和风速、风向等。

表征喷灌均匀度的方法很多，但都各有利弊，因此只介绍两种常用的表示方法。

(1) 喷洒均匀系数 C_u。

$$C_u=100\times\left(1.0-\frac{|\Delta h|}{h}\right) \tag{4-28}$$

式中　h——整个喷灌面积上的平均喷灌灌水深；

Δh——点喷灌水深平均离差。

如果在喷灌面积上的水量分布得越均匀，那么 Δh 值越小，亦即 C_u 值越大。C_u 值一般不应低于 70%～80%。

喷洒均匀系数一般均指一个喷灌系统的喷洒均匀系数，单个喷头的喷洒均匀系数是没有意义的，这是因为单个喷头的控制面积是有限的，要进行大面积灌溉必然要由若干个喷头组合起来形成一个喷灌系统。单个喷头在正常压力下工作时，一般都是靠近喷头部分湿润较多，边缘部分不足，这样当几个喷头组合在一起时，湿润面积有一定重叠，就可以使土壤湿润得比较均匀。为了便于测定，常取 4 个或几个喷头布置成矩形、方形或三角形，测定它们之间所包围面积的喷洒均匀系数，这一数值基本上可以代表在平坦地区无风情况下喷灌系统的喷洒均匀系数。在工程设计中一般要求 C_u=70%～90%。

(2) 水量分布图。喷洒范围内等水量图。用这种图来衡量喷灌均匀度比较准确、直观，它和地形图一样表示出喷洒水量在整个喷洒面积内的分布情况，但是没有指标，不便于比较。一般常用此法表示单个喷头的水量分布情况。如图 4-13 所示，也可以绘制几个组合的水量分布图或喷灌系统的水量分布图。

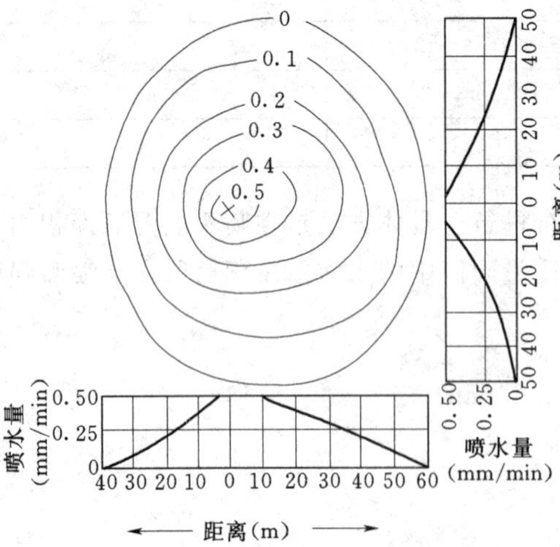

图 4-13　喷头水量分布图与径向水量分布曲线
×—喷头位置

3. 水滴打击强度

喷头喷洒出来的水滴对作物的影响，可用水滴打击强度来衡量。水滴打击强度也就是单位喷洒面积内水滴对作物和土壤的打击动能，它与水滴大小、降落速度及密集程度有关。但目前尚无合适的方法来测量水滴打击强度，因此一般采用水滴直径的大小来衡量。

水滴直径指落在地面或作物叶面上的水滴球体的直径。水滴太大，容易破坏土壤表层的团粒结构并造成板结，甚至会打伤作物的幼苗，或把土溅到作物叶面上；水滴太小，在空中蒸发损失大，受风力的影响大。因此要根据灌溉作物、土壤性质选择适当的水滴直径。

测定水滴直径的方法很多，但都不甚理想。过去我国较多采用滤纸法，就是将涂有色粉（曙光红和滑石粉混合而得）的滤纸，固定在水滴接收盒中，活门快速启闭，瞬时接收若干水滴。待滤纸干后，量取滤纸上水痕色斑直径，再根据事先率定的色斑直径与水滴直径关系曲线或经验公式求出水滴直径。

水痕色斑直径 D 与水滴直径 δ 关系式一般如下

$$\delta = aD^b \tag{4-29}$$

式中 a——常数，因不同的滤纸而异，一般为 0.33～0.44；

b——指数，对于同一种滤纸是一个常数，一般为 0.725～0.667。

滤纸法量取色斑直径的工作量大，因此对于大量测量则要用面粉法，就是用一个直径为 20cm、深 2cm 的装满新鲜干面粉的盘子代替滤纸来接收水滴，然后在 40℃温度下烘 24h，再进行筛分。由于形成水滴的面粉与水滴的直径有一定的关系，只要知道了面粉团直径的分布就可以知道水滴直径的分布情况。

从一个喷头喷出来的水滴大小不一，一般近处小水滴多些，远处大水滴多些，因此应在离喷头不同的距离 3～5m 处测量水滴直径，并求出平均值。一般要求平均直径不超过1～3mm。

三、喷灌系统的组成和分类

1. 喷灌系统的组成

喷灌系统按其设备组成可分为管道式喷灌系统和机组式喷灌系统两大类。一个完整的管道式喷灌系统，一般由水源工程、水泵和动力机、压力管道、喷头等组成（见图 4-14）。

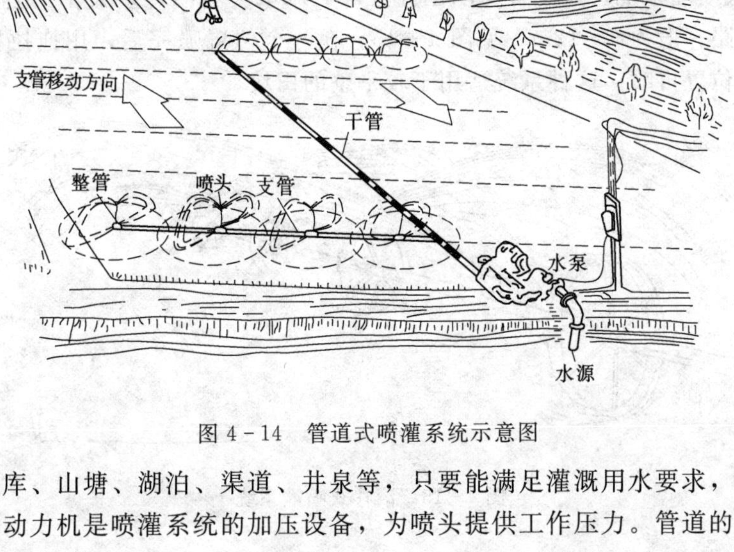

图 4-14　管道式喷灌系统示意图

河流、水库、山塘、湖泊、渠道、井泉等，只要能满足灌溉用水要求，都可作为喷灌水源。水泵和动力机是喷灌系统的加压设备，为喷头提供工作压力。管道的作用是将压力水流输送到喷头，而喷头的作用则是将有压集中水流喷出并粉碎成细小水滴，均匀落在田间。

2. 喷灌系统分类

喷灌系统按其获得压力的方式不同，分为机压喷灌系统和自压喷灌系统。靠水泵和动力机械将水加压的喷灌系统，称机压喷灌系统；利用自然地形落差为喷头提供工作压力的喷灌系统，称自压喷灌系统。喷灌系统按其设备组成又可分为管道式喷灌系统和机组式喷灌系统两大类。

(1) 管道式喷灌系统。

按管道可移动程度可分为固定式、移动式和半固定式三种。

1) 固定式管道喷灌系统。除喷头外，喷灌系统的所有组成部分均固定不动，各级管道埋入地下，支管上设有竖管，根据轮灌计划，喷头轮流安设在竖管上进行喷洒。固定式喷灌系统操作方便，易于维修管理，多用于灌水频繁、经济价值高的蔬菜、果园和经济作物。缺点是管材用量多，投资大。

2) 移动式管道喷灌系统。除水源工程外，水泵和动力机、各级管道、喷头都可拆卸移动。喷灌时，在一个田块上作业完毕，依次转到下一个田块作业，轮流喷洒。其优点是设备利用率高，管材用量少，投资小。缺点是设备拆装和搬运工作量大，搬移时还会损坏作物。

3) 半固定式管道喷灌系统。喷头和支管是可移动的，其他各组成部分都是固定的，干管一般埋入地下。喷灌时，将带有喷头的支管与安装在干管上的给水栓相连接进行灌溉，并按设计顺序移动支管位置，轮流喷洒。其优点是设备利用率高，管材用量少，是国内外广泛使用的一种较好的喷灌系统，特别适用于大面积喷灌。

(2) 机组式喷灌系统。

按喷灌机组的组成和移动方式的不同分为滚移式喷灌系统、纵拖式喷灌系统、时针式喷灌系统、平移式喷灌系统、卷盘式喷灌系统等。

1) 滚移式喷灌系统。其支管支承在直径为1～2m左右的许多大轮子上，以管子本身作为轮轴，轮距一般为6～12m，见图4-15。在一个位置喷完后，用拖拉机拖动将支管滚移到下一个位置再喷。这种系统适用于较平整的田块。

图4-15　滚移式喷灌系统

2）纵拖式喷灌系统。其干管布置在喷灌田块的中间，而支管则由拖拉机或绞车纵向牵引越过干管到一新的位置。这样任何一根支管都可以从干管的一边拖向另一边。支管可以是软管，也可以是有柔性接头的刚性管道，一般支管长度不超过 50m。

3）时针式喷灌系统。又称中心支轴式喷灌系统或圆周自动行走式喷灌系统。其结构如图 4-16 所示。在喷灌田块的中心有供水系统（给水栓或水井与泵站），其支管支承在可以自动行走的小车或支承架上，工作时支管就像时针一样不断围绕中心点旋转。常用的支管长 400～500m，根据轮灌需要，转一圈要 2～20 天，可灌溉 800～1000 亩。支管离地面 2～3m。这种系统的优点是机械化和自动化程度高；可以不要人操作连续工作，生产效率高；并且支管上可以装很多喷头，喷洒范围互相重叠，提高了灌水均匀度，受风的影响小，也可以适应起伏的地形。但其最大缺点是灌溉面积是圆形的。为了克服这一缺点，近年来有些国家在时针式喷灌系统末端装了喷角装置，可通过无线电控制喷洒地角面积。另外也可在喷不到水的地角，装一套固定式喷灌系统，以弥补这个缺陷。

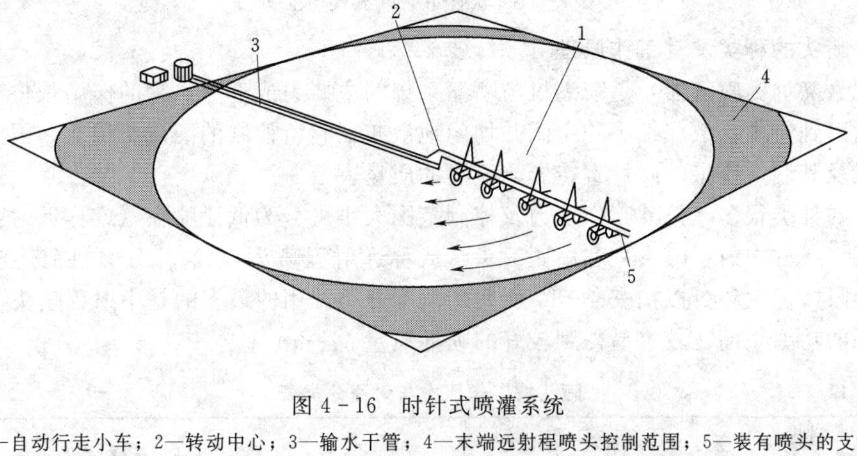

图 4-16　时针式喷灌系统

1—自动行走小车；2—转动中心；3—输水干管；4—末端远射程喷头控制范围；5—装有喷头的支管

4）平移式喷灌系统。它的支管和时针式系统一样，也是支承在可以自动行走的小车上，但它是自动作平行的移动，由垂直于支管的干管上的给水栓通过软管供水。当行走一定距离（等于给水栓间距）后就要改由下一个给水栓供水，这样喷灌面积是矩形的，便于和耕作相配合。但自动化程度略差于时针式系统。

5）绞盘式喷灌机。常用的有软管牵引绞盘式喷灌机和钢索牵引绞盘式喷灌机两种。前一种喷灌机一般包括绞盘车和喷头车两部分，如图 4-17 所示。绞盘车停在干管旁边并通过高压半软管与干管相连。

绞盘车与喷头车之间也用高压半软管相连，软管直径多为 50～125mm，长约 100～300m。工作前先将喷头车拉到最远处然后通水，一边喷洒一边移动，移动是由水力驱动转动绞盘逐渐把半软管紧密而均匀地分层缠绕在绞盘上来实现的。钢索牵引绞盘式喷灌机则是由绞盘缠绕钢索来移动喷头车的。喷头车上一般只有一个大喷头，少数的也有带几个喷头。喷头射程一般为 30～90m，喷水量 20～250m^3/h，工作压力为 4～8kg/cm^2，喷头车移动速度一般为 0.12～3m/min，每一行程可喷灌 14～60 亩，每一个机组控制 200～1000 亩。

图 4-17 软管牵引绞盘式喷灌机

四、喷头的种类及其工作原理

喷头（又称为喷灌器）是喷灌机与喷灌系统的主要组成部分。它的作用是将有压的集中水流喷射到空中，散成细小的水滴并均匀地散布在它所控制的灌溉面积上，因此喷头的结构形式及其制造质量的好坏直接影响喷灌的质量。

喷头的种类很多，按其工作压力及控制范围大小可分为低压喷头（或称近射程喷头）、中压喷头（或称中射程喷头）和高压喷头（或称远射程喷头），这种分类目前还没有明确的划分界限，但大致可以按表 4-12 所列的范围分类。用的最多的是中射程喷头，这是由于它消耗的功率小而比较容易得到较好的喷灌质量。

表 4-12　　喷头按工作压力与射程分类表

类别	工作压力 (kPa)	射程 (m)	流量 (m^3/h)	特点及应用范围
低压喷头（近射程喷头）	<200	<15.5	<2.5	射程近，水滴打击强度小，主要用于苗圃、菜地、温室、草坪、园林、自压喷灌的低压区或行喷机组式喷灌机
中压喷头（中射程喷头）	200～500	15.5～42	2.5～32	喷灌强度适中，适用范围广、果园、草地、菜地、大田及各类经济作物均可使用
高压喷头（远射程喷头）	>500	>42	>32	喷洒范围大，但水滴打击强度大，多用于喷洒质量要求不高的大田作物和草原牧草等

按照喷头的结构形式与水流形状可以分为旋转式、固定式和孔管式 3 种。

1. 旋转式喷头

旋转式喷头是目前使用最多的一种喷头形式，一般由喷嘴、喷管、粉碎机构、转动机构、扇形机构、弯头、空心轴、轴套等部分组成。压力水流通过喷管及喷嘴形成一股集中水舌射出，由于水舌内存在涡流又在空气阻力及粉碎机构（粉碎螺钉、粉碎针或叶轮）的作用下水舌被粉碎成细小的水滴，并且转动机构使喷管和喷嘴围绕竖轴缓慢旋转，这样水滴就会均匀地喷洒在喷头的四周，形成一个半径等于喷头射程的圆形或扇形湿润面积。

旋转式喷头由于水流集中，所以射得远（可以达 80m 以上），是中射程和远射程喷头的基本形式。目前我国在农业上应用的喷头基本上都是这种形式。

转动机构和扇形机构是旋转式喷头的重要组成部分，因此常根据转动机构的特点对旋转式喷头进行分类，主要的形式有摇臂式、叶轮式、反作用式等。又可以根据是否装有扇形机构（亦即是否能作扇形喷灌）而分成全圆转动的喷头和可以进行扇形喷灌的喷头两大类，在平坦地区的固定式系统，一般用全圆转动的喷头就可以了；而在上坡地上和移动式系统及半固定系统以及有风时喷灌，则要求作扇形喷灌，以保证喷灌质量和留出干燥的退路。

摇臂式喷头的转动机构是一个装有弹簧的摇臂，在摇臂的前端有一个偏流板和一个勺形导水片，喷灌前偏流板和导水片是置于喷嘴的正前方。当开始喷灌时水舌通过偏流板或直接冲到导水片上，并从侧面喷出，由于水流的冲击使摇臂转动 60°～120°并把摇臂弹簧扭紧，然后在弹簧力作用下摇臂又回位，使偏流板和导水片进入水舌，在摇臂惯性力和水舌对偏流板的切向附加力的作用下，敲击喷体（即喷管、喷嘴、弯头等组成一个可以转动的整体）使喷管转动 3°～5°，于是又进入第二个循环（每个循环周期为 0.2～2.0s 不等），如此周期往复就使其不断旋转，摇臂式喷头的结构形式可参见图 4－18 和图 4－19。

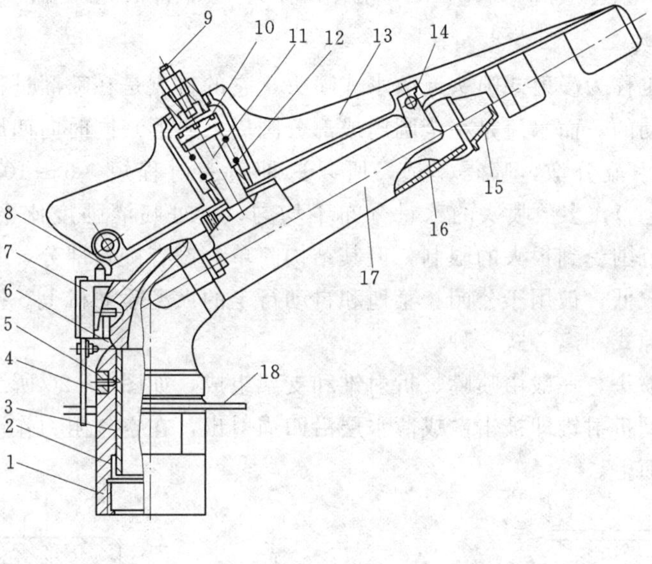

图 4－18　单嘴带换向机构的摇臂式喷头结构图

1—空心轴套；2—减磨密封圈；3—空心轴；4—防沙弹簧；5—弹簧罩；6—喷体；7—换向器；8—反转钩；9—摇臂调位螺钉；10—弹簧座；11—摇臂轴；12—摇臂弹簧；13—摇臂；14—打击块；15—喷嘴；16—稳流器；17—喷管；18—限位环

摇臂式喷头的缺点是：在有风与安装不水平（或竖管倾斜）的情况下旋转速度不均匀，喷管从斜面向下旋转时（或顺风）转得较快，而从斜面向上旋转（或逆风）则转动得比较慢，这样两侧的喷灌强度就不一样，严重影响了喷灌均匀性。但是它结构简单，便于推广，在一般情况下，尤其是在固定式系统上使用的中射程喷头运转比较可靠。因此，现在这种喷头使用得最普遍。

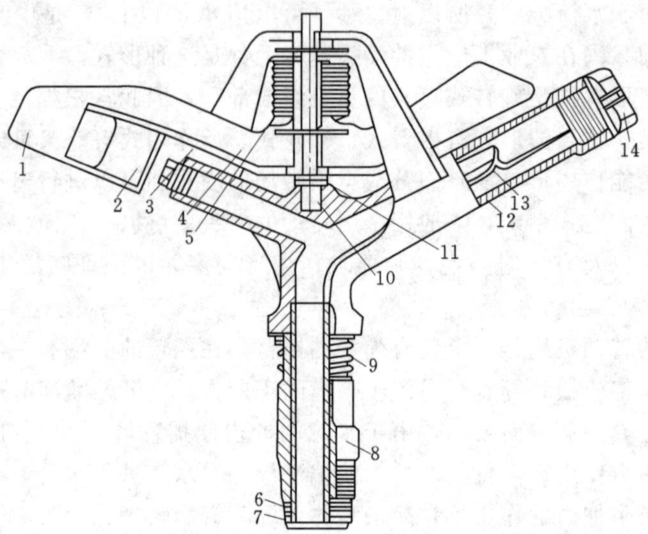

图 4-19　双喷嘴摇臂式结构图

1—导水板；2—挡水板；3—小喷嘴；4—摇臂；5—摇臂弹簧；6—三层垫圈；7—空心轴；8—轴套；9—防沙弹簧；10—摇臂轴；11—摇臂垫圈；12—大喷管；13—整流器；14—大喷嘴

2. 固定式喷头

固定式喷头也称为漫射式喷头或散水式喷头，它的特点是在喷灌过程中所有部件相对于竖管是固定不动的，而水流是在全圆周或部分圆周（扇形）同时向四周散开。和旋转式喷头比较，因其水流分散，喷得不远，所以这种喷头射程短（5～10m），喷灌强度大(15～20mm/h 以上)，多数喷头的水量分布不均匀，近处喷灌强度比平均喷灌强度高得多，因此其使用范围受到很大的限制，但其结构简单，没有旋转部分，所以工作可靠，而且一般工作压力较低，被用于公园、菜地和自动行走的大型喷灌机上。按其结构形式可以分为折射式、缝隙式和离心式 3 种。

(1) 折射式喷头。一般由喷嘴、折射锥和支架组成，如图 4-20 所示。水流由喷嘴垂直向上喷出，遇到折射锥即被击散成薄水层沿四周射出，在空气阻力作用下即形成细小水滴散落在四周地面上。

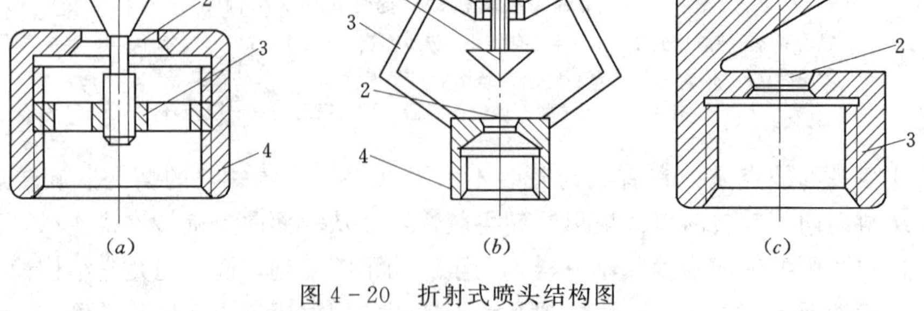

图 4-20　折射式喷头结构图

(*a*) 内支架式；(*b*) 外支架式；(*c*) 整体式

1—折射锥；2—喷嘴；3—支架；4—管接头

(2) 缝隙式喷头。其结构如图 4-21 图所示，就是在管端开出一定形状的缝隙，使水流能均匀地散成细小的水滴，缝隙与水平面成 30°角，使水舌喷得较远，其工作可靠性比折射式要差，因为缝隙易被污物堵塞，所以对水质要求较高，水在进入喷头之前要经过认真的过滤。但是这种喷头结构简单，制作方便。一般用于扇形喷灌。

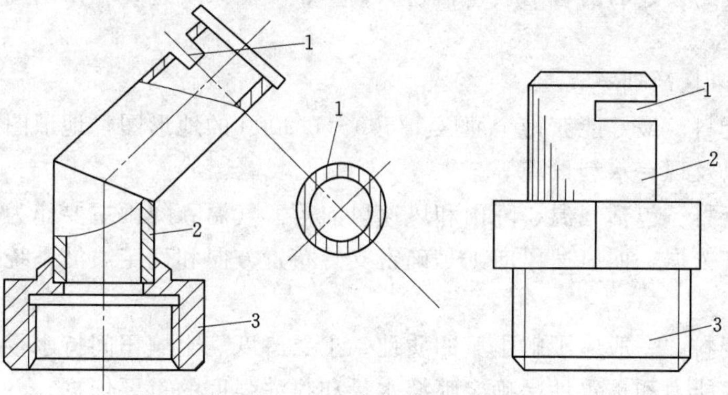

图 4-21　两种缝隙式喷头结构图

1—缝隙；2—喷体；3—管接头

(3) 离心式喷头。由喷管和带喷嘴的蜗形外壳构成。工作时水流沿切线方向进入蜗壳，使水流绕垂直轴旋转，这样经过喷罪射出的水膜，同时具有离心速度和圆周速度，所以水流离开喷嘴后就向四周散开，在空气阻力作用下，水膜被粉碎成水滴散落在喷头的四周。

3. 孔管式喷头

该喷头由一根或几根较小直径的管子组成，在管子的顶部分布有一些小喷水孔，喷水孔直径仅为 1～2mm。有的孔管是一排小孔，水流是朝一个方向喷出（见图 4-22），并装

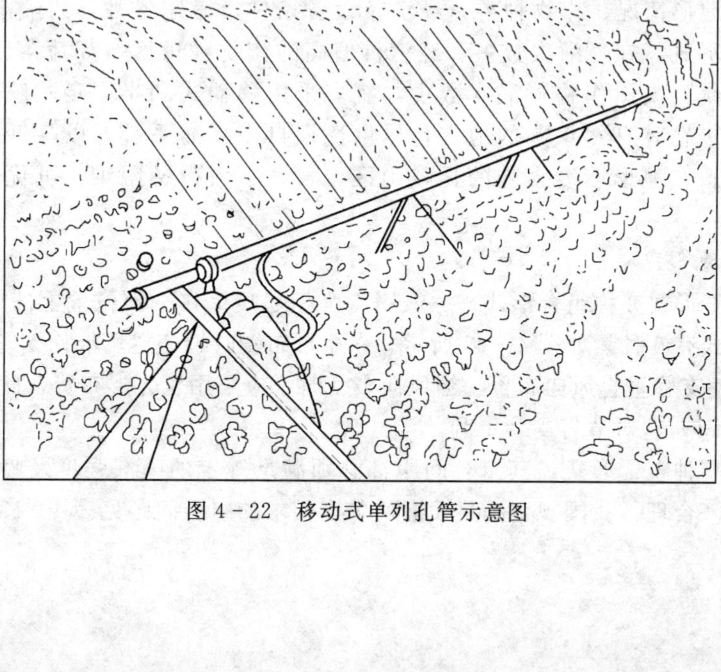

图 4-22　移动式单列孔管示意图

有自动摆动器，使管子往复摆动，喷洒管子两侧的土地；也有的孔管有几排小孔，以保证管子两侧都能灌到，这样就不要自动摆动器，结构比较简单，要求的工作压力低（100～200kPa）。

五、喷灌系统的规划设计

喷灌系统规划设计的内容一般包括勘测调查、喷灌系统选型和田间规划以及水力计算和结构设计等。

（一）喷灌灌区的调查

（1）地形资料。最好能获得全灌区1/500～1/2000的地形图，地形图上应标明行政区划、灌区范围以及现有水利设施等。

（2）气象资料。包括气温、降雨和风速风向等。气温和降雨主要作为确定作物需水量和制定灌溉制度依据，而风速风向则是确定支管布置方向和确定喷灌系统有效工作时间所必须的。

（3）土壤资料。一般应了解土壤的质地、土层厚度、土壤田间持水量和土壤渗吸速度等。土壤的持水能力和透水性是确定喷灌水量和喷灌强度的重要依据。

（4）水文资料。主要包括河流、渠塘、井泉的历年水量、水位以及水温和水质（含盐量、含沙量和污染情况）等。

（5）作物种植情况及群众高产灌水经验。必须了解灌区内各种作物的种植比例、轮作情况、种植密度、种植方向以及机耕水平等。并要重点了解各种作物现行的灌溉制度以及当地群众高产灌水经验，作为拟定喷灌制度的依据。

（6）动力和机械设备资料。要了解当地现有动力及机械设备（拖拉机、柴油机、电动机、变压器、汽油机等）的数量、规格及使用情况，以便在设计时考虑尽量利用现有设备。并要了解电力供应情况和可取得电源的最近地点。为了制定预算与进行经济比较，也应了解设备、材料的供应情况与价格、电费与柴油机价格等。

（二）喷灌系统规划

1. 喷灌系统形式

根据当地地形情况、作物种类、经济及设备条件，考虑各种形式喷灌系统的特点，选定灌溉系统形式。在喷灌次数多、经济价值高的作物种植区（如蔬菜区），可多采用固定式喷灌系统；大田作物喷灌次数少，宜多采用移动式和半固定式喷灌系统，以提高设备利用率；在有自然水头的地方，尽量选用自压喷灌系统，以降低动力设备的投资和运行费用；在地形坡度太陡的丘陵山区，移动喷灌设备困难，可优先考虑采用固定式。

2. 喷头布置形式

喷头的布置形式亦称组合形式，一般用4个相邻喷头在平面位置上的组合图形表示。其基本布置形式有6种，如图4-23所示。在矩形布置时，应尽可能使支管间距b大于喷头间距a，并使支管垂直风向布置。当风向多变时，应采用正方形布置，此时$a=b$。正三角形布置时$a>b$，这对节省支管不利。

不论采用哪种布置形式，其组合间距都必须满足规定的喷灌强度及喷灌均匀度的要求，并做到经济合理，我国规定满足喷灌均匀度要求的组合间距见表4-13。

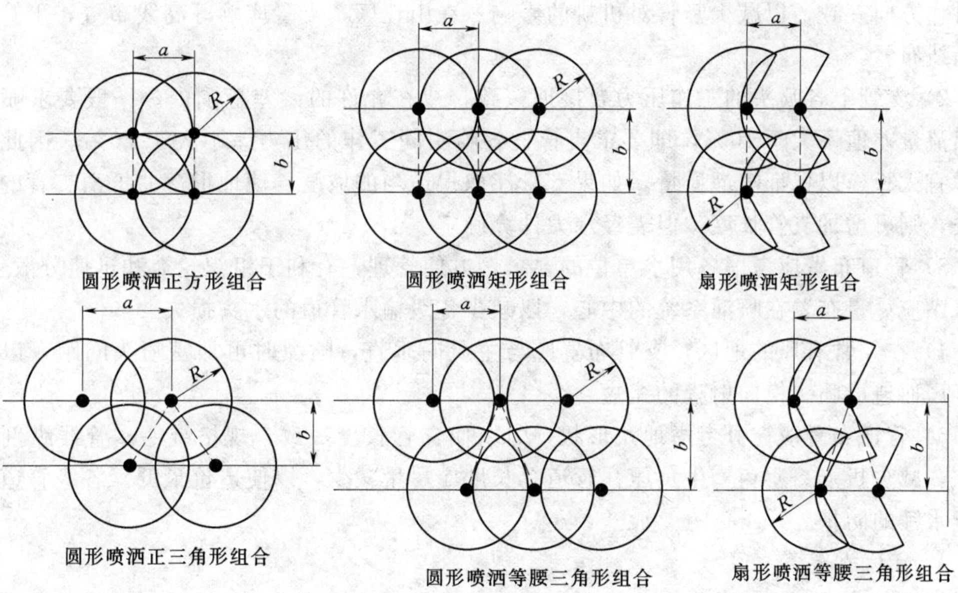

图 4-23　喷头组合方式示意图

表 4-13　　喷 头 组 合 间 距

设计风速 (m/s)	组合间距	
	垂直风向	平行风向
0.3～1.6	R	$1.3R$
1.6～3.4	$(1\sim0.8)R$	$(1.3\sim1.1)R$
3.4～5.4	$(0.8\sim0.6)R$	$(1.1\sim1)R$

注　1. R 为喷头射程单位为 m；

2. 在每一档风速中可按内插法取值；

3. 在风向多变，采用等间距组合时，应选用垂直风向栏内的数值；

4. 表中风速是指地面以上 10m 高度处的风速。

喷头的喷洒方式有全圆喷洒和扇形喷洒两种（见图 4-23）。全圆喷洒喷点控制面积大，喷头间距大，移动次数少，喷灌效率和劳动生产率都较高，一般固定式喷灌系统采用这种形式。但全圆喷洒要在泥泞的田间行走、装卸、搬移喷头及喷水管，工作条件差，故半固定式与移动式喷灌系统中，一般采用单喷头或多喷头扇形喷洒方式。另外，在固定式喷灌系统的地边田角，要采用 180°、90°或其他角度的扇形喷洒，以避免喷到界外和道路上，造成浪费。在坡度较陡的山丘喷灌时，不应向上而要向下作扇形喷洒，以免冲刷坡面土壤；当风力较大时，应作顺风向的扇形喷洒，以减少风的影响。

3. 管道系统的布置

固定式、半固定式喷灌系统，视灌溉面积大小对管道进行分级。面积大时管道可布置成总干管、干管、分干管和支管 4 级；或布置成干管、分干管、支管 3 级；面积较小时一般布置成干管和支管两级。支管是田间末级管道，支管上安装喷头。对管道的布置应考虑以下原则：

1）干管应沿主坡方向布置，一般支管应垂直于干管。在平坦地区，支管布置应尽量与耕作方向一致，以减少竖管对机耕的影响。在山丘区，支管应顺等高线布置，干管垂直等高线布置。

2）支管上各喷头的工作压力要接近一致，或在允许的误差范围内。一般要求喷头间的出流量差值不大于10%，即要求支管上各喷头间工作的压力差不大于20%。因此，支管不宜太长，以保证喷灌质量。如果支管能取得适当的坡度，使地形落差抵消支管的摩阻损失，则可增加支管长度，但需经水力计算确定。

3）管道布置应考虑各用水单位的要求，方便管理，有利于组织轮灌和迅速分散水量。抽水站应尽量布置在喷灌系统的中心，以减少各级输水管道的水头损失。

4）在经常有风的地区，支管布置应与主风向垂直，喷灌时可加密喷头间距，以补偿由于风而造成喷头横向射程的缩短。

5）管道布置应充分考虑地块形状，力求使支管长度一致，规格统一。管线纵剖面应平顺，减少折点。避免产生负压。管道总长度应尽量减少，以使造价最低。各级管道应有利于水锤的防护。

4. 管材的选择

可用于喷灌的管道种类很多，应该根据喷灌区的具体情况，如地质、地形、气候、运输、供应以及使用环境和工作压力等条件，结合各种管材的特性及适用条件进行选择。对于地埋固定管道，可选用钢筋混凝土管、钢丝网水泥管、石棉水泥管、铸铁管和硬塑料管。选用塑料管时一定要注意，不同材质的塑料管在几何尺寸相同的情况下可承受的工作压力相差甚远，见表4-14所列数据。用于喷灌地埋管道的塑料管，最好选用硬聚氯乙烯管（UPVC管）。对于口径150mm以上的地埋管道，硬聚氯乙烯管在性能价格比上的优势下降，应通过技术经济分析选择合适的管材。对于地面移动管道，则应优先采用带有快速接头的薄壁铝合金管。塑料管经常暴露在阳光下使用，易老化，缩短使用寿命，因此，地面移动管最好不采用塑料管。

表4-14　　同管径同壁厚不同材质的塑料管常温工作压力

公称直径（mm）	壁厚（mm）	常温工作压力（MPa）		
		硬聚氯乙烯管（UPVC）	低密度聚乙烯管（LDPE）	改性聚丙烯管（PP）
110	5.5	1.0	0.26	0.53

5. 管径的选择

当轮灌编组和轮灌顺序确定之后，各级管道在每一轮灌组进行喷洒时所通过的流量即可知道。通常选用同一级管道在各轮灌组中可能通过的最大流量，作为本级管道的设计流量，依据这个设计流量来确定管道的管径。若某一级管道，其最大流量通过的时间占管道总过水时间的比例甚小，也可选取一个出现次数较多的次大流量作为管道的设计流量来确定管径。同一级管道的不同管段通过的最大流量不同时，可分段确定设计流量。

6. 管道系统附件的选配与安装

1）竖管的高度应以作物植株不阻碍喷头的正常喷洒为最低限。常用的竖管高度约在

0.5～2m之间。当竖管高度超过1.5m或使用的喷头较大时，为使竖管稳定，应增设竖管支架。竖管的安装应铅直、稳定。

2）管道的适当位置应留有安装压力表的测压孔，以监测管网压力是否达到设计要求。

3）地埋管道的阀门处建阀门井，阀门井的尺寸以便于操作检修为度。

4）对温度和不均匀沉陷比较敏感的固定管道应设柔性接头。柔性接头间隔距离应视管材、管径、地形、地基等情况确定。

5）对于管径较大或管坡较陡的固定管道，为了稳定管道位置，不使管道发生任何方向上的位移，在管道的变坡、转弯的分界处应设镇墩。在明设固定管道上，当管线较长时，也应设支墩。

6）地埋管道的连接应采用承插或粘接的形式，转向处用弯头，分水处用三通或四通，管径改变处采用异径接头，管道末端用堵头。

7）为了按计划进行输水、配水，管道系统上应装置必要的控制阀。各级管道的首端应设进水阀或分水阀。

（三）喷灌工作制度确定

1. 拟定喷灌制度

喷灌的灌溉制度主要应根据群众高产灌水经验拟定设计灌水定额、设计灌水周期和一次灌水所需时间等。

设计灌水定额 $m_{设}$ 是指作为设计依据的最大灌水定额。当田间土壤含水量达到适宜于作物生长的下限时就应进行喷灌；每次灌水量又不能超过土壤的保水能力，以免发生深层渗漏。

（1）设计灌水定额 $m_{设}$。

设计灌水定额可用下式计算

$$m_{设} = 0.1H(\beta_{max} - \beta_{min})\frac{1}{\eta} \tag{4-30}$$

式中 $m_{设}$——设计灌水定额，mm；

H——作物主要根系活动层的深度，对于大田作物，一般采用40～60cm；

β_{max}——灌后土层允许达到的含水量的上限（以占土层体积的百分数表示），即相当于田间持水量；

β_{min}——灌前土层含水量下限（以占土层体积的百分数表示），约相当于田间持水量的60%～70%；

η——喷灌水的有效利用系数，一般选用0.7～0.9。

（2）设计灌水周期 $T_{设}$。

在喷灌系统规划设计中，主要是要确定作物耗水最旺时期的允许最大间隔时间，以天计，用下式计算

$$T_{设} = \frac{m_{设}}{e}\eta \tag{4-31}$$

式中 e——作物耗水最旺时期的日平均耗水量，mm/d，可根据试验确定。

（3）一次灌水所需时间 t。

一次灌水时间可用下式计算：

$$t = \frac{m_{设}}{\bar{\rho}_{系统}} \tag{4-32}$$

$$\bar{\rho}_{系统} = \frac{1000q}{bl}$$

式中　t——一次灌水所需时间，h；

$\bar{\rho}_{系统}$——喷灌系统的平均喷灌强度，mm/h，应小于土壤的允许喷灌强度；

q——1个喷头的流量，m^3/h；

b——支管间距，m；

l——沿支管的喷头间距，m。

2. 计算同时工作的喷头数和支管数

同时工作的喷头数 $N_{喷头}$ 可按下式计算

$$N_{喷头} = \frac{A}{bl} \times \frac{t}{T_{设} C} \tag{4-33}$$

式中　A——喷灌系统的灌溉面积，m^2；

C——喷灌系统每天的有效工作小时数，这与喷灌系统形式和风等因素有关，对于固定式喷灌系统 C 值可大些，而移动式喷灌系统 C 值则应小些；

其他符号意义同前。

同时工作的支管数 $N_{支}$ 则为

$$N_{支} = \frac{N_{喷头}}{n_{喷头}} \tag{4-34}$$

式中　$n_{喷头}$——1根支管上的喷头数，可以1根支管的长度除以沿支管的喷头间距 l 求得。

如果计算出的 $N_{支}$ 不是整数，则应考虑减少同时工作的喷头数或适当调整支管的长度。

3. 确定支管轮灌方式

支管轮灌方式，对于半固定系统也就是支管的移动方式。支管轮灌方式不同，干管中通过的流量也不同，适当选择轮灌方式，可以减小一部分干管的管径，降低投资。例如：有两根支管同时工作时，可以有三个方案：

1）两根支管从地块的一头齐头并进，如图4-24（*a*）、（*b*）所示，干管从头到尾的最大流量都等于整个系统的全部流量（两根支管流量之和）。

2）两根支管由地块两端向中间交叉前进，如图4-24（*c*）所示。

3）两根支管由地块中间向两端交叉前进，如图4-24（*d*）所示。

后两种方案，只有前半根干管通过的最大流量等于整个系统的全部流量，而后半根干管通过的最大流量只等于整个系统的一半（等于一根支管的流量），显然我们应当采用后两种方案。当三根支管同时工作时，每根支管分别负责1/3面积的方案较为有利，如图4-25所示，这样只有1/3的干管的最大流量等于全部流量，1/3的干管（1～2段）的最大流量等于两根支管的流量，最末的1/3干管（2～3段）的最大流量只等于一根支管的流量。

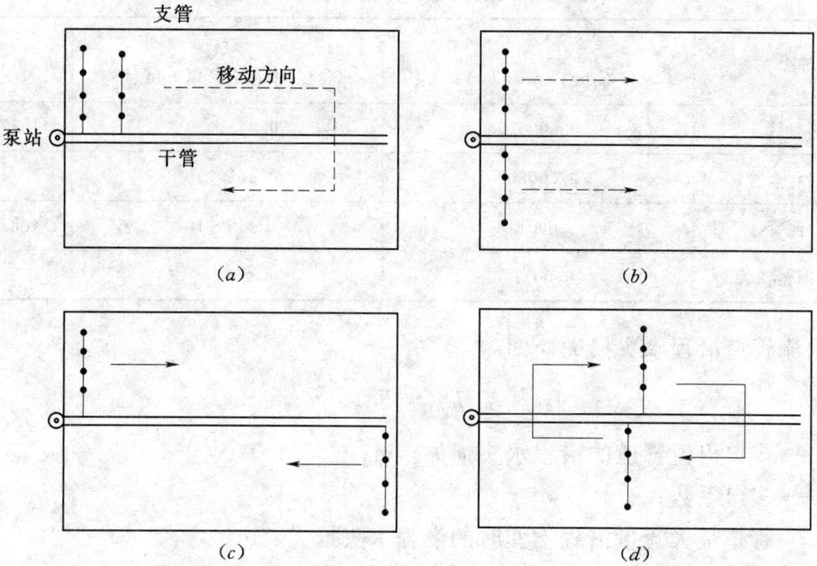

图 4-24　两根支管同时工作的支管移动方案

（四）管道系统的水力计算

喷灌管道系统的水力计算主要是计算管道的沿程水头损失以及弯头、三通、闸阀等的局部水头损失，其目的是为了合理选定各级管道的管径和确定系统设计扬程。

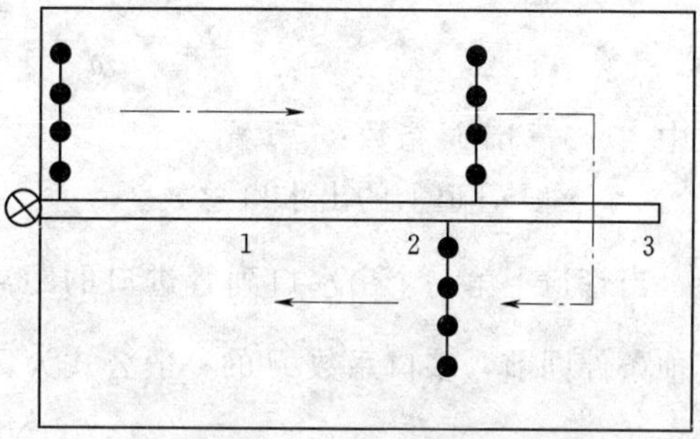

图 4-25　三根支管同时工作的支管移动方式

1. 沿程水头损失计算

（1）不考虑多孔出流情况下的沿程水头损失计算。

不考虑多孔出流情况下的喷灌管道的沿程水头损失可采用下式计算

$$h_f = f\frac{LQ^m}{d^b} \tag{4-35}$$

式中　h_f——沿程水头损失，m；

f——摩阻系数，与管材有关；

Q——管中流量（指计算管道的最大流量），m^3/h；

d——管内径，mm；

L——管长，m；

m——与管材有关的流量指数；

b——与管材有关的管径指数。

各种管材的沿程水头损失计算参数见表 4-15。

（2）考虑多口出流时管道沿程水头损失计算。

以管道最大流量沿程不变（不考虑分流）时的沿程水头损失 h_f，乘以一个多口系数 F，

表 4-15 **沿程水头损失公式中的 f、m、b 值**

管道种类	f（Q 以 m^3/s，d 以 m 计）	f（Q 以 m^3/h，d 以 mm 计）	m	b
硬质塑料管	0.000915	0.948×10^5	1.77	4.77
铝管或铝合金管	0.000800	0.861×10^5	1.74	4.74
石棉水泥管	0.000118	1.455×10^5	1.85	4.89
旧钢管、旧铸铁管	0.00179	6.25×10^5	1.9	5.1

得出多口出流管道沿程水头损失，即

$$h'_f = Fh_f \tag{4-36}$$

式中 h'_f——多口出流管道的沿程水头损失，m；

F——多口系数；

h_f——管道最大流量沿程不变时的沿程水头损失，m。

当第一个出水口离管道进口的距离等于各出水口的间距，各出水口流量相等，且进入管道的流量全部沿出水口流出时，多口系数 F_1 的计算公式为

$$F_1 = \frac{1}{m+1} + \frac{1}{2N} + \frac{\sqrt{m-1}}{6N^2} \tag{4-37}$$

式中 m——流量指数；

N——管道上的出水口总数。

当管道上第一个出水口到管进口的距离 a_0 与出水口间距 a 的比值 $X=\frac{a_0}{a}$ 为任意值，其他条件同前，多口系数 F 的一般公式为

$$F = \frac{NF_1 + X - 1}{N + X - 1} \tag{4-38}$$

2. 管道的局部水头损失计算

管道的局部水头损失发生在水流边界突然发生变化，即均匀流被破坏的流段，由于水流边界突然变形促使水流运动状态紊乱，从而引起水流内部摩擦而消耗机械能。管道的局部水头损失可以采用下面的公式计算：

$$h_j = \xi \frac{v^2}{2g} \tag{4-39}$$

式中 h_j——局部水头损失，m；

ξ——局部水头损失系数（或局部阻力系数），一般由试验测定；

v——流速，m/s，一般指局部阻力以后的管中流速，但在突然扩大、逐渐扩大、分流、出口等取局部阻力以前的管中流速；

g——重力加速度。

3. 支管管径的确定

支管是指直接安装竖管和喷头的管道。支管管径的选择主要依据喷洒均匀的原则。管

径选得越大，支管运行时的水头损失就越小，同一支管上各喷头的实际工作压力和喷水量就越接近，喷洒均匀度就越接近设计状况。但这样增大了支管的投资，对移动支管来说还增加了拆装、搬移的劳动强度。管径选得小，支管投资减少，移动作业的劳动强度降低，但由于运行时支管内水头损失增大，同一支管上各喷头的实际工作压力和喷水量差别增大，结果造成田面上各处受水量不一致。为了保证同一支管上各喷头实际喷水量的相对偏差不大于20%，国家标准GBJ85—85规定：同一支管上任意两个喷头之间的工作压力差应在喷头设计工作压力的20%以内。显然，支管若在平坦的地面上铺设，其首末两端喷头间的工作压力差应最大。若支管铺设在地形起伏的地面上，则其最大的工作压力差并不见得发生在首末喷头之间。考虑地形高差ΔZ的影响时上述规定可表示为

$$h_w + \Delta Z \leqslant 0.2h_p \tag{4-40}$$

式中　h_w——同一支管上任意两喷头间支管段水头损失，m；

ΔZ——该两喷头的进水口高程差，m，顺坡铺设支管时，ΔZ的值为负，逆坡铺设支管时，ΔZ的值为正；

h_p——喷头设计工作压力水头，m。

因此，同一支管上工作压力差最大的两喷头间允许的水头损失即为

$$h_w \leqslant 0.2h_p - \Delta Z \tag{4-41}$$

从式（4-41）可以看出：逆坡铺设支管时，允许的h_w的值小，即选用的支管管径应大些；顺坡铺设支管时，因ΔZ的值本身为负值，其允许的h_w的值可以比$0.2h_p$大些，也就是说支管顺坡铺设时，因地形坡降弥补了支管内的部分水力坡降，选用的支管管径可适当小些。

喷头选定后，喷头的设计工作压力可从喷头性能表中查得。两喷头进水口高程差（实际上就是两喷头所在地的地面高差）可以由系统平面布置图中查取。则h'_f即可求出。利用公式$h'_f = FfLQ^m/d^b$，在其他参数已知的情况下反求管径d，d就是该支管可选用的最小管径的计算值。因管材的管径已标准化、系列化，因此，还需按管材的标准管径将计算出的管径规范取整。对半固定、移动管道式喷灌系统的支管，考虑到运行与管理的方便，最大的管径一般不超过φ100mm，并且应尽量使各支管取相同的管径，至少也需在一个作业区中统一。对于固定管道式喷灌系统，地埋支管的管径可以不同，但规格不宜太多，同一条支管一般最多变径两次。

4. 支管以上各级管径的确定

一般情况下，这些管道的管径是在满足下一级管道流量和压力的前提下按费用最小的原则选择的。管道的费用常用年费用来表示。随着管径的增大，管道的折旧费将随之增高，而管道的年运行费随之降低。因此，客观上必定有一种管径，会使上述两种费用之和为最低，这种管径就是我们要选择的管径，称之为经济管径。经济管径中对应的流速称之为经济流速。图4-26就是用最小年费用法计算经济管

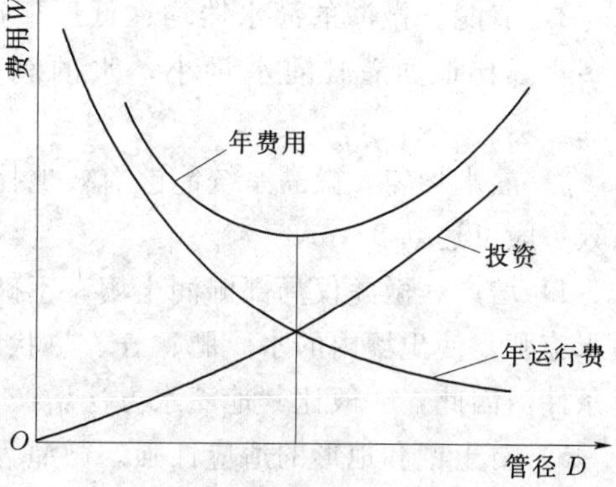

图4-26　最小年费用法示意图

径的示意图。

应该指出的是，由于喷灌系统年工作小时数少，而所占投资比例又大，因此一般在喷灌所需压力能得到满足的情况下，选用尽可能小的管径是经济的，但管中流速应控制在2.5～3m/s以内。

5. 计算喷灌系统的流量和扬程

为了选择水泵和动力，首先就要确定喷灌系统的水泵设计流量和扬程。水泵的设计流量Q应为全部同时工作的喷头流量之和，即

$$Q = N_{喷头} q \tag{4-42}$$

而水泵的扬程H为

$$H = H_{喷头} + \sum h_f + \sum h_j + \Delta \tag{4-43}$$

式中 $H_{喷头}$——喷头设计工作压力，m；

Δ——典型喷头高程与抽水水面的高差，m，典型喷头一般是离泵站最远位置最高的喷头；

$\sum h_f$——水泵到典型喷头之间管路沿程水头损失之和，m；

$\sum h_j$——水泵到典型喷头之间管路局部水头损失之和，m。

确定了Q和H，即可据以选择水泵和动力设备。

第四节 微灌与渗灌

一、微灌

（一）微灌的优缺点

1. 优点

1）省水。由于微灌系统全部由管道输水，可以严格控制灌水量，灌水流量很小，而且仅湿润作物根区附近土壤，所以能大量减少土壤蒸发和杂草对土壤水分的消耗，完全避免深层渗漏，也不致产生地表流失和被风吹失。因此，具有显著的节水效果，一般比地面灌可省水50%以上；与喷灌相比，不受风的影响，减少了漂移损失，可省水15%～25%。

2）节能。微灌的灌水器均在低压下运行，一般工作压力仅50～150kPa，比喷灌低得多；又比地面灌溉灌水量小，水的利用率高，故对井灌区和提水灌区可显著降低能耗。

3）灌水均匀。微灌系统能够有效地控制田间的灌溉水量，因而灌水均匀性好，均匀系数一般可达0.8～0.9。

4）增产。微灌仅局部湿润土壤，不破坏土壤结构，不致使土壤表层板结，并可结合灌水施肥，使土壤内的水、肥、气、热状况得到有效地调节，为作物生长提供了良好的环境条件。因此，一般比其他灌水方法增产30%左右。

5）对土壤和地形的适应性强。微灌为压力管道输水，能适应各种复杂地形；可根据不同的土壤入渗速度来调整控制灌水流量的大小，所以能适应各种土质。

6）可以结合灌水进行施肥、打药。微灌系统通过各级管道将灌溉水灌到作物根区土壤的同时，可以将稀释后的化肥一同施入田间；如果采用的是微喷灌，可以利用喷灌系统进行喷药。

2. 缺点

微灌的灌水器出水孔很小（如滴头、微喷头），很容易被水中杂质、土壤颗粒堵塞。因此，对水质要求高，必须经过过滤才能使用。灌水器堵塞是影响微灌技术推广的主要问题。

（二）微灌系统的组成

微灌系统通常由水源、首部枢纽、输配水管网和灌水器4部分组成，如图4-27所示。

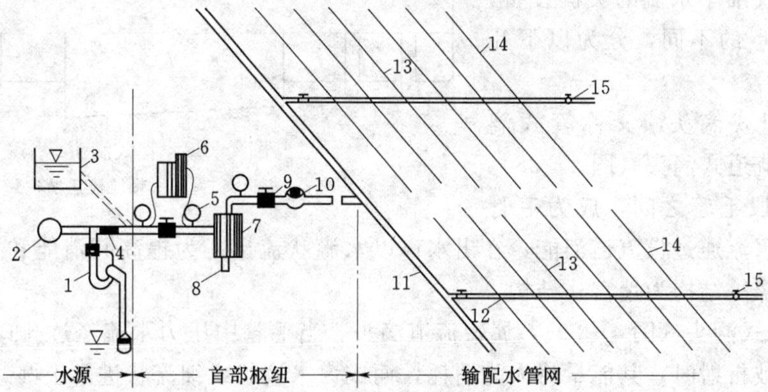

图4-27 微灌系统示意图

1—水泵；2—供水管；3—蓄水池；4—逆止阀；5—压力表；6—施肥罐；7—过滤器；8—排污管；9—阀门；10—水表；11—干管；12—支管；13—毛管；14—灌水器；15—冲洗阀门

（1）水源。河、湖、渠、塘、井等均可作为微灌的水源。但含污物、杂质和泥沙大的水源以及其他不适合微灌水质要求的水源，应进行水质净化处理。

（2）首部枢纽。通常由水泵及动力机、控制阀门、过滤器、施肥装置、测量和保护设备等组成，是全系统的控制中心。

（3）输配水管网。一般分干、支、毛3级管道，干、支管承担输配水任务，通常埋在地下，毛管承担田间输配水和灌水任务，可埋入地下也可放在地面，视具体情况和需要确定。

（4）灌水器。有滴头、微喷头、涌水器和滴灌带等多种形式，可置于地表也可埋入地下。其相应的灌水方法称滴灌、微喷灌和涌泉灌溉。灌水器可直接安装在毛管上或通过细小直径的微管与毛管相连接。灌溉水流经过灌水器灌到作物根区的土壤中或作物的叶片上。

（三）微灌设备

微灌系统的主要设备包括灌水器、管道系统及其附件、过滤器、施肥施药装置等。

1. 灌水器

灌水器的作用是把末级管道中的压力水流均匀地灌到作物根区的土壤中或作物的叶片上，以满足作物对水分的需求。灌水器的质量直接关系到灌水质量和微灌系统的工作可靠性，因此，对灌水器的制造或选择均要求较高。其主要要求：①出水流量小，一般要求工作水头为5～15m，过水流道直径或孔径为0.3～2.0mm，出水流量在240L/h以下；②出水均匀而稳定；③抗堵塞性能好；④制造精度高；⑤结构简单，便于装卸；⑥坚固耐用，价格低廉等。

微灌中常用的灌水器类型主要有滴头、滴灌管和微喷头等。

(1) 滴头。

滴头是将微灌管道中的有压水流变为水滴或细小水流的关键设备，按其结构特点的不同，分为以下几种类型。

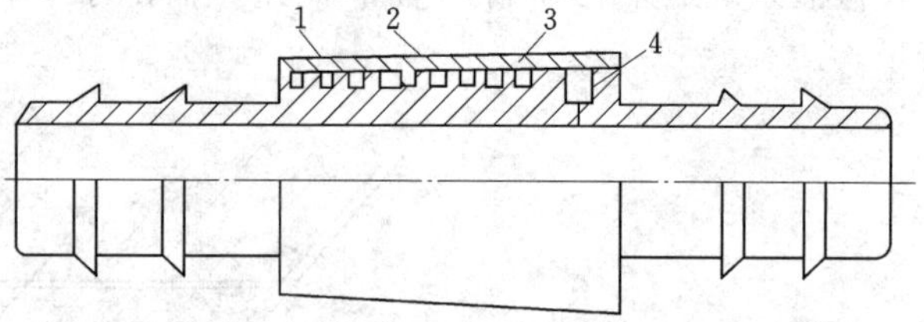

图4-28　管式滴头

1—滴头套；2—滴头芯；3—螺纹流道槽；4—进水口

1) 管间式滴头，又称管式滴头，也称长流道式滴头（图4-28）。它串接在两段毛管之间，成为毛管的一部分。水流通过长流道消能，在出水口以水滴状流出。为提高其消能和抗堵塞性能，流道可改内螺纹结构为迷宫式结构。

2) 孔口式滴头（图4-29），属短流道滴头。当毛管中压力水流经过孔口和离开孔口并碰到孔顶被折射时，其能量将大为消耗，而成为水滴状或细流状进入土壤。这种滴头结构简单，安装方便，工作可靠，价格便宜，适于推广。

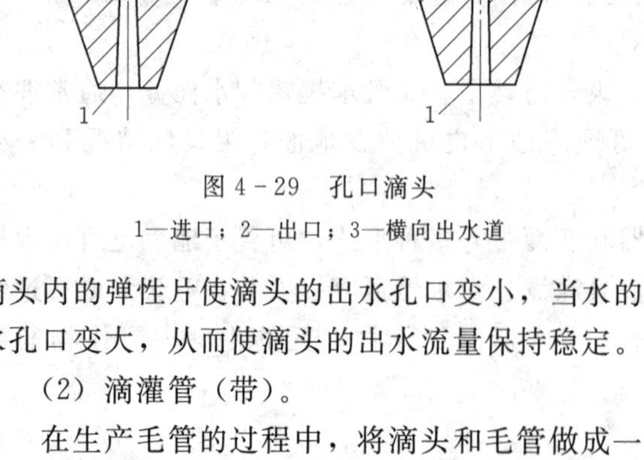

图4-29　孔口滴头

1—进口；2—出口；3—横向出水道

3) 微管滴头，属长流道滴头（图4-30），是把直径为0.8～1.5mm的塑料管插入毛管，水在微管流动中消能，并以水滴状或细流状出流。微管可缠绕在毛管上，也可散放，可根据工作水头调节微管的长度，以达到均匀灌水的目的。但安装微管质量不易保证，易脱落丢失，堵塞后不易被发现，维修更困难。

4) 压力补偿式滴头。压力补偿式滴头是利用水流压力对滴头内的弹性片的作用，使滴头的出水孔口的过水断面的大小发生变化，当水的压力较大时，滴头内的弹性片使滴头的出水孔口变小，当水的压力较小时，滴头内的弹性片使滴头的出水孔口变大，从而使滴头的出水流量保持稳定。如图4-31所示。

(2) 滴灌管（带）。

在生产毛管的过程中，将滴头和毛管做成一体，这种自带滴头的毛管称为滴灌管或滴灌带。按滴灌管的结构不同，分为以下类型。

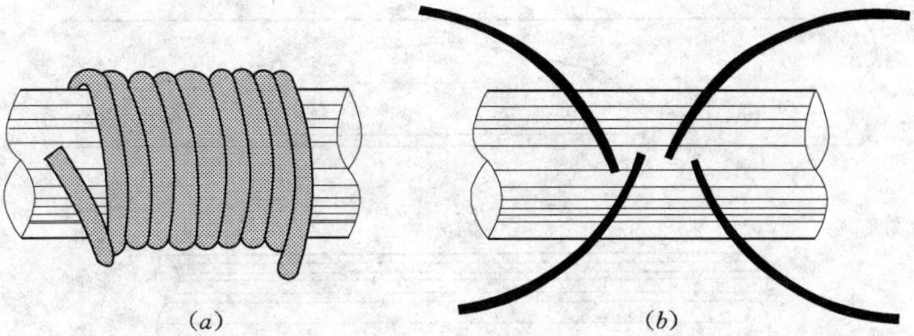

图 4-30　微管滴头

(a) 缠绕式；(b) 直线散放式

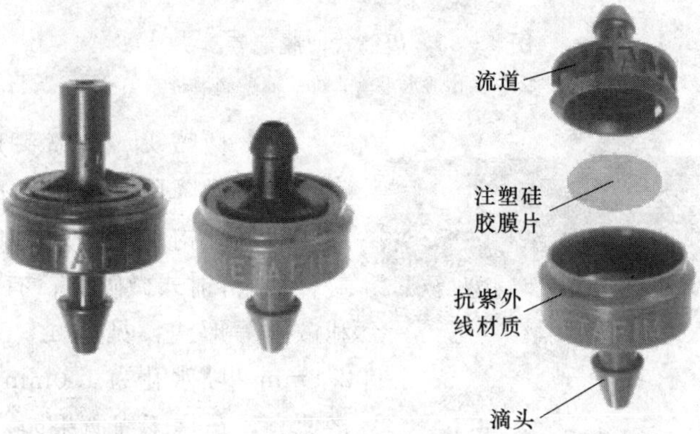

图 4-31　压力补偿式滴头

1）双腔毛管。又称滴灌带，由内、外两个腔组成，内腔起输水作用，外腔只起配水作用，见图 4-32。一般内腔壁上开直径为 0.5～0.75mm、距离为 0.5～3.5m 的出水孔，外腔壁上的配水孔直径一般与出水孔径相同。配水孔数目一般为出水孔数目的 4～10 倍。

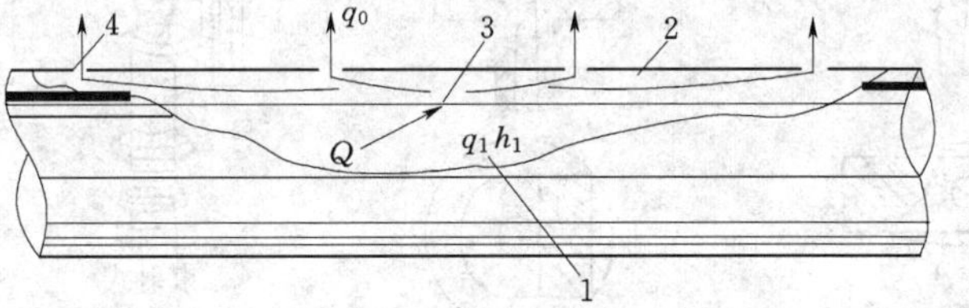

图 4-32　双腔毛管

1—内管腔；2—外管腔；3—出水孔；4—配水孔

近年来又有一种边缝式薄膜毛管滴头，如图 4-33 所示。压力水通过毛管，再经过其边缝上的微细通道滴入土壤。

2）内镶式滴灌管。内镶式滴灌管如图 4-34 所示，它是在滴灌毛管制造过程中，将预先做好的滴头直接镶嵌在毛管内。内镶式滴灌管中的滴头分片式和管式两种，内镶片式滴头如图 4-34 所示。

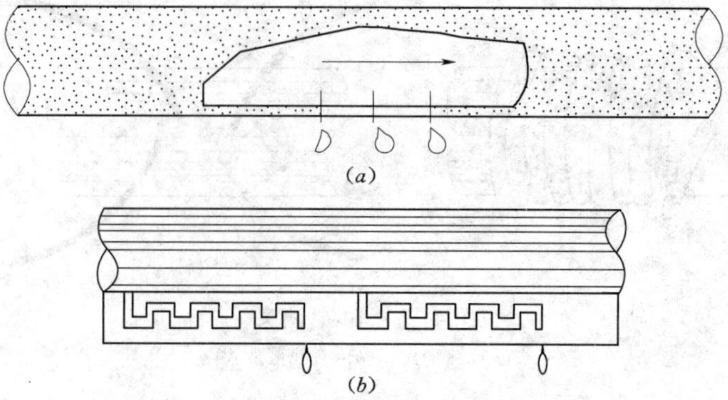

图 4-33　边缝式薄膜毛管滴头

(a) 多孔透水毛管；(b) 薄壁滴灌带

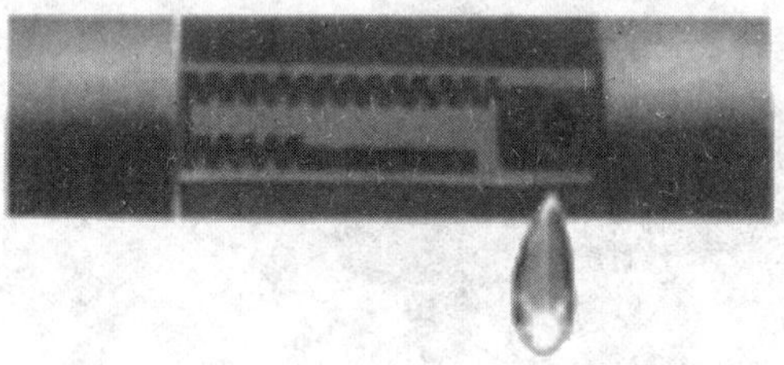

图 4-34　内镶式滴灌管（带）

(3) 微喷头。微喷头是将微灌管道中的有压水流像降雨一样喷洒成细小雨滴的灌水器。按其结构和喷洒方式不同分以下几种。

1) 折射式微喷头，有单向和双向、束射和散射等形式，见图 4-35。其进口直径为 2.8mm，喷水孔为 1.0mm。它结构简单，价格便宜，适用于灌溉果园、温室和花卉等。

2) 射流旋转式微喷头，见图 4-36。其一般工作水头为 10～15m，有效湿润半径为 1.5～3.0m。适用于果园、温室、苗圃和城市园林绿化灌溉，特别适用于全圆喷洒灌溉密植作物。

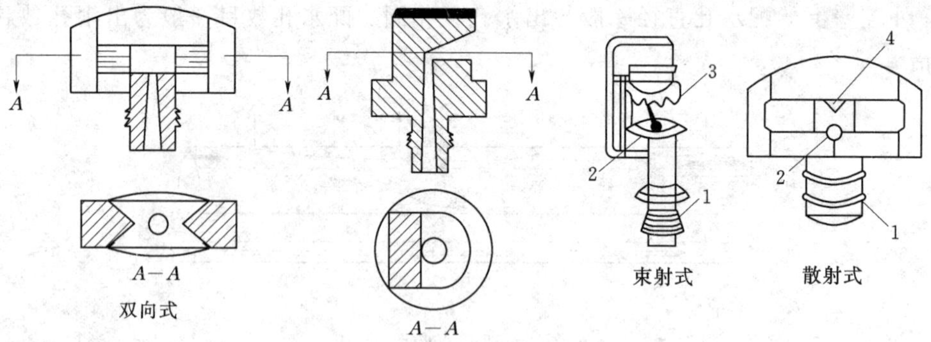

图 4-35　折射式微喷头

1—带螺纹的接头；2—喷水口；3—分水齿；4—散水锥

(4) 涌泉灌水器。涌泉灌水器如图 4-37 所示，它是将内径细小的出水管直接插入毛管的内壁做成的。这种灌水器的孔口大，结构简单，不易被堵塞。它的工作水头也比较低，适用于果树灌溉。

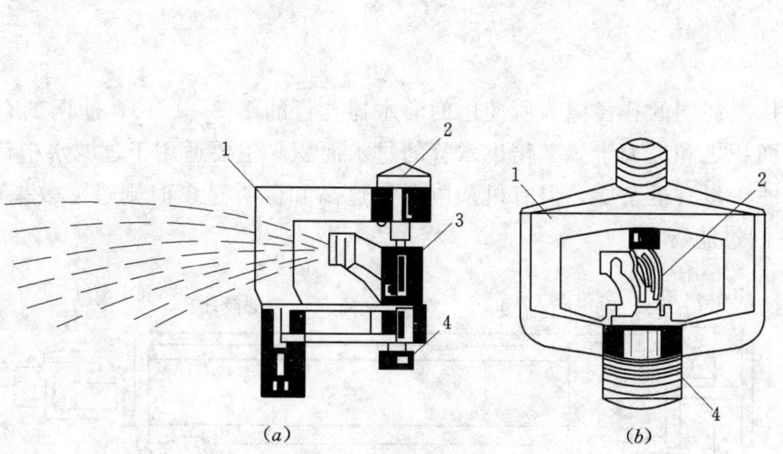

图 4-36　射流旋转式微喷头

(a) LWP 两用微喷头；(b) W2 型微喷头

1—支架；2—散水锥；3—旋转臂；4—接头

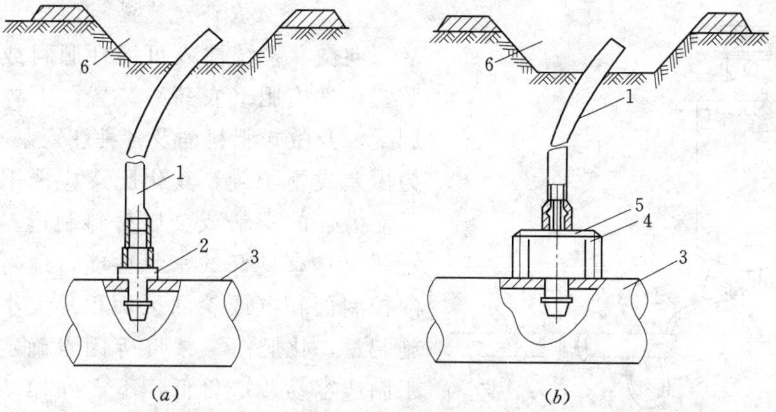

图 4-37　涌泉灌水器

1—小管；2—接头；3—毛管；4—稳流器；5—胶片；6—渗水沟

2. 管道及管件

微灌系统的管道必须能承受一定的内水压力，具有较强的耐腐蚀抗老化能力，保证安全输水与配水，并便于运输和安装。我国微灌管材多用掺碳黑的高压低密度聚乙烯半柔性管，一般毛管内径为 10～15mm。内径 65mm 以上时也可用聚氯乙烯等其他管材。

管道附件指用于连接组装管网的部件，简称管件，主要有接头、弯头、三通、四通和堵头等，其结构应达到连接牢固、密封性好，并便于运输和安装等要求。

3. 过滤器

微灌系统对水质的净化处理要求十分严格，其净化设备与设施主要有拦污栅（筛、网）、沉淀池和过滤器等，选用何种设备要根据水质的具体情况决定。拦污栅、沉淀池用于水源工程。过滤器主要有：①旋流式水砂分离器，又称离心式或涡流式过滤器；②砂砾过滤器，属介质过滤器；③滤网过滤器等装置。滤网过滤器简单，造价低，应用较广泛。它的种类较多，有立式与卧式，塑料和金属，人工清洗与自动清洗，以及封闭式和开敞式等形式。主过滤器的滤网要用不锈钢丝制作，在支、毛管上的微型过滤器网也可用铜丝网或尼龙网制作。滤网的孔径应为所使用的灌水器孔径的1/7～1/10，滤网的有效过水面积即滤网的净面积之和应大于2.5倍出水管的过水面积。主要适用于过滤水中粉粒、砂和水藻，也可过滤少量有机杂质，但有机杂质含量过高和藻类过多时则过滤效果较差。图4-38为卧式滤网过滤器。

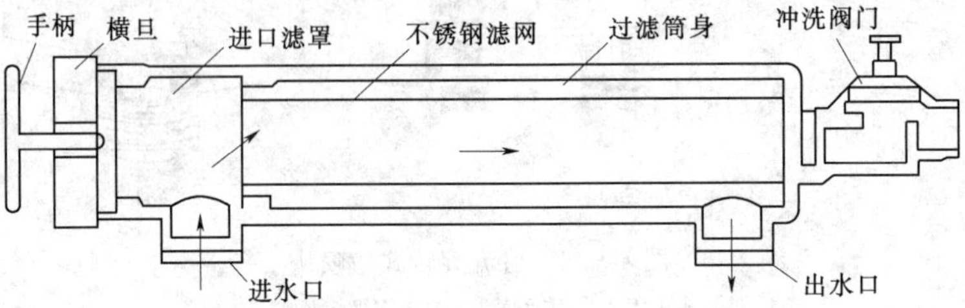

图4-38　卧式滤网过滤器

4. 施肥（农药）装置

向微灌系统注入可溶性肥料或农药溶液的装置，称施肥（农药）装置，主要有压差式施肥罐、开敞式肥料桶及各种注入泵等。图4-39为压差式施肥罐。其化肥罐应选用耐腐蚀和抗压能力强的塑料或金属材料制造。封闭式化肥罐还应具有良好的密封性能，罐内容积应依微灌控制面积（或轮灌区面积）大小及单位面积施肥量、化肥溶液浓度等因素确定。该装置加工制造容易，造价低，不需外加动力，但罐体容积有限，添加溶液次数频繁，溶液浓度变化大时，无法调节控制。

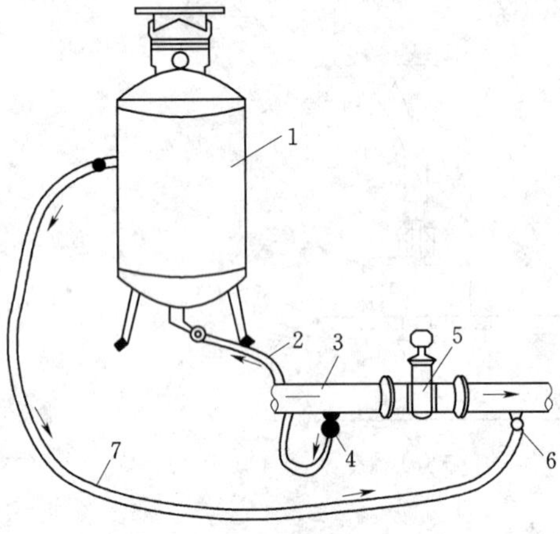

图4-39　压差式施肥罐

1—储液罐；2—进水管；3—输水管；4—阀门；5—调压阀门；6—供肥管阀门；7—供肥管

（四）微灌系统的规划布置

微灌系统通常是在比例尺1/500～1/1000的地形图上进行初步布置，然后再到现场与实际地形进行对照修正。

1. 首部枢纽位置的选择

一般首部枢纽均与水源工程相结合，其位置应以投资少、管理方便为原则进行选定。若水源距灌区较远，首部枢纽可单独布置在灌区附近或灌区中心，以缩短输水干管的长度。

2. 毛管和灌水器的布置方案

（1）滴灌毛管与灌水器的布置方案。

1）单行毛管直线布置。毛管顺作物行方向布置，一行作物布置一条毛管，滴头安装在毛管上，主要适用于窄行密植作物，如蔬菜和幼树等，见图4-40（*a*）。

2）单行毛管带环状管布置。成龄果树滴灌可沿一行树布置一条输水毛管，然后再围绕每棵树布置一根环状灌水管，并在其上安装4～6个滴头。这种布置灌水均度高，但增加了环状管，使毛管总长度大大加长，见图4-40（*b*）。

3）双行毛管平行布置。当滴灌高大作物时，可采用该种布置形式。如滴灌果树可沿树两侧布置两条毛管，每株树的两边各安装2～4个滴头，见图4-40（*c*）。

4）单行毛管带微管布置。当使用微管滴灌果树时，每一行树布置一条毛管，再用一段分水管与毛管连接，在分水管上安装4～6条微管，这种布置减少了毛管用量，微管价低，故可相应降低投资，见图4-40（*d*）。

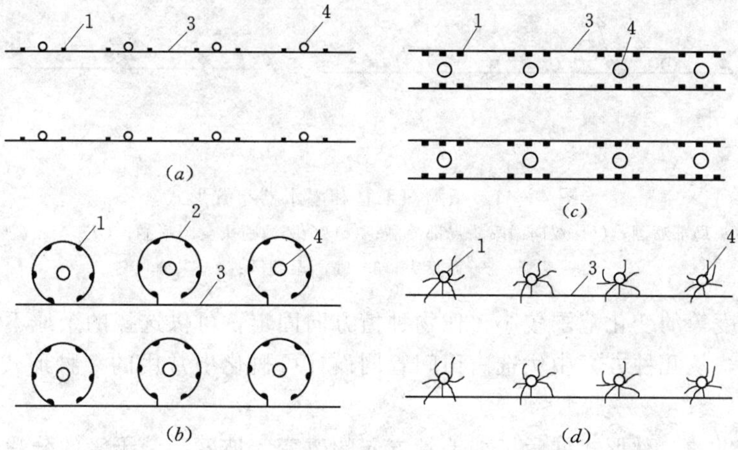

图4-40　滴灌毛管和灌水器布置形式

（*a*）单行毛管直线布置；（*b*）单行毛管带环状管布置；（*c*）双行毛管平行布置；（*d*）单行毛管微管布置

1—灌水器；2—绕树环状管；3—毛管；4—果树或作物

以上各种布置，毛管均沿作物行方向布置。在山丘区一般均采用等高种植，故毛管应沿等高线布置。对于果树，滴头与树干的距离通常应为树冠半径的2/3。布置毛管的长度直接关系灌水的均匀度和工程投资。因此，毛管允许的最大长度应满足设计灌水均匀度的要求，并需通过水力计算确定。

（2）微喷灌毛管与灌水器的布置方案。

根据作物和所使用的微喷头的结构与水力性能不同，毛管和灌水器的布置也不同，常见的布置形式如图4-41所示。毛管沿作物行方向布置，一条毛管可控制一行作物，也可控制若干行作物，取决于微喷头的喷洒直径和作物的种类。毛管的长度取决于喷头的流量和灌水均匀度的要求，由水力计算决定。

3. 管道系统的规划布置

（1）干、支管的布置原则。

1）干、支管布置决定于地形、水源、作物分布和毛管的布置，要求管理方便和投资少。

2）在山丘地区，干管多沿山脊布置，或沿等高线布置。

3）支管则尽量垂直于等高线，并向两边的毛管配水。

4）在平地，干、支管应尽量双向控制，在其两侧布置下级管道，以节省管材。

（2）田间管网布置。

田间管网布置一般相对固定，这是因为经过合理划分的每一地块上，地块面积、地形

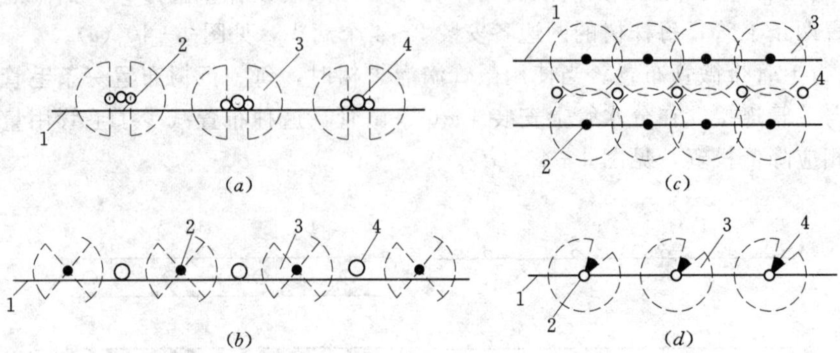

图 4-41　微喷灌毛管和灌水器布置形式

(*a*) 单向微喷头局部喷洒；(*b*) 双向微喷头局部喷洒；(*c*) 全圆微喷头全圆喷洒；(*d*) 全圆微喷头局部喷洒

1—毛管；2—微喷头；3—喷洒湿润区；4—果树

地势、毛管长度等的变化范围较小，作物种植方向固定，可供选择的余地不多。但设计时仍需认真分析，从几种方案中优选。田间管网设计可概化出常用的 7 种形式，见图 4-46～图 4-52。

以下所提供的 7 种形式展示了如毛管方向的改变、坡度和分干管的分片运行等典型特征。为方便分析，选择一方形地块作为基本地块。

1）形式一（图 4-42）。毛管平行主干管 *AB*，主干管 *A* 输送 100%的流量，主干管 *B* 输送 50%的流量，地块 1 和 3，地块 2 和 4 同时灌溉（也可 1 和 4，2 和 3 同时灌溉），分两个轮灌组。

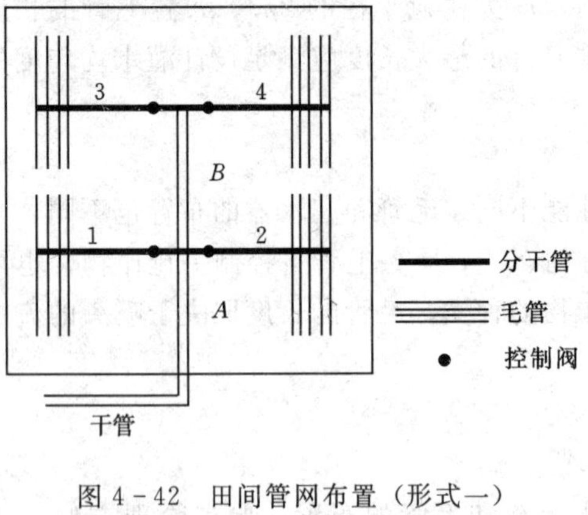

图 4-42　田间管网布置（形式一）

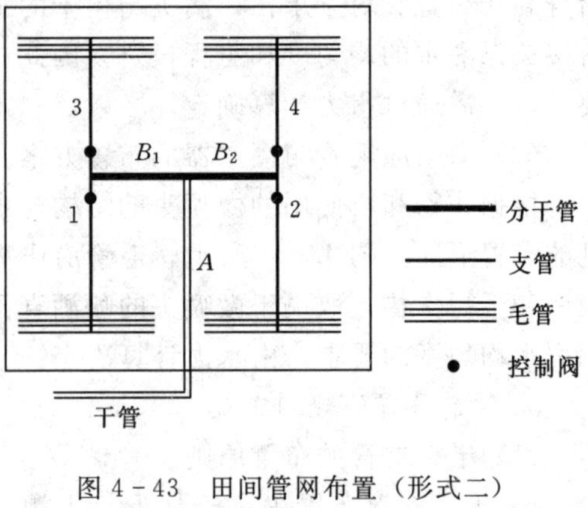

图 4-43　田间管网布置（形式二）

2）形式二（图 4-43）。毛管垂直主干管 *A* 布置，主干管 *A* 输送 100%的流量，干管 *B*1 和 *B*2 输送 50%的流量，地块 1 和 2，地块 3 和 4（也可 1 和 4，2 和 3）同时灌溉，分两个轮灌组。

3）形式三（图 4-44）。毛管垂直干管 *A*，阀置于中央，控制干管 *C* 和 *B*，而地块 1 和 3，地块 2 和 4 同时灌溉，分两个轮灌组。干管 *AC* 和 *AB* 输送 100%的流量。

4）形式四（图 4-45）。干管 *AB* 逆坡，支管与坡向平行，毛管长度在逆坡时减小，

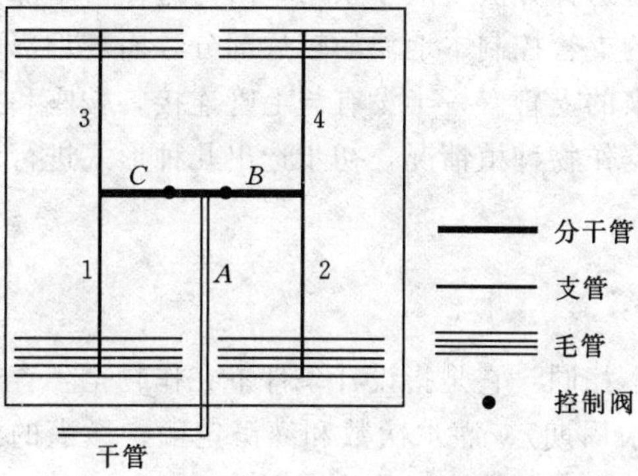

图 4-44　田间管网布置（形式三）

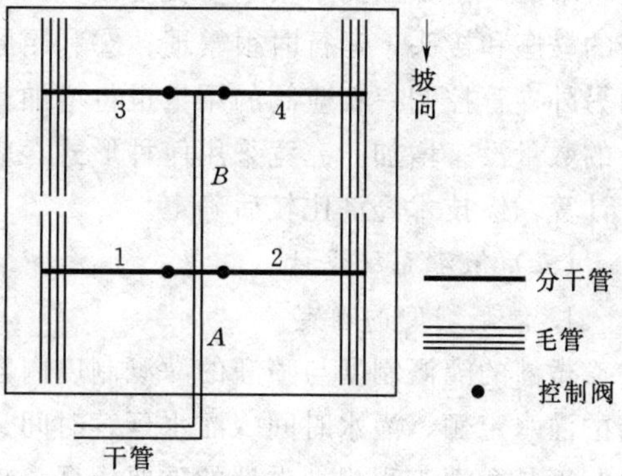

图 4-45　田间管网布置（形式四）

在顺坡时增加，可根据支管 1 和 2 的位置和干管 A 的长度变化划分地块 1、2、3、4，大小不变。两个轮灌组可以是地块 1 和 3，地块 2 和 4；也可以是地块 1 和 4，地块 2 和 3。

5）形式五（图 4-46）。干管 AB 平行于等高线，支管 1、2、3 和 4 保持在原来的位置。地块 1 和 3 面积增加，地块 2 和 4 面积减小。为保持流量均匀，两个轮灌组宜为地块 1 和 4，地块 2 和 3。

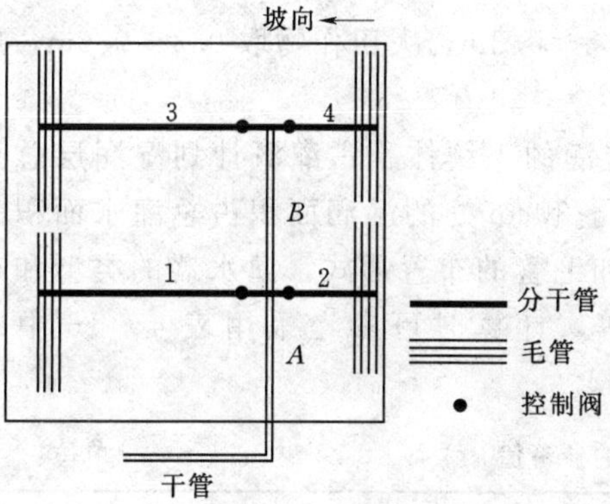

图 4-46　田间管网布置（形式五）

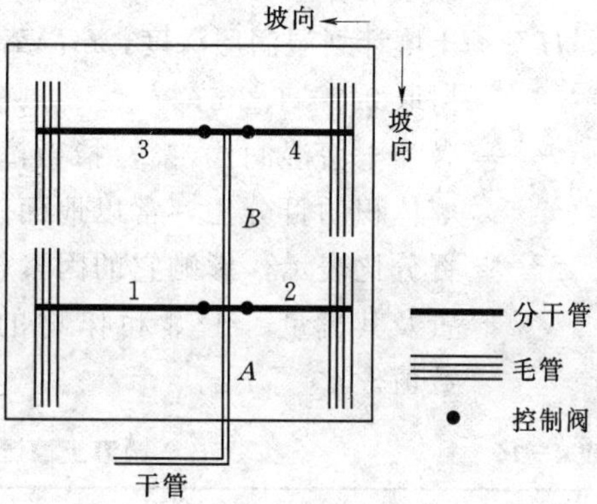

图 4-47　田间管网布置（形式六）

6）形式六（图 4-47）。干管 AB 与最大坡向斜交，支管和干管均逆坡布置，毛管在顺坡时加长，逆坡时减短。地块 1 和 3 面积增加，地块 2 和 4 面积减少；地块 1 和 4 同时灌溉，地块 2 和 3 同时灌溉。

7）形式七（图 4-48）。地块分为 8 块，地块 1、2 和地块 5、6 同时灌溉，地块 3、4 和地块 7、8 同时灌溉，支管流量更小，每一地块由一个阀门控制。

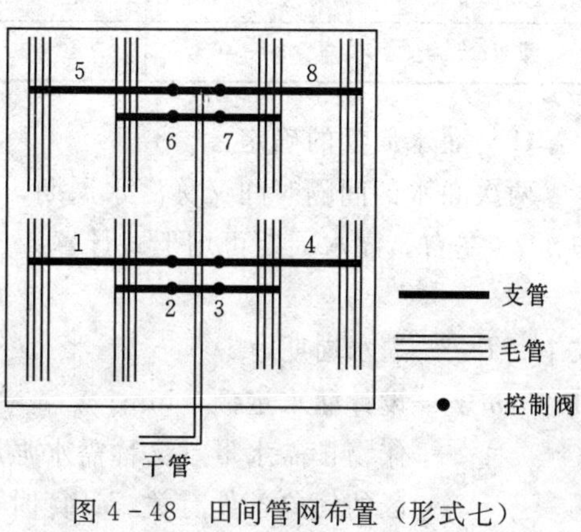

图 4-48　田间管网布置（形式七）

分成几个小的地块轮灌有两种办法：①将

支管增加一倍，因而单根毛管长度减少一半。但这种方法一般不采用，因为这样会增加一倍的鞍座和接头，运行时很繁琐；②利用原来的支管控制本地块的较远部分，而较近部分用另外支管控制，相应阀的用量也将增加，原来的支管有一半没有与毛管连接，鞍座和接头的数量没有增加。究竟采用何种形式，应根据作物种植情况，初步选出几种形式进行设计计算，经技术经济比较后确定。

(五) 微灌系统设计

1. 灌溉制度的确定

微灌的灌溉制度与喷灌的灌溉制度内容基本相同，它是指设计条件下在作物全生育期内的灌水定额、灌水时间（灌水延续时间、灌水周期）、灌水次数和灌溉定额。微灌的灌溉制度是微灌工程规划设计的重要依据，也可用于灌溉管理时作为参考。

(1) 设计净灌水定额的确定。

微灌设计净灌水定额可由下式计算

$$m = 0.1(\theta_{田} - \theta_0)HP\gamma \tag{4-44}$$

式中 m——灌水定额，mm；

$\theta_{田}$、θ_0——土壤田间持水量和灌前土壤含水率（作物允许的土壤含水率下限），均以干土重%计；

γ——土壤干容重，t/m^3；

H——土壤计划湿润层深度，m，蔬菜取 0.2～0.3m，大田作物取 0.3～0.6m，果树取 0.8～1.2m；

P——微灌土壤湿润比，%，指微灌计划湿润的土壤体积占灌溉计划湿润层总土壤体积的百分比，常以地面以下 20～30cm 处的湿润面积占总灌水面积的百分比表示，影响它的因素较多，如毛管的布置形式，灌水器的类型和布置及其流量、土壤和作物的种类等，计算时可参考采用表 4-16 中的数值。

表 4-16　　微灌土壤湿润比 P 的参考值　　单位：%

作物	滴灌	微喷灌	作物	滴灌	微喷灌
果树	20～35	30～50	蔬菜	60～90	70～100
葡萄、瓜类	30～40	40～50	粮食作物	50～80	

(2) 灌水周期的确定。

两次灌水的间隔时间又称灌水周期，取决于作物、水源和管理状况，一般北方作物大约为 7d 左右。灌水周期可用下式计算：

$$T = m/e \tag{4-45}$$

式中 T——灌水周期，d；

m——设计灌水定额，mm；

e——作物日需水量（又称需水强度），mm/d，其数值大小与作物有关，与设计地区的气象条件有关，计算时可参考表 4-19 中的数值选取。

表 4-17　　作物日需水量 e 的参考值　　单位：mm/d

作物	滴灌	微喷灌	作物	滴灌	微喷灌
果树	3～5	4～6	蔬菜（露地）	4～5	—
葡萄、瓜类	3～6	4～7	粮食作物	3～4	—
蔬菜（保护地）	2～3	—			

(3) 一次灌水延续时间的确定。

$$t = mS_eS_r/\eta q \tag{4-46}$$

式中　t——1 次灌水延续时间，h；

S_e——灌水器间距，m；

S_r——毛管间距，m；

q——灌水量，L/h；

η——微灌水利用系数，一般取 0.9～0.95。

对于成龄果树滴灌，一棵树安装 n 个滴头灌溉时，则

$$t = mS_tS_r/\eta nq \tag{4-47}$$

式中　S_t、S_r——果树的株距和行距，m；

其余符号意义同前。

(4) 灌水次数与灌溉定额的确定。

采用微灌，作物全生育期（或全年）的灌水次数比传统地面灌多，并随作物种类、地区水源条件等而不同。对于灌溉定额可用下式计算：

$$M = \sum_{i=1}^{n} m_i \tag{4-48}$$

式中　M——灌溉定额，mm；

m_i——第 i 次微灌灌水定额，mm；

n——灌水总次数。

2. 微灌系统工作制度的确定

微灌系统工作制度主要有续灌和轮灌两种。不同的工作制度要求系统的流量不同，因而工程费用也不同。确定工作制度时，应根据作物种类、水源条件和经济状况等因素合理选定。

(1) 续灌。

续灌是对系统所属管道同时供水的一种工作制度。其优点是灌溉供水时间短，灌水及时，也有利于其他农事活动的安排。缺点是使供水系统的结构尺寸和工程规模增大，投资增加；设备的利用率低；在水源水量有限的情况下可能使微灌工程的灌溉面积减小。

(2) 轮灌。

对于较大的微灌工程系统，为了减少工程投资，提高设备利用率，在水源水量有限的情况下增加微灌工程的灌溉面积，通常采用支管轮灌的工作制度。支管轮灌即是将支管分成若干组，干管轮流向各组支管供水，而支管对其所属的毛管则一般采用续灌的工作方式。若灌水期间干管轮流向各组支管供水，同一轮灌组内各支管同时灌水，这种轮灌方式

称为分组集中轮灌；若灌水期间干管同时向每个轮灌组中的部分支管供水，同一轮灌组内各支管间按一定顺序灌水，这种轮灌方式称为分组插花轮灌。

1）划分轮灌组的原则。①为使微灌系统工作流量尽量稳定，在分组集中轮灌情况下，各轮灌组的控制面积应尽可能相等或相近，在分组插花轮灌情况下，插花轮灌的面积应尽可能相等或相近；②划分的轮灌组应尽量使田间管理方便，尽量减少各用水户之间的用水矛盾；③使工程投资和运行费用最省。

2）轮灌组数的确定。无论是分组集中轮灌或是分组插花轮灌，整个微灌区完成一次灌水的时间不能超过作物允许的灌水周期，因此，微灌系统的轮灌组数目可按下式确定：

$$N \leqslant \frac{CT}{t} \tag{4-49}$$

式中　N——作物（或灌溉用水户）允许的轮灌组最大数目，取整数；

C——微灌系统每天运行的小时数，一般为 12～20h，对于固定式系统应不低于 16h；

T——作物允许的灌水周期，d；

t——与设计净灌水定额相应的灌水延续时间，h。

3. 微灌系统流量计算

（1）一条毛管的进口流量。

$$Q_{毛} = \sum_{i=1}^{n} q_i \tag{4-50}$$

式中　$Q_{毛}$——毛管进口流量，L/h；

q_i——第 i 个灌水器或出水口的流量，L/h；

n——毛管上灌水器或出水口的数目。

（2）支管流量确定。

支管的流量计算一般可按支管所属各毛管间进行续灌来考虑，这种情况下，任一支管段的流量应等于该支管段同时供水各毛管的流量之和。

支管首端的流量为：

$$Q_{支} = \sum_{i=1}^{n} Q_{毛 i} \tag{4-51}$$

式中　$Q_{支}$——支管首端的流量，L/h；

$Q_{毛 i}$——第 i 个毛管首端的流量，L/h；

n——支管上安装毛管的数目。

（3）干管各段的流量计算。

干管流量需分段推算。续灌情况下，任一干管段的流量应等于该干管段同时供水各支管的流量之和；轮灌情况下，同一干管段对不同轮灌组供水时，各组流量可能不相同，此时应选择各组流量的最大值作为干管段的设计流量。

4. 管道系统设计

（1）干管设计。

干管是指从水源向田间支、毛管输送灌溉水的管道。干管的管径一般较大，灌溉地块较大时，还可分为总干管和各级分干管。干管设计的主要任务是根据轮灌组确定的系统流量选择适当的管材和管道直径。

1）干管管材的选择。微灌系统干管一般都选用塑料管材，可选用的管材有聚氯乙烯（PVC）管、聚乙烯（PE）管和聚丙烯（PP）管。干管管材的选择应考虑以下因素。

①根据系统压力，选用不同压力等级的塑料管。塑料管道的压力等级分为 0.25MPa、0.40MPa、0.63MPa、1.00MPa 和 1.25MPa。不同材质的塑料管的抗拉强度不同，因此同一压力等级，不同材质塑料管的壁厚也不相同。对于较大的灌溉工程或地形变化较大的山丘区灌溉工程，由于系统压力变化较大，应根据不同的压力分区选用不同压力等级的管材。

对于压力不大于 0.63MPa 的管道，以上 4 种塑料管均可使用，压力大于 0.63MPa 的管道，推荐使用聚氯乙烯（PVC）管材。

②考虑系统的安装以及管件的配套情况选用不同的塑料管材。聚氯乙烯（PVC）管材可选用扩口粘接和胶圈密封方式进行联接；高密度聚乙烯（HDPE）和聚丙烯（PP）管材，由于没有粘接材料，只能采用热熔对接或电熔联接，习惯采用的承插法联接方式其抗压能力较低，一般只在工作压力较低的情况使用；低密度聚乙烯（LDPE）管材只能使用专用管材进行联接。管道直径小于 20mm 时，可使用内插式密封管件，管道直径大于 20mm 时，由于施工安装和密封方面的问题，一般不选用内插式密封管件，而使用组合密封式管件。由于大口径密封式管件，结构复杂，体积和重量较大，价格相对较高，因而微灌中常用的低密度聚乙烯管材口径一般在 63mm 以下。

③考虑市场价格和运输距离选择适当的管材。塑料管道体积较大，重量轻，因而运输费用相对较大，在选择管材时，应就近选择适当管材，以降低费用。

2）干管管径的选择。干管的管径选择与投资造价及运行费用等密切相关。管径选择较大，其水头损失较小，所需水泵扬程降低，运行费用减少，但管网投资相应提高了。管径选择较小，其水头损失较大，所需水泵扬程较大，运行费用增加，但管网的投资可减小。由于微灌系统年运行时数较少，运行费用相对较低，一般情况下，应根据系统的压力分区以及可选水泵的情况综合考虑，通过技术经济比较来选择干管直径。

（2）支管设计。

微灌系统的支管是指联接干管与毛管的管道，它的作用是将干管中的水输送并分配给毛管，支管也是多孔出流管道，但其中的流量和管径要比毛管大得多，为降低工程造价，支管的管径可以逐渐变小，但变径的次数不宜过多，一般可变径 2～3 次。为了便于支管道的冲洗，最小支管径不应小于最大管径的一半。

微灌支管的管材，一般用掺碳黑的高压低密度聚乙烯半柔性管，管中的流速通常控制在 2m/s 之内。

支管的设计任务包括确定管径、管道长度及支管进口处的工作压力等。规划阶段选择的管道布置方案、管径和管道长度，要通过水力计算才能最后确定。

（3）毛管设计。

微灌系统的毛管是指安装有灌水器的灌水管道，毛管从支管取水，再通过灌水器将灌溉水均匀地分配到作物的根部。毛管直径一般为 10～25mm，一般采用耐老化的低密度或中密度聚乙烯管。由于微灌工程中毛管的用量相对较大，为降低工程造价，一般希望选用直径较小的毛管，滴灌工程中最常用的毛管直径为10～16mm。一般选用同一直径的毛管，中间不变径。

毛管设计的任务主要是确定灌水器的类型、毛管的直径和毛管的长度。对于一体化的滴灌毛管，可直接参照生产厂家提供的毛管技术参数进行选定；对于选用单个灌水器组装的灌水毛管，规划阶段选择的毛管直径和毛管长度，须在满足均匀灌水情况下经过水力计算最后确定。

5. 微灌系统的水力计算

微灌系统水力计算的任务是，在设计流量已确定的情况下，初选管径，计算各级管道水头损失，并在满足灌水器工作压力和设计灌水均匀度要求的前提下，合理确定各级管道的直径和长度，以及各级管道进口处的压力控制装置等。

微灌系统的干管主要作为输水管道，而支管属于多口分流管，管道中的水流是沿程变化的，故应按多口出流计算，其计算沿程水头损失的方法可参照喷灌管道水力计算部分。

管道局部水头损失，一般按沿程水头损失的10%～20%估算。管道总水头损失是沿程水头损失与局部水头损失之和。

为了实现均匀灌水，要求微灌单元内任意两灌水器（滴头、微喷头等）的水头偏差不得大于灌水器工作压力的20%，相应的微灌单元（通常为一条支管所控制的面积）内灌水器（滴头、微喷头等）的流量差不超过10%，确保灌水均匀。

根据水力计算结果，最终确定各级管道的布置方案、管径、管长、流量和工作压力。

二、渗灌

渗灌又称地下灌溉或浸润灌溉（见图4-49），是利用地下管道将灌溉水输入田间一定深度的渗水管道或鼠洞内，借助土壤毛细管作用湿润土壤的灌水方法。将滴灌管埋在地下作为渗灌管使用时，又称其为地下滴灌。

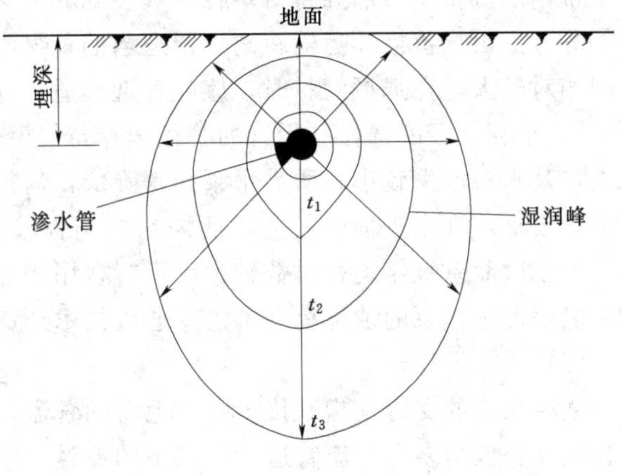

图4-49　渗灌

（一）渗灌的优缺点

1. 优点

1）灌水后土壤仍保持疏松状态，不破坏土壤结构，不产生土壤表面板结，为作物能提供良好的土壤水分状况；

2）地表土壤湿度低，可减少地面蒸发；

3）灌水量省，灌水效率高；

4）能减少杂草生长和植物病虫害；

5）渗灌系统流量小，压力低，故可减小动力消耗，节约能源；

6）管道埋入地下，可减少占地，便于交通和田间作业，可同时进行灌水和农事活动。

2. 缺点

1）表层土壤湿度较差，不利于作物种子发芽和幼苗生长，也不利于浅根作物生长；

2）管理维修困难，一旦管道堵塞或破坏，难以检查和修理；

3）易产生深层渗漏，特别对透水性较强的轻质土壤，更容易产生渗漏损失。

（二）渗灌系统的组成

1. 渗灌系统的组成

渗灌系统一般由水源工程、首部枢纽、输水部分和渗水器4部分组成。其水源工程和首部枢纽基本上与微灌系统的相似。输水部分的作用是，与水源工程相连接，并将灌溉水输送到田间的渗水器，它的结构可以采用明渠，也可以采用暗渠或地埋暗管。渗水器埋设在地下，是渗灌系统的主要灌水部件。

按向渗水器供水方式的不同，可把渗水器划分为有压和无压两种形式。在有压情况下，渗水器内充满水，呈压力流状态。灌溉水通过有压渗水器进入土壤，不完全依靠土壤的吸水作用，而主要是依赖渗水器中的压力水头（0.2～0.5m以上）向土层内扩散，其湿润范围较大。在无压情况下，渗水器中水深一般为其管径的1/2～1/3，呈明渠水流状态，灌溉水向土壤中扩散主要靠土壤毛细管作用和土壤与作物根系的吸水能力，湿润范围较小。

2. 渗水器的种类

渗水器种类繁多，有陶土管、灰土管、瓦管、混凝土管和塑料管等，利用管壁的透水孔和管道接缝缝隙渗水，也可制作成多孔透水管。

采用塑料管作地下渗水管，可降低造价，并便于机械施工。塑料渗水管出水孔可在塑料管生产过程中直接加工成形，管径一般为2～6cm。近年来又有用塑料加发泡剂和成型剂混合后挤出成型的渗水管，其管壁上形成有无数个泡状微孔，当系统供水时，水沿泡孔状的管壁渗出或沿管壁均匀流出极细的水流进入土壤。还有利用废旧轮胎回收的橡胶和特殊的添加剂，经特殊加工工艺制成的新型渗水管，其管壁上分布有许多看不见的透水微孔，在0.1～0.2MPa压力下，水便从透水微孔中渗出（俗称发汗），湿润周围土壤。也有用波纹塑料管和滴灌毛管埋在地下作渗灌管进行渗灌试验的，效果也都比较好。

（三）渗灌的技术要素

渗灌的技术要素主要包括管道的埋设深度和灌水定额以及管道间距、长度和坡度等。

1. 渗水管的埋设深度

渗水管的埋深，主要取决于土壤性质、作物种类和耕作情况及冻土层深度等因素，应使灌溉水能借毛细管作用上升湿润表层土壤，而深层渗漏又最小。不同土质的渗水管适宜埋深不同，壤土为50cm，粘土为45cm，砂土为40cm。依各种作物根系的要求，棉花主根系分布在45～65cm，故渗水管埋深以40cm为宜；葡萄和果树等根系分布较深，渗水管宜埋深为40～50cm。依机耕要求，渗水管埋深一般应在40cm以下，以免被深耕机具工作时破坏。

2. 渗水管的间距

渗水管的间距，主要取决于作物行距、土质和供水压力，也与管径和埋深有关，并应满足土壤湿润均匀的要求，对密植作物应使相邻两条渗水管道的湿润曲线有一定的重叠。

一般砂性土中的管距较小，大约为 1.5m 左右；壤土和粘性土中的管距较大，一般为 2.0m 左右。有压渗水管间距可达 2～4m，无压渗水管间距一般为 2～3m。若渗水管下有不透水层时，管距可加大。管径大，供水流量大时，管距亦应加大。

3. 渗水管的长度和坡度

适宜的渗水管长度应使渗水管首尾两端土壤湿润均匀，而渗漏损失最小。它与渗水管的坡度、供水压力、流量大小和渗水情况等有关。目前我国采用的渗水管长度，无压供水时为 50～80m，有压供水时为 80～120m。

渗水管的坡度应基本上与地面坡度保持一致。无压供水时适宜的渗水管坡度为 0.001～0.004；有压供水时，要视地面坡度而定，但要保证沿渗水管长度上各点的土壤湿润均匀，且各点的水流不致溢出地面。

4. 渗水管的工作压力

渗水管有压供水时，管道长度和间距大，土壤湿润速度快，管理方便。因此，一般都采用有压供水方式，但压力不可过大，以免引起深层渗漏或水流溢出地面。一般渗水管的工作压力（压力水头）以控制在 0.4～1.2m 为宜。

5. 渗灌的灌水定额

渗灌灌水定额主要取决于土壤性质和计划湿润土层深度，一般应使相邻两条渗水管间的土层得到足够的湿润，而又不发生深层渗漏为准。

第五节 地膜覆盖节水灌溉技术

利用塑料薄膜覆盖作物的栽培技术（简称地膜栽培技术），最早起始于 1955 年的日本，法国于 1956 年开始示范推广采用，美国、意大利等国也都相继采用了这项技术，我国则于 1979 年由日本引进，现已在我国北方大面积推广应用。地膜覆盖灌水是在地膜覆盖栽培技术基础上，结合传统的沟灌、畦灌、滴灌、喷灌发展起来的，由于灌水与覆膜相结合，使覆膜的保水、节水作用更加突出，已经在生产实践中得到广泛应用。

一、地膜覆盖节水灌溉技术的类型

按灌水和覆膜顺序的不同，分为先灌水后覆膜和先覆膜后灌水两种类型。

（一）先灌水后覆膜

在以春旱为主的半干旱地区，为了保证农作物按时出苗，通常要通过灌溉给土壤补充水分。播前灌水（造墒）然后覆膜播种，利用地膜对土壤蒸发的阻隔作用，可以收到非常好的保水、节水效果。我国东北地区推广的玉米大双覆常用这种先造墒后覆膜的方法。在采用覆膜栽培的情况下，如果播种前土壤水分不足，播种覆膜前一般都要灌水（造墒）。灌水方法可以采用沟灌、畦灌、喷灌等。

（二）先覆膜后灌水

先覆膜后灌水，按覆膜形式和灌水特点不同分为膜侧沟灌、膜上灌溉和膜下灌溉三种类型。

1. 膜侧沟灌

如图 4-50 所示，膜侧沟灌是指在灌水沟垄背部位铺膜，灌溉水流在膜侧的灌水沟中流动，并通过膜侧入渗到作物根系区的土壤内。膜侧沟灌灌水技术要素与传统的沟灌相同。这种灌水技术适合于垄背窄膜覆盖，一般膜宽70～90cm。该技术能增加垄背部位作物根系的土壤温度和湿度，灌水均匀度与传统的沟灌基本相同。但地膜增加了垄背的保水作用，使灌溉水的利用率提高。

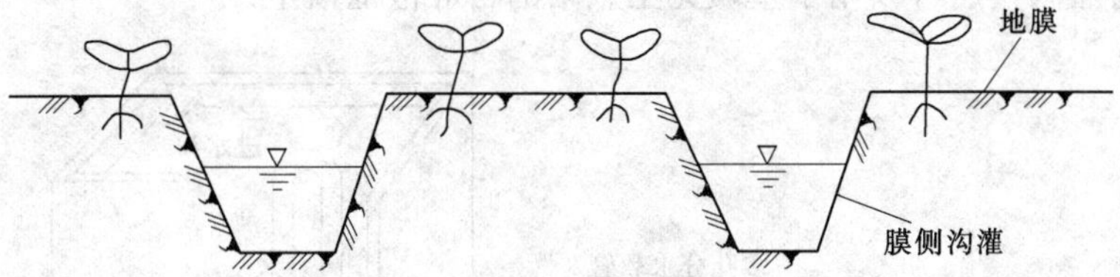

图4-50 膜侧沟灌

2. 膜上灌溉

根据地膜覆盖方式的不同分为膜孔畦灌、膜缝畦灌、涌流膜上灌和喷灌4种类型。

(1) 膜孔畦灌。膜孔畦灌，它是指灌溉水流在膜上流动，通过膜孔（作物放苗孔或专用灌水孔）渗入到作物根部土壤中的灌水方法。该灌水技术无膜缝和膜侧旁渗。

膜孔畦灌的地膜两侧必须起5cm高，并嵌入土埂中，如图4-51所示。膜畦宽度根据地膜和种植作物的要求确定，双行种植一般采用宽70～90cm的地膜；三行或四行种植一般采用180cm宽的地膜。作物需水量完全依靠放苗孔和渗水孔供给，入膜流量为1～3L/s。该灌水方法增加了灌水均匀度，节水效果好。膜孔畦灌一般适合棉花、玉米和高粱等作物。

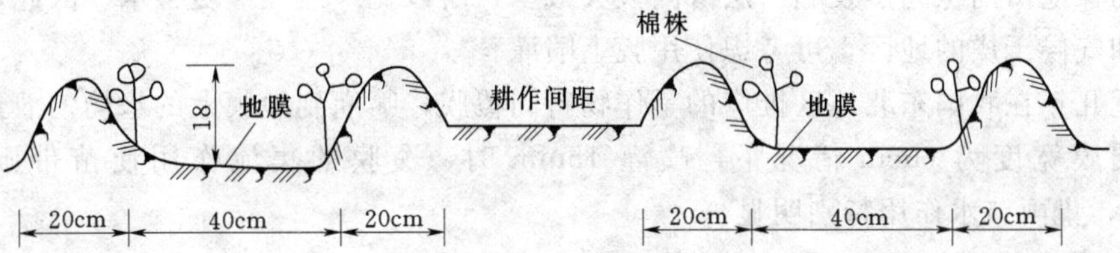

图4-51 膜孔畦灌

(2) 膜缝畦灌。膜缝畦灌是在畦田田面上铺两幅地膜，畦田宽度稍大于2倍的地膜宽度，两幅地膜间留有2～4cm的窄缝，如图4-52所示。水流在膜上流动，通过膜缝和放苗孔向作物供水。入膜流量为3～5L/s，畦长以30～50m为宜，要求土地平整。

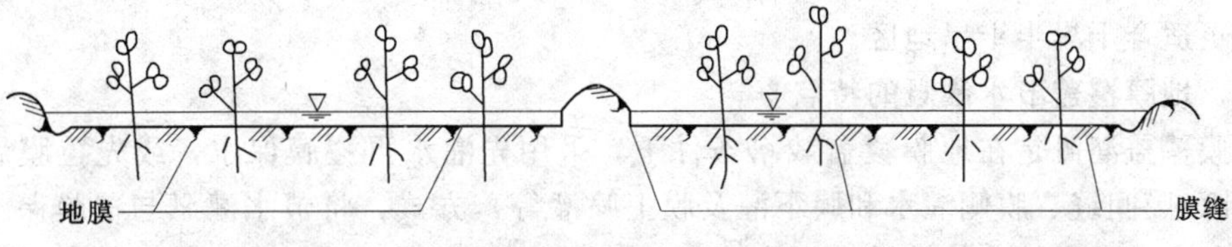

图4-52 膜缝畦灌

(3) 涌流膜上灌。涌流膜上灌溉系统是由蓄水池、倒虹吸控制装置、多孔分水软管和膜沟灌组成的半自动化温室灌溉系统，如图4-53所示。灌溉小水流由进水口（一般是自来水）流到蓄水池中，当蓄水池的水面超过倒虹吸时，倒虹吸自动将蓄水池的水流输送到多孔出流配水管中，水流再通过多孔均匀出流软管均匀流到温室膜孔沟灌的每条灌水沟中。该系统不仅可以进行间歇灌溉，而且还可以进行施肥灌溉和温水灌溉，以提高地温和减少温室的空气湿度，并促进提高作物产量和防治病害的发生。该系统主要用于温室条播作物和花卉的灌溉，还可以用于基质无土栽培的营养液灌溉上。

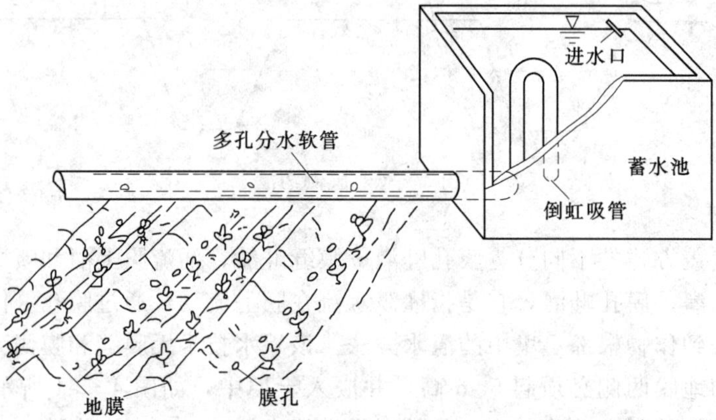

图 4-53　涌流膜上灌溉系统

（4）膜上喷灌。膜上喷灌是在地膜覆盖种植下，利用喷灌灌溉作物，水喷洒在田间的地膜上，靠膜缝、作物放苗孔和专用灌水孔渗入到作物根部土壤中。由于田间覆地膜，较不覆膜的裸地田间棵间蒸发和深层渗漏大大减少，所以比一般喷灌更节水。因此，在有喷灌设备和气候干燥的地区，可考虑使用膜上喷灌。

最近几年在我国东北地区推广的旱作物行间覆膜，喷灌到地膜上的水均匀灌到膜旁的苗带。覆膜宽度为 60cm 情况下，喷灌 15mm 时，覆膜的集流作用使苗带雨量达到 39.2mm，集雨节水作用特别明显。

3. 膜下灌溉

膜下灌溉一般分为膜下沟灌和膜下滴灌。膜下沟灌是将地膜覆盖在灌水沟上，灌溉水流在膜下的灌水沟中流动，以减少土壤水分蒸发。其灌水技术要素与传统的沟灌相同。该技术主要适用于干旱地区的条播作物。温室灌溉采用该技术可以减少温室的空气湿度，减少和防治病害的发生。

膜下滴灌主要是将滴灌带管铺设在膜下，以减少土壤棵间蒸发，提高水的利用效率。该技术更适合干旱半干旱地区。

二、地膜覆盖节水灌溉的特点

地膜覆盖灌溉是在地膜覆盖栽培条件下，采用先灌水再覆膜保水，或先覆膜后灌水（用膜孔、膜间缝、膜侧灌水和膜下灌及膜上喷灌等）方式，将节水灌溉与覆膜保水有机地结合起来，两者结合的效果主要体现在以下几方面：

1. 节水效果明显

由于地膜的保水作用、集水作用和膜上灌水过程中减少深层渗漏的作用，地膜覆盖灌水效果明显。以膜上灌水为例，膜上沟畦灌溉一般可比常规地面灌溉节水 30%～70%。

2. 灌水质量高

与传统沟（畦）灌相比较。膜上灌水质量的提高主要表现为灌水均匀度提高和对土壤的破坏作用小两个方面。膜上灌不仅可以提高地膜覆盖沿沟（畦）长度纵方向的灌水均匀度，同时也可以提高地膜沟（畦）横断面方向上的灌水均匀度。可以通过增开或封堵灌水孔的方法来消除沟（畦）首尾或其他部位处进水量的大小，保证灌水均匀。

由于膜上灌水流是在地膜上流动或存蓄，因此不会冲刷膜下土壤表面，也不会破坏土壤结构；通过放苗孔和灌水孔向土壤内渗水，可以保持土壤疏松状态，不会导致土壤板结。

3. 改善作物生态环境

地膜覆盖栽培技术与膜上灌水技术相结合，改变了传统的农业栽培技术和耕作方式，也改善了田间土壤水、肥、气、热等土壤肥力状况。

由于作物生育期内田面均被地膜覆盖，膜下土壤白天积蓄热量，晚上则散热较少，而膜下的土壤水分又增大了土壤的热容量。据观测，采用膜上灌可以使作物苗期地温平均提高1～1.5℃，作物全生育期的土壤积温增加，从而促进了作物根系对养分的吸收和作物的生长发育，并使作物提前成熟。

三、膜上灌水技术

目前地膜覆盖灌溉多采用膜孔沟（畦）灌的形式。膜孔沟（畦）灌属于局部浸润灌溉。为保证作物根际土层中具有足够的渗水量，满足作物生长对水分的需要，必须根据不同的地形坡度，各种土质的膜孔渗吸速度和田间持水量等因素来确定膜孔沟（畦）灌溉的技术要素。其技术要素主要有入膜流量、改水成数、开孔率、膜孔布置形式和灌水历时等。

1. 入膜流量

膜上灌的入膜流量，指单位时间内进入膜沟或膜畦首端的水量，常以L/s为单位。入膜流量的大小主要根据沟（畦）宽度、土壤质地、地面坡度和单位长度膜孔入渗强度的大小等确定。

2. 改水成数

改水成数是指沟（畦）首停水时膜孔沟（畦）灌溉水流推进长度占沟（畦）长度的比例，一般对于坡度较平坦的膜孔沟（畦）灌改水成数为1，对坡度较大的膜孔沟（畦）灌要考虑取改水成数0.8～0.95。若有些膜孔沟（畦）灌溉达不到灌水定额时，则要考虑延长灌水历时。

3. 渗水孔的确定

膜孔沟（畦）灌的灌水质量主要用灌水均匀度和田间水有效利用率进行评价。由于膜孔沟（畦）灌的水流是通过膜孔渗入到作物根部的土壤中，与传统沟（畦）灌相比，降低了土壤的入渗强度和地面糙率，使水流的行进速度加快，减少了深层渗漏损失。试验研究表明，在地面坡度和灌水流量一定的情况下，膜孔沟（畦）灌的灌水均匀度是随开孔率的减小而增加。在地势平坦和无尾部泄水的情况下，其田间水有效利用率可大大提高。孔口处覆土和不覆土，对孔口入渗也有很大影响，因此，在膜孔沟（畦）灌时要考虑膜孔的开孔率和膜孔覆土对灌溉入渗的影响。

第五章 田 间 工 程

第一节 田 间 工 程 规 划

田间工程通常指最末一级固定渠道（农渠）和固定沟道（农沟）之间的条田范围内的临时渠道、排水沟、田间道路、稻田的格田和田埂、旱地的灌水畦和灌水沟、小型建筑物以及土地平整等农田基本建设工程。

一、田间工程的规划原则

田间工程要有利于调节农田水分状况、培育土壤肥力和实现农业现代化。为此，田间工程规划应满足以下基本原则：

1）有完善的田间灌排系统，做到灌排配套，运用自如，避免串灌串排，并能控制地下水位，防止土壤过湿和产生土壤次生盐渍化现象，达到保水、保土、保肥。

2）田面平整，灌水时土壤湿润均匀，排水时田面不留积水。

3）田块的形状和大小要适应农业现代化需要，有利于农业机械作业和提高土地利用率。

4）田间工程规划必须因地制宜，讲求实效，要有严格的科学态度，并且以创造良好的生态环境为依据。

二、条田规划

各地区的自然条件不同，田间灌溉渠系的组成和规划布置也有很大差异，必须根据具体情况因地制宜地进行。

（一）平原和圩区的田间渠系

1. 条田规划的基本要求

(1) 排水要求。在平原地区，当降雨强度大于土壤入渗速度时，就要产生地面积水，积水深度和积水时间超过作物允许的淹水深度和淹水时间时，就会危害作物生长。在地下水位较高的地区，当上升毛管水到达作物根系时，就会招致土壤过湿。若地下水矿化度较高，还会引起表土层积盐。为了排除地面积水和控制地下水位，最常见的排水措施就是开挖排水沟，排水沟应有一定的深度和密度。因此，农沟作为末级固定沟道，间距不能太大，一般为 100～200m。

(2) 机耕要求。机耕不仅要求条田形状方正，还要求条田具有一定的长度。若条田太短，拖拉机开行长度太小，转弯次数就多，生产效率低，机械磨损较大，消耗燃料也多。若条田太长，控制面积过大，不仅增加了平整土地的工作量，而且由于灌水时间长，灌水和中耕不能密切配合，会增加土壤蒸发损失，在潜在盐碱化威胁的地区还会加剧土壤返盐。根据实际测定，拖拉机开行长度以 400～800m 为宜。

(3) 田间用水管理要求。在旱作地区，特别是机械化程度较高的大型农场，为了在灌水后能及时中耕松土，减少土壤水分蒸发，防止深层土壤中的盐分向表层聚积，一般要求一块条田能在1～2d内灌水完毕。从便于组织灌水考虑，条田长度以不超过500～600m为宜。

综上所述，条田大小既要考虑除涝防渍和机械化耕作的要求，又要考虑田间用水管理要求，宽度一般为100～200m，长度以400～800m为宜。

2. 斗、农渠的规划布置

(1) 斗渠的规划布置。斗渠的长度和控制面积随地形变化很大。山区、丘陵地区的斗渠长度较短，控制面积较小；平原地区的斗渠较长，控制面积较大。我国北方平原地区一些大型自流灌区的斗渠长度一般为1～3km。斗渠的间距主要根据机耕要求确定，应与农渠的长度相适应。

(2) 农渠的规划布置。农渠一般垂直斗渠布置。农渠长度根据机耕要求确定，在平原地区通常为400～800m，间距为100～200m。丘陵地区农渠的长度和控制面积较小。在有控制地下水位要求的地区，农渠间距需根据农沟间距确定。

(3) 灌溉渠道和排水沟道的配合。灌溉系统和排水系统的规划要互相参照、互相配合、通盘考虑。斗、农渠和斗、农沟的关系则更为密切，他们的配合方式取决于地形条件，有以下两种基本形式：

1) 灌排相邻布置。在地面向一侧倾斜，且坡度均一的地区，渠道只能向一侧灌水，排水沟也只能接纳一边的径流，灌溉渠道和排水沟道只能并行且相邻，上灌下排，互相配合。这种布置形式称为灌排相邻布置，见图5-1 (*a*)。

2) 灌排相间布置。在地形平坦或起伏不平的地区，宜把灌溉渠道和排水沟道交错布置，沟、渠都是两侧控制，工程量较省。这种布置形式称为灌排相间布置，如图5-1 (*b*) 所示。

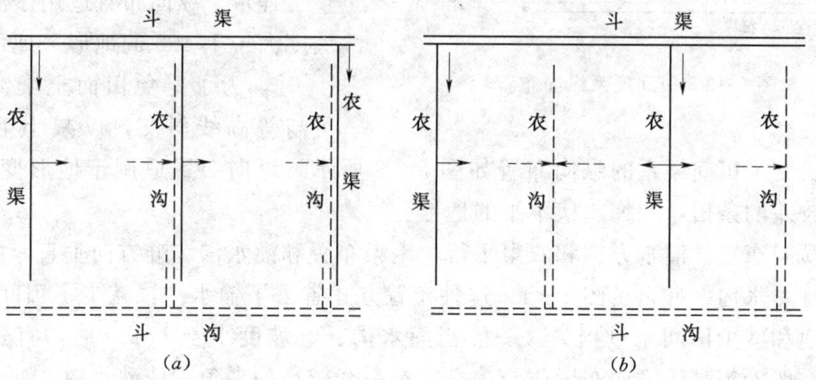

图5-1 沟、渠布置形式

(*a*) 灌排相邻布置；(*b*) 灌排相间布置

上述两种布置都是“灌排分开”的形式，其主要优点是有利于控制地下水位。这不仅对北方干旱、半干旱地区十分重要，可以防止土壤盐碱化，而且对南方地区也很有必要。因为地下水位过高，土温降低、土壤冷浸、通气和养分状况变坏，严重影响作物生长，即使对水稻生长也十分不利。同时，因为灌排分开布置可按各自需要分别进行控制，两者没有矛盾，故有利于及时灌排。因此，“灌排分开”的布置形式是平原、圩区条田布置的主要形式，应积极推广。

3）灌排合渠。灌排合渠的布置形式，只有在地势较高、地面有相当坡度的地区或地下水位较低的平原地区才适用。在这种条件下，不需要控制地下水位，灌排矛盾小。图5-2为地面坡度较大地区的灌排合渠布置形式。在这种情况下，格田之间有一定高差，灌排两用渠沿着最大地面坡度方向布置（可根据地面坡度和渠道坡降，分段修筑跌水），控制左右两侧格田，起到又灌又排作用，可以减少占地面积并节省渠道工作量。

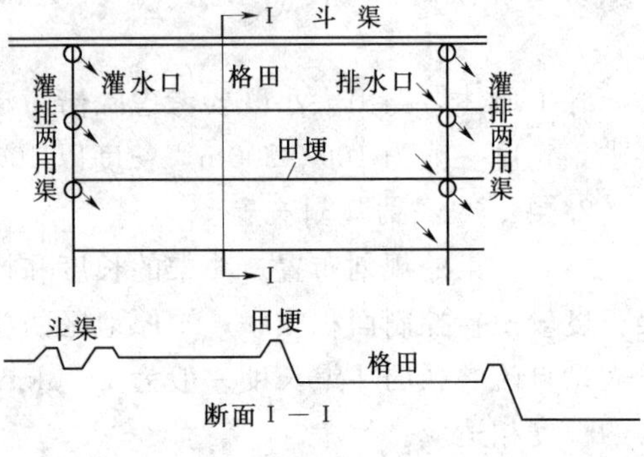

图5-2 灌排合渠布置

3. 田间渠系布置的形式

田间渠系指条田内部的灌溉网，包括毛渠、输水垄沟和灌水沟、畦等。田间渠系布置有以下两种基本形式：

(1) 纵向布置。毛渠布置与灌水沟、畦的方向一致，灌溉水从农渠→毛渠→输水沟→灌水沟、畦。毛渠一般沿地面最大坡度方向布置，使灌水方向和地面最大坡向一致，为灌水创造有利条件。在有微地形起伏的地区，毛渠可以双向控制，向两侧输水，以减少土地平整工程量。纵向布置适用于灌水沟畦的坡度大于1/400的地形。地面坡度大于1%时，为了避免田面土壤冲刷，毛渠可与等高线斜交，以减小毛渠和灌水沟、畦的长度。田间渠系的纵向布置如图5-3所示。纵向布置适用于地形变化较复杂、土地平整较差的条田，比如起伏不平的地形。

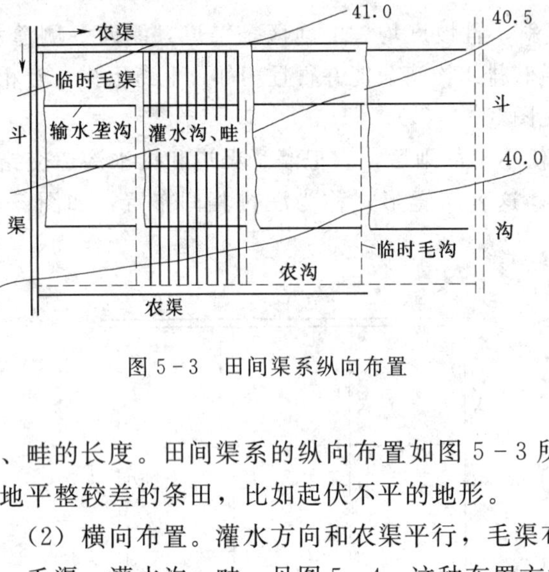

图5-3 田间渠系纵向布置

(2) 横向布置。灌水方向和农渠平行，毛渠布置和灌水沟、畦方向垂直，灌溉水从农渠→毛渠→灌水沟、畦，见图5-4。这种布置方式省去了输水沟，减少了田间渠系长度，可节省土地和减少田间水量损失。一般当灌水沟、畦坡度小于1/400时，宜选用横向布置。毛渠一般沿等高线方向布置或与等高线有一个较小的夹角，使灌水沟、畦和地面坡度方向大体一致，有利于田间灌水。横向布置适用于地面坡向一致、平坦的地区。

总之，田间渠系布置方式的选择要综合考虑地形、灌水方向以及农渠和灌水方向的相对位置等因素。

4. 灌水畦田与格田规格

灌水沟、畦规格宜分区进行专门试验，也可根据当地或邻近地区的实践经验确定。

(1) 旱作区畦田长度、单宽流量和畦田比降，应根据土壤透水性选定。畦田不应有横坡，其宽度应为农业机具宽度的整倍数且不宜大于4m，其规格见表5-1。选用水平畦

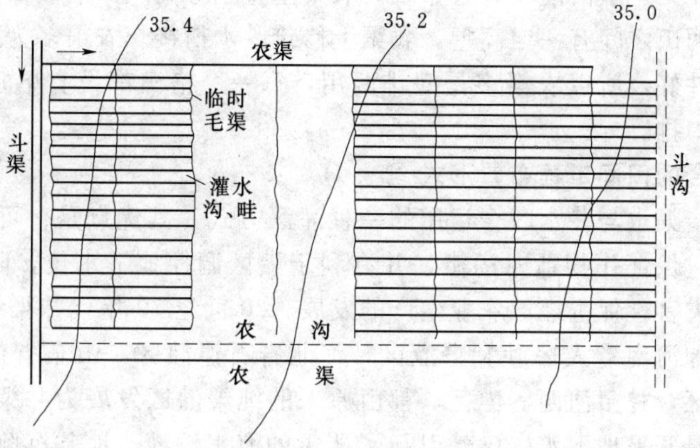

图 5-4 田间渠系横向布置

灌、间歇灌或长畦分段灌溉时，畦田规格应通过试验与理论计算相结合的方法确定。

表 5-1 灌水畦要素表

土壤透水性（m/s）	畦长（m）	畦田比降	单宽流量［L/（s·m）］
强（>0.15）	60～100	>1/200	3～6
	50～70	1/200～1/500	5～6
	40～60	<1/500	5～8
中（0.10～0.15）	80～120	>1/200	3～5
	70～100	1/200～1/500	3～6
	50～70	<1/500	5～7
弱（<0.10）	100～150	>1/200	3～4
	80～100	1/200～1/500	3～4
	70～90	<1/500	4～5

（2）水稻区的格田规格：长度宜取 60～120m，宽度 20～40m；山区、丘陵区水稻灌区可根据地形、耕作条件及土地平整投入能力等作适宜调整；水稻区的格田长边宜沿等高线布置，每块格田均应在渠沟上设置独立的进水口及排水口。

5. 土地平整

在实施地面灌溉的地区，为了保证灌溉质量，必须进行土地平整。通过平整土地，削高填低，连片成方，除改善灌排条件之外，还可改良土壤，扩大耕地面积，适应机械耕作需要。但是，必须与地形紧密结合，特别在地面坡度较大的区域，田块规格不宜过大，否则会增大工程量。

（二）山区、丘陵区的田间渠系

山区、丘陵区坡陡谷深，岗冲交错，地形起伏变化大，一般情况下排水条件好，而干旱往往是影响农业生产的主要问题。但在山丘之间的冲田，地势较低，多雨季山洪汇集，容易造成洪涝灾害。另外，冲、谷处的地下水位一般较高，常常形成冷浸田和烂泥田。因此，田间渠系的布置必须全面解决旱、涝、渍的危害。

山丘区的支斗渠一般沿岗岭脊线布置。农渠垂直于等高线，沿坡田短边布置。由于坡田是层层梯田，两田之间有一定高差，农渠上修筑跌水衔接。农渠多为双向控制。坡田地势较高，排水条件好，所以农渠多是灌排两用，每一个格田都设有单独的进水口与出水口，以避免串灌串排。

三、井渠结合的田间工程布置形式

井渠结合是指渠水与井水联合运用的一种灌溉方式，其优点是：可充分利用水资源，提高灌溉保证率，保证作物适时灌溉，并有利于灌区调控地下水位，防止灌区土壤盐碱化，消除渍涝等灾害，促进灌区农业生产的发展。20 世纪 70 年代井渠结合灌溉在中国北方有很大发展。如河南省人民胜利渠灌区，河北省石津灌区，山东省位山灌区，陕西省泾、洛、渭各灌区，甘肃河西等灌区，都由原来的纯渠灌区发展为井渠结合灌区。但是，这些灌区由于过量开采地下水，已经引起了严重的海水倒灌、地基沉陷、沙生植物死亡、生态恶化等问题。如甘肃的石羊河流域，无序打井、长期超采，已经引起了严重的生态问题；黑河流域也正在朝这个方向发展。

1. 井渠结合的规划原则

我国北方地区地下水的开发基本上处于超采状态，引起了严重的环境、地质、生态等方面的问题。所以，在开采地下水时应持十分慎重的态度。

(1) 要合理开采地下水，应在正确评价地下水可开采资源的基础上，进行合理的井灌规划，并合理确定年开采量和渠井结合的灌溉面积。

(2) 地面水与地下水资源统筹安排，全面规划，总的原则应是充分利用地面水，合理开采地下水，严格限制地下水超采，在绿洲荒漠区，地下水位应控制在生态水位 4.0～4.5m 以内。

(3) 地下水的开发利用，必须坚持浅、中、深层结合，合理布局，分层取水，应优先开发浅层水，且必须与旱、涝、碱的治理统一规划，兼顾兴利与除害。

(4) 注意保护地下水源，布设地下水观测网，随时监测区域地下水动态。对地下水的利用和回补措施要同时考虑，做到采补结合，以维持地下水量的动态平衡。

(5) 井渠结合灌区，井灌与渠灌应结合为一套系统，井水入渠后应统一调配，集中使用。

2. 井渠结合灌溉网的布置形式

(1) 以渠为主，以井补渠。渠井双灌区，井网的规划布置，应以地面田间固定灌溉渠道（斗、农渠）为骨架，井网走向应与潜水流向垂直或斜交，沿渠道布置；采用梅花形或方格形布井。井位应靠近沟、渠、路、林布置，设在田边地角上，以有利于机耕，便于管理，少占用耕地。为了方便输水，一般应将井位选定在较高处，以便于控制较大的灌溉面积。在井渠结合的灌区，要把井位排列成直线，最好与渠道相间布置。这样，井灌抽水可以有效地降低地下水位，有利于防治土壤盐碱化。

(2) 以井为主、以渠补井。即以开采利用地下水进行井灌为主，以地面水补充地下水之不足。这类灌区，根据地形条件，井灌田间渠系一般有两种布置形式：第一种布置形式，井位在灌溉土地的中心，向四周供水，适用于平坦地形或中间高两边低的地形；第二种布置形式，井位设在灌溉土地的一侧，向一个方向灌水。适用于地面坡度较大并向一侧倾斜的地区。为了减少渠道渗漏损失，井灌区的田间渠系应做好衬砌防渗工作，或采用地下暗管系统。引用地面水的渠道布置，应服从井网布置的要求，并沿井灌区较高处或靠近有储水构造的贫水地段以及可补给地下水的坑塘、沟槽等处布置，以加强对地下水的补给，在地下水的超采区要特别注意地下水的补给。

总之，应当根据灌区水文地质条件分区规划、分区布置。对地下水储量丰富、地下水位较高，并易于补给和开采的富水区，采用以井为主的渠井结合方式；而对于建井条件差、地表以下没有良好的储水构造或地下水质不良的区域，则应严格限制地下水的开采。这种分区分片、因地制宜、渠井结合的方式是充分利用地面水，合理利用地下水以及调控地下水资源的有效方式。

四、田、林、路的规划布置

田间工程规划，除合理规划布置田间灌排渠系外，还需同时考虑农村道路及林带的规划布置。

农村道路是田间工程的组成部分，它关系到农业生产、交通运输、群众生活和实现农业机械化等各方面的需要。所以，必须在灌区田间工程规划中，对道路作出全面规划。

路、渠、沟的结合形式，应有利于灌排、机耕、运输和田间管理，且不影响田间作物光照条件，并能节约土地、减少土地的平整和修建田间灌排建筑物工程量。从沟、渠、路三者的相对位置来说，一般有沟—渠—路、沟—路—渠、路—沟—渠 3 种配置形式。

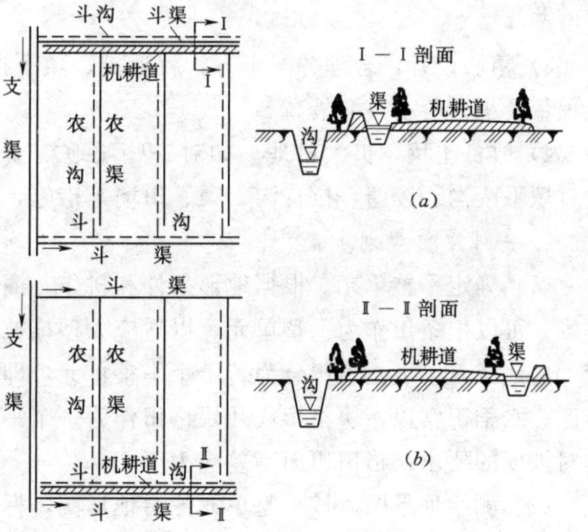

图 5-5　机耕道路与沟、渠结合布置形式

(*a*) 沟—渠—路形式；(*b*) 沟—路—渠形式；(*c*) 路—沟—渠形式

1. 沟—渠—路［图 5-5 (*a*)］

道路布置在灌水田块的上端，位于斗渠的一侧。这种布置形式对于农业机械入田耕作比较便利，而且目前可修较窄的道路，今后随着农业机械化程度提高，道路拓宽比较容易。但机耕道要跨过所有的农渠，必须修建较多的小桥或涵管。

2. 沟—路—渠［图 5-5 (*b*)］

道路布置在灌水田块的下端，介于灌、排渠沟之间。这种布置形式的优点是道路与末级固定沟渠（农渠、农沟）均不相交。但农业机械进入田间必须跨越沟渠，需修较多的交叉建筑物，且今后机耕道路拓宽也比较困难。

3. 路—沟—渠［图 5-5 (*c*)］

道路布置在灌水田块的下端，位于排水沟的上侧，有利于农业机械入地而且今后道路拓宽也比较容易。但道路要与农排相交，需要修建桥涵等交叉建筑物，影响排水且雨季若排水不足，田块和道路容易积水或受淹。

以上3种机耕道路布置形式应因地制宜，一般宜选用沟—渠—路或路—沟—渠的布置形式。

在北方风沙区，农田防护林显得非常重要，其设置应按照国家现行标准，结合灌排渠沟布置进行布设。

五、土地平整

在实施地面灌溉的地区，为了保证地面灌溉质量，必须进行土地平整。通过平整土地，削高填低，连片成方，除了改善灌排条件之外，还可改良土壤，扩大耕地面积，适应机械耕作需要。

1. 平整土地应该满足的要求

1）田面平整，符合灌水技术要求。在实施沟、畦灌溉的旱作区，为了土壤湿润均匀，田面必须平整，而且沿灌水方向要有适宜的坡度；在水稻地区，要求在格田范围内，田面基本水平。

2）平整土地要注意保持土壤肥力。在挖、填土方时，必须先移走表层熟土，等完成设计的挖、填深度以后，再把熟土层归还地面，并适当增施有机肥料，做到当年施工，当年增产。

3）精心设计，合理分配土方，就近挖、填平衡，运输线路没有交叉和对流，使平整工程量最小，劳动效率最高。

4）改良土壤，扩大耕地。如对一些质地粘重、容易板结的土壤，要进行掺沙改良。通过填平废沟、废塘，拉直沟、渠、田埂等措施，扩大耕地面积，改善耕作和水利条件。

2. 土地平整规划步骤

（1）确定平整单元。根据地形条件和耕作、灌水要求，选定平整单元。在地形平坦的农场，可以把条田作为平整单元，以适应大型拖拉机的耕作要求。在地形变化复杂、高差较大的地区，可以把条田分为若干个平整单元，即以农户的承包地为单元。如甘肃的河西灌区。水稻田常以一块格田或几块格田作为一个平整单元。土地平整精度应以符合灌水沟畦对坡度的要求，格田田面高差应大于3cm。

（2）测绘地形图。按平整单元测绘地形图，标明各种地物和地面高程。

（3）进行土地平整设计。对于面积较小的平整单元，可以目估确定挖、填的大致范围和深度。如果平整单元内高差较大或以条田作为平整单元时，就要进行土地平整设计，确定平整后的田面设计高程、挖填土方量、各点的挖填深度以及土方分配方案等，以便有计划、有组织地进行施工，达到省劳力、速度快、效果好的目的。地形复杂和平整地块面积较大时，宜采用方格网法进行土地平整设计；地形极为复杂、高低悬殊较大时，宜对多个土地平整基本单元进行统一设计。

（4）组织施工。平整单元较小、土方量不大时，可结合耕耙或取土修堤筑路、挖沟弃土等工作进行。如果高差较大或平整单元较大时，就要专门组织施工，利用农闲间隙突击进行。

第二节　低压管道输水灌溉系统

低压管道输水灌溉系统是近年来在我国迅速发展起来的一种节水节能型的新式地面灌溉系统。它利用低耗能机泵或由地形落差所提供的自然压力水头将灌溉水加低压（一般不超过 0.2MPa），然后再通过低压管道网输配水到农田进行灌溉，以充分满足作物的需水要求。因此，在输、配水上，它是以低压管网来代替明渠输配水系统的一种农田水利工程形式，而在田间灌水上，通常采用畦、沟灌等地面灌水方法。与喷灌、微灌系统比较，其最末一级管道压力是最不利出水口的工作压力，一般远比喷灌、微灌等喷洒口的工作压力为低，通常只需控制在 2～3kPa 左右。

一、低压管道输水灌溉系统的组成与类型

1. 低压管道输水灌溉系统类型

低压管道输水灌溉系统类型很多，特点各异，一般可按下述两个特点进行分类。

（1）依低压管道输水灌溉系统在灌溉季节中各组成部分的可移动程度分类。

1）固定式低压管道输水灌溉系统。低压管道输水灌溉系统的所有各组成部分在整个灌溉季节、甚至常年都固定不动。该系统的各级管道通常均为地埋管。固定式低压管道输水灌溉系统只能固定在一处使用，故需要管材量大，单位面积投资高。

2）移动式低压管道输水灌溉系统。除水源外，引水取水枢纽和各级管道等各组成部分均可移动。它们可在灌溉季节中轮流在不同地块上使用，非灌溉季节时则集中收藏保管。这种系统设备利用率高，单位面积投资低，效益较高，适应性较强，使用方便，但劳动强度大，若管理运用不当，设备极易损坏。其管道多采用地面移动管道。

3）半固定式低压管道输水灌溉系统，又称半移动式低压管道输水灌溉系统。这类系统的引水取水枢纽和干管或干、支管为固定的地埋暗管；而配水管道，支管、农管或仅农管可移动。这种系统具有固定式和移动式两类低压管道输水灌溉系统的特点，是目前渠灌区低压管道输水灌溉系统使用最广泛的类型。由于其枢纽和干管笨重，固定它们可以减低移动的劳动强度，而配水管道一般较轻，但所占投资比例较大，所以使其移动相对劳动强度不大，又可节省投资。

（2）按获得压力的来源分类。

1）机压式低压管道输水灌溉系统。在水源的水面高程低于灌区的地面高程，或虽略高一些但不足以提供灌区管网输配水和田间灌水所需要的压力时，则要利用水泵机组加压。在其他条件相同的情况下，这类系统因需消耗能量，故运行管理费用较高。我国井灌区和提水灌区的低压管道输水灌溉系统均为此种类型。

2）自压式低压管道输水灌溉系统。水源的水面高程高于灌区地面高程，管网配水和田间灌水所需要的压力完全依靠地形落差所提供的自然水头得到。据论证，一般地形坡度只要有 1/250～3/500 的地面坡度，即可满足自压式低压管道输水灌溉系统正常运行所需要的工作压力。这种类型不用水泵加压，故可大大降低工程投资，特别适宜在引水自流灌区、水库自流灌区和大型提水灌区内田间工程应用。在有地形条件可利用的地方均应首先考虑采用自压式低压管道输水灌溉系统。

目前，我国单井、群井汇流灌区和规模小的提水灌区及部分小型塘坝自流灌区多采用移动式低压管道输水灌溉系统，其管网采用一级或两级地面移动的塑料软管或硬管。面积较大的群井联用灌区、抽水灌区以及水库灌区与自流灌区主要采用半固定式低压管道输水灌溉系统，其固定管道多为地埋暗管，田间灌水则采用地面移动软管。

2. 低压管道输水灌溉系统组成

低压管道输水灌溉系统依其各部分所担负的功能作用不同，一般可划分为4大组成部分，即水源与引水取水枢纽、输水配水管网、田间灌水系统、低压管道输水灌溉系统附属建筑物和装置，如图5-6所示。

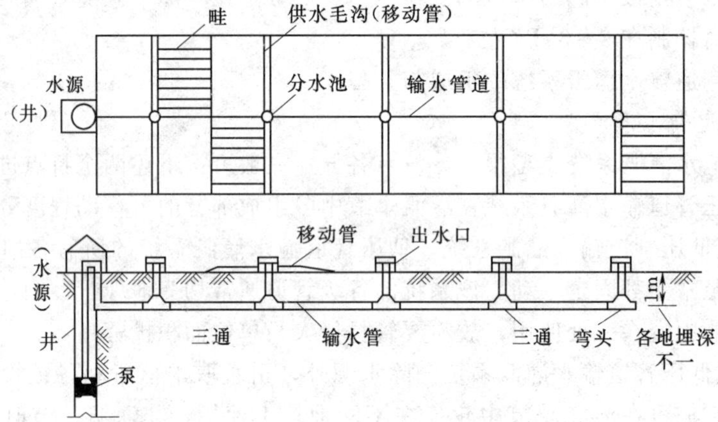

图5-6　灌溉管道系统组成图

(1) 水源。

低压管道输水灌溉系统与其他灌溉系统形式一样，首先要有符合灌溉要求的水源。井泉、塘坝、水库、河湖以及渠沟等均可作为低压管道输水灌溉系统的水源，但水源水质应符合农田灌溉用水标准的要求。与明渠灌水系统比较，低压管道输水灌溉系统更应注意水质，水中不得含有大量污脏、杂草和泥沙等易于堵塞管网的物质，否则应进行拦污、沉积甚至净化处理后方可引取。

渠灌区的低压管道输水灌溉系统常以灌溉渠道为水源，也有以排水沟为水源的低压管道输水灌溉系统。

(2) 引水取水枢纽。

引水枢纽形式主要取决于水源种类，其作用是从水源取水，并进行处理以符合管网与灌溉在水量、水质和水压3方面的要求。

需要机压的低压管道输水灌溉系统必须设置水泵和动力。可根据用水量和扬程的大小，选择适宜的水泵类型和型号。

在有自然地形落差可利用的地方，可采用自压式，以节省投资。渠灌区有条件时，应尽量发展自压式形式，以节省投资。

在自流灌区或大中型抽水灌区以及灌溉水中含有大量杂质的地区建设低压管道输水灌溉系统，引水取水枢纽除必须设置进水闸和量水建筑物外，还必须设置拦污栅、沉淀池或水质净化处理等设施。

(3）输配水管网。

输配水管网是由低压管道、管件及附属管道装置连接成的输配水通道。在灌溉面积较大的灌区，输配水管网主要由干管、支管等多级管道组成。在灌溉面积较小的灌区，一般只有单机泵、单级管道输水和灌水。

井灌区输配水管网一般采用1～2级地面移动管道，或一级地埋管和一级地面移动管。渠灌区输配水管网多由多级管道组成，一般均为固定式地埋管。地埋管管材目前我国主要采用混凝土管、硬塑料管、钢管、石棉水泥管和一些当地材料。输配水管网的最末一级管道，可采用固定式地埋管，也可采用地面移动管道。地面移动管道管材目前我国主要选用薄塑软管、涂塑布管，也有采用造价较高的如硬塑管、锦纶管、尼龙管和铝合金管等管材。

(4）田间灌水系统。

渠灌区低压管道输水灌溉系统的田间灌水系统可以采用多种形式，常用的主要有以下3种形式：

1）采用田间灌水管网输水和配水，应用地面移动管道来代替田间毛渠和输水垄沟，并运用退管灌法在农田内进行灌水。这种方式输水损失最小，可避免田间灌水时灌溉水的浪费，而且管理运用方便，也不占地，不影响耕作和田间管理。

2）采用明渠田间输水垄沟输水和配水，并在田间应用常规畦、沟灌等地面灌水方法进行灌水。这种方式仍要产生部分田间输配水损失，不可避免地还要产生田间灌水的无益损耗和浪费，劳动强度大，田间灌水工作也困难，而且输水沟还要占用农田耕地，因此最为不利。

3）仅田间输水垄沟采用地面移动管道输、配水，而农田内部灌水时仍采用常规畦、沟灌等地面灌水方法。这种方式的特点介于前两种方式之间，但因无需购置大量的田间灌地用软管，因此投资可大为减少。田间移动管可用闸孔管道、虹吸管或一般引水管等，向畦、沟放水或配水。

井灌区多采用第一种田间灌水形式。

(5）附属建筑物和装置。

由于低压管道输水灌溉系统一般都有2～3级地埋固定管道，因此必须设置各种类型的低压管道输水灌溉系统建筑物或装置。依建筑物或装置在低压管道输水灌溉系统中所发挥的作用不同，可把它们划分为以下9种类型：

1）引水取水枢纽建筑物：包括进水闸门或闸阀、拦污栅、沉淀池或其他净化处理建筑物等；

2）分水配水建筑物：包括干管向支管、支管向各农管分水配水用的闸门或闸阀；

3）控制建筑物：如各级管道上为控制水位或流量所设置的闸门或阀门；

4）量测建筑物：包括量测管道流量和水量的装置或水表，量测水压的压力表等；

5）保护装置：为防止管道发生水击或水压过高或产生负压等致使管道变形、弯曲、破裂、吸扁等现象，以及为管道开始进水时向外排气，泄水时向内补气等，通常均需在管道首部或管道适当位置处设置通气孔和排气阀、减压装置或安全阀等；

6）泄退水建筑物：为防止管道在冬季被冻裂，而在冬季结冻前将管道内余水退净泄空所设置的闸门或阀门；

7）交叉建筑物：管道若与路、渠、沟等建筑物相交叉，则需设置虹吸管、倒虹吸管或有压涵管等；

8）田间出水口和给水栓：由地埋输配水暗管向田间畦、沟配水时需要装置竖管和给水栓，灌溉水流出地面处应设置出水口；

9）管道附件及连通建筑物：管道附件主要采用三通、四通、变径接头、同径接头等以及为连通管道所需设置的井式建筑物。

二、低压管道输水灌溉系统的技术特点

1. 低压管道输水灌溉系统的技术特点

渠灌区专指与井灌区相区别的引水工程灌区、塘坝水库工程灌区和大中型抽水工程灌区而言。渠灌区低压管道输水灌溉系统除具有低压管道输水灌溉系统一般的技术特点外，与井灌区低压管道输水灌溉系统相比较尚有一些特殊之处。

渠灌区低压管道输水灌溉系统一般控制面积都比较大，小的在 35hm^2 左右，大的可达 335hm^2，其引取水流量大，输水配水管网级数多，通常可有 3～5 级管道，管径也较大，所以其省水、省地和省工效益更显著；管网输水和田间灌水速度快，从而可大大缩短轮灌周期，完全有可能实现按作物需水要求进行灌溉，这对作物获得高产稳产及发展高产优质高效的节水型灌溉农业有很大的促进作用；低压管道输水灌溉系统维修养护简单方便，管理费用和灌水成本可大为降低等。但渠灌区低压管道输水灌溉系统所需材料和设备较多，建筑物类型也较复杂，因此其单位面积投资相对来说比井灌区要高，规划设计内容比较复杂，施工期较长，而且在用水管理和计划用水上与渠灌区用水的协调调配和控制存在着一定的困难。

2. 低压管道输水灌溉系统的优点

据我国各地应用低压管道输水灌溉系统的实践经验，低压管道输水灌溉技术与传统的地面灌水技术相比，其优点可归纳为省水、省能、省地、省工、投资低、运行费用少、适应性强、操作便捷、管理和维修方便。

低压管道输水灌溉系统与喷灌系统比较，无需添置加高压的机泵装置，也无需承压能力很高的管材，因此投资可大为降低，且工程见效快。与滴灌系统比较，低压管道输水灌溉系统与滴灌系统所需工作压力大致相同，滴灌比低压管道输水灌溉系统节水效果更好，但滴灌比低压管道输水灌溉系统对水质的要求更严格，需设置专门的过滤器，而且滴头和管道容易堵塞，其管理运用不如低压管道输水灌溉系统简单方便。

三、低压管道输水灌溉系统的规划布置

低压管道输水灌溉系统规划布置的基本任务是，在勘测和收集基本资料以及掌握低压管道输水灌溉区基本情况和特点的基础上，研究规划发展低压管道输水灌溉技术的必要性和可行性，确定规划原则和主要内容。通过技术论证和水力计算，确定低压管道输水灌溉系统工程规模和低压管道输水灌溉系统控制范围；选定最佳低压管道输水灌溉系统规划布置方案；进行投资预算与效益分析，以彻底改变当地农业生产条件，建设高产稳产、优质高效农田及适应农业现代化的要求为目的。因此，低压管道输水灌溉系统规划与其他灌溉系统规划一样，是农田灌溉工程的重要工作，必须予以重视，

认真做好。

1. 低压管道输水灌溉系统布设的基本原则

规划布设低压管道输水灌溉系统一般应遵循以下基本原则：

1）低压管道输水灌溉系统的布设应与水源、道路、林带、供电线路和排水等紧密结合，统筹安排，并尽量充分利用当地已有的水利设施及其他工程设施。

2）低压管道输水灌溉系统布设时应综合考虑低压管道输水灌溉系统各组成部分的设置及其衔接。

3）在山丘区，大中型自流灌区和抽水灌区内部以及一切有可能利用地形坡度提供自然水头的地方，只要在最末级管道最不利出水口处有 0.3～0.5m 左右的压力水头，就应首先考虑布设自压式低压管道输水灌溉系统。对于地埋暗管，沿管线具有 1/200 左右的地形坡度，就可满足自压式低压管道输水灌溉系统输水压力能坡线的要求。

4）小水源如单井、群井、小型抽水灌区等应选用布设全移动式低压管道输水灌溉系统。群井联用的井灌区和大的抽水灌区及自流灌区宜布设固定式低压管道输水灌溉系统。

5）输水管网的布设应力求管线总长度最短，控制面积最大；管线平顺，无过多的转折和起伏；尽量避免逆坡布置。

6）田间末级暗管和地面移动软管的布设方向应与作物种植方向或耕作方向及地形坡度相适应，一般应取平行方向布置。

7）田间给水栓或出水口的间距应依据现行农村生产管理体制相结合，以方便用户管理和实行轮灌。

8）低压管道输水灌溉系统布局应有利于管理运用，方便检查和维修，保证输水、配水和灌水的安全可靠。

2. 低压管道输水灌溉系统的布设形式

地埋暗管固定管网的布设形式。根据水源位置、控制范围、地面坡度、田块形状和作物种植方向等条件，地埋固定管网可布设成树枝状、环状或混合状 3 种类型。

（1）环状管网。

干、支管均呈环状布置。其突出特点是，供水安全可靠，管网、内水压力较均匀，各条管道间水量调配灵活，有利于随机用水；但管线总长度较长，投资一般均高于树枝状管网。目前，环状管网在低压管道输水灌溉系统中应用很少，仅在个别单井灌区试点示范使用。

水源位于田块一侧、控制面积较大（10～20hm^2）的环状管网布置形式如图 5－7 所示。

（2）树枝状管网。

树枝状管网由干、支或干、支、农管组成，并均呈树枝状布置。其特点是，管线总长度较短，构造简单，投资较低，但管网内的压力不均匀，各条管道间的水量不能互相调济。

1）当控制面积较大，地块近似正方形，作物种植方向与灌水方向相同或不相同时可布置成树枝形（图 5－8）。

2）水源位于田块一侧，树枝状管网呈“一”字形布置（图 5－9），适用于控制面积较

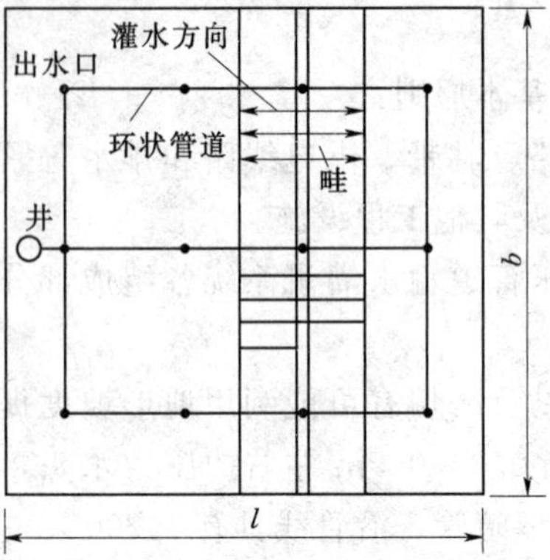

图 5-7　环状管网布置

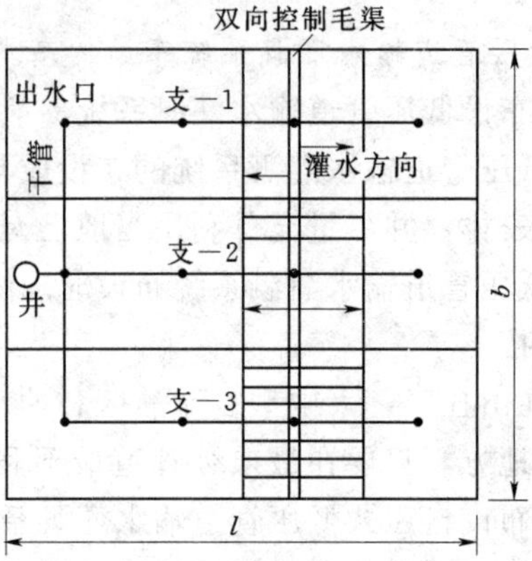

图 5-8　树枝状管网布置

小的井灌区，一般井的出水量为 20～40m^3/h，控制面积 3～7hm^2，田块的长宽比（l/b）不大于 3，多用地面移动软管输水和浇地，管径大致为 100mm 左右，长度不超过 400m。

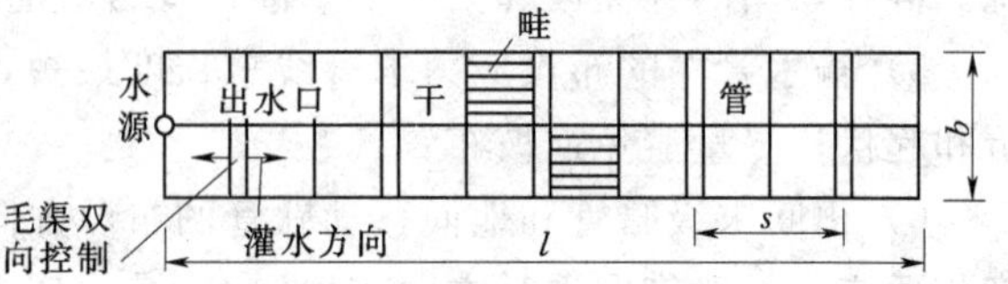

图 5-9　一字形布置

(3) 混合状。

当地形较复杂时，常将环状与树枝状管网混合使用，形成混合状。

对于井灌区，这两种布置形式主要适用于井水量 60～100m^3/h，控制面积 10～20hm^2，田块的长宽比（l/b）约为 1 的情况。常采用一级地埋暗管输水和一级地面移动软管输水、灌水。地埋暗管多采用硬塑料管、内光外波纹塑料管和当地材料管，管径约为 100～200mm，管长不超过 1.0km。地面移动软管主要使用薄膜塑料软管和涂塑布管，管径 50～100mm，长度不超过灌水畦、沟长度。

水源位于田块中心，常采用 H 形和长一字形树枝状管网布置形式（图 5-10）。主要适用于井灌区，水井位于田块中部。井出水量 40～60m^3/h，控制面积 7～10hm^2；田块的长宽比（l/b）≤2 时，采用 H 形；当长宽比>2 时，常采用长一字形。

对于渠灌区，常为多级半固定式或固定式低压管道输水灌溉系统，其控制面积可达 70hm^2，干管流量一般约在 0.4m^3/s 以下，管径在 300～600mm 间，长度可达 2.0km 以上；支管流量一般 0.15m^3/s，管径 100mm 左右，管长即支管间距约 200～400m，农管间距即灌水沟畦长度，一般为 70～200m。大管径（300mm 以上）地埋暗管管材常用现浇或预制素混凝土管，300mm 以下管径的常用管材有硬塑料管、石棉水泥管、素混凝土管、内光外波纹塑料管以及当地材料管等。一般要求农管（或支管）采用同一管径，干管或支管可分段变径，以节省投资；但变径不宜超过 3 种，以方便管理。

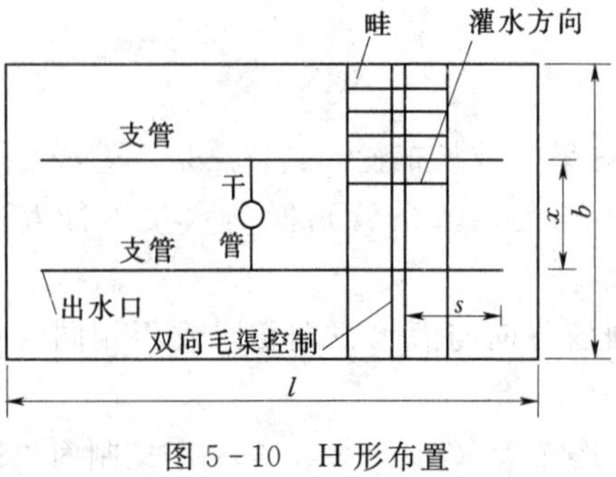

图 5-10　H 形布置

3. 地面移动管网的布设和使用

地面移动管网一般只有一级或两级，其管材通常有移动软管、移动硬管和软管硬管联合运用3种。常见的布设形式及其相应的使用方法有3种。

(1) 长畦短灌。

其又称为长畦分段灌，是将一条长畦分为若干短段，从而形成没有横向畦埂的短畦，用软管或纵向输水沟自上而下或自下而上分段进行畦灌的灌水方法，如图5-11所示。其畦长可达200m以上。

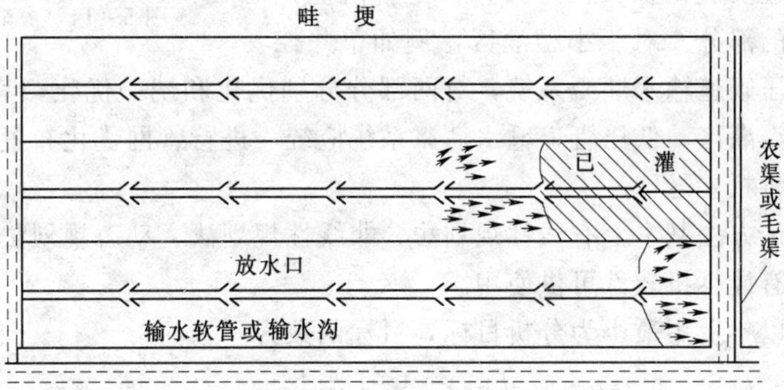

图5-11 长畦分段灌布置

(2) 长畦短灌双灌。

长畦短灌双向灌溉（见图5-12）是在长畦短灌的基础上由一个出水口放水双向灌溉的方法。其单口控制面积约0.09～0.18hm²，移动管长20m左右。

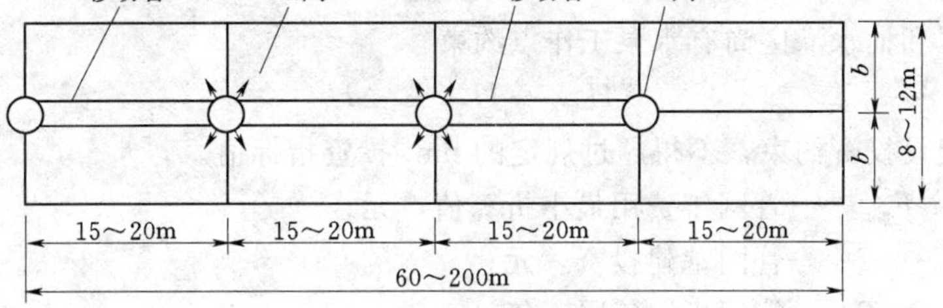

图5-12 长畦短灌双向灌溉

(3) 长畦短灌单向灌溉。

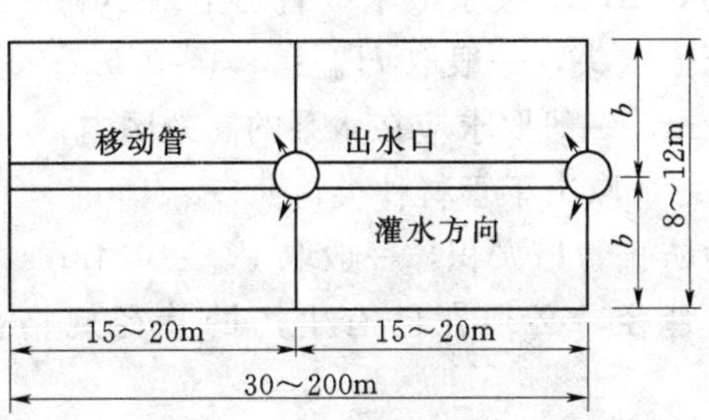

图5-13 长畦短灌单向灌溉

地面坡度较陡，灌水不宜采用双向控制时，可在长畦短灌基础上采用单向控制灌溉，见图5-13。

(4) 方畦双向灌溉。

地面坡度小，畦的长宽比约等于1（或0.6～1.0）时可采用方畦双向灌溉。移动管长不宜大于10m，畦长亦不宜大于10m，见图5-14。

(5) 移动闸管。

移动闸管是在移动管（软管或硬管）上开孔，孔上设有控制闸门，以调节放水孔的出流量。移动闸管可直接与井泵出水管口相连接，也可与地埋暗管上的给水栓相连接。闸管顺畦长方向放置。闸管长度不宜大于 20m。畦的规格及灌水方法均与移动管网相同。闸管上孔闸的间距视灌水畦、沟的布置而定。

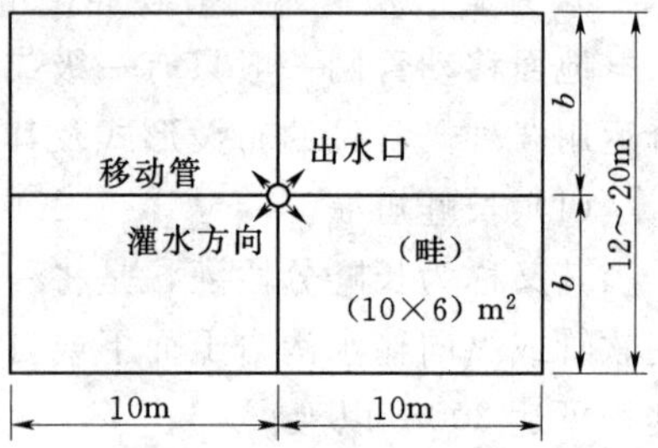

图 5-14　方畦双向灌溉

4. 管网优化布置及管径优选

优化管网布置及优化各级管道的管径是管网优化的两个相互联系的部分。对于小型灌区，例如单井控制面积不大的低压管道输水灌溉系统，对两部分分别优化和统一优化，其结果差别不大。对控制面积大的渠灌区，低压管道输水灌溉系统应统一进行管网优化布置和管径优选，否则，其优化结果将相差悬殊。

管网优化理论方法基本上有线性规划法、非线性规划法、动态规划法等，以非线性规划法常用，并已有计算机软件可供使用。

管网优化多以年费用最小为分析目标，目标函数为

$$F_{\min} = C/T + F_y \tag{5-1}$$

约束条件：

1）工作压力约束　$H_{\min} \leqslant H_i \leqslant H_{\max}$　（5-2）

2）流速约束　$V_{\min} \leqslant V_i \leqslant V_{\max}$　（5-3）

3）管径约束　$d_{\min} \leqslant d_i \leqslant d_{\max}$　（5-4）

对于树枝状管网，要求　$d_1 \geqslant d_2 \geqslant d_3 \geqslant \cdots \geqslant d_n$　（5-5）

4）流量约束　$Q_i \leqslant Q_{\max}$　（5-6）

5）井灌区和抽水灌区尚有水泵工作点约束

$$H_{\max} - H_{\min} \leqslant \Delta H \tag{5-7}$$

6）基础建设投资约束，不得超过规定的 hm^2 投资指标值。

式中　$F_{\min}$——管网年费用最小折算值，元；

C——管网基建投资，元；

T——管网折旧年限，年；

F_y——管网年管理运行费，元；

$H_{\max}$——管网允许的最大工作压力，m，取决于管材的承压能力；

$H_{\min}$——管网允许的最小工作压力，m，取决于最末级管道上最不利的出水口或给水栓所需要的压力水头，一般取 $H_{\min}=0.3\sim0.5$m；

ΔH——水泵工作点要求的压力，m，一般要求应在水泵的高效区内；

$V_{\max}$——管网允许的最大流速，m/s，取决于管材种类；

$V_{\min}$——管网允许的最小流速，为防止管道淤积，一般取 $V_{\min}=0.4$m/s；

$d_{\min}$、$d_{\max}$——管网各级管道所选用的管径，必须在已有生产的管径规格范围，mm；

d_1，d_2，…，d_n——树枝状管网的干管或支管分段变径的管径，管径应由大向小变

化，以节省投资；

Q_{max}——水源所提供的最大工作流量，m^3/s；

H_i——管网某处的设计工作压力；

V_i——管网某处的设计流速；

d_i——管网某处的管径；

Q_i——管网某处的流量。

影响管网年费用的主要因素是管网系统类型（固定式、半固定式或移动式）、管网布置形式（走向、间距、长度等）、管材和管径。利用正交表优化管网布置和优选管径，方法简便，并已有计算机通用软件，可供借鉴应用。

四、低压管道输水灌溉系统的管材与管件

管材是低压管道输水灌溉系统的主要组成部分，直接影响低压管道输水灌溉系统工程的质量和造价。在低压管道输水灌溉系统中，地埋暗管（固定管道）使用的管材主要有塑料硬管、水泥制品管及当地材料管等；地面移动管道的管材有软管和硬管两类。

1. 地埋暗管管材

（1）塑料硬管。具有重量轻、内壁光滑、输水阻力小、耐腐蚀、易搬运和施工安装方便等特点。目前低压管道输水灌溉系统中使用的国标塑料硬管主要有聚氯乙烯管（PVC）、高密度聚氯乙烯管（HDPE）、低密度聚氯乙烯管（LDPE）、改性聚丙烯管（PP）等，其规格、公称压力和壁厚的关系见有关资料。要求管材外观应内外壁光滑、平整，不允许有气泡、裂隙、显著的波纹、凹陷、杂质、颜色不均一及分解变色等缺陷。

（2）薄壁聚氯乙烯硬管。壁厚1.7～2.0mm，压力0.20～0.25MPa。

（3）聚氯乙烯双壁波纹管。具有内壁光滑、外壁波纹的双层结构特点，不仅保持了普通塑料硬管的输水性能，而且还具有优异的物理力学性能，特别是在平均壁厚减薄到1.4mm左右时，仍有较高的扁平刚度和承受外载的能力，是一种较为理想的低压管道输水灌溉系统管材。

（4）水泥制品管。可以预制，也可以在现场浇注。各种水泥制品管，例如素混凝土管、水泥土管等，都造价较低，且可就地取材，利用当地材料，容易推广。

（5）石棉水泥管。是用石棉和水泥为主要原料，经制管机卷制而成。其特点是，内壁光滑，摩阻系数小，抗腐蚀，使用寿命长，重量轻，易搬移，且机械加工方便，但其质地较脆，不耐碰撞，抗冲击强度不高。其规格主要有ϕ100、ϕ150、ϕ200、ϕ250和ϕ300等5种。耐压有300kPa、700kPa、900kPa和1200kPa等。

（6）灰土管是以石灰、粘土为原料，按一定配合比混合，并加水拌匀，经人工或机械夯实成型的管材。

石灰质量要求含CaO以大于60％为优。灰土比各地因灰、土质量而异，一般在1∶5～1∶9之间，含水率约20％，干容重应在1.60g/cm^{3}以上。其在空气中养护一周的抗压强度，即可达1.0～1.7MPa。但最好采用湿土养护方法，养护至少两周后再投入运用，以有利于灰土后期强度继续增高，保证运用安全可靠。

2. 地面移动管材

地面移动管材有软管和硬管两类。软管管材主要使用塑料软管（亦称薄塑软管）和涂塑布管。硬管管材多用塑料硬管。

(1) 塑料软管。主要有低密度聚乙烯软管、线性低密度聚乙烯软管、锦纶塑料软管、维纶塑料软管等 4 种。锦纶、维纶塑料软管，管壁较厚（2.0～2.2mm），管径较小（一般在 90mm 以下），爆破压力较高（一般均在 0.5MPa 以上），相应造价也较高，低压管道输水灌溉系统中不多用。低压管道输水灌溉系统中以线性低密度聚乙烯软管（即改性聚乙烯软管）应用较普遍。

(2) NG 涂塑软管。涂塑软管以布管为基础，两面涂聚氯乙烯，并复合薄膜，粘接成管。其特点是价格低，使用方便，易于修补，质软易弯曲，低温时不发硬，且耐磨损。目前生产的产品规格有 $\phi25$、$\phi40$、$\phi50$、$\phi65$、$\phi80$、$\phi100$、$\phi125$、$\phi150$ 和 $\phi200$ 等 9 种。工作压力一般为 1～300kPa。

3. 管件

管件将管道连接成完整的管路系统。管件包括弯头、三通、四通和堵头等，可用混凝土、塑料、钢、铸铁等材料制成。

4. 管径的初选及管道的水力计算

(1) 初选管径。

通常按下式初选管径

$$d = \sqrt{\frac{4Q}{\pi v}} = 1.13\sqrt{\frac{Q}{v}} \tag{5-8}$$

式中 d——管道内径，m；

Q——设计流量，m^3/s；

v——管道内的适宜流速，m/s。

适宜流速对管径选择影响很大，目前在低压管道输水灌溉系统中尚研究不够，一般凭经验选取，多控制在 0.5～1.5m/s 之间，以不产生淤积和不发生水击为度。各种管材适宜流速的选取可参考表 5-2。

表 5-2　　低压管道输水适宜流速值

管 材	混凝土管	石棉水泥管	水泥砂管	塑料管	移动软管
适宜流速（m/s）	0.5～1.0	0.7～1.3	0.4～0.8	1.0～1.5	0.4～0.8

(2) 管道的水力计算。

管道水力计算的任务是计算管道水头损失，包括沿程水头损失与局部水头损头两部分。

1）计算沿程水头损失，其公式见有关书籍。

2）局部水头损失按下式计算

$$h_j = \xi\frac{v^2}{2g} \tag{5-9}$$

式中 h_j——局部水头损失，m；

v——管内断面平均流速，m/s；

g——重力加速度；

ξ——局部水头损失系数，可参考水力学或有关手册选定。

局部水头损失也可按沿程水头损失的10%～15%估算。较长的平直管道，局部水头损失可忽略不计。

五、低压管道输水灌溉系统建筑物的布设

在井灌区，若采用移动软管式低压管道输水灌溉系统，一般只有1～2级地面移动软管，无需布设建筑物，只要配备相应的管件即可；若采用半固定式低压管道输水灌溉系统，也只布设一级地埋暗管，再布设必要数量的给水栓和出水口即可满足输水和灌水要求。而在渠灌区，通常控制面积较大，需布设2～3级地埋暗管，故必须设置各种类型的附属建筑物。

1. 渠灌区低压管道输水灌溉系统的引取水枢纽布设

渠灌区的低压管道输水灌溉系统需从支、斗渠或农渠上引水。其渠、管的联接方式和各种设施的布置均取决于地形条件和水流特性（如水头、流量、含沙量等）以及水质情况。通常管道与明渠的联接均需设置进水闸门，其后应布设沉淀池，闸门进口尚需安装拦污栅，并应在适当位置处设置量水设备。

2. 渠灌区低压管道输水灌溉系统的分、配水控制和泄水建筑物的布设

在各级地埋暗管首、尾和控制管道内水压、流量处均应布设闸板门或闸阀，以利分水、配水、泄水及控制调节管道内的水压或流量。采用自来水管网中的闸阀，造价过高，联接安装麻烦；最好采用闸板形式，起闭灵活方便，造价低，装配容易。

3. 量测建筑物的布设

低压管道输水灌溉系统中，通常都采用压力表量测管道内的水压。压力表的量程不宜大于0.4MPa，精度一般可选用1.0级。压力表应安装在各级管道首部进水口后为宜。

在井灌区，低压管道输水灌溉系统流量不大，可选用旋翼式自来水表，但其口径不宜大于ϕ50，否则造价过高，会影响投资。在渠灌区，各级管道流量较大，如仍采用自来水表，既造价高，又会因渠水含沙量大，还含有其他杂质，而使水表失效。采用闸板式圆缺孔板量水装置或配合分流式量水计则量水精度更精确，其测流误差≥3%，价格低，加工安装简易，使用维护均很方便。如用于量水，应装在各级管道首部进水闸门下游，以节流板位置为准，要求上游直管段需要有10～15倍管道内径的长度，下游应有5～10倍管道内径的长度。

4. 给水装置的布设

给水装置是低压管道输水灌溉系统由地埋暗管向田间灌水、供水的主要装置，可分为两类：直接向土渠供水的装置，称出水口；接下一级软管或闸管的装置，称给水栓。一般每个出水口或给水栓控制的面积为0.7hm^2左右，压力不小于3kPa，间距大致为30～60m。

出水口和给水栓的结构类型很多，选用时应因地制宜，依据其技术性能、造价和在田间工作的适应性，并结合当地的经济条件和加工能力等，综合考虑确定，一般要求：结构简单，坚固耐用；密封性能好，关闭时不渗水，不漏水；水力性能好，局部水头损失小；整体性能好，开关方便，容易装卸；功能多，除供水外，尽可能具有进排气，消除水锤、

真空等功能，以保证管路安全运行，造价低。

根据止水原理，出水口和给水栓可分为外力止水式、内水压式和栓塞止水式等三大类型。

5. 管道安全装置的布设

为防止管道进气、排气不及时或操作运用不当，以及井灌区泵不按规程操作或突然停电等原因而发生事故，甚至使管道破裂，必须在管道上设置安全保护装置。目前在低压管道输水灌溉系统中使用的安全保护装置主要有：球阀型进排气装置、平板型进排气装置、单流门进排气阀和安全阀 4 种。它们一般应装设在管道首部或管线较高处。

第六章　灌溉渠道系统

灌区的水利工程系统通常包括灌溉渠道系统和排水沟道系统。灌溉渠道系统是指从水源取水、通过渠道及其附属建筑物向农田供水，经由田间工程进行农田灌水的工程系统。它是调节农田水分状况的重要设施，其功能在于合理利用与保护水资源，科学地、有计划地调控农田水分，促进农业生态环境的优化与农作物的高产优质。完整的灌溉渠道系统由以下部分组成：渠首工程；输、配水工程；田间工程。

（1）渠首工程：包括水源（河流、湖泊、水库、地下水等）及从水源引水的相应建筑物（闸、坝、抽水泵站、井等）。

（2）输水、配水工程：包括输水、配水渠道和渠系建筑物。是农田灌溉的各级固定渠道和建筑物，其功能是将灌溉水从水源引入，并输送分配到田间工程或灌水田块。

（3）田间工程：由农渠以下田块中的输水沟、灌水沟、畦田、格田、田埂及小型量水设备组成。田间灌水系统将水直接输送到田间，是调节土壤水分状况的临时灌水系统。

田间工程已在第五章讲述，排水系统在第八、九章讲述。本章介绍灌溉工程系统中的输、配水工程。

灌溉、排水系统示意图如图 6-1 所示。

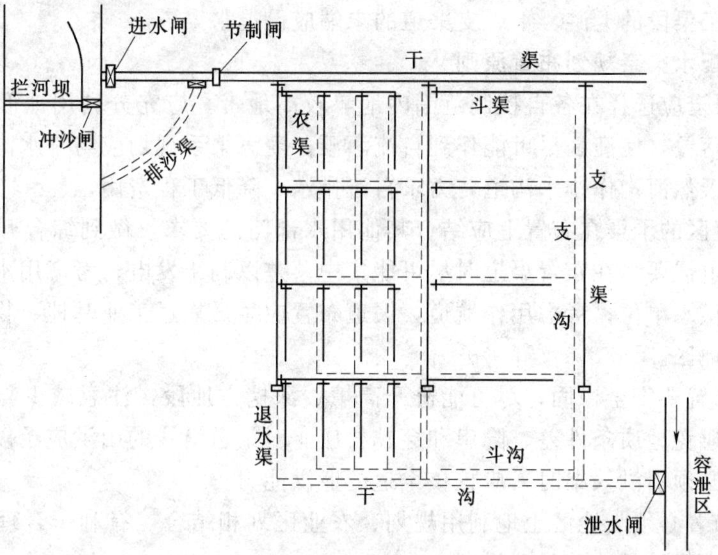

图 6-1　灌溉排水系统示意图

第一节 灌溉渠系规划

一、输、配水渠系概述

输、配水渠系由输、配水渠道和退、泄水渠道组成。输、配水渠道即为固定灌溉渠道。灌溉渠道按其使用寿命可分为固定渠道和临时渠道两种：多年使用的永久性渠道称为固定渠道（输、配水渠道）；使用寿命小于一年的季节性渠道称为临时渠道（田间渠道）。按控制面积大小和水量分配层次又把渠道分成若干等级：大、中型灌区的输、配水渠道一般分为干渠、支渠、斗渠、农渠 4 级，如图 6-2 所示；在地形复杂的大型灌区，固定渠道的级数往往多于 4 级，干渠可分成总干渠和分干渠，支渠可下设分支渠，甚至斗渠也可下设分斗渠；在灌溉面积较小的灌区，固定渠道的级数较少，干渠的下一级渠道很短，可称为斗渠，这种灌区的固定渠道就分为干、斗、农 3 级。农渠以下（不包括农渠）的小渠道一般为季节性的临时渠道。

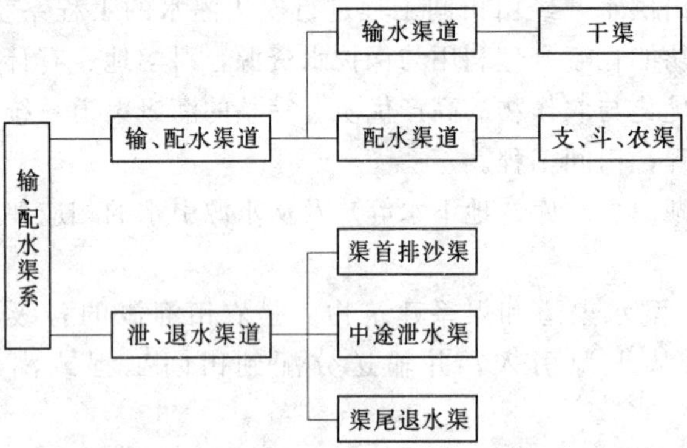

图 6-2 输、配水渠系模式图

退、泄水渠道包括渠首排沙渠、中途泄水渠和渠尾退水渠，其主要作用是定期冲刷和排放渠首段的淤沙、排泄入渠洪水、退泄渠道剩余水量及下游出现工程事故时断流排水等，达到调节渠道流量、保证渠道及建筑物安全运行的目的。中途退水设施一般布置在重要建筑物和险工渠段的上游。干、支渠道的末端应设退水渠道。

二、输、配水渠系规划布置原则

1）各级渠道应选择在各自控制范围内地势较高地带。应充分利用地形条件及水源与容泄区之间的落差，使灌区尽可能作到自流灌溉。灌溉渠系规划应与排水沟系规划结合进行，尽量利用天然河沟作排水沟道，力求自流排水，降低工程费用。

2）大型灌区的干渠在布置上应结合其他用水部门的要求，做到综合开发利用水利资源。如考虑发电需要，在布置渠道时尽可能集中落差以利于发电；考虑用水单位需要，渠道布置应靠近供水单位；考虑用作航道，渠道布置应尽量靠近工业基地、物资产地、商贸中心及车站等地区。

3）渠系布置要安全稳固，尽可能避开高填、深挖方地段，注意减少与道路、河流的交叉，并尽量避免地质条件差、隐患和穿越村庄。对渠道沿线的山洪应予以截导，防止进入灌溉渠道，必须引洪入渠时，应校核渠道的泄洪能力。

4）渠系布置必须与地区土地利用规划、农业区划相结合，有利于合理开发利用水土资源及农业生态环境的改善与建设。

5）渠系布置要与地区交通网、绿化带的规划相结合，尽可能减少桥涵等建筑物的数量。还应与农业用水单位的分布配合，最好每个单位能拥有自己独立的供水配水系统，以减少用水纠纷，利于节约用水。

6）渠道线路布置要力求经济合理，尽可能做到渠线短、直，交叉建筑物少，土石方量小和占地少，要利于提高灌区的土地利用系数，且便于工程维修养护和用水管理。

7）不宜在同一块地布置自流和提水两套系统。自流灌区内的局部高地，经论证可实行提水灌溉。

8）干渠上的主要建筑物和重要渠段的上游，应设置泄水渠、闸，干渠、支渠和重要的斗渠末端应有退水设施。

9）土渠弯道半径应大于水面宽的5倍，其他衬砌渠道应大于2.5倍。

10）支渠以方便配水为主，一般半填半挖，以节省土方。平原区支渠长度最好不超过15km，支渠间距视斗渠长度而定，一般一侧控制时3～5km，两侧控制时可增大一倍。

三、灌区类型及干、支渠规划布置

灌区按地形条件，大致可以分为三种基本类型：①山区、丘陵区灌区；②平原型灌区；③圩垸型灌区。以下分别介绍其特点及基本布置形式。

1. 山区、丘陵区型灌区

我国的山区、丘陵区分布范围很广，面积约占全国总土地面积的80%左右，其耕地面积占全国总耕地面积的50%左右。因此，发展山区、丘陵区的农田灌溉非常重要。这类地区的特点是：地形比较复杂，河、溪、岗、沟谷交错，坡陡地面起伏剧烈，耕地分散，土壤瘠薄，多为坡地与梯田，很少有整片的平坦土地。因地高水低，用水困难，河溪源短流急，洪枯水量变化大，常需从河流上游远处引水灌溉。因此，山丘区渠道多环山布置，一般是位置较高，渠线较长，渠道弯曲，深挖方和高填方多，建筑物多，工程量大。山丘区塘坝和小型水库较多，有利于拦蓄洪水和当地径流，所以山丘区的灌溉系统往往与库塘相联接，形成长藤结瓜水利系统。总之，进行山丘区规划时应充分利用有利的地形条件。干、支渠的布置，主要有下列两种形式。

（1）干渠沿等高线布置。

灌区多位于分水岭与山溪或河流之间，呈狭长形，地面等高线大致与河流方向平行。灌区上游坡度大，地面狭窄；下游地势平坦，地面开阔，多呈扇形。针对这种地形条件，干渠沿灌区上部的边缘布置，以求自流控制全部的灌溉面积，支渠从干渠一侧引出，如图6-3所示。其特点是：干渠渠线长，渠底比降平缓，水头损失小，控制面积大，结合开

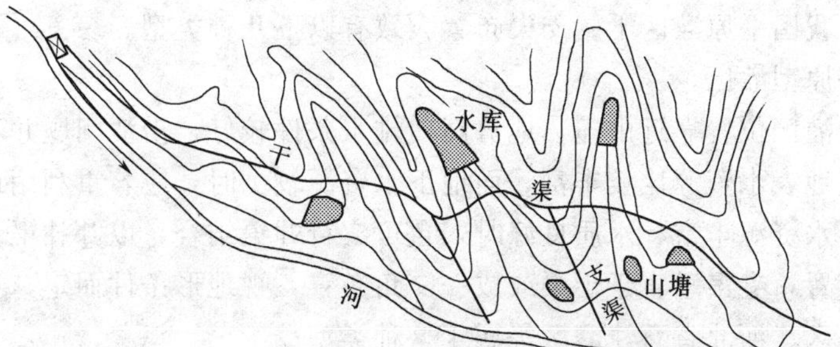

图6-3　干渠沿等高线布置

挖山坡截流沟修筑渠堤，拦截坡面径流，防止水土流失。但在山坡上干渠不能布置过高，以免跨越山沟多，交叉建筑物多，土石方工程量大，易受山洪威胁。

（2）干渠垂直等高线布置。

灌区多位于浅丘岗地或两沟河之间开阔的缓坡丘陵地上，高侧为较陡的山地，低侧为较大的河流，地面等高线大致与沟河方向垂直。根据长藤结瓜水利系统中库、塘与天然河沟的位置，划分为若干个小灌区。干渠垂直于等高线，支渠自干渠一侧或两侧分出，控制大片灌溉面积，如图 6-4 所示。

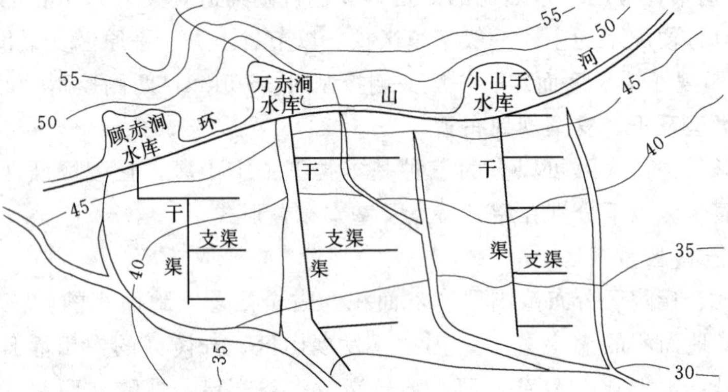

图 6-4　干渠沿分水岭布置

这种布置的特点是：干渠顺坡布置，渠道纵坡大，流速也大，缩小了输水断面，土方量小。但干渠水头损失增大，控制灌溉面积小，而且渠道易受冲刷，联接建筑物增多。此外，为防止山洪对渠道的威胁，渠道上常设有泄洪建筑物或沿渠道一侧修建山坡截流沟。

2. 平原型灌区

平原型灌区主要为山前平原灌区和冲积平原灌区，具有易旱、易涝、易碱的特点。大多位于河流的中、下游，地形比较平坦开阔，耕地集中，一般有可能使主干渠道布置得比较顺直和规则。但需十分注意选择渠道纵坡，以满足水位控制条件，并应与天然排水系统相协调。

为满足自流灌溉的要求，干渠、支渠在布置上首先要考虑水位高程的控制要求，布置在灌区较高的位置上。在渠线选择时，要考虑使渠道总长度短、渠道渗漏量小和总交叉建筑物少的要求。我国平原灌区干、支渠布置大致有以下几种类型。

（1）山前平原型灌区。

这种地区的灌区位置靠近山麓，地势高，排水条件较好，涝渍问题并不严重，干旱问题较突出。如果地表水资源比较丰富，而地下水资源较少时，应着重利用地表水资源发展渠灌；如果地下水资源丰富、水质良好时，也可实行井渠结合，以井补渠。这类灌区干渠多沿山麓方向布置，支渠垂直于干渠或成一交角布置，视地形条件而定，如图 6-5 所示。如河南省白沙灌区、河北省石津灌区等属于这种类型。

（2）冲积平原型灌区。

这类灌区位于河流中、下游平原坡水地区，地面坡度平缓，地下水位较高，有涝、碱

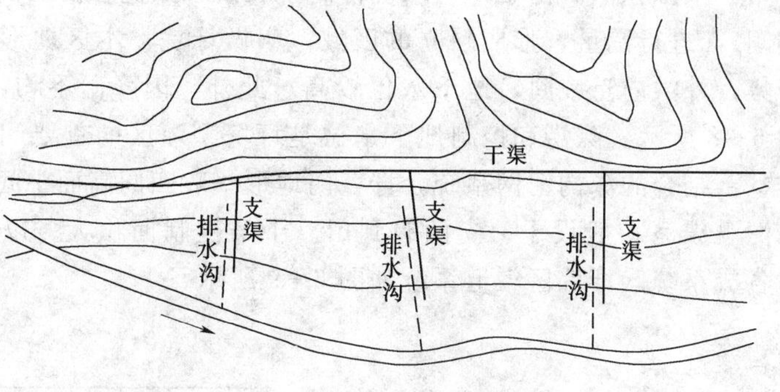

图 6-5　山前平原型灌区干渠沿等高线布置

威胁。河谷阶地位于河流两侧，呈狭长地带，地面坡度倾向河流，高处地面坡度较大，河流附近坡度平缓，水文地质条件和土地利用情况和平原地区相近。

冲积平原型灌区如地表水丰富，排水条件良好，渠系应采用灌排分开的布置形式。干渠多沿河道干流旁的高地布置，支渠大多与河流成直角或锐角布置。我国许多灌区如山东打鱼张灌区、山西汾河灌区、内蒙古河套灌区等均属这种类型。图 6-6、图 6-7 绘出了平原型灌区干、支渠的布置示意图。

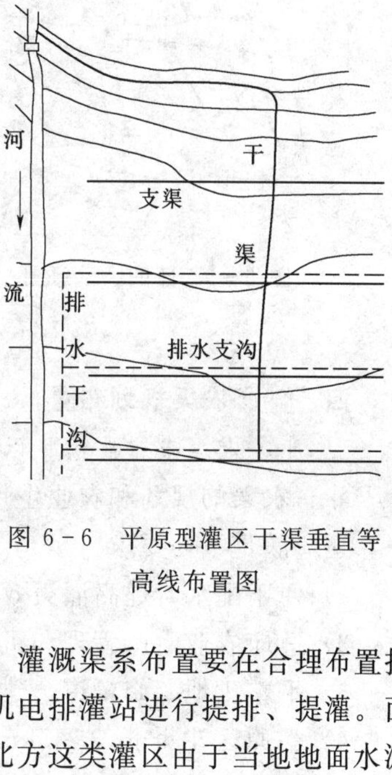

图 6-6　平原型灌区干渠垂直等高线布置图

（3）低洼平原或平原低地型灌区。

此类灌区属于江河冲积平原低地，大多地势平坦低洼、地面坡度平缓、土壤粘重渗透性差，夏秋多暴雨，外洪内涝，地下水位高，排水不畅。除沿海和北方部分地区外，地下水矿化度不高，无土壤盐碱化现象。我国南方河流中、下游沿江滨湖地区、三角洲水网地区以及北方的盘锦灌区等均属于这一类型。

这种类型灌区的规划，要以改土治水为中心，以除涝防渍为重点，积极解决灌溉水源，统一规划，综合治理。灌溉渠系布置要在合理布置排水系统的基础上进行。对于无自流灌排条件的灌区，要用机电排灌站进行提排、提灌。面积较大的低地，采用多级分区灌溉、统一排涝。另外，在北方这类灌区由于当地地面水源不足，往往需要利用河道和排水沟引水蓄水，因此在保证能控制地下水位的前提下，可采用排、灌、蓄结合的深沟河网系统。而在地下水质较好的地区，则利用地下水发展井灌。这类灌区，由于地形平坦，便于布置顺直沟道，形成比较规则的灌排系统。

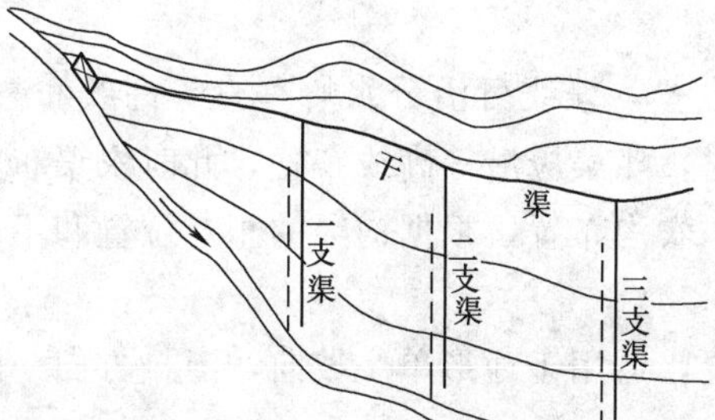

图 6-7　平原型灌区干渠平行等高线布置

3. 南方圩垸型灌区

此类灌区主要分布在沿江、沿河、滨湖、三角洲地区，系江湖冲积平原，土壤肥沃、河湖众多、水网密布、水源充沛。由于外河水位常高于农田，人们在江河两岸和沿湖滩地圈圩筑堤防洪（挡潮），进行围垦，形成独立的区域，叫做圩垸。本区地形平坦低洼，多河湖港汊，水网密集，外洪内涝威胁，地下水位较高。此外，因降雨不均，也常发生旱情。圩垸示意图如图 6-8 所示。除涝和控制地下水位是圩垸型灌区的首要问题，圩垸区的渠道系统为灌、排、蓄结合的深沟河网系统，圩垸内地形一般四周高而中间低，干渠经常沿圩垸四周布置，灌溉渠系一般设干、支两级到田。干渠控制面积大。以排为主，兼顾灌溉，排灌分家，各成系统。圩垸区渠道系统如图 6-9 所示。

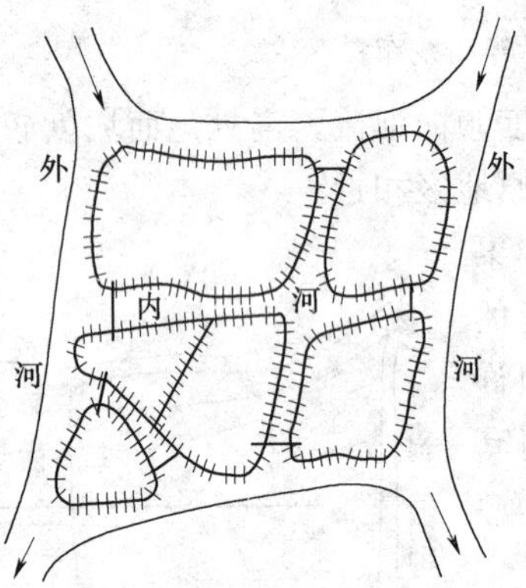

图 6-8　圩垸区示意图

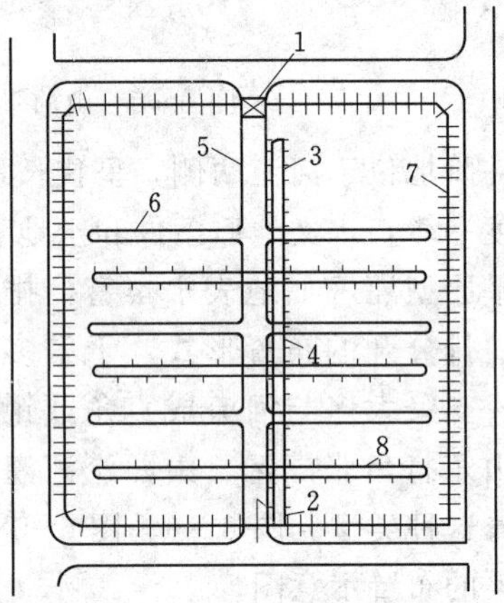

图 6-9　圩垸区灌、排渠系统布置

1—封闭闸；2—泵站；3—灌溉干渠；4—地下涵洞；5—排水干沟；6—排水支沟；7—圩垸；8—灌溉支渠

四、斗、农渠规划布置

1. 斗、农渠布置要满足以下要求

斗、农渠的规划和农业生产要求关系密切，除遵守前面讲过的输配水渠道规划原则外，还应满足下列要求：

1）便于配水，提高灌溉效率。

2）适应农业生产管理和机械耕作的要求。

3）平整土地、修渠道、建筑物工程量最少。

4）平原区斗渠长 3～5km，间距 600～1200m，控制面积 3000～5000 亩。农渠长 500～1000m，宽 200～400m，控制面积 200～600 亩。

2. 布置形式

斗渠引水口位于该斗渠控制灌溉面积的较高位置，渠线可沿分水岭垂直等高线布置，此时农渠则在斗渠两侧双向布置。对于一面坡地形，斗渠应沿等高线布置，此时农渠布置在斗渠一侧，垂直等高线布置。斗、农渠结合斗、农沟布置，根据沟渠的相对位置和不同作用，主要有以下两种基本布置形式。

（1）灌排相邻布置。斗、农沟渠相邻平行布置，适用于地形单一坡向，灌排方向一致的地区，如图 6-10 所示。

（2）灌排相间布置。斗、农渠向两侧灌水，斗、农沟承接两侧的排水。适用于地形平坦，或起伏不大的地区，一般灌渠布置在高处，排水沟布置在低处，如图 6-11 所示。与灌排相邻布置相比，在保证田块一致的情况下，渠道、沟道长度减少，但流量增加。由于田间斗、农沟、渠断面大多为标准形式，所以工程量减少近一半。

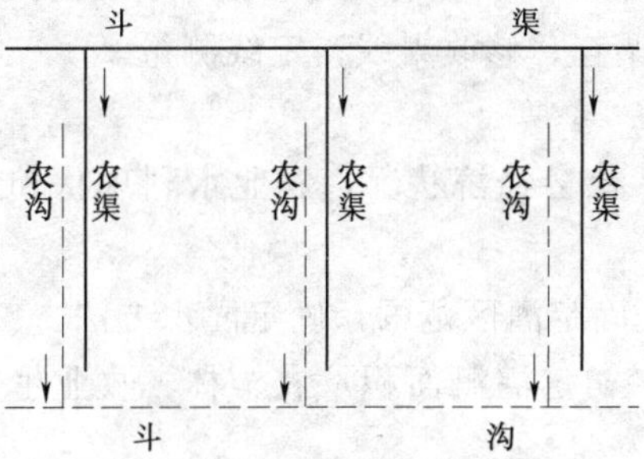

图 6-10　农渠、沟灌排相邻

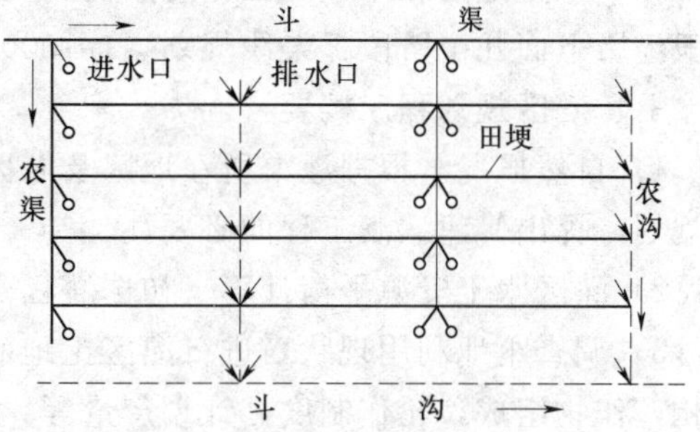

图 6-11　农渠、沟灌排相间

五、渠系防洪

灌溉排水系统的规划布置应和当地的防洪规划密切配合，在有防洪任务的地区修建灌区，如没有考虑防洪措施，就是不完整的规划，也是不安全的灌区。

干、支渠道的防洪标准，应根据其控制的灌溉面积大小、洪水灾害情况及政治、经济影响，结合防洪的具体条件，参考表 6-1 选用。

表 6-1　　干、支渠道防洪标准

渠道设计流量（m^3/s）	洪水重现期（年）
<5	10
20～5	20～10
100～20	30～20
300～100	50～30
>300	100～50

六、渠线规划步骤

干、支渠道渠线大致可分为查勘、纸上定线和定线测量 3 个步骤，大致如下。

1. 查勘阶段

先在小比例地形图上（1/50000）按照渠系布置原则，初步布置干、支渠位置，地形复杂的地段可布置几条比较线路，然后进行实地踏查，调查渠道沿线地形、地质条件，估计建筑物类型、规模，对险工难段初步勘察、复勘，经初步方案比较，估算工程量后，确定一个可行的渠线布置方案。该阶段一般在项目的可行性研究或规划阶段进行。

2. 纸上定线

对经过查勘初步确定的渠线落实到带状地形图的中心，测量带状地形图，比例尺为 1/1000～1/5000，等高距 0.5～1.0m，宽 100～200m。在对已测的带状地形图比较分析后，重新准确地布置渠道中心线的位置，包括弯道的曲率半径和弧形中心线的位置，并根据沿线地形和输水流量选择适宜的渠道比降。在确定渠线位置时，要充分考虑到渠道水位的沿程变化和地面高程。在平原地区，渠道设计水位一般应高于地面，形成半填半挖断面，使渠道水位有足够的设计高程。在丘陵山区，当渠道沿线地面横向坡度较大时，可按渠道设计水位选择渠道中心线的地面高程。还应使渠线顺直，避免过多的弯曲。

3. 定线测量

把带状地形图上重新确定的渠道中心线落实到地面上，沿线打木桩，木桩的位置和间距视地形变化情况而定，木桩上写上桩号，并测量各木桩处的地面高程和横向地面高程线，再根据设计的渠道纵横断面确定各桩号处的挖、填深度和开挖线位置。该阶段一般在初步设计阶段进行。

在平原型地区和小型灌区，可用比例尺等于或大于 1/10000 的地形图进行渠线规划，一般经历下面几个阶段：渠线规划（1/10000）；实地调查、修改渠线；定线测量。

七、灌区规划程序概要

1）自然概况。根据灌渠所在地区及灌区的自然、社会经济状况，农业水利现状和发展规划，提出修建灌溉工程的必要性。

2）灌区水土资源平衡计算。初选灌区开发方式，确定灌区范围，确定灌水方法。

3）调查土地利用现状，进行灌区土地利用规划，初定灌溉面积，农、林、牧业生产结构，作物组成，轮作制度，计划产量等。

4）分析灌区可能产生的旱、涝、碱原因，结合灌区地形、土壤条件和水文地质等条件，初拟灌区水利、土壤改良分区。论述排水工程的必要性和排水工程初步规划，选定排水方式。

5）拟定设计水平年，选定灌溉设计保证率。

6）拟定灌溉制度，初选灌溉水利用系数，进行灌区供需水量平衡计算，拟定年用水量及年内分配。

7）基本选定灌区工程总体布置方案，水源工程主要建筑物规模和主要参数，干、支渠交叉建筑物的位置，设计规模及灌区内部调蓄的主要参数。

8）提出典型区田间灌排渠系布置规划。

第二节　灌溉渠道流量计算

一、灌溉渠道流量概述

渠道中单位时间所通过的水量称为渠道流量。在灌水期间，渠道的流量是在一定范围内变化的，设计渠道时，要考虑流量变化对渠道的影响。通常用以下 3 种特征流量覆盖流量变化的范围：即渠道正常流量、渠道加大流量和渠道最小流量。

1. 正常流量

渠道正常流量即设计流量，是指在灌溉设计标准情况下，为满足灌区用水要求，灌水高峰期渠道通过的最大流量。渠道的设计流量与渠道控制面积、控制范围内的作物组成、作物灌溉制度以及渠道的工作方式等因素有关。由于渠道在输水过程中有蒸发、渗漏等损失，因而设计流量还应包括输水过程中损失的流量。

在渠道输水过程中，有水面蒸发、渠床渗漏、闸门漏水、渠尾退水等水量损失。需要渠道提供的流量称为渠道的净流量，计入水量损失后的流量称为渠道的毛流量。设计流量是渠道的毛流量，它是确定渠道断面大小、建筑物尺寸的主要依据。

2. 加大流量

加大流量是指把设计流量适当放大后所得到的安全流量。渠道加大流量的确定在于考虑未来气候变化致使需水量增大，或作物组成上可能的变化需增大供水量，也考虑到在特殊条件下需要渠道在短期内通过较大流量。这样在设计灌溉渠道时，要确定一个加大流量，用以校核设计渠道的最大过水能力是否满足通过加大流量的要求，在设计渠道和建筑物时留有余地。加大流量是确定堤顶高程的依据。

3. 最小流量

最小流量是指在灌溉设计标准情况下，渠道通过的最小流量。渠道在运行过程中可能会出现对种植面积小或灌水定额小的作物单独供水，这时渠道通过的流量称为渠道最小流量；有时水源供水不足，只能从水源引入较小的水量，这时渠道也出现最小流量。确定最小流量的目的在于校核渠道通过最小流量时是否会产生泥沙淤积、下级渠道水位控制是否满足要求以及节制闸应建在什么位置。

加大流量和最小流量对续灌渠道具有意义。

二、灌溉渠道输水损失及计算

灌溉渠道在输水过程中，有部分流量在沿途损失掉，不能进入田间为农作物所利用，这部分损失的流量称为输水损失（$Q_{损}$），在确定设计流量时必须加以考虑。

（一）渠道输水损失的类型及成因

1. 类型

渠道输水损失包括渗水损失、漏水损失、水面蒸发损失 3 部分。水面蒸发损失是指沿渠水面蒸发掉的水量，其值可根据水面蒸发资料及渠道总水面积近似求得。其数量是很少的，一般占渗漏损失水量的 5%以下，因而可忽略不计。漏水损失是指由于地质条件、生物作用或施工不良而形成漏洞或裂隙所损失的水量，以及管理不善、工程失修、建筑物漏水等原因造成的水量损失，这是在施工、管理中完全可以防止并避免的，因此在规划、设计阶段，渠道的漏水损失流量一般也不予计入。渗水损失是指通过渠底、边坡土壤孔隙渗掉的水量。渠道规划、设计时一般只考虑渗水损失。

2. 影响渗水损失的主要因素

1）渠床土壤的性质。

2）渠道断面形式及渠中水深。

3）沿渠水文地质条件，主要是地下水埋深及渠道附近地下水的出流条件。

4）由于蒸散作用而导致的地下水对上部土层的补给。当沿渠线的地下水位很高时，蒸散将降低沿渠的地下水位，使渗水损失相对增大。

5）渠道的工作制度。连续输水渗水损失大，间歇输水损失小。

6）渠道的淤积情况。新放水的渠道渗水损失大，工作年久的渠道则渗水少。

7）有无人工排水沟。在有排水沟的情况下，地下水位不致抬高，但渠道的渗水损失则较大。

8）渠道衬砌情况。

3. 渗流阶段

当透水层较均匀、地下水埋藏较深，渠道渗漏过程可分为两个阶段：

（1）自由渗流。

当渠道渗水不受地下水影响时的渗流叫自由渗流。一般出现在放水初期，或地下水位较深、出流条件较好的情况。此阶段又可分为：

1）湿润渠道上下土层阶段。在重力和毛管力的作用下湿润土层，非饱和流呈不稳定状态，渗量随时间而变，见图 6-12（a）。持续时间长短取决于地下水埋深。

2）渠道下形成地下水峰阶段。当下渗水流到达地下水位后，如向两侧或一侧的渗流排走量小于该处渠水渗出量，则渠底下的地下水位上升，形成的地下水峰也逐渐上升，直到与渠水连成统一的水面，见图 6-12（b）。

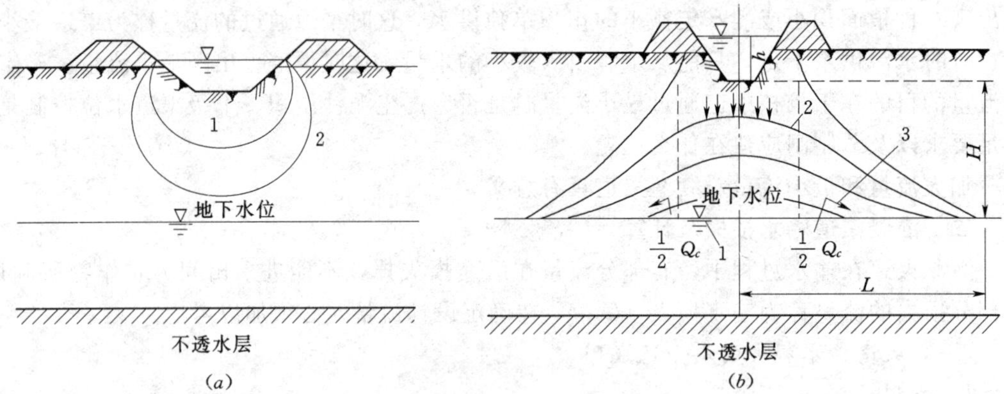

图 6-12

（a） 湿润渠道上下土层阶段

1—水的流向；2—浸润线

（b） 渠道下形成地下水峰阶段

1—原地下水位；2—地下水峰；3—水的流向；Q_c—侧向渗流排走量

（2）顶托渗流。

当渠道渗水受地下水位的顶托影响时的渗流叫顶托渗流。一般指地下水峰上升至渠底，地下水地面水连成一片。此时渠水以侧向渗漏为主，渗漏量接近稳定。如地下水埋藏浅，土层透水性弱或侧向排泄条件差，渗水可很快由垂向渗漏转为回水渗漏阶段。

由于轮灌渠道间歇性供水，当地下水埋藏不太浅时，也可能只发生湿润渠道上下土层阶段。经常过水的续灌渠道，可以接近或达到顶托渗流。

（二）渠道渗水损失计算

计算渠道渗水损失时，要了解岩土透水性、不透水层位置、地下水位、毛管水上升高度、渠道水力断面与流量，并考虑渗流边界条件和渠道渗流所处的阶段，选用不同公式计算或估算渗漏量。对已成渠道，可用动水测量法（断面测流法）、静水测定法、同心环测渗法来测量渠道渗漏量。在规划、设计阶段，经常采用经验公式进行近似计算。

1. 自由渗流下渠道损失计算

计算公式为

$$\sigma = \frac{A}{100Q_{净}^{m}} \tag{6-1}$$

式中 σ——每公里渠道输水损失系数；

A——渠底土壤透水系数；

m——渠底土壤透水指数；

$Q_{净}$——渠道净流量，m^3/s。

土壤渗水性参数 A、m 应根据实测资料求得。如缺乏实测资料时，则采用表 6-2 数值进行计算。

表 6-2　　土壤透水参数表

渠床土质	土壤透水性	渗水系数 A	渗水指数 m
重粘土及粘土	弱透水性	0.7	0.3
重粘壤土	中弱透水性	1.30	0.35
中粘壤土	中等透水性	1.9	0.4
轻粘壤土	中强透水性	2.65	0.45
沙壤土及轻砂壤土	强透水性	3.4	0.5

损失流量计算公式为

$$Q_{损} = \sigma L Q_{净} = \frac{AL}{100Q_{净}^{m-1}} \tag{6-2}$$

式中　$Q_{损}$——渠道输水损失流量，m^3/s；

L——渠道长度，km；

σ——同前，用小数表示。

令
$$S = 10AQ_{净}^{1-m}\ (L/s/km)$$

则
$$Q_{损} = SL/1000$$

单位渠长的输水损失流量 S 已经制成表格，见表 6-3。

表 6-3　　渠道输水损失表

渠道净流量 (m^3/s)	每公里渠长的输水损失量 (L/s)				
	弱透水性 $m=0.3$ $A=0.7$	中下透水性 $m=0.35$ $A=1.3$	中等透水性 $m=0.4$ $A=1.9$	中上透水性 $m=0.45$ $A=2.65$	强透水性 $m=0.5$ $A=3.4$
0.051～0.060	0.9	2.0	3.3	5.4	8.0
0.061～0.070	1.0	2.2	3.7	5.9	8.7
0.071～0.080	1.1	2.5	4.0	6.4	9.3
0.081～0.090	1.2	2.6	4.3	6.8	9.8
0.091～0.100	1.3	2.8	4.6	7.3	10.0
0.101～0.120	1.5	3.1	5.0	7.9	11.0
0.121～0.140	1.7	3.4	5.6	8.6	12.0
0.141～0.170	1.9	3.8	6.2	9.7	13.0
0.171～0.200	2.2	4.3	6.9	10.6	15.0
0.201～0.230	2.4	4.7	7.6	11.6	16.0
0.231～0.260	2.6	5.1	8.2	12.2	17.0
0.261～0.300	2.9	5.6	8.8	13.1	18.0
0.301～0.350	3.2	6.0	9.6	14.2	19.0
0.351～0.400	3.5	6.6	10.0	15.4	21.0
0.401～0.450	3.8	7.3	11.0	16.4	22.0
0.451～0.500	4.2	7.9	12.0	17.5	23.0
0.501～0.600	4.6	8.7	13.0	19.0	25.0
0.601～0.700	5.2	9.7	15.0	20.8	27.0
0.701～0.850	5.8	10.9	16.0	22.8	30.0
0.851～1.000	6.5	12.3	18.0	25.0	33.0
1.001～1.250	7.1	13.9	20.0	28.2	36.0
1.251～1.500	8.7	15.7	23.0	31.2	40.0

续表

渠道净流量 Q_{dj} (m^3/s)	每公里渠长的输水损失量 (L/s)				
	弱透水性 $m=0.3$ $A=0.7$	中下透水性 $m=0.35$ $A=1.3$	中等透水性 $m=0.4$ $A=1.9$	中上透水性 $m=0.45$ $A=2.65$	强透水性 $m=0.5$ $A=3.4$
1.501～1.750	9.9	18.3	26.0	34.8	43.0
1.751～2.000	11.0	19.3	28.0	37.0	46.0
2.001～2.500	12.0	22.0	31.0	41.0	51.0
2.501～3.000	14.0	24.3	35.0	46.0	57.0
3.001～3.500	16.0	27.1	39.0	50.0	62.0
3.501～4.000	18.0	30.0	42.0	54.0	66.0
4.001～5.000	20.0	34.0	47.0	60.0	72.0
5.001～6.000	23.0	38.1	53.0	68.0	80.0
6.001～7.000	26.0	43.0	58.0	74.0	87.0
7.001～8.000	29.0	47.0	64.0	80.0	93.0
8.001～9.000	31.0	51.0	69.0	86.0	99.0
9.001～10.000	32.0	55.0	74.0	91.0	105.0
10.001～12.000	34.0	61.0	81.0	98.0	112.0
12.001～14.000	42.0	68.0	89.0	100.0	122.0
14.001～17.000	48.0	76.0	98.0	120.0	134.0
17.001～20.000	54.0	86.0	109.0	132.0	147.0
20.001～23.000	60.0	94.0	120.0	144.0	153.0
23.001～26.000	66.0	102.0	130.0	152.0	168.0
26.001～30.000	72.0	110.0	139.0	162.0	180.0

2. 顶托情况下输水损失计算

当渠道渗水受地下水顶托影响时，渗漏量比上述公式计算的结果要小。这种情况下的渗水损失，目前实际工作中均按自由渗水损失公式的计算结果，乘以一个矫正系数 γ 求得。

$$Q'_{损} = \gamma Q_{损} \tag{6-3}$$

式中 $Q'_{损}$——有地下水顶托影响的渠道损失水量，m^3/s；

γ——地下水顶托修正系数，见表 6-4；

$Q_{损}$——自由渗流情况下渠道输水损失流量，m^3/s 。

表 6-4　土渠地下水顶托修正系数

渠道流量 (m^3/s)	地下水埋深 (m)					
	小于3	3	5	7.5	10	15
0.3	0.82					
1.0	0.63	0.79				
3.0	0.50	0.63	0.82			
10.0	0.41	0.50	0.65	0.79	0.91	
20.0	0.36	0.45	0.57	0.71	0.82	
30.0	0.35	0.42	0.54	0.66	0.77	0.94
50.0	0.32	0.37	0.49	0.60	0.69	0.84
100.0	0.28	0.33	0.42	0.52	0.58	0.73

3. 衬砌渠道渗水损失

自由渗流或顶托条件下的损失水量都是根据渠床天然土壤透水性计算出来的。如采取渠道衬砌防渗措施，则应观测研究不同防渗措施的防渗效果，以采取防渗措施后的渗漏损失水量作为确定设计流量的依据。如无试验资料，可给上述结果乘以表 6-5 给出的折减系数。

$$Q''_{损} = \beta Q_{损} \text{ 或 } Q''_{损} = \beta Q'_{损} \tag{6-4}$$

式中 $Q''_{损}$——采取防渗措施后的渠道损失水量，m^3/s；

β——采取防渗措施后的渠道渗漏损失折减系数，见表 6-5。

表 6-5　　　　衬砌渠道渗水损失修正系数

防渗措施	衬砌渠道渗水损失修正系数 β	备　注
渠槽翻松夯实（厚度大于 0.5m）	0.3～0.2	透水性很强的土壤，挂淤和夯实能使渗水量显著减小，可采取较小的 β 值
渠槽原状土夯实（影响厚度 0.4m）	0.7～0.5	
灰土夯实、三合土夯实	0.15～0.1	
混凝土护面	0.15～0.05	
黏土护面	0.4～0.2	
人工夯填	0.7～0.5	
浆砌石	0.2～0.1	
塑料薄膜	0.1～0.05	

（三）灌溉水的利用效率

渠道在输水过程中沿途损失一部分水量，因此，实际流到下一级渠道或田间的流量必然要减少，这样就出现了净流量和毛流量之分。

净流量、毛流量是渠道流量推算中两个常用的名词，具有相对性。对一个渠段而言，如图 6-13（a），流经上、下断面的流量各为 $Q_上$、$Q_下$，则 $Q_上$ 为该渠段的毛流量，而 $Q_下$ 则为该渠段的净流量；对于渠系而言，如图 6-13（b），干渠同时向各支渠分水，渠首流量为 Q_0，各支渠分水流量相应为 Q_1、Q_2、Q_3。那么，对于干渠而言，Q_0 为干渠毛流量，（$Q_1+Q_2+Q_3$）为干渠净流量，但对各支渠而言，Q_1、Q_2、Q_3 则分别是一、二、三支渠的毛流量。

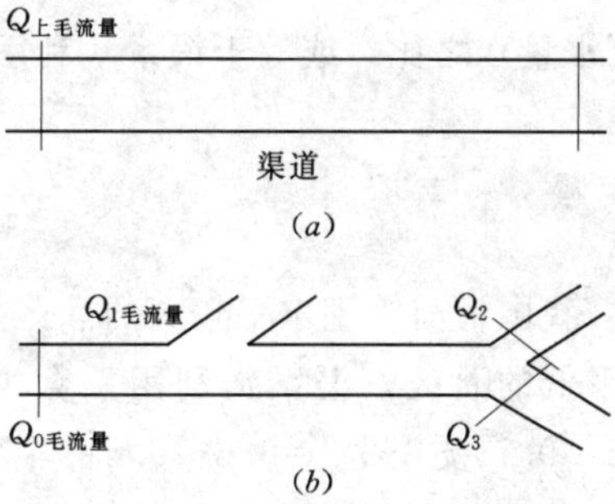

图 6-13　渠道净流量、毛流量关系示意图

1. 渠道水利用系数

某渠道的净流量与毛流量的比值称为该渠道的渠道水利用系数（$\eta_{渠道}$），公式为

$$\eta_{渠道} = \frac{Q_下}{Q_上} = \frac{Q_净}{Q_毛} \tag{6-5}$$

2. 渠系水利用系数

灌溉渠系的净运量与毛运量的比值称为渠系水利用系数，其值等于各级渠道的渠道水利用系数的乘积，即：

$$\eta_{渠系} = \eta_干 \eta_支 \eta_斗 \eta_农 \tag{6-6}$$

农渠向田间供水的流量就是灌溉渠系的净流量，干渠或总干渠从水源引水的流量就是渠系的毛流量。渠系水利用系数反映整个渠系的水量损失情况，它不仅反映出灌区的自然条件和工程技术状况，还反映出灌区的管理工作水平。应采取措施提高渠系水利用系数，使其值不应低于表 6-6 中所列数值。

表 6-6　　灌区渠系水利用系数表

渠系状况	渠系水利用系数 η		
	＜1 万亩	1 万～30 万亩	＞30 万亩
无防渗土渠	0.75	0.65	0.55

3. 田间水利用系数

农渠以下（包括临时毛渠直至田间）的水的利用系数叫田间水利用系数 $\eta_{田}$。$\eta_{田}$ 通常用实际灌入田间的净水量 $Q_{农田净}$（对于旱田，指蓄存在计划湿润层中的灌溉水量；对于水田，指蓄存在格田中的灌溉水量）与农渠放出的水量 $Q_{农净}$ 的比值表示，即：

$$\eta_{田} = \frac{Q_{农田净}}{Q_{农净}} \tag{6-7}$$

田间水利用系数是衡量田间工程状况和灌水技术水平的重要指标。在田间工程配套齐全、质量良好、灌水技术合理的情况下，一般为 0.95～0.98。与旱田地区相比，水田地区的田间水利用系数较高。

4. 灌溉水利用系数

全灌区的灌溉水利用系数（$\eta_{水}$），为田间所需的净流量（或净水量）与渠首引入流量（或水量）之比，或等于渠系水利用系数和田间水利用系数的乘积，即

$$\eta_{水} = \frac{Q_{田净}}{Q_{首}} \tag{6-8}$$

或

$$\eta_{水} = \eta_{渠系}\eta_{田} \tag{6-9}$$

我国目前管理水平较高的灌区，渠系水有效利用系数（$\eta_{渠系}$）可达 0.75～0.85，管理水平低的灌区，渠系水利用系数（$\eta_{渠系}$）仅达 0.4 左右。一般管理水平下，干渠 $\eta_{干}$ = 0.5～0.7；支渠 $\eta_{支}$ = 0.6～0.8；斗渠 $\eta_{斗}$ = 0.85 左右。

长期以来，渠系水有效利用系数不高，说明水的损失严重，这必然影响到扩大灌溉面积或提高了灌水成本。其次大量渗水又必然造成灌溉地区地下水位的上升，导致盐碱化或沼泽化。因此，做好渠道防渗工作，早已引起国内外的重视。

三、渠道的工作制度

渠道的工作制度就是渠道输、配水的工作方式，分为续灌和轮灌。

1. 续灌

在一次灌水延续时间内，自始至终连续输水的渠道称为续灌渠道。这种输水工作方式称为续灌。续灌渠道在一次灌水时间内连续输水，所以渠道流量小，相应的渠道断面和建筑物的尺寸也小，可减少工程量，节省占地和投资，但灌水时间长，输水水量损失较大。

2. 轮灌

同一级渠道在一次灌水延续时间内轮流输水的工作方式叫轮灌，实行轮灌的渠道称为

轮灌渠道。轮灌时，同时工作的渠道少，灌水集中，流量大，可缩短输水时间，输水水量损失相应减少，有利于机动调配水量，提高灌水效率。但渠道流量大，相应地要增大渠道土方量和建筑物工程量，干旱季节影响用水单位均衡受益。

大、中型灌区在正常情况下，干支渠一般应按续灌设计，斗、农渠按轮灌方式设计。支渠只有当水面比降小、水流泥沙含量高、容易产生淤积，有必要增加输水流量或缩短灌溉周期时，才可按轮灌方式设计，但必须经技术经济方案比较论证确定。小型灌区通常各级渠道均按续灌方式设计。

3. 轮灌分组

实行轮灌时，渠道分组轮流输水，分组方式可归纳为以下两种。

(1) 集中编组。将临近的几条渠道编为一组，上级渠道按组轮流供水，见图 6-14 (*a*)。采用这种编组方式，上级渠道的平均工作长度较短，输水损失水量较少。但相临几条渠道可能属于同一个生产单位，会引起灌水工作紧张。

(2) 插花编组。将同级渠道按奇数和偶数分别编组，上级渠道按组轮流供水，见图 6-14 (*b*)。这种编组方式的优缺点和集中编组的优缺点相反。

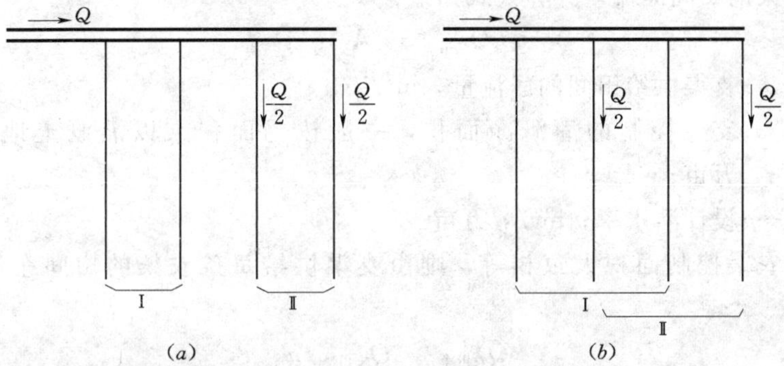

图 6-14　轮灌组划分方式

4. 划分轮灌组应注意的问题

实行轮灌时，无论采取哪种编组方式，轮灌组的数目不宜太多，以免造成劳动力紧张。一条上级渠道控制的下级渠道，一般以 2～3 组为宜。另外，还应注意如下方面：

1) 各轮灌组控制面积基本相等，如不相等，相差最好不超过 10%。

2) 渠道的输水能力与来水相适应。

3) 同一组的渠道位置接近，便于管理。

4) 照顾农业生产和群众用水习惯。

四、大、中型灌区渠道设计流量推算

(一) 调查收集资料

要调查收集的资料主要有：灌区控制的灌溉面积和作物种植结构比例；灌区的设计灌水率；灌区土壤的透水性等。

(二) 选择典型支渠

在大、中型灌区，支渠的数量较多，如果每条支渠以下的各级渠道都逐条推算设计流量，工作量很大。为了简化计算，通常选择一条有代表性的典型支渠，典型支渠控制的面积通常叫典型区。典型区内作物种植比例、土壤性质、灌溉面积等影响渠道流量的主要因素要具有代表性，也就是说能够代表全灌区。通过典型支渠以下各级渠道流量的计算，求得该支渠的渠系水利用系数，以便推广到全灌区，进而作为其他支渠的设计流量的推求依据。

（三）典型支渠以下各级渠道流量推求

1. 选择轮灌制度

按照划分轮灌组的原则选择配水方式，计算典型区内同时工作的斗渠数和农渠数。如同一条支渠以下同时工作的斗渠有 n 条，每条斗渠同时工作的农渠有 k 条，则该条支渠同时工作的农渠有 $n \cdot k$ 条。

2. 确定各级渠道最大的工作长度

一般为该级渠道的进水口至最远一组轮灌组的平均位置处的长度，支、斗、农渠的最大工作长度分别为 $L_{支}$、$L_{斗}$ 和 $L_{农}$。

3. 确定支渠灌至田间的净流量

斗、农渠道的流量不是由本身的控制面积决定，而是由支渠所控制的面积和轮灌制度所决定的。支渠的田间净流量计算公式如下：

$$Q_{支田净} = A_{支} q_{净} \tag{6-10}$$

式中 $Q_{支田净}$——支渠供给田间的净流量，m^3/s；

$A_{支}$——支渠控制的灌溉净面积，一般按毛面积乘以灌溉土地利用系数得，万亩；

$q_{净}$——设计灌水率，m^3/s/万亩。

如各斗、农渠控制面积大致相等，则由支渠供给每条农渠的田间净流量计算公式如下：

$$Q_{农田净} = Q_{支田净}/nk \tag{6-11}$$

式中 $Q_{农田净}$——农渠的田间净流量，m^3/s；

n——每条支渠同时工作的斗渠数；

k——每条斗渠同时工作的农渠数。

如斗、农渠控制面积不等，要按同时工作的各农渠灌溉面积占轮灌组总灌溉面积的比例推求各农渠的田间净流量。

4. 计算步骤

由农渠的田间净流量自下而上计入输水损失，求出农、斗、支的毛流量，采用经验公式法，具体步骤如下：

（1）农渠净流量

$$Q_{农净} = Q_{农田净}/\eta_{田} \tag{6-12}$$

式中 $Q_{农净}$——农渠的净流量，也就是农渠各出口流入毛渠（旱田）或流入格田（水田）的流量之和，m^3/s；

$\eta_{田}$——田间水利用系数。

（2）农渠毛流量

$$Q_{农毛} = Q_{农净}(1 + \sigma_{农} L_{农})$$

$$=Q_{农净}+S_{农}L_{农}/1000 \tag{6-13}$$

式中 $\sigma_{农}$——农渠每公里输水损失系数；

$S_{农}$——农渠每公里的渗水量，L/s/km；

$L_{农}$——农渠的平均工作长度，取农渠长的 1/2，km；

（3）斗渠净流量

$$Q_{斗净}=kQ_{农毛} \tag{6-14}$$

（4）斗渠毛流量

$$Q_{斗毛}=Q_{斗净}(1+\sigma_{斗}L_{斗})$$
$$=Q_{斗净}+S_{斗}L_{斗}/1000 \tag{6-15}$$

式中 $\sigma_{斗}$——斗渠每公里输水损失系数；

$L_{斗}$——斗渠的工作长度，km；

$S_{斗}$——斗渠每公里的渗水量，L/s/km。

（5）支渠净流量

$$Q_{支净}=nQ_{斗毛} \tag{6-16}$$

（6）支渠毛流量

$$Q_{支毛}=Q_{支净}(1+\sigma_{支}L_{支})$$
$$=Q_{支净}+S_{支}L_{支}/1000 \tag{6-17}$$

式中 $\sigma_{支}$——支渠每公里输水损失系数；

$L_{支}$——支渠的工作长度，km；

$S_{支}$——支渠每公里的渗水量，L/s/km。

求该支渠的渠系水利用系数和灌溉水利用系数

渠系水利用系数：$\eta_{支渠系}=(Q_{农净}nk)/Q_{支毛}$或$\eta_{支渠系}=\eta_{支}\eta_{斗}\eta_{农}$

灌溉水利用系数：$\eta_{支水}=Q_{支田净}/Q_{支毛}$或$\eta_{支水}=\eta_{支}\eta_{斗}\eta_{农}\eta_{田}$

（四）其他支渠设计流量推求

其他支渠的设计流量推求一般采用经验系数的方法，计算公式为：

$$Q_{i支毛}=q_{设}A_{i支}/\eta_{支水} \tag{6-18}$$

式中 $Q_{i支毛}$——第 i 条支渠的设计流量，m^3/s；

$A_{i支}$——第 i 条支渠控制的净灌溉面积，万亩；

$\eta_{支水}$——典型支渠的灌溉水利用系数。

（五）干渠设计流量推求

干渠流量较大，上、下游流量相差悬殊，这就要求分段推算设计流量，各渠段采用不同的断面。正常情况下，干、支两级渠道都是连续输水的，在求得各条支渠首端的毛流量后，就可以从最远一条支渠的取水口依次向上逐段推算出干渠各段的设计流量。如图 6-15 所示，干渠三段长度以 L_1、L_2、L_3 表示，各支渠的毛流量为

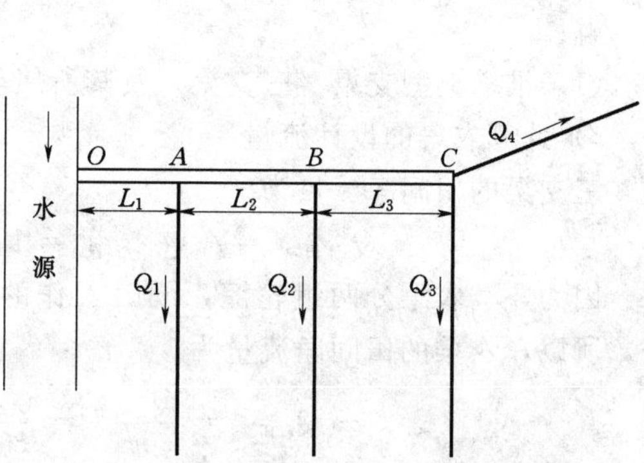

图 6-15　干渠流量推算图

Q_1、Q_2、Q_3、Q_4，推算干渠各段设计流量如下：

BC 段设计流量

$$Q_{BC}=(Q_3+Q_4)(1+\sigma_3 L_3) \tag{6-19}$$

$$Q_{BC}=(Q_3+Q_4)+S_{BC}L_3 \tag{6-20}$$

AB 段设计流量

$$Q_{AB}=(Q_2+Q_{BC})(1+\sigma_2 L_2) \tag{6-21}$$

$$Q_{AB}=(Q_2+Q_{BC})+S_{AB}L_2 \tag{6-22}$$

OA 段毛流量，即渠首引水流量为

$$Q_{OA}=(Q_1+Q_{AB})(1+\sigma_1 L_1) \tag{6-23}$$

$$Q_{OA}=(Q1+Q_{AB})+S_{OA}L_1 \tag{6-24}$$

【例 6-1】 已知某灌区总面积 6 万亩（包括沟、路、渠占地，不包括村屯占地），按灌溉土地利用系数 0.8 计，净灌溉面积 4.8 万亩。灌区有 1 条干渠，长 5.7km，下设 4 条支渠，各支渠的长度及灌溉面积见表 6-7。全灌区土壤、水文地质等自然条件和作物种植情况相近，第 3 支渠灌溉面积适中，可作为典型支渠。该支渠有 6 条斗渠，斗渠间距 800m，长 1800m。每条斗渠有 10 条农渠，农渠间距 200m，长 800m。干、支渠实行续灌，斗农渠实行轮灌。渠系布置及轮灌组划分情况见图6-16。该灌区作物是水稻，设计灌水率为 $q_{设}=0.7\text{m}^3/(\text{s}\cdot\text{万亩})$。灌区土壤为中粘壤土。

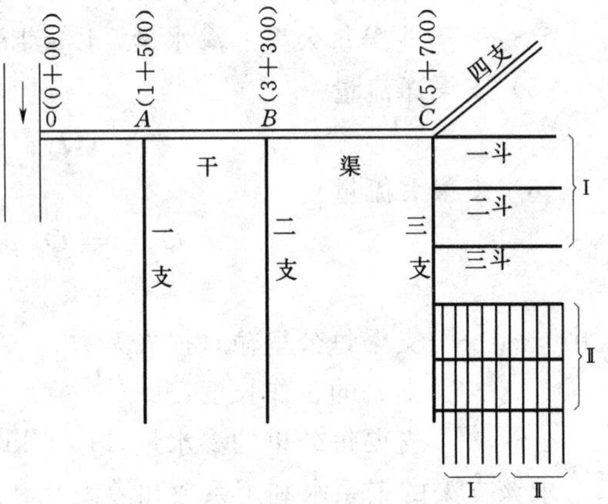

图 6-16 灌溉渠系布置

试推求干、支渠的设计流量。

表 6-7 **支渠长度及净灌溉面积**

渠道	一支	二支	三支	四支	合计
长度（km）	4.2	4.6	4.0	3.8	
灌溉面积（万亩）	1.08	1.56	1.15	1.01	4.80

解：

(1) 推求典型支渠（三支渠）及其所属斗、农渠的设计流量

1) 计算农渠的设计流量。

三支渠的田间净流量为

$$Q_{3支田净}=A_{3支}\times q_{设}=1.15\times 0.7=0.805(\text{m}^3/\text{s})$$

因为斗、农渠分两组轮灌，同时工作的斗渠有 3 条，每条斗渠同时工作的农渠有 5 条，所以，农渠的田间净流量为

$$Q_{农田净}=\frac{Q_{支田净}}{nk}=\frac{0.805}{3\times 5}=0.0537\ (\text{m}^3/\text{s})$$

取田间水利用系数为 $\eta_{田}=0.95$，则农渠的净流量为：

$$Q_{农净}=\frac{Q_{农田净}}{\eta_{田}}=\frac{0.0537}{0.95}=0.0565\ (m^3/s)$$

灌区土壤属中黏壤土，相应的土壤透水性参数：$A=1.9$，$m=0.4$。据此可计算农渠每公里输水损失系数：

$$\sigma_{农}=\frac{A}{100Q_{农净}^m}=\frac{1.9}{100\times 0.0565^{0.4}}=0.0600$$

农渠的毛流量或设计流量为：

$$Q_{农毛}=Q_{农净}(1+\sigma_{农}L_{农})=0.0565(1+0.0600\times 0.4)=0.0579\ (m^3/s)$$

也可通过查表的方式近似求农渠的设计流量：

$$\begin{aligned}Q_{农毛}&=Q_{农净}+S_{农}L_{农}/1000\\&=0.0565+3.3\times 10^{-3}\times 0.4=0.0578(m^3/s)\end{aligned}$$

2）计算斗渠的设计流量。

因为一条斗渠同时工作的农渠有 5 条，所以，斗渠的净流量等于 5 条农渠的毛流量之和：

$$Q_{斗净}=5\times Q_{农毛}=5\times 0.0579=0.290\ (m^3/s)$$

农渠分两组轮灌，各组要求斗渠供给的净流量相等。但是，第Ⅱ轮灌组距斗渠进水口较远，输水损失水量较多，据此求得的斗渠毛流量较大，因此，以第Ⅱ轮灌组灌水时需要的斗渠毛流量作为斗渠的设计流量。斗渠的平均工作长度 $L_{斗}=1.4km$。

斗渠每公里输水损失系数为：

$$\sigma_{斗}=\frac{A}{100\times Q_{斗净}^m}=\frac{1.9}{100\times 0.29^{0.4}}=0.0312$$

斗渠的毛流量或设计流量为：

$$\begin{aligned}Q_{斗毛}&=Q_{斗净}(1+\sigma_{斗}L_{斗})\\&=0.29(1+0.0312\times 1.4)=0.303(m^3/s)\end{aligned}$$

也可通过查表的方式近似求斗渠的设计流量：

$$\begin{aligned}Q_{斗毛}&=Q_{斗净}+S_{斗}L_{斗}/1000\\&=0.290+8.8\times 10^{-3}\times 1.4=0.302(m^3/s)\end{aligned}$$

3）计算三支渠的设计流量。

斗渠也是分两组轮灌，以第二轮灌组要求的支渠毛流量作为支渠的设计流量。支渠的平均工作长度 $L_{支}=3.2km$。

支渠的净流量为：

$$Q_{支净}=3\times Q_{斗毛}=3\times 0.303=0.909\ (m^3/s)$$

支渠每公里输水损失系数为：

$$\sigma_{支}=\frac{A}{100\times Q_{支净}^m}=\frac{1.9}{100\times 0.909^{0.4}}=0.0197$$

支渠的毛流量或设计流量为：

$$\begin{aligned}Q_{支毛}&=Q_{支净}(1+\sigma_{支}L_{支})\\&=0.909(1+0.0197\times 3.2)=0.966(m^3/s)\end{aligned}$$

也可通过查表的方式近似求支渠的设计流量：

$$Q_{支毛}=Q_{支净}+S_{支}L_{支}/1000$$
$$=0.909+18\times10^{-3}\times3.2=0.967(m^3/s)$$

(2) 计算三支渠的灌溉水利用系数

$$\eta_{3支水}=\frac{Q_{3支田净}}{Q_{3支毛}}=\frac{0.805}{0.966}=0.833$$

(3) 计算一、二、四支渠的设计流量

1) 计算一、二、四支渠的田间净流量。

$$Q_{1支田净}=A_{1支}\times q_{设}=1.08\times0.7=0.756\ (m^3/s)$$
$$Q_{2支田净}=A_{2支}\times q_{设}=1.56\times0.7=1.092\ (m^3/s)$$
$$Q_{4支田净}=A_{4支}\times q_{设}=1.01\times0.7=0.707\ (m^3/s)$$

2) 计算一、二、四支渠的设计流量。以典型支渠（三支渠）的灌溉水利用系数作为扩大指标，用来计算其他支渠的设计流量。

$$Q_{1支毛}=\frac{Q_{1支田净}}{\eta_{3支水}}=\frac{0.756}{0.833}=0.908\ (m^3/s)$$
$$Q_{2支毛}=\frac{Q_{2支田净}}{\eta_{3支水}}=\frac{1.092}{0.833}=1.311\ (m^3/s)$$
$$Q_{4支毛}=\frac{Q_{4支田净}}{\eta_{3支水}}=\frac{0.707}{0.833}=0.849\ (m^3/s)$$

(4) 推求干渠各段的设计流量

1) BC 段的设计流量：

$$Q_{BC净}=Q_{3支毛}+Q_{4支毛}=0.966+0.849=1.815\ (m^3/s)$$
$$\sigma_{BC}=\frac{A}{100\times Q_{BC净}^{m}}=\frac{1.9}{100\times1.815^{0.4}}=0.0150$$
$$Q_{BC毛}=Q_{BC净}(1+\sigma_{BC}L_{BC})$$
$$=1.815(1+0.0150\times2.4)=1.880\ (m^3/s)$$

2) AB 段的设计流量：

$$Q_{AB净}=Q_{BC毛}+Q_{2支毛}=1.880+1.311=3.191(m^3/s)$$
$$\sigma_{AB}=\frac{A}{100\times Q_{AB净}^{m}}=\frac{1.9}{100\times3.191^{0.4}}=0.0119$$
$$Q_{AB毛}=Q_{AB净}(1+\sigma_{AB}L_{AB})$$
$$=3.191(1+0.0119\times1.8)=3.259(m^3/s)$$

3) OA 段的设计流量：

$$Q_{OA净}=Q_{AB毛}+Q_{1支毛}=3.259+0.908=4.167(m^3/s)$$
$$\sigma_{OA}=\frac{A}{100\times Q_{OA净}^{m}}=\frac{1.9}{100\times4.167^{0.4}}=0.0107$$
$$Q_{OA毛}=Q_{OA净}(1+\sigma_{OA}L_{OA})$$
$$=4.167(1+0.0107\times1.5)=4.234(m^3/s)$$

(5) 求灌区的灌溉水利用系数

$$\eta_{水}=\frac{\sum Q_{i支田净}}{Q_{首}}=\frac{0.756+1.092+0.805+0.707}{4.234}=\frac{3.36}{4.234}=0.79$$

按表 6-10 渠道流量进位规定，各级渠道设计流量见表 6-8。

表 6-8　　某灌区各级渠道流量成果

渠　别	农　渠	斗　渠	支　渠				干　渠		
			一	二	三	四	BC	AB	OA
设计流量（m^3/s）	0.06	0.30	0.91	1.35	0.97	0.85	1.90	3.3	4.2

五、小型灌区渠道设计流量推算

小型灌区灌溉净面积小于 1 万亩，通常情况下，各级渠道均采用续灌方式。渠道设计流量推求步骤中（一）、（二）、（四）、（五）与大、中型灌区相同，只有（三）不同。第三步的具体方法如下：

（1）确定各级渠道最大的工作长度

一般为该渠道长度的 1/2。

（2）确定农、斗、支的毛流量

采用经验公式法，具体步骤如下：

1）农渠净流量

$$Q_{农净} = Q_{农田净}/\eta_{田} = q_{设} \times A_{农}/\eta_{田}$$

式中　$Q_{农净}$——农渠的净流量，也就是农渠各出口流入毛渠（旱田）或流入格田（水田）的流量之和，m^3/s；

$Q_{农田净}$——农渠的田间净流量，m^3/s；

$\eta_{田}$——田间水利用系数；

$A_{农}$——农渠灌溉净面积，万亩。

2）农渠毛流量

$$Q_{农毛} = Q_{农净}(1+\sigma_{农} L_{农}) = Q_{农净} + S_{农} L_{农}/1000 \tag{6-25}$$

式中　$\sigma_{农}$——农渠每公里输水损失系数；

$S_{农}$——农渠每公里的渗水量，L/s/km；

$L_{农}$——农渠的平均工作长度，取农渠长的 1/2，km。

3）斗渠净流量

$$Q_{斗净} = \sum Q_{i农毛} \tag{6-26}$$

4）斗渠毛流量

$$Q_{斗毛} = Q_{斗净}(1+\sigma_{斗} L_{斗}) = Q_{斗净} + S_{斗} L_{斗}/1000 \tag{6-27}$$

式中　$\sigma_{斗}$——斗渠每公里输水损失系数；

$L_{斗}$——斗渠的工作长度，km；

$S_{斗}$——斗渠每公里的渗水量，L/s/km。

5）支渠净流量

$$Q_{支净} = \sum Q_{j斗毛} \tag{6-28}$$

6）支渠毛流量

$$Q_{支毛} = Q_{支净}(1+\sigma_{支} L_{支}) = Q_{支净} + S_{支} L_{支}/1000 \tag{6-29}$$

式中　$\sigma_{支}$——支渠每公里输水损失系数；

$L_{支}$——支渠的工作长度，km；

$S_{支}$——支渠每公里的渗水量，L/s/km。

(3) 求该支渠的渠系水利用系数和灌溉水利用系数

渠系水利用系数：$\eta_{支渠系}=\sum Q_{农净}/Q_{支毛}$ 或 $\eta_{支渠系}=\eta_{支}\ \eta_{斗}\ \eta_{农}$

灌溉水利用系数：$\eta_{支水}=Q_{支田净}/Q_{支毛}$ 或 $\eta_{支水}=\eta_{支}\ \eta_{斗}\ \eta_{农}\ \eta_{田}$

六、渠道最小流量和加大流量推算

一般续灌渠道推求最小流量和加大流量。

(一) 渠道最小流量计算

以修正灌水率图上的最小灌水率值作为计算渠道最小流量的依据，计算的方法步骤与设计流量的计算方法相同。续灌渠道的最小流量不宜小于设计流量的40%。在实际灌水中，如某次灌水定额过小，可适当缩短供水时间，集中供水。

(二) 渠道加大流量计算

渠道加大流量的计算是以设计流量为基础，给设计流量乘以“加大系数”即得。按下式计算

$$Q_{加}=JQ_{设} \tag{6-30}$$

式中 $Q_{加}$——渠道加大流量，m^3/s；

J——渠道流量加大系数，见表6-9；

$Q_{设}$——渠道设计流量，m^3/s。

表6-9　　续灌渠道加大流量的加大百分数

设计流量 (m^3/s)	<1	1～5	5～20	20～50	50～100	100～300	>300
加大百分数 (%)	35～30	30～25	25～20	20～15	15～10	10～5	<5

大中型灌区的轮灌渠道控制面积较小，轮灌组内各条渠道的输水时间和输水流量可以适当调剂，另外，其设计流量已经在续灌基础上加大。所以，轮灌渠道不考虑加大流量。小型灌区的斗、农渠虽然是续灌渠道，但因其流量很小，渠道通常按标准断面设计，所以也不考虑加大流量。

在抽水灌区，渠首泵站设有备用机组时，干渠的加大流量按备用机组的抽水能力而定。

七、渠道流量进位规定

为了设计渠道时计算方便，要求渠道设计流量具有适当的尾数。为此，SDJ217—84《灌溉排水渠系设计规范》对渠道流量进位作了规定，见表6-10。

表6-10　　渠道流量进位规定

渠道流量范围 (m^3/s)	进位要求的尾数 (m^3/s)	渠道流量范围 (m^3/s)	进位要求的尾数 (m^3/s)
>50	1.0	<2	0.05
10～50	0.5	<1	0.01
2～10	0.1		

第三节　渠道纵横断面设计

灌溉渠道断面设计包括横断面设计和纵断面设计两部分。渠道的设计流量确定后，便可根据设计流量进行渠道的纵、横断面设计。灌溉渠道的纵、横断面设计是互为条件，互相联系的，二者不能截然分开。在设计实践中，往往纵、横断面设计交替进行，并经反复比较后确定合理的设计方案。

渠道纵、横断面设计应满足如下要求：

1）保证设计输水能力、边坡稳定和水流安全通畅。

2）各级渠道之间和渠道各分段之间以及重要建筑物上、下游水面平顺衔接。

3）末级渠道放水口的水位高出平整后田面进水端不少于10cm。

4）渠道渗漏损失小。

5）渠道占地较少，工程量较小，经济合理。

6）施工、运用和管理方便。

上述要求具体到某个灌区又有其特定的矛盾，如从多泥沙河流引水的灌区渠道，设计中要解决淤积问题；而在山区、丘陵区的水库灌区，主要是防冲问题。此外，由于灌区条件不同，对渠道横断面又有其特殊要求，例如有时为了减少土石方量，而采用具有最大输水能力或最经济的断面形式；为了减少渠道渗水损失，采用渗漏量最小的断面形式；有时则因渠道结合行船，为满足通航要求而放弃水力最优断面。

一、渠道纵、横断面设计原理

灌溉渠道一般为正坡明渠，在相邻两个分水口之间，忽略蒸发和渗漏损失，渠道内的流量是个常数，如果断面比降相同、结构相同、糙率相同，则过水断面、水深、流速也沿程不变，表明渠中水在重力作用下运动，沿流动方向的分量与阻力平衡，这种流态称为明渠均匀流，在建筑物附近一般影响范围很小，可在阻力局部水头损失中考虑。所以，渠道的设计原理就是采用明渠均匀流公式。

$$V = C\sqrt{Ri} \tag{6-31}$$

式中　V——渠道平均流速，m/s；

C——谢才系数；

R——水力半径，m；

i——渠底比降。

谢才系数常用曼宁公式计算

$$C = \frac{1}{n}R^{\frac{1}{6}} \tag{6-32}$$

式中　n——渠床糙率系数。

$$Q = AC\sqrt{Ri} \tag{6-33}$$

式中　Q——渠道设计流量，m^3/s；

A——渠道过水断面面积，m^2。

二、渠道横断面结构及设计参数选择

（一）渠道横断面结构

1. 渠道横断面形式

(1) 渠道断面按形状可分为 3 种：梯形断面（图 6－17）、矩形断面（图 6－18）和 U 形断面（图 6－19）。混凝土及砖石砌筑的断面多为 U 形断面或矩形断面，一般土质渠道多为梯形断面。

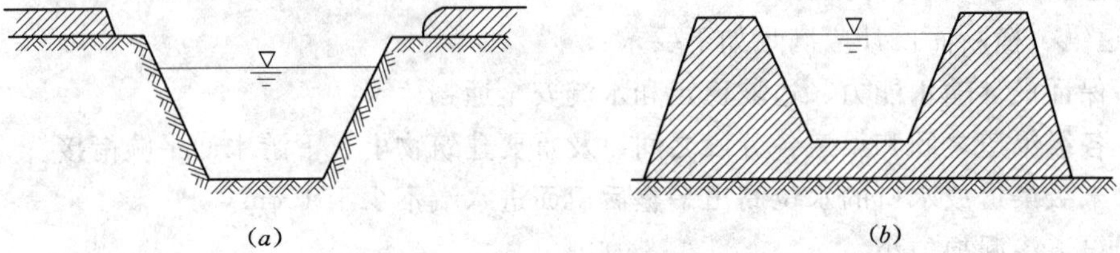

图 6－17　梯形断面示意图

(a) 挖方渠道；(b) 填方渠道

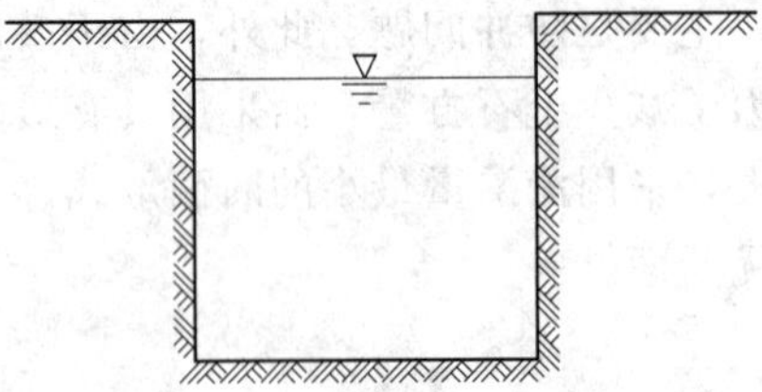

图 6－18　矩形断面示意图

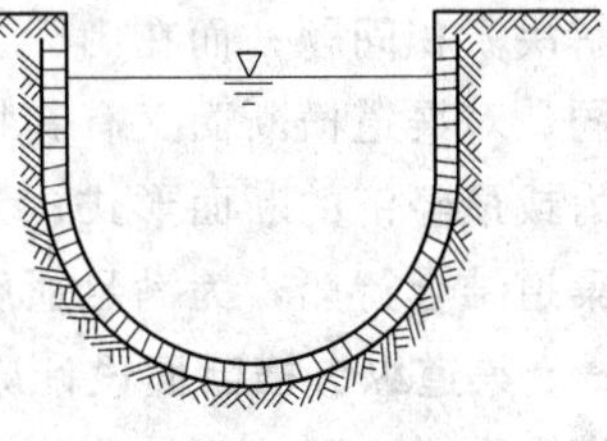

图 6－19　U 形断面示意图

(2) 渠道断面按施工挖填方状况可分为：挖方渠道、填方渠道和挖填方渠道 3 种。

挖方渠道［图 6－17 (a)］：渠道完全置于地面以下，在渠道通过较高地形时常采用。当渠道挖深大于 5m 时，为了便于施工管理，防止塌坡，采用复式挖方断面，如图 6－20 所示。

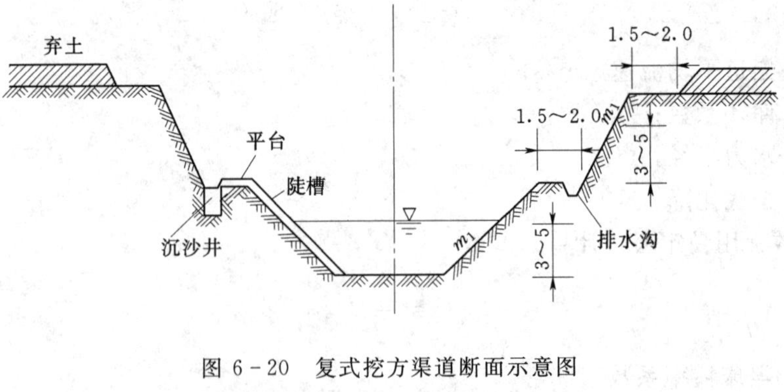

图 6－20　复式挖方渠道断面示意图

填方渠道［图 6－17 (b)］：渠道断面完全置于原地面线以上，当渠道通过低洼地带时采用。

挖、填方渠道（图 6－21）：渠道断面一部分在地面以下由挖方完成，另一部分在地面以上由填方筑成。当挖方量与填方量恰为相等时称半挖半填渠道断面，半挖半填断面工程量小，便于施工，这种断面形式应用最为广泛。

山区盘山渠多为挖方或挖填方断面，渠道为了输水安全，正常水位应处于挖方断面以内，如图 6-22 所示。

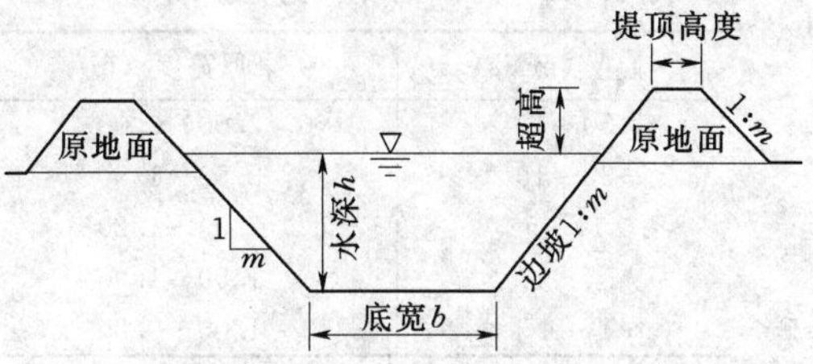

图 6-21　半挖半填渠道断面示意图

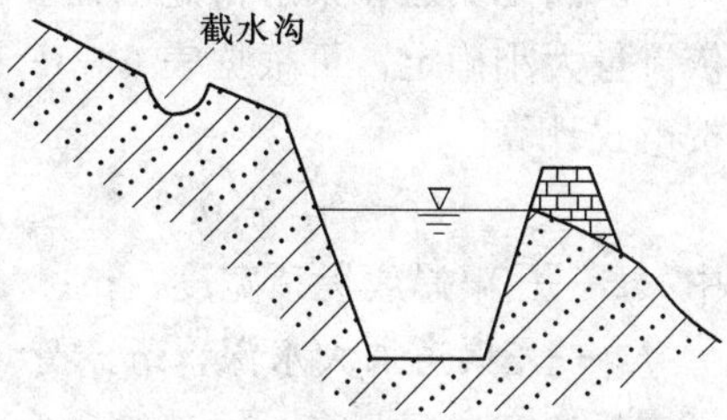

图 6-22　挖方或挖填方渠道断面示意图

2. 渠道标准横断面要素

灌溉输水、配水渠道多为梯形断面土质渠道，标准横断面要素组成如图 6-20、图 6-21所示。

渠道横断面要素包括渠底宽、边坡（内坡和外坡）、堤顶高程、堤顶宽、高填、挖方渠段的排水和平台等。其中渠底宽和边坡系数在“渠道横断面设计参数选择”中介绍，这里重点介绍渠道非过水断面部分的有关尺寸的确定。

(1) 渠道安全超高的确定

为保证行水安全，考虑到在通过加大流量时风浪、建筑物壅水、渠床糙率增大等因素的影响，应在加大流量水位以上增加一个高度做为渠顶高度，所增加的这一高度叫超高，也称安全超高。渠道超高可由渠道通过的加大流量，根据表 6-11 确定。

表 6-11　　渠顶超高值表

加大流量 (m^3/s)	＞50.0	30.0～50.0	10.0～30.0	1.0～10.0	0.3～1.0	＜0.3
超　高 (m)	1.0 以上	0.3～1.0	0.6～0.8	0.4～0.6	0.3～1.0	0.2～0.3

也可根据下式计算

$$\Delta h = \frac{1}{4}h_{加} + 0.2 \tag{6-34}$$

式中　Δh——堤顶超高，m；

$h_{加}$——渠道加大水深，m。

需要注意以下几点：

1) 1～3 级渠道岸顶超高应按土石坝设计要求经论证确定。

2) 浑水渠道岸顶超高的确定要考虑可能产生的泥沙淤积的影响。

3) 渠堤填方高度大于 3m 时，岸顶超高应预加沉降高度。

4) 渠道衬砌超高值可采用 0.3～0.8m；必须兼作行洪用的傍山灌溉渠道，其衬砌超高宜适当放大。

5) 结合通航的灌溉渠道，其岸顶超高和衬砌超高还应符合航运部门的有关规定。

6）泄（退）水渠道的超高可比相同条件下的灌溉渠道稍小。

(2) 渠顶宽度的确定。

为了便于管理和保证渠道安全运行，挖方渠道的渠岸和填方渠道的堤顶应有一定的宽度，以满足交通和渠道稳定的需要。渠顶宽度依流量大小确定，可根据表6-12选择，也可按下式计算

表6-12　渠顶宽度表

流量（m^3/s）	渠顶宽度（m）
50～30	2.00～3.00
30～10	2.50～1.50
10～5	2.00～1.20
5～1	1.50～1.00
1～0.3	1.00～0.80

$$D = h_{加} + 0.3 \quad (6-35)$$

式中　D——渠岸或堤顶宽度，m；

$h_{加}$——渠道加大水深，m。

需要注意以下几点：

1）渠顶兼做道路时，由道路级别确定；

2）万亩以上灌区干、支渠岸顶宽度不应小于2m，斗渠、农渠不宜小于1m；

3）泄（退）水渠道的岸顶宽度可比相同条件下的灌溉渠道稍小。

(3) 高填、挖方渠段的排水和平台尺寸确定。

挖方渠道挖深大于5m时，应每隔3～5m高度设置一道平台。第一级平台的高程和渠岸（顶）高程相同，平台宽度约1～2m。如平台兼作道路，应按道路标准确定平台宽度。在平台内侧应设置集水沟，汇集坡面径流，并使之经过沉沙井和陡槽集中进入渠道。挖深大于10m时，不仅施工困难，边坡也不稳定，应改为隧洞。第一级平台以上的渠坡根据干土的抗剪强度而定，可尽量陡一些。

填方高度大于3m时，有时需在外坡脚处设置排水反滤体。填方高度很大时，需在外坡设置平台。位于不透水层上的填方渠道，当填方高度大于5m或高于两倍设计水深时，一般应在渠堤内加设纵、横排水槽。填方渠道会发生沉陷，施工时应预留沉陷高度，一般增加设计填高的10%。在渠底高程处，堤宽应等于5～10h，具体尺寸根据土壤的透水性能而定，其中h为渠道水深。

（二）渠道过水断面设计参数选择

通常情况下，渠道设计应满足的主要条件是工程量小、投资少。也就是在设计流量Q、渠道比降i、渠床糙率n不变情况下，如何使过水断面积A最小；或者A、i、n一定时，使通过的流量Q最大。符合这一条件的断面称为水力最佳断面。一般情况下，在Q、i、n一定的情况下，当过水断面为圆形时，A最小，所以半圆形断面是水利最佳断面，但是土渠很难修成半圆形，也是不稳定的，所以实践中土渠常常采用接近半圆形的梯形断面。

根据明渠均匀流公式，梯形断面设计首先应解决渠道比降i、渠床糙率n、边坡系数m；根据稳定要求确定宽深比b/h；根据不冲不淤要求计算不冲流速$v_{不冲}$、不淤流速$v_{不淤}$。

1. 渠底比降i

在坡度均匀的渠段内，两端渠底高差和渠段长度的比值称为渠底比降。渠道比降关系到输水能力大小和淤积问题，也影响到渠道控制面积大小和造价，因此要慎重选用。选择渠道比降应根据渠线所通过地区的地形、土质、河源含沙量及渠道流量的大小研究确定。

确定渠道比降应注意以下几点：

1）渠道比降应尽量接近地面坡度，避免挖、填方过大。

2）土壤易冲刷处比降应平缓些，地质条件好应陡些。

3）水流中含沙量多时，确定比降应考虑勿使泥沙淤积渠道。

4）渠道流量较大时，比降应缓些，反之应陡些。通常情况下，i、Q 越大、V 越大。一般随着设计流量的逐级减小，比降也越来越大。即干、支、斗、农渠比降越来越大。表 6-13 可供参考。

表 6-13　渠道比降参考表

土渠道类别	渠底比降	备　注
干　渠	1/5000～1/10000	淤沙渠道干渠
支　渠	1/3000～1/5000	i=1/2000～1/5000、平原干渠
斗　渠	1/2000～1/3000	可以
农　渠	1/1000～1/2000	i<1/10000

在设计实践中，可按地面坡度和下级渠道的水位要求初选比降，计算过水断面和水力要素，并校核不冲、不淤流速，不满足要求再修改比降重新计算，直到满足要求为止。

2. 渠床糙率系数 n

渠床糙率系数是反映渠床粗糙程度的技术参数。

确定糙率 n 值要慎重。若选择的渠床糙率较实际渠床的糙率小，则渠道运行时的实际输水能力就会达不到设计流量，满足不了灌溉水量的要求，还有可能造成渠道淤积；当选择的渠床糙率大于实际值时，不仅增加渠道断面，而且还会引起渠道的冲刷，渠中水位降低，减少渠道自流控制面积。韶山灌区在总干渠设计时，曾对 n 的选择与工程量大小间的关系做过分析：总干渠糙率 n 由 0.02 增至 0.0225，则断面增大 8%，干渠糙率由 0.0225 增大到 0.025，其断面将增大 7%，共增加土石方量 60 万 m^3，占总数的 6%。

渠床糙率与渠床材料、运用状况有关。表 6-14 系 GB50288—99《灌溉与排水工程设计规范》和陕西省水利电力厅勘测设计院根据泾、洛、渭惠灌区的多年实测资料，并参照国内各地区有关的测验分析结果制定的所给出的渠床糙率值，可供选择参考。

表 6-14　给出渠道糙率 n 值

渠道	特征	灌溉渠道的糙率 n 值	泄（退）水渠道
土质	流量大于 20m^3/s		
	平整顺直，养护良好	0.0200	0.0225
	平整顺直，养护一般	0.0225	0.0250
	渠床多石，杂草丛生，养护较差	0.025	0.0275
	流量 1～20m^3/s		
	平整顺直，养护良好	0.0225	0.0250
	平整顺直，养护一般	0.025	0.0275
	渠床多石，杂草丛生，养护较差	0.0275	0.0300
	流量小于 1 m^3/s		
	渠床弯曲，养护一般	0.025	0.0275
	支渠以下的固定渠道	0.0275	0.0300
	渠床多石，杂草丛生，养护较差	0.0300	0.0350

续表

渠道 \ 特征		灌溉渠道的糙率 n 值	泄（退）水渠道
岩石	经过良好修整	0.0250	
	经过中等修整无凸出部分	0.0300	
	经过中等修整有凸出部分	0.0330	
	未经修整有凸出部分	0.0350～0.0450	
各种材料护面	抹光的水泥抹面	0.0120	
	不抹光的水泥抹面	0.0140	
	光滑的混凝土护面	0.015	
	料石砌护	0.015	
	砌砖护面	0.015	
	粗糙的混凝土护面	0.017	
	浆砌块石护面	0.025	
	干砌块石护面	0.0275～0.030	
	卵石铺砌	0.0225	

3. 渠道边坡系数 m

渠道边坡系数指渠道边坡倾斜程度的指标，其值是边坡在水平向投影长度与垂直向投影长度的比值。渠道断面内的边坡一般称为内边坡，简称内坡；渠堤外的边坡称为外边坡，简称外坡。一般渠道的最小边坡系数 m 与土质、挖填方深度、水深大小等因素有关。如选用过大，不仅工程量大且占地多；如选用过小，则边坡不稳定，易坍塌。

当挖方深度大于5m，渠中水深大于3m时，应进行渠道土壤稳定性分析，从而确定边坡系数值。若挖方小于5m，水深小于3m，这时挖方渠道的边坡系数可参考表6－15确定。

表 6－15　　挖方渠道最小边坡系数 m 表

渠道土质	灌溉渠道水深 h（m）			退水渠道
	h＜1.0	1.0～2.0	2.0～3.0	
稍胶结的卵石	1.00	1.00	1.00	1.00
夹砂的卵石和砾石	1.25	1.50	1.50	1.00
粘土、重壤土、中壤土	1.00	1.00	1.25	1.00
轻壤土	1.00	1.25	1.50	1.25
砂壤土	1.50	1.50	1.75	1.50
砂　土	1.75	2.00	2.25	1.75

若填方高度不足3m，可按表6－16选定内边坡 m_1 及外边坡 m_2 的数值。如果填方渠道为盐渍土壤，边坡系数按表6－16增大一级（增加0.5）选用。当填方渠道的填方高度大于3m时，为保证渠道行水安全，边坡系数应通过运行条件下的土壤稳定性分析确定。

表 6－16　　填方渠道内外边坡系数 m 表

渠道土质	流量（m^3/s）							
	＞10.0		2.0～10.0		0.5～2.0		＜0.5	
	内　坡	外　坡	内　坡	外　坡	内　坡	外　坡	内　坡	外　坡
粘土、重壤土、中壤土	1.25	1.00	1.00	1.00	1.00	1.00	1.00	1.00
轻壤土	1.50	1.25	1.00	1.00	1.00	1.00	1.00	1.00
砂壤土	1.75	1.50	1.50	1.25	1.50	1.25	1.25	1.25
砂　土	2.25	2.00	2.00	1.75	1.75	1.50	1.50	1.50

4. 渠道横断面的宽深比（$\beta=b/h$）

渠道的宽深比即渠道过水断面的底宽与水深之比。在渠道的流量、比降和糙率相同的情况下，可以设计成不同的宽深比，也就是不同的渠道断面。但不同形式的渠道断面，对其输水能力高低、工程量大小、施工难易及断面的平面稳定都有影响。因此，根据渠道所担负的任务及地形、地质和边坡稳定条件，正确选择宽深比是很必要的。

（1）水力最优宽深比 $\beta_{优}$。在渠道比降 i、糙率 n 一定的情况下，通过设计流量所需要的最小断面叫水力最优断面，这时渠道的土方最小。换言之，水力最优断面，就是在过水断面面积相同，糙率 n 和底坡 i 也相同的输水断面中过水能力最大的那种断面。因此，圆形或半圆形渠道断面形式为水力最优断面。所以在输水管道、涵洞、渡槽中都采用这种断面。土渠受边坡稳定限制，只能采用梯形断面形状。根据水力最优断面的条件，当梯形土渠边坡系数为 m 时，水力最优宽深比按下式计算：

$$\beta_{优}=\frac{b_{优}}{h_{优}}=2(\sqrt{1+m^2}-m) \tag{6-36}$$

水力半径及相应的流量、流速分别为

$$R=\frac{w}{x}=\frac{(2\sqrt{1+m^2}-m)h_{优}^2}{2(2\sqrt{1+m^2}-m)h_{优}}=\frac{h_{优}}{2} \tag{6-37}$$

$$Q=4(2\sqrt{1+m^2}-m)\frac{\sqrt{i}}{n}\left(\frac{h_{优}}{2}\right)^{8/3} \tag{6-38}$$

$$V_{优}=\frac{Q}{(b_{优}+h_{优})h_{优}} \tag{6-39}$$

从式 6-37 可以得知，对于任何边坡系数 m，梯形水力最优断面的水力半径 R 均为水深 h 的一半。因此，按水力最优断面设计的渠道往往是窄深式的，这种形式在施工和应用方面多数情况不够理想。因为挖土愈深，耗费劳力愈大，而且开挖深度常受地质条件的影响（如遇到地下水等），造成施工困难，工程造价增加，所以水力最优断面并不一定是渠道的经济断面。基于这种考虑，大型渠道往往是宽浅式的，它的土方量虽较水力最优断面为大，但它的总造价却较低。一般情况下，斗、农渠可采用水力最优断面，但要复核断面稳定情况。

（2）断面稳定的宽深比 $\beta_{稳}$。当渠道过于窄深时，易冲刷，过于宽浅时，又淤积，也就是影响断面稳定，引起渠道变形。一般情况下，采用渠道相对稳定的宽深比，使渠道达到不冲不淤或冲淤平衡。

浑水渠道设计水深及宽深比可按式（6-40）～式（6-42）初步选择：

水深 $$h=\alpha Q^{1/3} \tag{6-40}$$

宽深比 当 $Q\leqslant 1.5\text{m}^3/\text{s}$ 时 $$\beta=NQ^{1/10}-m \tag{6-41}$$

当 $1.5\text{m}^3/\text{s}<Q<50\text{m}^3/\text{s}$ 时 $$\beta=N'Q^{1/4}-m \tag{6-42}$$

式中 h——渠道设计水深，m；

α——常数，$\alpha=0.58\sim0.94$，一般可取 0.76；

β——渠道底宽与设计水深之比；

N、N'——常数，$N=2.35\sim3.25$，$N'=1.8\sim3.4$，粘性土渠道和刚性衬砌渠道取小值，沙性土渠道取大值；

m——渠道边破系数。

对于一般渠道，稳定渠槽平均情况符合下列关系式：

水深 $$h=\alpha Q^{1/3}(\alpha=0.7\sim1.0,\quad \text{一般可采用}0.85) \tag{6-43}$$

宽深比 $$\beta=NQ^{1/4}-m\quad(N=3) \tag{6-44}$$

对于流量较小的渠道，稳定宽深比可直接采用表6-17的数据。

表6-17　　稳定宽深比参考数值表

流量（m^3/s）	<1	1～3	3～5	5～10	10～30	30～60
β值	1～2	1～3	2～4	3～5	5～7	6～10

（3）满足通航条件的宽深比$\beta_{航}$。有通航任务的渠道，其宽深比应根据船只的宽度、吃水深度、错船所需水面宽度、航船允许的流速等要求，确定渠道断面尺寸。一般通航渠道的水面宽度应大于船舶宽度的2.6倍，船底以下水深应大于15～30cm。

（4）实用经济断面的宽深比β。梯形渠道水力最优断面常为窄深式，所以在工程实践中为了经济合理，便于根据具体条件便利地施工，常常放弃水力最优断面，而选用实用经济断面。

实际过程中应存在一组宽浅式的梯形断面，其水深和底宽有一个较广的选择范围以适应各种具体情况的需要，而在此范围内又能基本上满足水力最优断面的要求（即其过水断面面积A与水力最优断面的$A_{优}$相接近），满足这些要求的断面称为实用经济断面。

已有研究表明，当设计流量Q、底坡i、糙率n和边坡系数m已确定时，实用经济断面水深h与水力最优断面水深$h_{优}$之比存在固有的关系，过水断面面积A为水力最优断面面积$A_{优}$的1.01～1.04倍时，相应的水深h为$h_{优}$的0.822～0.683倍。这就达到了上述实用经济断面提出的要求，而且使水深和相应的底宽有一选择范围。此时，实用经济断面的宽深比β可表示为

$$\beta=\frac{b}{h}=\frac{\alpha}{\left(\frac{h}{h_{优}}\right)^2}(2\sqrt{1+m^2}-m)-m \tag{6-45}$$

$$\left(\frac{h}{h_{优}}\right)^2-2\alpha^{2/5}\frac{h}{h_{优}}+\alpha=0 \tag{6-46}$$

$$\alpha=\frac{v_{优}}{v}=\frac{A}{A_{优}}=\left(\frac{R_{优}}{R}\right)^{2/3} \tag{6-47}$$

式中　α——水力最优断面的流速与实用经济断面的流速比；

v——实用经济断面的流速；

$v_{优}$——水力最优断面的流速；

其余符号意义同前。

为方便计算，列出α、$h/h_{优}$、m和β几者之间的关系见表6-18，供查用。

表 6-18 实用经济断面水力计算表

A \ h	1.00	1.01	1.02	1.03	1.04
$h/h_{优}$	1.000	0.822	0.760	0.718	0.683
m	$\beta=b/h$				
0.00	2.000	2.992	3.530	3.996	4.462
0.25	1.561	2.459	2.946	3.368	3.790
0.50	1.236	2.097	2.564	2.968	3.373
0.75	1.000	1.868	2.339	2.746	3.154
1.00	0.828	1.734	2.226	2.652	3.078
1.25	0.704	1.673	2.199	2.654	3.109
1.50	0.608	1.653	2.221	2.712	3.202
1.75	0.528	1.658	2.271	2.802	3.332
2.00	0.480	1.710	2.377	2.955	3.533
2.25	0.420	1.744	2.463	3.058	3.707
2.50	0.380	1.808	2.583	3.254	3.925
3.00	0.320	1.967	2.860	3.633	4.407

5. 渠道的允许不冲流速 $V_{不冲}$、不淤流速 $V_{不淤}$

渠道设计中要求渠床稳定，断面大小不因冲刷变大，也不因淤积而变小，这就要求渠道中的实际流速大小有一个允许范围，在此范围内的流速值，称为渠道的允许流速。渠道通过设计流量时的流速满足下述关系：$V_{不淤}<V_{设计}<V_{不冲}$。

(1) 渠道的允许不冲流速 $V_{不冲}$。在一定条件下，渠床土粒将要移动而尚未移动时的临界流速称为渠道的允许的不冲流速，是渠道允许过流的上限值。渠道通过水流的断面平均流速过大时，便造成对渠床的冲刷，改变断面的形状和大小。不冲流速的大小与渠床土壤性质、过水断面水力要素 、水流含沙量、渠道衬砌等因素有关。重要渠道的不冲流速要通过试验确定。泄（退）水渠道的允许不冲流速可采用相同条件下的灌溉渠道的 1.1～1.2 倍。

土质渠道的不冲流速可用 C.A. 吉尔什坎公式计算

$$V_{不冲}=KQ^{0.1}\,(\mathrm{m/s}) \tag{6-48}$$

式中 $V_{不冲}$——不冲临界流速，m/s；

K——耐冲系数，查表 6-19；

Q——渠道的设计流量，m^3/s。

表 6-19 不冲流速系数 **K** 值表

土　壤	K 值	土　壤	K 值
砂壤土	0.53	重粘壤土	0.68
轻粘壤土	0.57	粘土	0.75
中粘壤土	0.62	重粘土	0.85

一般土渠的不冲流速在 0.6～0.9 之间，对于流量小于 $50m^3/s$，$R=1m$，含沙量小于 $0.1L/m^3$ 的渠道，其不冲流速也可按表 6-20 所列数值选用。对于岩石和砌护渠道，不冲流速可由表 6-21 选用。

表 6-20　　土渠不冲流速

土渠土质	不冲流速（m/s）	备　注
轻壤土	0.6～0.8	1）表中土壤的干容重为 1.3～1.7g/cm^3 2）当 $R \neq 1$m 时，表中所列数值应乘 R^a 加以修正。对于疏松的壤土和粘土，指数 $a=1/3$～$1/4$；对于密实的砂壤土、壤土和粘土，$a=1/4$～$1/5$
中壤土	0.65～0.85	
重壤土	0.70～0.90	
黏　土	0.75～0.95	

表 6-21　　岩石和砌护渠道的不冲流速

渠　　床	不冲流速（m/s）	砌护种类	不冲流速（m/s）
软质沉积岩	2.5～3.5	卵石砌护	2.0～4.5
硬质沉积岩	5.0～7.0	块石砌护	2.5～5.0
火　成　岩	6.0～10.0	混凝土砌护	5.0～8.0

（2）渠道的不淤流速 $V_{不淤}$。指泥沙将要沉积而尚未沉积的渠道水流速。当水源为多泥沙河流时，引入渠道的含沙水流的挟沙能力与渠中水流速度有关，当流速小于不淤临界流速时，就会造成渠床的泥沙淤积，改变过水断面大小。在多泥沙河流引水时，除修建必要建筑物尽量减少泥沙入渠外，还要保证渠中水流具有一定的流速，使输水过程中不产生泥沙淤积，既保证不淤积渠道，又使可肥田的泥沙引入农田。在清水渠道中，为了不让渠道长草，一般要求断面平均流速大于 0.3m/s，习惯上也有人称之为不淤流速。在寒冷地区春季灌溉用的渠道，为了防止水面结冰，设计平均流速控制不小于 1.5m/s。

表 6-22　　不淤流速系数 C_0

渠道流量和宽深比		C_0
$Q>10$m^3/s		0.2
$Q=5$～10m^3/s	$B/h>20$	0.2
	$B/h>20$	0.4
$Q<5$m^3/s		0.4

不淤流速也应通过试验研究或总结实践经验而定。在缺乏实际研究成果时，可选用有关经验公式进行计算。这里，介绍黄河水利委员会水利科学研究所的不淤流速计算公式如下

$$V_{不淤}=C_0Q^{0.5} \tag{6-49}$$

式中　C_0——不淤系数，与 Q、b/h 有关，见表 6-22。

式（6-49）适用于黄河流域含沙量为 1.32～83.8kg/m^3、加权平均泥沙沉降速度为 0.0085～0.32m/s 的渠道。

陕西省提出的渠道允许不淤流速，可根据渠道水流中泥沙的性质按下式计算，即

$$V_{不淤}=C_1R^{0.5} \tag{6-50}$$

式中　R——渠道过水断面的水力半径，m；

　　C_1——根据泥沙性质确定的系数，见表 6-23。

表 6-23　　系数 C_1 值表

泥沙性质	粗砂质黏土	中砂质黏土	细砂质黏土	极细的砂质黏土
C_1 值	0.65～0.77	0.58～0.64	0.41～0.54	0.37～0.41

（3）渠道的冲淤平衡。允许渠道既有冲刷，又有淤积，但是在一定时间内（一年或若干年）渠道仍能保持断面稳定平衡状态。冲淤平衡渠道适用于含沙量大的渠道水力计算中。

上述各项参数选定后，便可进行水力计算确定渠道过水断面尺寸及有关水力要素。

（三）高含沙浑水渠道设计

1. 高含沙浑水渠道的规划原则

高含沙浑水渠道由于负担输水和输沙的双重任务，自然与清水或低含沙水渠道规划设计有所不同。鉴于在我国北方地区，特别是黄河流域，高含沙浑水绝大多数来源于汛期（7～9月），其余9个月均为低含沙浑水或清水。大、中、小型灌区，渠道规划设计绝大多数为清、浑水兼引渠道，少数为纯浑水渠道。在规划清、浑水兼引灌区的高含沙水渠道时，情况较为复杂，既要防止清水冲刷，又要防止高含沙水时严重淤渠。在设计中应遵循以下原则：

1）渠道引水口底坎应高于河床床面0.5～1.0m，以防止推移质粗沙进入渠道，造成严重淤积而影响正常引水。

2）清、浑水兼引渠道，应当在不平衡输沙理论指导下进行规划设计，力求做到不冲不淤或者允许有淤有冲（指冲淤），冲淤平衡。

3）为了干、支、斗各级渠道输沙顺利，应同时考虑流量和比降的影响。流量大的干、支渠，其比降可缓一些，斗渠流量小，其比降可陡一些。以洛惠灌区为例，干渠比降为1/2000～1/3000，支渠为1/1000～1/1500，斗渠为1/600～1/800。

4）各级渠道的引水沙限，应依据各渠道的具体条件而有所不同。群众称之为“利斗”，即比降斗的渠道，引水沙限可以适当提高；反之，沙限可以低一些。有些渠道沙限可根据河源洪水含沙量，区别不同渠道进行引用，可免于淤积或实现冲淤平衡。

5）以往规划渠道时，规定支渠头大尾小，但在输送高含沙浑水时，末一级渠道沙限可降低，防止淤积。末级渠道淤灌完毕，浑水应从支渠末端最后一级退水闸泄走。支渠尾部断面应能通过末级渠道2～3倍的流量。

6）干、支渠应有计划设置退水闸，宣泄溯源和沿程冲刷的淤积泥沙或多余的水量。有时由于引用高含沙浑水历时长，不平衡输沙引起的淤积，使渠道水位壅高，规划时必须留有一定的超高以防漫溢。

7）尽量减小渠道的阻力。要求渠道顺直和衬砌，渠系建筑物越少越好，且要减少对水流的阻力，这样有利于提高输水和挟沙能力。

8）为减少渠道断面角隅的淤积，建议采用U形和梯形断面，这两种断面也有利于输送含沙量较高的浑水。

9）为适应高含沙洪水历时短、峰值高的特点，尽量使渠道级数少，以利洪水迅速进入田间。一般设有干、支或干、斗两级。

10）规划渠系应结合地形条件，尽量布置在较高地带和分水岭上，以增大比降和控制更多的灌溉面积。排水系统应设置在低洼处，要与灌溉渠系相适应，并保持排水畅通。

2. 各级渠道的布设

（1）渠道分级。

清浑水兼引渠道的分级同于一般清水渠道，引洪灌区渠道一般只采用两级，即干、斗或干、农。究竟采用几级渠道适宜，应据灌区地形和面积大小等条件确定。

（2）各级渠道的比降。

高含沙浑水渠道，担负着输水输沙的双重任务，其比降应大于清水渠道。据多年实践，选用比降时应注意：

1）比降应尽量接近地面坡度，避免填挖方过大。

2）在土壤易被冲刷的地段比降应缓，否则应进行衬砌，地质条件较好的可陡。

3）流量大时比降可缓，流量小时比降应陡。

4）渠道衬砌的比降可陡，无条件衬砌时应缓。

5）在渠道不影响正常引水灌溉条件下，遵循高含沙水流运动规律，力求做到冲淤平衡。

6）清浑兼引渠道，断面宜用窄深式，即最好用U形渠道，它具有输沙条件好、占地少以及施工方便等优点。

各级渠道如能衬砌，则输沙防淤更为有利。

（3）各级渠道的设计流量。

为使渠道通过不同情况下的流量，并经常处于最优工作状态，必须满足下列要求：

1）各级渠道的流量均应满足将浑水泥沙输送到田间的要求。

2）改变上、下游支、斗渠头大尾小的设计局面，要逐渐缩小尾部断面，容纳的流量应大于最后一级渠道的流量，以防尾部淤积。

3）尾斗流量应与干、支渠输沙能力的要求相适应。

对于高含沙浑水来说，渠道渗漏损失应有所减少，但目前尚缺乏实测资料，可仍按清水情况考虑。

3. 高含沙浑水渠道设计

渠道设计应按不平衡输沙理论进行，根据目前研究水平，亦可按临界不淤流速或高含沙水流挟沙规律进行。

（1）设计原则。

1）输沙的渠道设计。用不平衡输沙理论计算渠道的挟沙和冲淤规律是比较繁琐的，常采用有限差方法，对水沙过程在时间上和流程上进行分段计算。对某一时段来说，计算内容是：水力要素、悬移质含沙量及级配、冲淤量及冲淤泥沙级配，以及根据冲淤量对过水断面进行修改。

2）冲淤平衡原则设计。在不能实现不冲不淤时，应按有淤有冲，冲淤平衡的原则进行设计。

3）均匀紊流条件设计。在保证水流为紊流，其 $Re_m>5000\sim10000$。如个别斗渠条件差，且在含沙量很高的时候，允许短时间内进入层流。紊流条件下渠道具有较大的输浑能力。由于紊流时，清、浑水的阻力系数基本相同，建议仍按清水的 λ 或 n 进行计算。

4）减小渠道阻力。应尽量减少弯道、桥涵和隧洞等的阻水作用，桥涵顶部不得阻水，桥涵处断面不得缩窄。在设计桥涵净空时，考虑到淤积需适当加高净空高度，中间不宜设置支柱。

条件允许渠道应尽量用混凝土衬砌。土渠应加强维护，及时铲草保持岸边平整以降低糙率。混凝土衬砌也有利于防止清水或低含沙水的冲刷。

采用窄深式断面。在灌区含沙量较高条件下，窄深式断面阻力较小，有利于增加流速，防淤减淤。

5）增加渠道超高。允许渠道有一定淤积，特别在含沙量高淤积严重又不能停水时，为了防止渠道漫溢，建议适当增加渠道两岸的超高，超高数值应根据淤积速率和淤积时间，以及流量可以减少到何种程度来确定。

6）加高渠道闸门高度。渠道发生淤积时，渠道内水位增高，闸门高度要增加，以免门顶顶溢。闸门启闭设备也要相应提高。

7）其他。在可能发生淤积的渠道中部和末端增设拉沙闸（如有退水闸可代替），用闸门调节水面比降和水深，以起到减淤拉淤的作用。

河道有粗沙进入渠道时，应增设拦沙坎、沉沙池、冲沙闸等设施。

为了提高引洪标准，对某些渠道、田块和作物不能适应高含沙浑水，利用库水、井水掺清。

（2）设计方法。

1）确定设计含沙量 $S_{设}$。首先根据河源水文资料，确定可能最高含沙量 S_{max} 值。有些灌区由于地形、土壤条件和作物种类等因素所限，不可能引用 S_{max}，因而提出引浑沙限的概念，即

$S_{引}=K_1S_{max}$，式中 $K_1<1$，其值由灌区具体条件确定。

如从经济条件出发，可以允许渠道有一定程度的淤积，由此渠道设计含沙量 $S_{设}$ 应小于 $S_{引}$；根据 $S_{设}$，在保证不发生淤积条件下，设计渠道底坡和断面尺寸，而当通过 $S_{引}$ 时则渠道可能发生一些淤积。所以 $S_{设}=K_2S_{引}=K_1K_2S_{max}$，式中 K_2 为渠道允许淤积（程度）系数。考虑渠道不应引起严重淤积，初步建议 $K_2=0.8\sim0.9$，灌区排淤条件较好者可以取较小值。

2）参数的确定。由河源来水来沙条件确定下列参数：

①由泥沙粒配曲线确定出 d_{50} 或 $d_{平均}$ 以及 $d<0.007$mm（或 $d<0.005$mm）占泥沙含量的百分数。

②确定出不同含沙量 S 的中径 d_{50} 值。

③测出不同含沙量、级配、水温、pH 值时浑水的 η 和 t_B 值。

④如有条件可测群体沉速 ω_s 和非均质与均质过渡的条件。

⑤由典型来沙过程线确定 $S>S_{设}$ 时的沙峰历时，进一步确定可能发生淤积的历时，以便考虑采取防淤和排淤措施。

3）设计计算步骤。

①选取阻力系数 λ 或糙率 n 值。

②由均匀流动公式 $Q=CA\sqrt{Ri}$，据已知条件，确定出渠道断面尺寸（底宽 b 和水深 h 值），然后计算出断面平均流速 V 值。

③计算浑水 Re_m，判别是否属于紊流条件。

④据来沙条件，求出 $v_{临淤}$ 流速或挟沙力。

⑤如 $v\geqslant v_{临淤}$ 或 $Q\geqslant Q_{临淤}$，或者挟沙能力大于含沙量，则满足按 $S_{设}$ 设计的不淤条件，则设计计算完毕。

⑥如果上述条件不能满足，或者为了进行不同底坡和断面形式尺寸的经济比较，可根

据调整的 i、b、h 、n 等值进行重复计算，以达到既满足不淤条件，又满足安全经济合理的要求。

三、渠道水力计算

渠道横断面水力计算的目的，是在已知渠道设计流量、渠底纵坡、渠床糙率、边坡系数的情况下，通过水力计算，设计出渠道底宽和水深，设计值既要满足过水能力、不冲不淤的基本要求，同时又要经济合理，便于施工。

1. 水力最优断面法

采用水力最优梯形断面时，可按以下步骤直接求解：

（1）计算渠道的设计水深。由梯形断面水力最优宽深比式（6－36）和明渠均匀流量计算式（6－33），推得水力最优断面的渠道设计水深为

$$h_{优}=\left[\frac{2^{8/3}\cdot n\cdot Q}{4(2\sqrt{1+m^2}-m)\sqrt{i}}\right]^{3/8} \quad (6-51)$$

（2）计算渠道的设计底宽 $b_{优}$。按式（6－36 ）计算。

（3）校核渠道的流速。根据已确定的 $V_{不冲}$ 与 $V_{不淤}$ 检查是否满足不冲不淤条件，若 $V_{不冲}>V_{优}>V_{不淤}$，则流速符合要求。但还要考虑施工条件、地下水是否顶托，最后决定要否采用水力最优断面。如果 $V>V_{不冲}$，说明不宜采用水力最优断面形式。

【例 6－2】 在轻壤土地区修一设计流量为 10m³/s 的渠道，渠道为梯形土渠，边坡系数 m 选定为 1.25，渠床糙率选定为 0.025，渠道纵向底坡选定为 0.0002，试用水力最优断面法，求设计横断面水深及底宽。

解：根据水力最优断面条件，由式 6－50 求出水深 $h_{优}$

$$h_{优}=\left[\frac{2^{8/3}\cdot n\cdot Q}{4(2\sqrt{1+m^2}-m)\sqrt{i}}\right]^{3/8}$$

$$=\left[\frac{2^{8/3}\times 0.025\times 10}{4(2\sqrt{1+1.25^2}-1.25)\sqrt{0.0002}}\right]$$

$$=2.27(\mathrm{m})$$

由水利最优断面宽深比 $\beta_{优}=\dfrac{b_{优}}{h_{优}}=2\left(\sqrt{1+m^2}-m\right)$，可以求出底宽 $b_{优}$ 值

$$b_{优}=2h_{优}(\sqrt{1+m^2}-m)=2\times 2.72(\sqrt{1+1.25^2}-1.25)=1.92\ (\mathrm{m})$$

检查不冲不淤条件：

查表 6－20 知，当 $R=1$m 时的不冲流速 $V_{不冲}=0.70$ m/s，现 $R_{优}=h_{优}/2=2.72/2=1.36$（m），故本渠不冲流速为 $V'=V_{不冲}R_{优}^{1/4}=0.7\times 1.36^{1/4}=0.76$（m/s）。

清水渠道不长草的不淤流速 $V''=0.3\sim 0.5$m /s。由式（6－39），断面平均流速为

$$V_{优}=\frac{Q}{(b_{优}+h_{优})h_{优}}=\frac{10}{(1.92+1.25\times 2.72)\times 2.72}=0.69\ (\mathrm{m/s})$$

可见有 $V''<V_{优}<V'$，拟定的底坡是合适的。

2. 实用经济断面法

实用经济断面的计算步骤如下：

1）按水力最优断面方法计算出 $h_{优}$。

2）选取接近水力最优断面的 a 值，即取 $a_1=1.01$，$a_2=1.02$，$a_3=1.03$，$a_4=1.04$，查表 6-18 可获取一组小于 1.0 的 $h/h_{优}$ 值，从而得到一组断面水深 h 值。

3）由宽深比公式（6-45）求出一组 b 值和断面底宽 b。

4）由设计流量 Q、不同的 h 和 b，按式（6-39）计算出一组断面平均流速。

5）分别校核各实用经济断面是否满足渠道允许流速的要求，符合流速要求的那些实用经济断面可供施工选用。

【例 6-3】 在土质为轻壤土地区欲修一条干渠，已知设计流量 $10m^3/s$，渠道糙率选为 0.025，边坡系数选为 1.25，另外据调查在地下 2.80m 以下，有粗沙层，为防止渠道渗漏，便于施工，试用实用经济断面法确定出几个供选择的宽浅式断面。

解： 底坡与按水力最优断面设计时的底坡一样，取 $a=1.01$，由表 6-18 得 $h/h_{优}=0.822$，同时根据 $m=1.25$，又得 $\beta=1.673$，即有

$$h = 0.822h_{优} = 0.822 \times 2.72 = 2.24(\mathrm{m})$$

$$b = \beta h = 1.673 \times 2.24 = 3.73(\mathrm{m})$$

检查不冲不淤条件：

由表 6-20 可知 $V_{不冲}=0.7\mathrm{m/s}$，由（6-47）式得 $R=R_{优}/a^{3/2}=1.36/1.01^{3/2}=1.34\mathrm{m}$，不冲流速 $V'=V_{不冲}R^{1/4}=0.70\times1.34^{1/4}=0.75$（m/s）。不淤流速 V'' 见例6-2。

断面平均流速由式（6-47）得：$V=V_{优}/a=0.69/1.01=0.68$（m/s），可见有 $V'<V<V''$，符合不冲不淤要求。分别取 $a=1.02$、1.03、1.04，可用同样方法算出相应的流速，结果见表 6-24。

表 6-24　　实用经济断面水力要素

a	h/h_m	b/h	h (m)	b (m)	V (m/s)	R (m)	V' (m/s)
1.00	1	0.704	2.72	1.92	0.69	1.36	0.76
1.01	0.822	1.673	2.24	3.73	0.68	1.34	0.75
1.02	0.760	2.199	2.06	4.54	0.67	1.32	0.75
1.03	0.718	2.654	1.95	5.18	0.67	1.30	0.75
1.04	0.683	3.109	1.86	5.75	0.66	1.28	0.75

由表 6-24 可知，实用经济断面均为底宽大于水深的宽浅式断面，便于施工，且可以根据具体的施工条件选用不同的 h、b 组合。最后，应根据工程的具体条件从表 6-24 中选取一个适当的 h、b 值作为设计断面。

本例中，地面 2.80m 以下有严重漏水的粗砂层，使渠道开挖深度受到限制，显然水力最优断面不符合 $h_{优}=2.72\mathrm{m}$ 施工要求，因此可在实用经济断面中选择合适的断面进行施工。

3. 一般稳定断面法

这是广泛使用的渠道设计方法。一般清水渠道具体步骤如下。

1）初估水深 h：根据式（6-40）估算。

2）初算宽深比 β：用式（6-44）宽深比公式计算。

3）初算渠底宽 b：由计算的宽深比和初估的水深求得。

4）计算相应的过水断面面积 A 和水力要素。由与估算的渠底宽相近的整数或一位小数的 b，并假设水深 h 求得。

5）校核渠道输水能力：用式（6-33）计算的 Q 值与 4）假设的 b、h 对应，当计算的 Q 与 $Q_{设}$ 误差小于 5%时，假设的 b、h 才是所要求的。不满足要求，反复修改 b、h，直到满足要求为止。

6）校核渠道流速：如不满足流速校核条件，就要改变渠道的底宽或宽深比，重复以上计算步骤，直到既满足流量校核条件又满足流速校核条件为止。

在实际工作中，设计渠道断面的计算工作量较大，常借用诺谟图（见《水力学》）查算，也可编制成计算机程序计算，从而加快设计进程。

【例 6-4】 例 6-1 中，某干渠设计引水流量为 $4.2\text{m}^3/\text{s}$，沿渠土壤为中黏壤土，渠底比降 1/5000，设计该干渠的断面。

解：查表 6-14，可知 $n=0.025$；查表 6-16，边坡系数取 $m=1.0$，计算如下：

1）初算水深 h：$h=aQ^{1/3}=0.85\times4.2^{1/3}=1.371$（m）

2）初算宽深比 β：$\beta=NQ^{1/4}-m=3\times4.2^{1/4}-1=3.29$（取 $N=3$）

3）初算渠底宽 b：$b=\beta h=3.29\times1.371=4.51$（m）

4）计算相应的过水断面面积 A 和水力要素：设 $b=4.5\text{m}$、$h=1.35\text{m}$，则：

过水断面：$A=bh+mh^2=4.5\times1.35+1\times1.35^2=7.9$（$\text{m}^2$）

湿周：$x=b+2h\sqrt{1+m^2}=4.5+2\times1.35\sqrt{1+1^2}=8.32$（m）

水力半径：$R=\dfrac{A}{x}=\dfrac{7.90}{8.32}=0.91$

谢才系数：$C=\dfrac{1}{n}R^{1/6}=\dfrac{1}{0.025}\times0.91^{1/6}=39.4$

5）校核渠道流量：$Q=AC\sqrt{Ri}=7.90\times39.4\sqrt{0.91\times1/5000}=4.20$（$\text{m}^3/\text{s}$）

计算的 Q 与 $Q_{设}$ 相等（误差小于 5%即可），所以采用 $b=4.5\text{m}$，$h=1.35\text{m}$。

6）校核渠道流速：$v=Q/A=4.2/7.9=0.53$（m/s）

$$V_{不冲}=KQ^{0.1}=0.62\times4.2^{0.1}=0.71(\text{m/s})$$

一般清水渠道的不淤流速 $V_{不淤}=0.3$（m/s），所以：$V_{不淤}<v<V_{不冲}$，满足要求。

四、各级渠道水位推求及衔接

渠道纵、横断面设计，在于满足自流灌溉对水位的要求，又要使渠床稳定，不冲不淤，且施工土方量少，建筑物设置合理。

在渠底纵向坡度确定以后，渠道主要设计内容之一是：在已定渠线的较大比例尺的平面图和渠线纵断面图上，推求设计水面线。

（一）支渠要求干渠分水口处的水位高程推求

为保证各支渠控制的面积能够自流灌溉，干渠在各支渠的分水口处应具有足够的水位高程。该点的水位控制高程，应根据灌溉土地的地面高程、灌水深度、下级渠系沿程水头损失、渠水通过各种建筑物的局部水头损失，自下而上逐级地按下式推求

$$Z_{分}=A_0+h+\sum L_n i_n+\sum\varphi \qquad (6-52)$$

式中 $Z_{分}$——某支渠分水口水位控制高程，m；

A_0——某支渠控制范围内，选择的参考点高程，以此点高程推求出的水位控制高程，可保证85%以上的面积可自流灌溉，这种点一般位于离分水口最远，地面又较高的位置，m；

h——参考点与末级渠道出水口处水面的高差，一般为0.1～0.2m；

L_n——各级渠道长度，m；

i_n——各级渠道的相应比降；

φ——水流通过渠系建筑物的相应水头损失，m。

不同渠系建筑物所产生的水头损失参考值见表6-25。

表6-25　渠道建筑物水头损失最小数值表

渠　别	控制面积（万亩）	进水闸	节制闸	渡　槽	倒虹吸	公路桥
干渠	10～40	0.1～0.2	0.10	0.15	0.40	0.05
支渠	1～6	0.1～0.2	0.07	0.07	0.30	0.03
斗渠	0.3～0.4	0.05～0.15	0.05	0.05	0.20	0
农渠		0.05				

按照式（6-52），在平面图上，每条支渠控制范围选3～5个地面参考点，推求支渠入口要求干渠的水位，如图6-23所示。

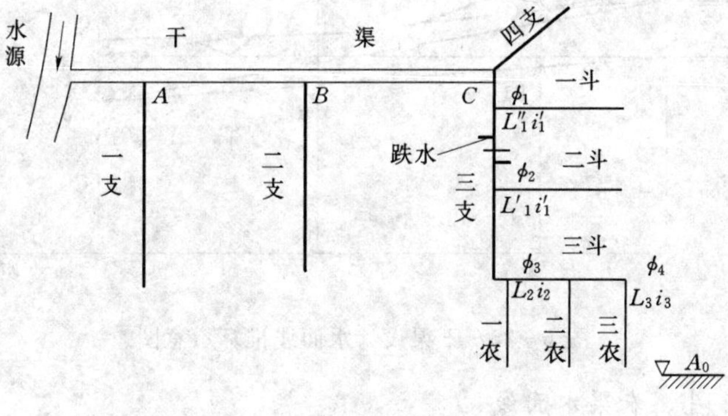

图6-23　渠系平面布置示意图

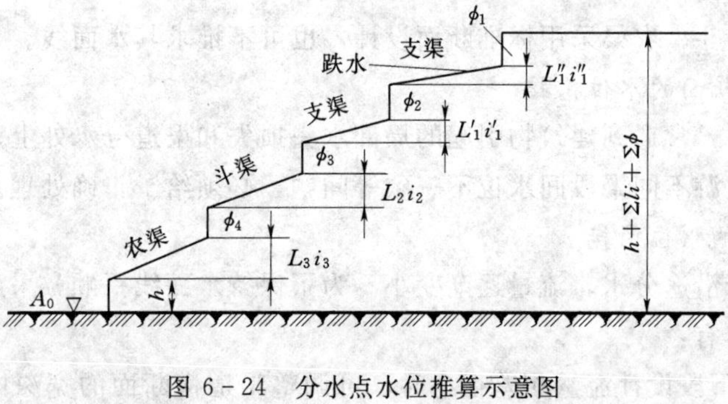

图6-24　分水点水位推算示意图

（二）推求干渠设计水面线

（1）绘制干渠地面高程线。根据已定渠线和桩号，由引水口开始绘制到干渠末端。

(2) 标注分水口的位置和建筑物的位置。在干渠地面高程线上标出渠道流量和水位突变处的位置。

(3) 落实各支渠分水口处的水位要求（如图 6-24 所示）。把第（1）步中推求的各支渠地面参考点要求干渠的水位落到干渠地面高程线的分水口处。

(4) 初步推求干渠设计水面线。根据地面坡降和水源水位，要计入干渠上建筑物的局部水头损失，尽量使各支渠满足自流灌溉要求，绘制干渠水面线如图 6-25 所示，例如①线。

(5) 调整干渠水面线。为了满足各支渠分水口水位要求，当水源水位足够高时，根据初步拟定的干渠比降，按①线定出干渠的设计水面线。如果地形、土壤等条件允许增大干渠比降，同时允许放弃四支渠部分高地自流灌溉，干渠可加大渠底比降，并按②线定出设计水面线，这样可减少工程量。如果水源引水高程不够，则可有两个方案：一是放弃四支渠部分高地自流灌溉，水面线为③线，干渠比降与①线相同；二是干渠水面线为④线，放缓干渠比降。干渠比降变动后，必须重新设计横断面并校核流速是否不冲不淤。另外，也可局部调整支、斗、农渠的比降，降低支渠分水口处的水位要求。

水源水位相差较大时可进行抽水灌溉。

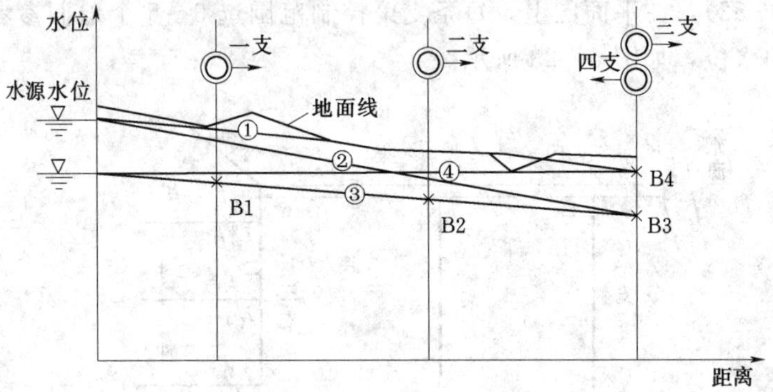

图 6-25　干渠设计水面线推算示意图

（三）推求支、斗、农渠水面线

干渠水面线确定以后，根据干渠在各支渠分水口处的水位，由上向下推求支渠、斗渠、农渠的设计水面线。

通常情况下，斗、农渠采用标准断面设计，也可不推求其水面线。

（四）渠道纵断面的水位衔接

在渠道设计中，常遇到建筑物引起的局部水头损失和渠道分水处上、下级渠道水位要求不同以及上、下游不同渠段间水位不一致等问题，必须给予正确处理。

1. 不同渠段的水位衔接

灌溉渠道由于沿途分水，流量逐渐变小。为了保持水面线平顺，采用改变过水断面的方法来解决。具体有：

1）如果上、下段设计流量相差很小时，可调整渠道横断面的宽深比，在相临两渠段间水深一致，下游底宽变小。

2）在水源水位较高的情况下，下游渠段按设计水位和设计水深确定渠底高程，并向上游延伸，画出上游渠段新的渠底线，再根据上游渠段设计水深和新的渠底线，画出上游渠段新的水面线。这时，要考虑上游向下级分水时水面线的衔接问题。

3）在水源水位较低、灌区地势平缓的条件下，既不能降低下游的设计水位高程，也不能抬高上游的设计水位高程时，不得不用抬高下游渠底高程的办法维持要求的设计水位。在上下两渠段的交界处渠底出现一个台阶，破坏了均匀流的条件，在台阶上游会引起泥沙淤积。这种做法应尽量避免，为了减少不利影响，下游渠底升高的高度不应大于15～20cm。

2. 渠道遇到特殊地形时（或建筑物）的水位衔接

渠道上的交叉建筑物（渡槽、隧洞、倒虹吸等），一般都有阻水作用，会产生水头损失，在渠道水位推求时，必须予以充分考虑。如建筑物较短，可将进、出口的局部水头损失和沿程水头损失累加起来，在建筑物的中心位置集中扣除。如建筑物较长，则应按建筑物的位置和长度分别扣除进、出口的局部水头损失和沿程水头损失。

当下游分水口要求的水位很低时，应在上级渠道分水口上游修建跌水或陡坡，使上级渠道的下游水位集中降落一个高度，从而降低渠道工程量。

3. 上、下级渠道水位衔接与节制闸

渠道分水口处的水位衔接，一般有两种处理方法，如图6-26所示。

一是以设计水位为标准。上级渠道按设计流量通过，下级渠道按设计流量分水，以此确定下级渠道的渠底高程，当上级渠道通过最小流量时，其水位可能不满足下级渠道的取水要求。此时须在上级渠道该分水口的下游修建节制闸，把上级渠道的最小水位从原来的H_{min}升高到H'_{min}，使上、下级渠道的水位差等于分水闸的水头损失。一般干渠节制闸控制一个支渠；支渠节制闸控制多个斗渠，并结合轮灌组的划分修建。

二是以最小水位为配合标准。如果水源水位较高或上级渠道比降较大，可抬高上级渠道的最小水位，使上、下级之间的最小水位差等于水闸的水头损失φ，以此确定上级渠道的渠底高程和设计水位。对此，通过设计流量时，上、下级渠道间将有较大的水位差，就需用分水闸开启不同高度来调节进入下一级渠道的设计流量。对于干、支渠的水位衔接，这种做法不需要修建节制闸，不产生渠道壅水和泥沙淤积，但要具有抬高渠首水位的条件。为了轮灌要求，支渠在斗渠轮灌组分界处需修建节制闸，所以支、斗渠的水位衔接一般不采用这种方法。

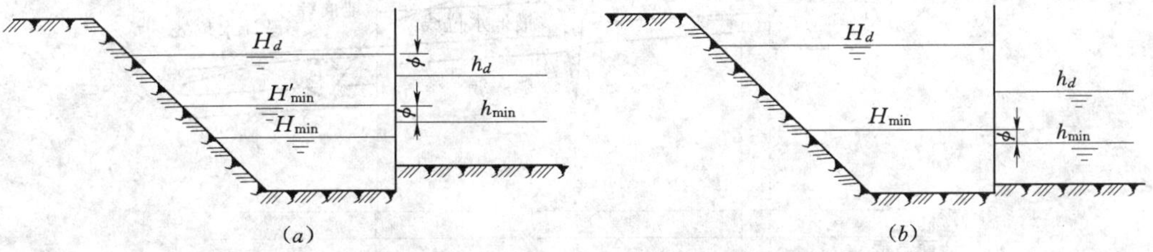

图6-26　上、下级渠道水位衔接示意图

五、渠道纵断面图结构及绘制步骤

渠道纵断面设计成果，集中反映在纵断面图上。具体内容包括：沿渠地面高程线、渠道设计水面线、渠底高程线、最低水位线、堤顶高程线、分水口位置、渠系建筑物位置、水头损失、渠底比降等。

渠道纵断面图绘制的步骤是：

(1) 建立直角坐标系。在方格纸上建立直角坐标系，横坐标表示桩号，纵坐标表示高程如图 6-27 所示。纵断面图上高程比例尺一般为 1/100 或 1/200，水平比例尺一般为 1/6000 或 1/2000，可根据具体情况选用。

(2) 绘地面高程线。根据渠道布置及沿渠道定线的测量资料，按一定距离在纵断面上点绘地面高程，并联接各点绘出地面高程线。渠道进口处为起点。

(3) 标绘分水口和建筑物的位置。在地面高程线上方，用不同符号标出各分水口和建筑物的位置。建筑物的长度不大时按建筑物所在中心位置标出；若建筑物较长，则按比例在图上标明其长度及坡度，计入水位高程变化。

(4) 绘渠道设计水面线。根据水源水位、地面坡度、分水点要求、建筑物损失求得设计水面线。

(5) 绘渠底高程线。根据水面比降，确定渠底比降 $i=J$，以渠道设计水深为间距，绘设计水面线的平行线，在变断面处，要考虑渠底尽量不出现倒坎现象。

(6) 绘最小水面线。在横断面设计的基础上，以渠道最小水深为间距，画渠底线的平行线。

(7) 绘堤顶高程线。根据设计水面线及安全超高，以安全超高为间距在设计水面线以上作平行线，绘出堤顶高程线。

(8) 纵断图汇总表。在图下方绘一表格，内容包括桩号、地面高程、设计水位、最小水位、堤顶高程、渠底高程、渠道比降、分段土方量、累计土方量。表中要体现分水口和建筑物所在位置的桩号、地面高程线突变处的高程和桩号、设计水面线和渠底高程线突变处的高程和桩号以及相应的最低水位和堤顶高程。

桩号和高程写在表示该点位置的竖线左侧，并应侧向写出。在高程突变处，要在竖线左、右两侧分别写出高、低两个高程。

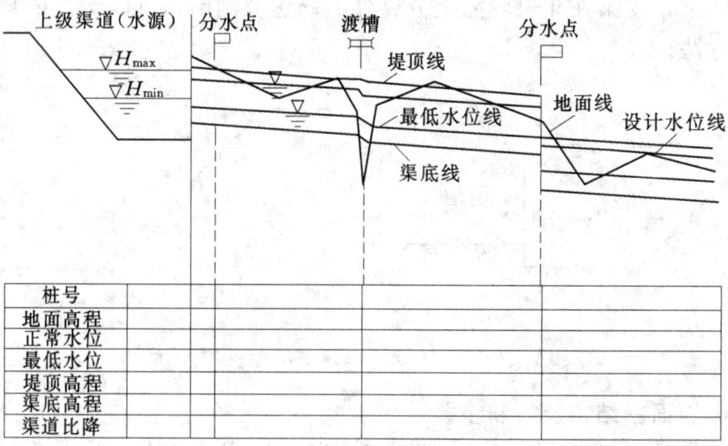

桩号					
地面高程					
正常水位					
最低水位					
堤顶高程					
渠底高程					
渠道比降					

图 6-27　干渠纵断面示意图

第四节　渠道防渗与防冻胀技术

一、渠道防渗的意义和作用

1. 渠道防渗的意义

渠道输水是目前我国农田灌溉的主要输水方式，渠道渗漏是农田灌溉用水损失的主要方面。目前我国80%以上的渠道无防渗处理。传统的土渠输水渠系水利用系数一般为0.4～0.5，差的仅0.3左右，也就是说，大部分水在输、配水过程中渗漏损失掉了。渠道防渗工程技术的重要性日益为人们所认识，其意义主要表现在如下几个方面。

1）输水渠道渗漏是浪费水的主要方面，要节约用水，首先应抓住用水量最大的用户。我国2003年农业用水量占总用水量的73%，灌溉用水量占农业用水量的90%，目前我国已建渠道防渗工程55万多km，占渠道总长的18%，80%以上的渠道没有防渗，每年由灌溉渠道损失的水量为我国总用水量的33%，为农业用水量的45%。输水渠道渗漏是浪费水的主要方面，要节约农业用水，效益最大的则是渠道防渗。

2）渠道防渗工程是实现节水型农业的重要内容。大量工程实践证明，采取渠道防渗措施以后，可以减少渗漏损失70%～90%。陕西省泾惠渠四级渠道防渗后，渠系水利用系数由0.59提高到0.85；福建晋江县晋南电灌站、永和二级电灌站12km长的干渠防渗后，渠道水利用系数由0.55提高到0.80；湖南涟源县白马水库灌区62km长的干渠防渗后，渠道水利用系数由0.30提高到0.68。因此，建好渠道防渗工程是提高渠系水利用系数和现有水利工程效益的重要途径。

此外，渠道防渗还具有输水快、有利于农业生产抢季节、节省土地等优点，因此，渠道防渗是当前我国节水灌溉的主要措施之一。

2. 渠道防渗的作用

渠道防渗技术是减少输、配水渠道透水性或建立不透水防护层的各种技术措施。渠道防渗工程的作用主要在于：

1）提高渠系水利用系数，有效地利用水资源。

2）提高了渠道的抗冲能力，防止渠坡坍塌，增加渠床的稳定性。

3）减少渠道的粗糙程度，加大水流速度，增加输水能力，一般输水的时间可缩短30%～50%。

4）减少渗漏对地下水的补给，有利于控制地下水位，防治盐碱化发生。

5）减少渠道淤积，防止渠道生长杂草，节省维修费用和清淤劳力，降低灌水成本。

二、渠道防渗材料及结构形式

1. 渠道防渗工程应符合的要求

1）防渗渠道断面应通过水力计算确定，地下水位较高和有防冻要求时，可采用宽浅式断面。

2）地下水位高于渠底时，应设置排水设施。

3）防渗材料及配合比应通过试验选定。

4）采用刚性材料防渗时，应设置伸缩缝。

5）标准冻深大于10cm的地区，应考虑采用防治冻胀的技术措施。

6）渠道防渗率，大型灌区不应低于40%；中型灌区不应低于50%；小型灌区不应低于70%；井灌区如采用固定渠道输水，应全部防渗。

7）大、中型灌区宜优先对骨干渠道进行防渗。

2. 渠道防渗材料简介

根据所使用的材料，渠道防渗可分为：①土料防渗；②水泥土防渗；③砌石防渗；④塑料薄膜防渗（内衬薄膜后再用土料、混凝土或石料护面）⑤沥青混凝土防渗；⑥混凝土防渗等。其中混凝土衬砌是当今渠道衬砌的主要形式。各类材料防渗效果和适用条件见表6-26。

表6-26　　防渗材料的效果和适用条件

防渗材料类别		主要原材料	防渗效果 [m^3/（m^2·d）]	使用年限（a）	适用条件
土料类	1. 素土 2. 粘砂混合土 3. 三合土 4. 四合土 5. 灰土	素土 石灰 砂 石等	0.07～0.17	5～15 10～25	能就地取材，造价低，施工简便．但抗冻性差，耐久性差，需劳力多，质量不易保证。适用于气候温和地区的中小型渠道
水泥土类	1. 干硬性水泥土 2. 塑性水泥土	壤土 砂壤土 水泥	0.06～0.17	8～30	能就地取材，造价较低，施工简便。但抗冻性差，适用于气候温和地区，且附近有壤土及砂壤土的渠道
石料类	1. 浆砌料石 2. 浆砌块石 3. 浆砌卵石 4. 浆砌石板 5. 干砌卵石挂淤	料石 块石 卵石 石板 水泥 石灰 砂	0.09～0.25 0.2～0.4	25～40	抗冻和抗冲性能较好，施工简易，耐久性强，但防渗能力一般较难保证，适用于石料来源丰富、有抗冻与抗冲要求的渠道
埋铺式膜料类	1. 土料保护层 2. 刚性保护层	膜料 水泥 土料 砂石	0.04～0.08	20～30	防渗能力强，质轻、运输便利，当用土作保护层时，造价较低，但占地多，允许流速小。适用于中小型低流速渠道。当用刚性保护层时，造价较高，可用于大中型渠道
沥青混凝土类	1. 现场浇筑 2. 预制铺砌	沥青 砂 石矿粉	0.04～0.14	20～30	防渗能力强，适应冻胀变形能力较好，造价与混凝土相近，但目前沥青材料缺乏。一般适用于有冻害的地区且附近有沥青料源渠道
混凝土类	1. 现场浇筑 2. 预制铺砌 3. 喷射法施工	砂 石 水泥 速凝剂	0.04～0.14 0.06～0.17 0.05～0.16	30～50 20～30 25～35	防渗抗冲性能好，耐久性强。适用于不同地形、气候和运用条件的大中小型渠道。喷射法施工较繁杂多用于基础为岩石的渠道

目前，我国渠道防渗中存在的主要问题是衬砌技术成本较高，影响大面积推广；对于西北地区特殊的湿陷性黄土、盐胀土和膨胀土层，渠道衬砌需解决大变形问题。

3. 渠道防渗层的结构及厚度

(1) 土料防渗。土料防渗层的厚度应根据防渗要求通过试验确定。中、小型渠道可参照表 6-27 选用。为增加防渗层的表面强度，根据渠道流量大小，表层采用水泥砂浆抹面和涂刷硫酸亚铁溶液的办法。

(2) 水泥土防渗。水泥土防渗层的配合比应通过试验确定。防渗层的厚度宜采用 8～10cm，小型渠道不应小于 5cm。水泥土预制板的尺寸，应根据制板机、压实功能、运输条件和渠道断面尺寸等功能确定，每块预制板的重量不宜超过 50kg。板间用砂浆挤压、填平，并及时勾缝与养护。

因水泥土的抗冻性较差，故对耐久性要求高的明渠水泥土防渗层，宜用塑性水泥土铺筑，表面再用水泥砂浆、混凝土预制板、石板等材料作保护层。此种防渗层结构，水泥土的水泥掺量可以适当减少，但水泥土 28d 的抗压强度不应低于 1.5MPa。

表 6-27　土料防渗层厚度表

土料种类	防渗层厚度 (cm)		
	渠　底	渠　坡	侧　墙
高液限黏质土	20～40	20～40	
中液限黏质土	30～40	30～60	
灰土	10～20	10～20	
三合土	10～20	10～20	20～30
四合土	15～20	15～25	20～40

(3) 砌石防渗。护面式砌石防渗层的厚度 (见图 6-28)，浆砌料石采用 15～25cm；浆砌块石采用 20～30cm；浆砌石板厚度不宜小于 3cm。浆砌卵石、干砌卵石 (见图 6-29) 挂淤护面式防渗层的厚度一般采用 15～30cm。

为了防止渠基淘刷，提高防渗效果，干砌卵石挂淤渠道可在砌体下面设置砂砾石垫层或低标号砂浆垫层。浆砌石板防渗层下，可铺厚度 2～3cm 的砂料或低标号砂浆垫层。对防渗要求高的大中型渠道，可在砌石层下加铺粘土、三合土、塑性水泥土或塑膜层。

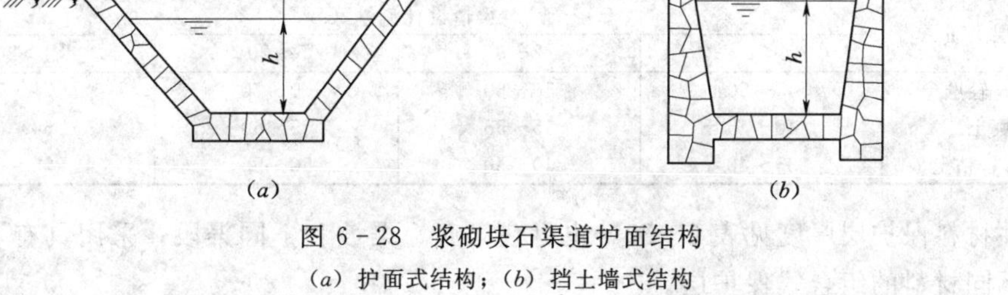

(a)　(b)

图 6-28　浆砌块石渠道护面结构

(a) 护面式结构；(b) 挡土墙式结构

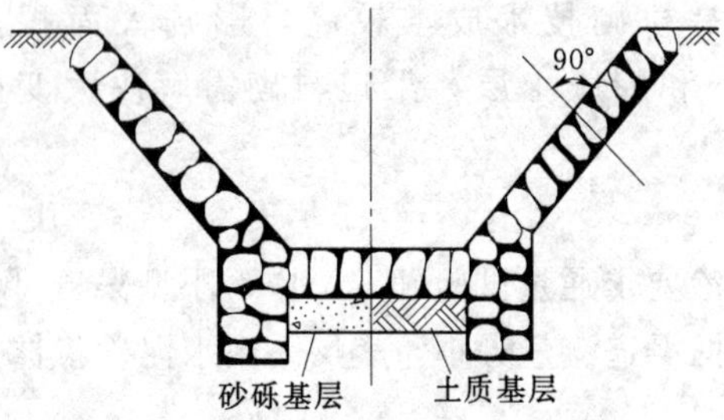

图 6-29 护面式浆砌卵石结构

护面式浆砌石防渗层一般不设伸缩缝，软基上挡土墙式浆砌石防渗层宜设沉降缝，缝距10～15m

（4）膜料防渗。膜料的基本材料是聚合物和沥青。按防渗材料可分为塑料类、合成橡胶类、沥青和环氧树脂类。按加强材料组合分为不加强土工膜（直喷式土工膜、塑料薄膜）、加强土工膜（玻璃纤维布、聚酯纤维布、尼纶纤维布作加强材料）、复合型土工膜（土工织物作基材）。

目前我国渠道防渗工程普遍采用聚乙烯和聚氯乙烯塑料薄膜，其次是沥青玻璃纤维布油毡。此外，复合土工膜近几年也陆续采用。

膜料防渗多用埋铺式，其结构一般包括：膜料防渗层、过渡层、保护层等。如图 6-30 所示。

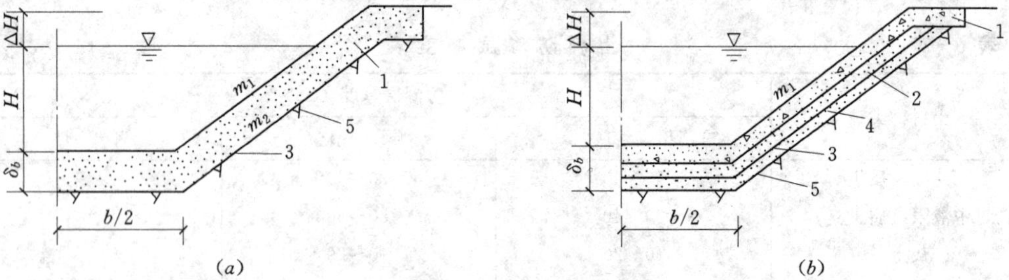

图 6-30 埋铺式膜料防渗体的构造

（a）无过渡层的防渗体；（b）有过渡层的防渗体

用作过渡层的材料很多，应因地制宜地选用。过渡层的厚度见表 6-28。

表 6-28 过渡层厚度

过渡层材料	厚度（cm）
灰土、塑性水泥土、砂浆	2～3
素土、砂	3～5

素土保护层厚度，当 $m_1=m_2$ 时，全铺式的梯形、台阶形、锯齿形断面，半铺式的梯形和底铺式断面保护层的厚度，边坡与渠底相同。见表 6-29；当 $m_1 \neq m_2$ 时，梯形和五边形渠底土保护层的厚度见表 6-29，渠坡膜层顶部土保护层最小厚度，温暖地区为 30cm，寒冷地区为 35cm。

表 6-29 素土保护层厚度 单位：cm

保护层土质	渠道设计流量（m^3/s）			
	<2	2～5	5～20	>20
砂壤土、轻壤土	45～50	50～60	60～70	70～75
中壤土	40～45	45～55	55～60	60～65
重壤土、粘土	35～40	40～50	50～55	55～60

刚性材料保护层厚度见表 6-30。也可在渠底、渠坡和不同渠段，采用具有不同抗冲能力、不同材料的组合式保护层。

表 6-30　　不同材料保护层的厚度　　单位：cm

保护层材料	水泥土	块石、卵石	砂砾石	石　板	混凝土	
					现　浇	预　制
保护层厚度	4～6	20～30	25～40	≥30	4～10	4～8

（5）沥青混凝土。沥青混凝土防渗层厚度一般5～6cm（见图6-31），大型渠道可采用8～10cm。有抗冻要求的地区，渠坡防渗层可采用上薄下厚的断面，一般坡顶厚度5～6cm，坡底厚度8～10cm。整平胶结层采用等厚断面。沥青混凝土边长不宜大于1.0m，厚度采用5～8cm。预制板一般用沥青砂浆砌筑；在地基有较大变形时，也可采用焦油塑料胶泥填筑。

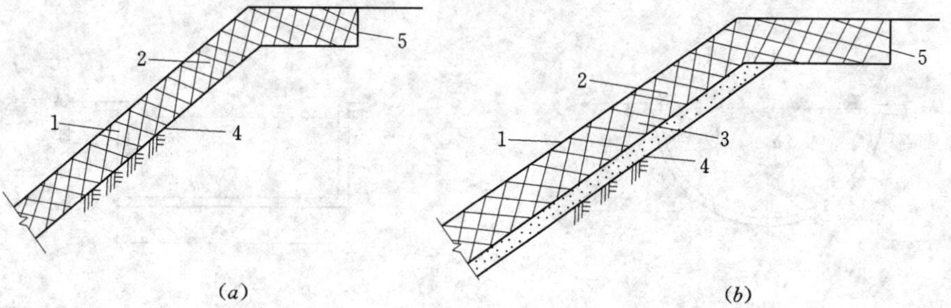

图6-31　沥青混凝土防渗体的结构形式

（a）无整平胶结层的防渗体；（b）有整平胶结层的防渗体

1—封闭层；2—防渗层；3—整平胶结层；4—土（石）渠基；5—封顶板

（6）混凝土防渗。混凝土防渗层采用等厚板，当渠基有较大膨胀、沉陷等变形时，除采取必要的地基处理措施外，对大型渠道宜采用楔形板、肋梁板、中部加厚板或“Π”形板。

混凝土防渗体的结构形式如图6-32所示。

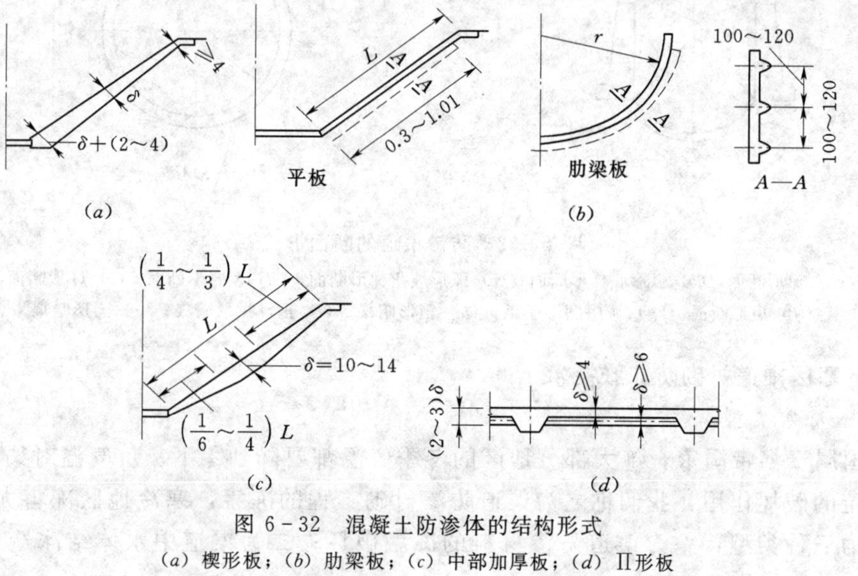

图6-32　混凝土防渗体的结构形式

（a）楔形板；（b）肋梁板；（c）中部加厚板；（d）Π形板

混凝土防渗渠道的结构形式如图 6-33 所示。

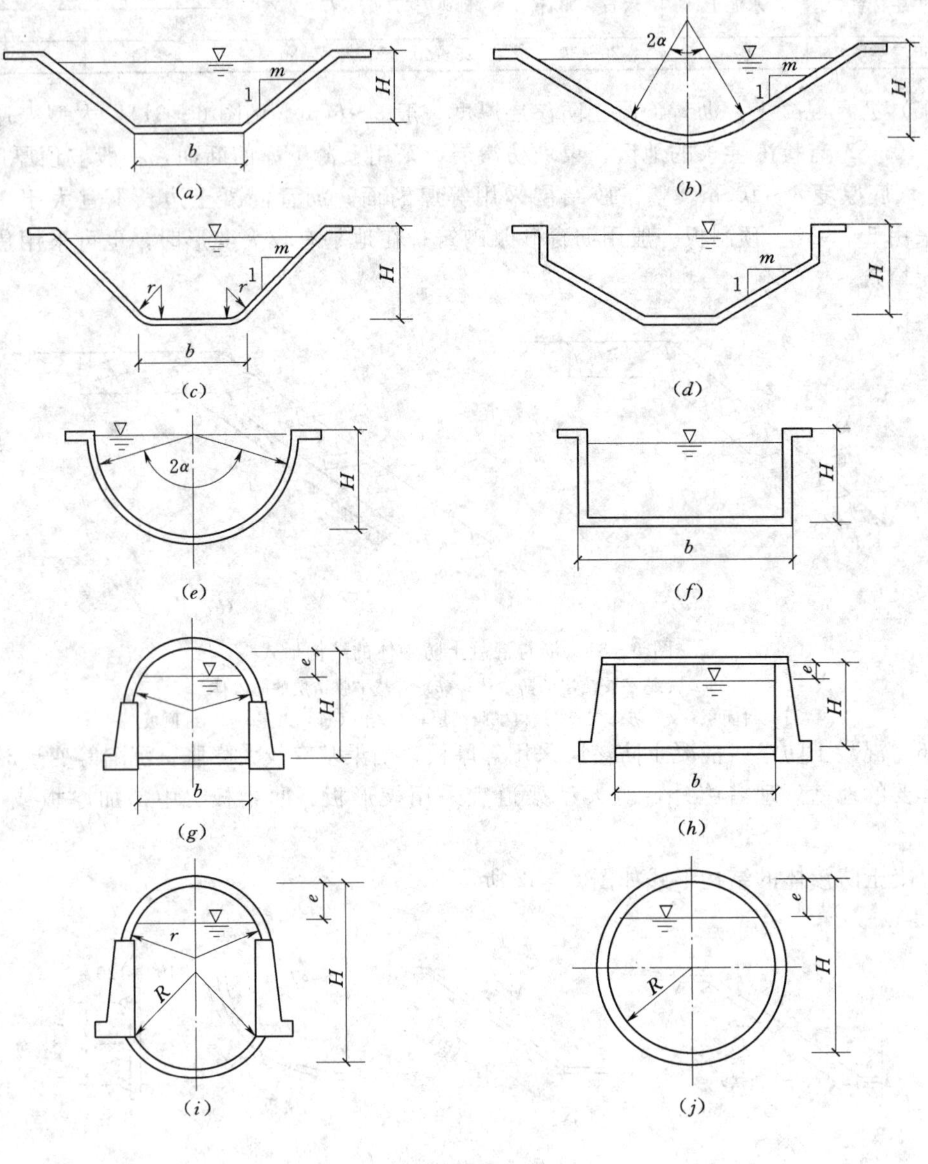

图 6-33 防渗渠道的断面形式

(a) 梯形断面；(b) 弧形底梯形断面；(c) 弧形坡角梯形断面；(d) 复合形断面；(e) U 形断面；(f) 矩形断面；(g) 城门洞形暗渠；(h) 箱形暗渠；(i) 正反拱形暗渠；(j) 圆形暗渠

三、寒区渠道衬砌防冻胀技术

(一) 冻害类型

我国属于温带国家，绝大部分地区的冬季气温都要降到零下。负气温对渠道衬砌工程有一定的破坏作用，我们称之为渠道防渗衬砌工程的冻害，寒冷地区冻害尤为突出。冻害分为三种类型：一为渠道防渗材料的冻融破坏；二为渠道中水体结冰造成防渗工程的破坏；三为渠道基土冻融对防渗工程的破坏。对于强冻胀地区，第三种是主要的破坏原因。

1．渠道防渗材料的冻融破坏

渠道防渗材料具有一定的吸水性，又经常处在有水的环境中，因此材料内总是含有一定的水分，这些水分在负温下冻结成冰，体积发生膨胀。当这种膨胀作用引起的应力超过材料强度时，就会产生裂缝并增大吸水性，使第二个负温周期中，结冰膨胀破坏的作用更为加剧。如此经过多个冻结—融化循环和应力的反复作用，最终导致材料的冻融破坏。这种破坏的形式，轻微的如混凝土表面砂浆层的剥蚀，严重的如三合土和拌制不良的混凝土的冻酥，结构完全受到破坏。对这类破坏的防治措施，主要是选择适宜的工程材料，改善材料性质，改进施工工艺等。

2．渠道中水体结冰造成防渗工程的破坏

当渠道因运行管理的要求，在负温期通水时，渠道内的水体将发生冻结。冰层逐渐加厚后，对两岸衬砌体产生冰压力，造成衬砌体的破坏。或者在冰推力作用下，砌块被推上坡，发生破坏性的变形。

我国大部分地区在最冷月份不进行灌溉，但在引水式水电站的渠道中，经常需要在冬季过水，因而会遇到上述问题。对于这类破坏的防治措施，主要是研究低温下渠道水体成冰规律，从热工设计、工程布局上解决。

3．渠道基土冻融对防渗工程的破坏

引起渠道衬砌破坏的原因主要是基土冻胀，而基土冻胀量的大小与气温、地温、冻深、土壤水分等因素有关。由于渠道水的渗漏、地下水或其他水源补给，渠道基土中含水量比较高。在季节性冻土地区，细粒土壤中的水分在冬季负温的条件下结成冰晶，使土壤体积膨胀，地面隆起，这种现象称为土壤的冻胀。在渠道衬砌的条件下，因衬砌层约束了土体的冻胀变形而产生了巨大的推力，称为冻胀力。衬砌层和冻土粘结在一起，还会产生切向冻胀力。由于渠道断面各部位接受太阳辐射不均匀，各处温度就不同，土壤的冻深和冻胀量也不同，一般渠底和阴坡的冻胀量大于阳坡。渠床渗漏和地下水上升毛管水的补给影响，使渠床下部土壤的含水量高于上部，也增加了下部土壤的冻胀量。当衬砌材料的抗拉和抗剪应力小于冻胀力时，就会产生冻胀破坏。

（二）冻胀破坏形式

1．混凝土防渗

混凝土属于刚性衬砌材料，具有较高的抗压强度，但抗拉强度较低，适应拉伸变形和不均匀变形的能力较差。在冻胀力和热应力的作用下容易破坏，其破坏形式如下。

(1) 鼓胀及裂缝。冻胀裂缝多出现在尺寸较大的现浇混凝土板顺水方向，缝位一般在渠坡坡脚以上 1/4～3/4 坡长范围内和渠底中部。当冬季渠道积水或行水时，一般出现在水面附近的渠坡上。当混凝土板尺寸过大，不能适应温度收缩变形时，将由于温度应力造成纵向或横向裂缝。当缝间止水材料不能适应低温变形时，将在分缝处发生开裂。此外，当混凝土板与基土冻结在一起后，由于冻土出现冻胀裂缝，混凝土板亦可能被拉裂。

冬季渠内存水并结成较厚冰层的情况下，冰面附近渠坡含水量较高，水分补给充分，冻胀量较大。但混凝土衬砌板的冻胀上抬受到冰层一侧的限制，因而可能在冰缘线处，受弯出现裂缝或折断。

(2) 隆起架空。在地下水位较高的渠段，渠床基土距地下水近，冻胀量大，而渠顶冻胀量小，造成混凝土衬砌板大幅度隆起架空。这种现象一般出现在坡脚或水面以上 0.5～1.5m 坡长处和渠底中部，有时也顺坡向上形成数个台阶状。

(3) 冻融滑塌。有两种形式。一是由于冻胀隆起架空，使坡脚支撑受到破坏，衬砌板垫层失去稳定平衡，基土融化时，上部板块顺坡向下滑移、错位，互相穿插，如图 6-34 所示。二是渠坡基土融化期的大面积滑坡，导致坡脚混凝土板被推开，上部衬砌板塌落下滑，如图 6-35 所示。

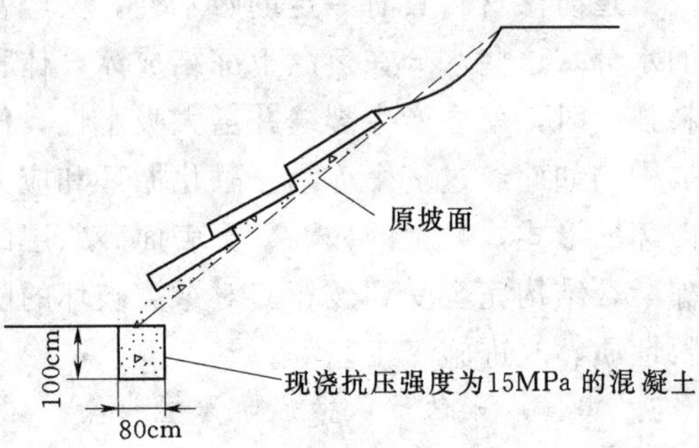

图 6-34　流土引起渠道冻融滑坡破坏示意图

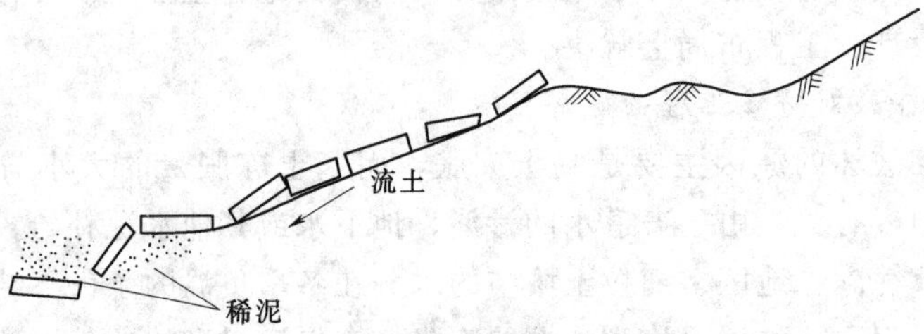

图 6-35　流土引起渠道冻融滑坡破坏示意图

(4) 整体上抬。渠深 1.0m 左右的较小渠道，基土冻胀不均匀性较小，如小型混凝土 U 形槽和地下水埋藏较深、衬砌体下没有垫层的渠道可能发生整体上抬，如图 6-36 所示。

此外，砌石防渗破坏形式与混凝土相似，往往还由于勾缝砂浆受冻融作用而开裂，如图 6-37 所示。

2. 膜料防渗

图 6-36　小型混凝土 U 形槽发生整体上抬

铺埋式衬砌冻害主要表现在膜料的保护层上。土料保护层常因逐年冻融剥蚀变薄，渠道由规则的梯形变成宽 U 形，甚至膜料外露而遭到破坏，如图 6-38 所示。刚性保护层效果较好。但在强冻胀土区，也可能出现类似刚性材料的冻胀形式。

外露式膜料衬砌，易受机械作业破坏或老化。在冻胀性土区，由于渠坡的反复冻

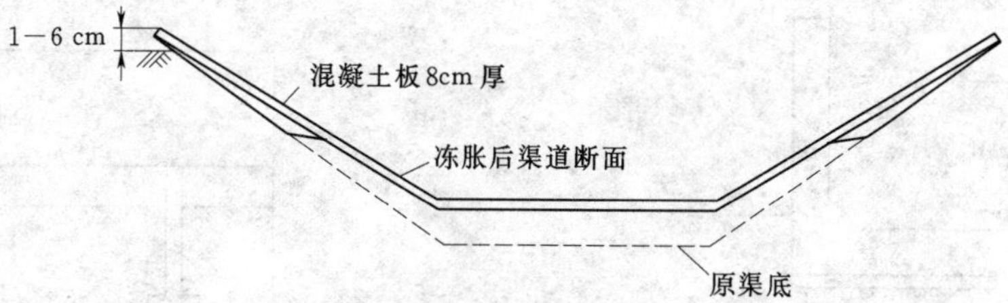

图 6-37　混凝土衬砌板顺坡向上推移

融，融土蠕动下滑，使薄膜鼓胀，无法复位，如图 6-39 所示。

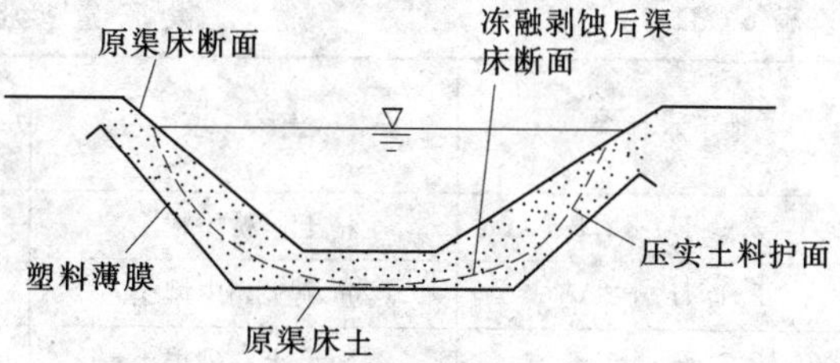

图 6-38　保护层剥蚀后膜料外露

3. 沥青混凝土防渗

沥青混凝土在低温下仍具有一定的柔性，能适应一定的变形，但基土冻胀量大时仍可能破坏。且沥青混凝土的温度收缩系数大，在低温下易产生收缩裂缝，若不加处理，就给渠水入渗造成通路。此外，沥青混凝土在自然条件作用下，存在自然老化问题，从而降低了适应冻胀的能力。

（三）防治渠道冻胀破坏的措施

实践中较为有效的冻害防治方法有：回避冻胀，削减冻胀，优化结构等。

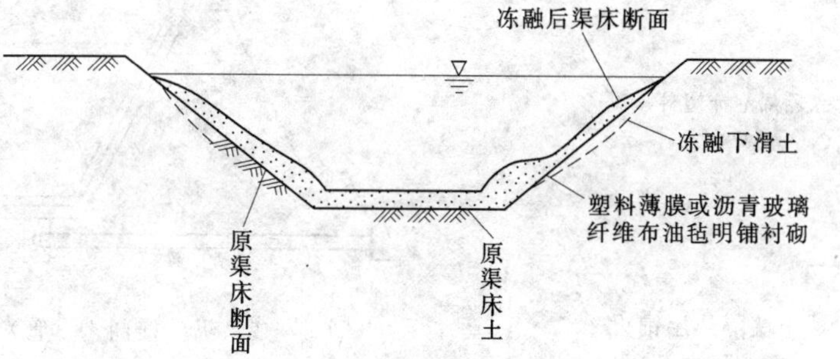

图 6-39　外露式膜料衬砌破坏

1. 回避冻胀

回避冻胀是在渠道衬砌工程的规划设计中，注意避开出现较大冻胀量的自然条件；或者在冻胀性土区，注意避开冻胀对渠道衬砌工程的作用。例如埋入、置槽、架空渠槽等措施。见图 6-40、图 6-41 所示。

2. 削减冻胀

削减冻胀是通过置换渠床基土、隔热保温、化学处理、防渗排水等，将最大冻胀量削减到衬砌结构允许变位的范围内。

渠床置换比 ε 值见表 6-31。挡土墙隔热层辅设如图 6-42 所示。纵、横向沟（管）组合式排水如图 6-43 所示。

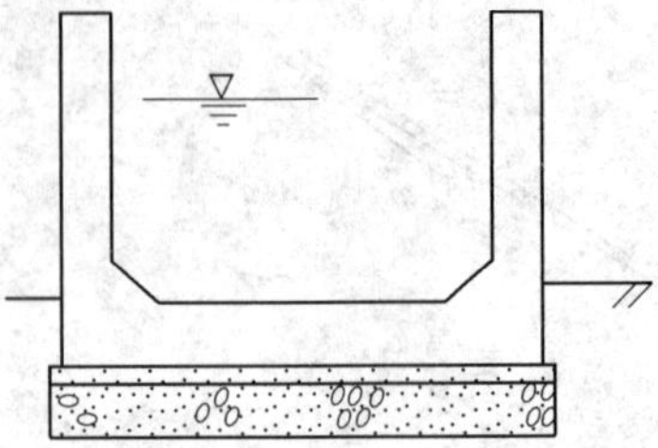

图 6-40　置槽措施

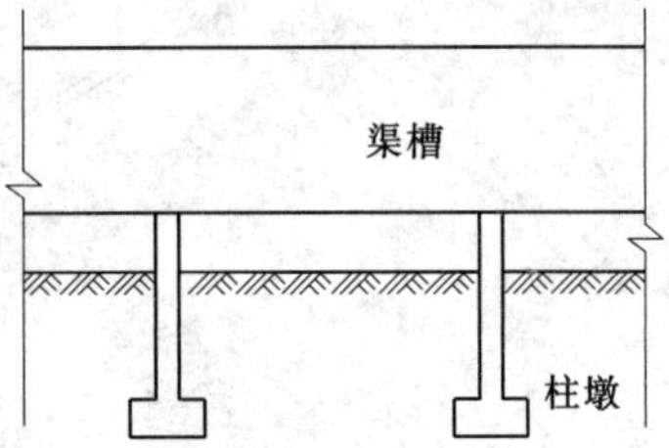

图 6-41　架空渠槽措施

表 6-31　　**渠床置换比 ε 值**

地下水埋深	土　　壤	置换比 ε（%）	
		坡面上部	坡面下部、渠底
$Z_w > H_d + 2.5$	粘土、粉质粘土	50～70	70～80
$Z_w > H_d + 2.0$	重壤土、中壤土		
$Z_w > H_d + 1.5$	轻壤土、砂壤土	40～50	
Z_w 小于上述值	粘土、重、中壤土	60～80	80～100
	轻壤土、砂壤土	50～60	60～80

注　置换比等于衬砌厚度与置换深度之和除以设计冻深。H_d 为设计冻深。

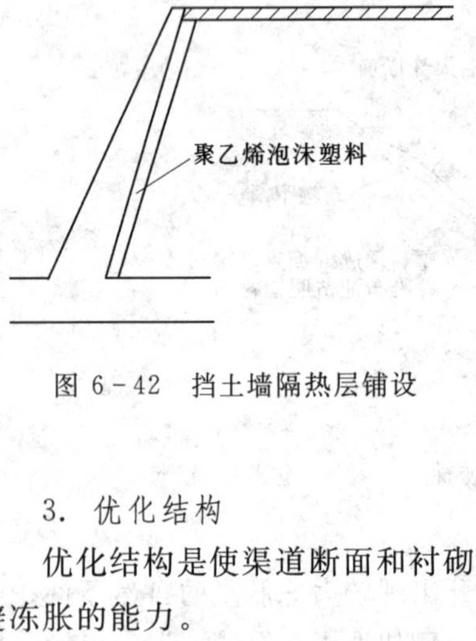

图 6-42　挡土墙隔热层铺设

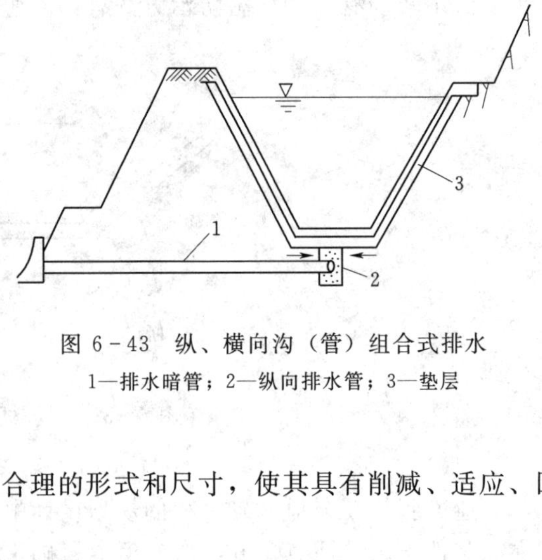

图 6-43　纵、横向沟（管）组合式排水

1—排水暗管；2—纵向排水管；3—垫层

3. 优化结构

优化结构是使渠道断面和衬砌结构采用合理的形式和尺寸，使其具有削减、适应、回避冻胀的能力。

我国东北强冻胀地区在优化结构方面的具体措施有：

1）梯形渠道的干支渠宜采用柔性材料，当采用刚性材料时，阳坡可以采用混凝土板的形式，阴坡和底坡可以采用混凝土槽镶嵌保温板的形式。

2）斗农渠等小型渠道可以采用刚性材料的 U 形槽和矩形槽结构。

3）用混凝土和钢筋混凝土材料衬砌要有足够的断面尺寸和伸缩缝、变形缝。刚性材料新型伸缩缝止水材料——焦油塑料胶泥，已列入我国《渠道防渗技术规范》，用橡塑质止水代替，施工方便，造价更低。

四、衬砌渠道的横断面设计

衬砌渠道按其衬砌材料可分为两类：一类是土料衬砌渠道或具有土料保护层的衬砌渠道，这种渠道的纵横断面的设计方法与一般土质渠道的设计方法相同；另一类是材料质地坚硬、抗冲性能良好的衬砌渠道，这类渠道渠床糙率较小、允许流速较大、工程投资较高，为了降低工程造价和节省渠道占地，常采用水力效率更高的断面形式，水力计算方法也有自己的特色。

1. 刚性材料衬砌断面形式选择

渠道断面形式与防渗抗冻效果密切相关，对于干渠应尽量采用弧脚梯形断面，对支渠应尽量采用弧底梯形断面，条件具备者最好采用U形断面。在膨胀土地区，U形渠可采用隔水排水法加设渠口横向支撑措施。对斗以下田间渠道一律采用U形渠道断面。

2. 安全超高

衬砌护面应有一定的超高，以防风浪对渠床的冲刷。衬砌超高指加大水位到衬砌层顶端的垂直距离。小型渠道可采用20～30cm，大型渠道可采用30～60cm。衬砌层顶端到渠道的堤顶或岸边也应有一定的垂直距离，以防衬砌层外露于地面，易受交通车辆等机械损坏；也可防止地面径流直接进入衬砌层下面，威胁渠床和衬砌层的稳定。这个安全高度一般为20～30cm。U形渠道衬砌超高 a_1 和渠堤超高 a 值见表6-32。

表6-32　U形渠道衬砌超高 a_1 和渠堤超高 a

加大流量	<0.5	0.5～1.0	1.0～10	10～30
a_1	0.1～0.15	0.15～0.2	0.2～0.35	0.35～0.5
a	0.2～0.3	0.3～0.4	0.4～0.6	0.6～0.8

3. U形、弧形底梯形渠道断面设计

U形断面和弧形底梯形断面图分别如图6-44和图6-45所示。

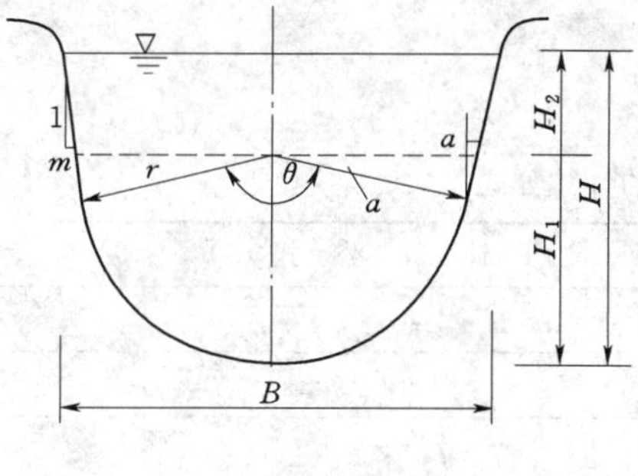

图6-44　U形断面

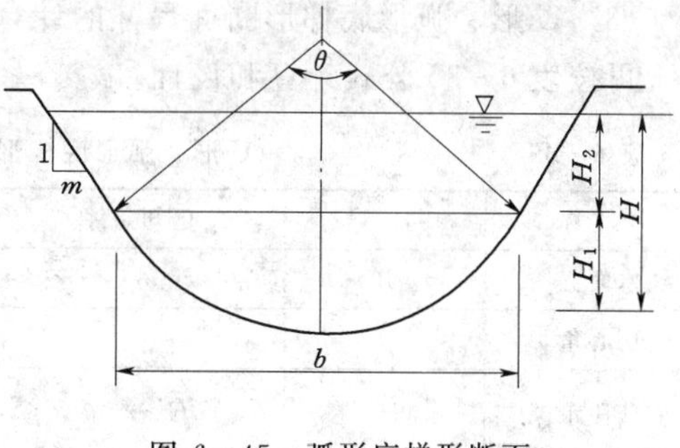

图6-45　弧形底梯形断面

(1) U形、弧形底梯形水力最佳断面的计算公式

过水面积
$$A = K_A H^2 (\text{m}^2) \tag{6-53}$$

系数
$$K_A = \left(\frac{\theta}{2} + 2m - 2m'\right)K_r^2 + 2(m' - m)K_r + m \tag{6-54}$$

湿周
$$X = K_x H \tag{6-55}$$

系数
$$K_x = 2\left(m + \frac{\theta}{2} - m'\right)K_r + 2m' \tag{6-56}$$

$$K_r = r/H$$

式中 H——水深，m；

$\theta/2$——圆心角一半，(°)；

m——上部直线段的边坡系数，$m'=\sqrt{1+m^2}$；

r——圆弧半径，m；

A——过水面积，m^2。

由上式推导出最佳水力断面的半径与水深之比 $K_r=1$，即水面线刚好通过圆心。此时，弧形底梯形渠的弦长与水深之比：$K_b=b/H=2/m'$，b 为弧形底的弦长。

(2) U 形、弧形底梯形实用经济断面的有关系数

1) U 形断面 K_r 值的选择：当渠顶以上挖深不超过 1.5m，边坡系数 m 不大于 0.3，渠线经过耕地时，K_r 值可在表 6-33 的范围内选用。

表 6-33　　U 形渠的 K_r 值

$m(\alpha)$	0 (0)	0.1 (5.7°)	0.2 (11.3°)	0.3 (16.7°)	0.4 (21.8°)
K_r	0.65～0.72	0.62～0.68	0.56～0.63	0.49～0.56	0.39～0.47

2) 弧形底梯形断面 K_b 值的选择：一般情况下，K_b 值可按普通梯形断面确定宽深比的方法选择。地形、地质条件要求采用宽浅式断面时，允许选取较大的 K_b 值。防渗范围超过最佳水力断面的 5%时的 K_b 值，按表 6-34 选用。

表 6-34　　弧形底梯形断面 K_b 值

边坡系数	0.5	1.0	1.25	1.5	1.75	2.0
水力最佳 K_b	1.79	1.41	1.25	1.11	0.992	0.894
允许 K_b	3.22	3.25	3.44	3.50	3.75	3.76

(3) U 形、弧形底梯形断面尺寸的计算。

可按表 6-35 公式计算和设计。

表 6-35　　U 形、弧形底梯形断面尺寸的计算公式

名　称	符　号	已知条件	计　算　公　式
水面宽	B	H、r、m	$2m(H-r+2r\sqrt{1+m^2})$
圆心角	θ	m	$2\text{ctg}^{-1}m$
直线段水深	H_2	H、r、θ	$h-\left(r-r\cos\dfrac{\theta}{2}\right)$
过水面积	A	R、m (α)、H_2	$\dfrac{r^2}{2}\left[\pi\left(1-\dfrac{\alpha}{90°}\right)-\sin2\alpha\right]+H_2(2r\cos\alpha+H_2\text{tg}\alpha)$
湿周	x	B、r、m (α)、H_2	$\pi r\left(1-\dfrac{\alpha}{90°}\right)+\dfrac{2H_2}{\cos\alpha}$ 或 $\dfrac{B}{m}\sqrt{1+m^2}-\dfrac{2r}{m}(1-m\text{ctg}^{-1}m)$
水力半径	R	A、x	A/x
弧段水深	h	H、H_2	$H-H_2$

注　表中 $\text{ctg}^{-1}m$ 为弧度值。

4. 弧形坡脚梯形渠断面的设计

在地形、地质条件要求采用宽浅式断面时，宽深比 K_b 仍按表 6-34 选择。坡脚弧形的 r、θ、b_2 值可通过图解和计算确定。

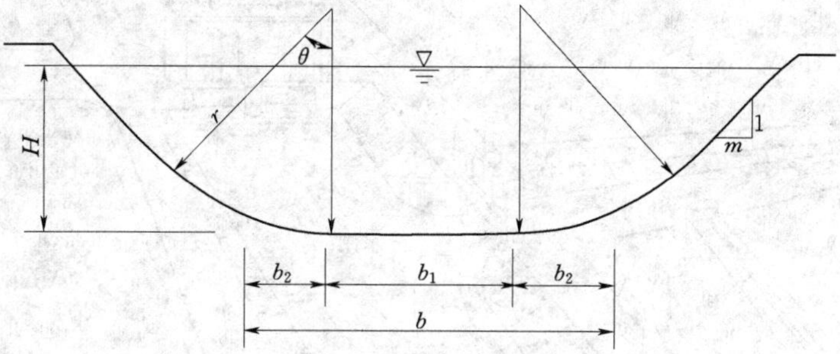

图 6-46 弧形坡脚梯形断面

第五节 渠系建筑物

一、渠系建筑物规划布置原则

1）渠系建筑物的位置应根据工程规模、作用、运行特点和灌区总体布置的要求，选在地形条件适宜和地质条件良好的地点。

2）渠系建筑物的布置应满足渠系输水、分水、排水、防洪、泄水等方面的需要，保证安全运行，便于实行计划用水和管理维修。

3）在符合控制水位、流量、运行安全及管理方便的情况下，力求建筑物少，投资低，并尽量采用联合布置、集中管理的形式，如闸站结合、一闸多用等。

4）应使水头损失小，水流条件稳定，能及时调节渠道的水位和流量。

5）在实施步骤上，要先疏后密、先灌排、后交通，建好一处，生效一处。

二、渠系建筑物类型及适用条件

渠系建筑物是指各级渠道上的建筑物。在保证渠道正常输水、配水及发挥其应有功能上起着重要作用。渠系建筑物按其位置、作用、构造的不同，可分为下列几种类型。

1. 引水建筑物

从河流无坝引水灌溉时的引水建筑物就是渠首进水闸，所以又称渠首闸。其作用是调节引入干渠的流量；有坝引水时的引水建筑物是由拦河坝、冲沙闸、进水闸等组成的灌溉引水枢纽，其作用是壅高水位、冲刷进水闸前的淤沙、调节干渠的进水流量、满足灌溉对水位和流量的要求。需要提水灌溉时修筑在渠首的水泵站和需要调节河道流量满足灌溉要求时修建的水库，也均属于引水建筑物。另外，抽取地下水进行灌溉的水井也归属于引水建筑物一类。引水建筑物的作用和适用条件见第七章。

2. 配水建筑物

配水建筑物是灌区计划用水，保证灌溉制度实施不可缺少的建筑物。包括分水闸和节制闸，如图 6-47 所示。

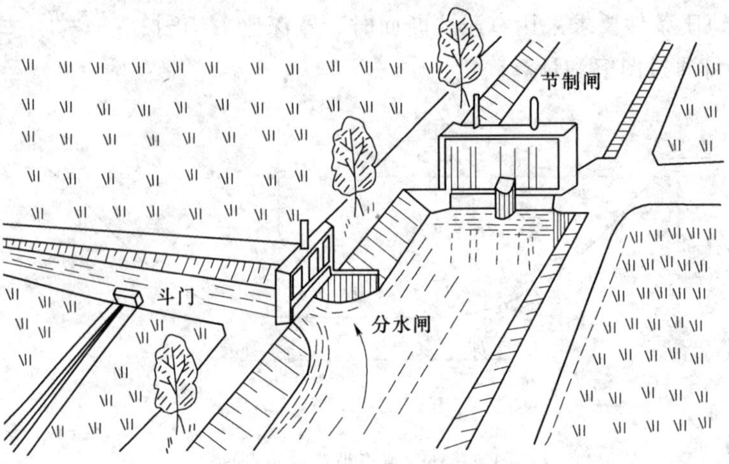

图 6-47　节制闸与分水闸

(1) 分水闸。凡从上一级渠道向下一级渠道配水时，都需设分水建筑物，该建筑物在支渠上叫分水闸，在斗、农渠上分别称为斗门和农门。分水闸、斗门、农门均建在相应引水渠道的进水口处，上级渠道的分水闸就是下级渠道的进水闸。分水建筑物有时单独工作，有时与节制闸联合运行。分水闸的作用是控制和调节向下级渠道的配水流量，其结构形式有开敞式和涵洞式两种。

(2) 节制闸。节制闸则建在引水或分水渠道的入水口下游，一般横跨干、支渠修建，垂直渠道中心线布置。其作用是根据需要抬高上游渠道的水位或阻止渠水继续流向下游。在下列情况下需要设置节制闸：

1) 在下级渠道中，个别渠道进水口处的设计水位和渠底高程较高，当上级渠道的工作流量小于设计流量时，就进水困难，为了保证该渠道能正常引水灌溉，就要在分水口的下游设一节制闸，壅高上游水位，满足下级渠道的引水要求。

2) 下级渠道实行轮灌时，需在轮灌组的分界处设置节制闸，在上游渠道轮灌供水期间，用节制闸拦断水流，把全部水量分配给上游轮灌组中的各条下级渠道。

3) 为了保护渠道上的重要建筑物或险工渠段，退泄降雨期间汇入上游渠段的降雨径流，通常在它们的上游设置泄水闸，在泄水闸与被保护建筑物之间设节制闸，使多余水量从泄水闸流向天然河道或排水沟道。

3. 交叉建筑物

河流、山沟、道路与渠道交叉时，需要考虑修建跨越这些障碍顺利运行的渠道交叉建筑物。交叉建筑物有以下几种：

(1) 隧洞。当渠道遇到山岗时，或因石质坚硬，或因开挖工程量过大，往往不能采用深挖方渠道，如沿等高线绕行，渠道线路又过长，工程量仍然较大，而且增加了水头损失。在这种情况下，可选择在山岗单薄的地方凿洞通过，如图 6-48 所示。

通常情况下，1～3 级渠道傍山岭（塬）布置长度超过直穿山岭（塬）5 倍，且山岭（塬）地质条件较好时，经技术经济比较可以选择隧洞。

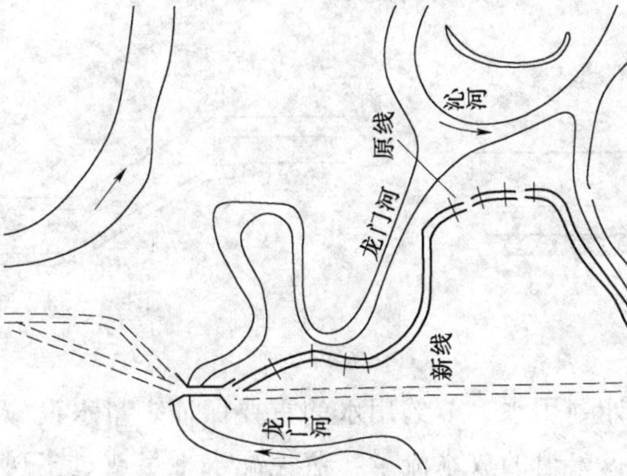

图 6-48　长隧洞代替隧洞群及傍山渠道示意图

（2）渡槽。渠道穿过河沟、道路时，如果渠底高于河沟最高洪水位或渠底高于路面的净空大于行驶车辆要求的安全高度时，可架设渡槽，让渠道从河沟、道路的上方通过。渠道穿越洼地时，如采取高填方渠道工程量太大，也可采用渡槽。如图 6-49 所示渠道跨越河沟时的渡槽。

（3）涵洞。渠道与道路相交，渠道水位低于路面，而且流量较小时，常在路面下面埋设平直的管道，叫做涵洞。当渠道与河沟相交，河沟洪水位低于渠底高程，而且河沟洪水流量小于渠道流量时，可用填方渠道跨越河沟，在填方渠道下面建造排洪涵洞（见图 6-50）。

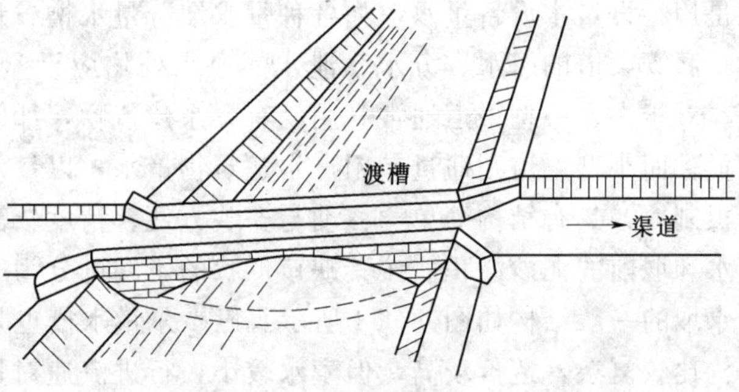

图 6-49　渡槽

（4）倒虹吸。渠道与高程相近的河流或道路交叉时，如果渠道水位高于路面或河沟洪水位，常采用倒虹吸这种交叉建筑物，使水流从河流或路的下面穿过（见图 6-51）。

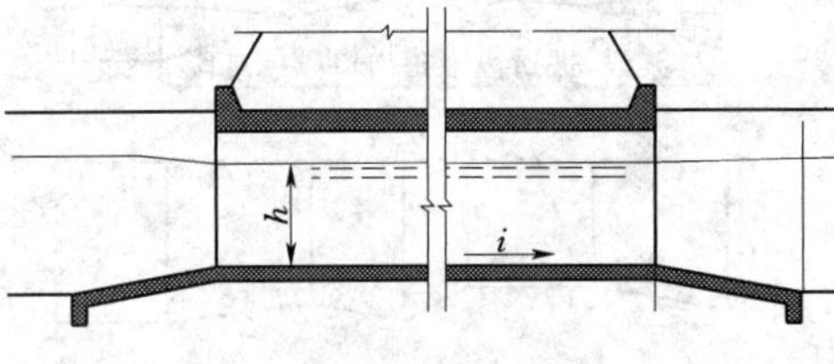

图 6-50　涵洞

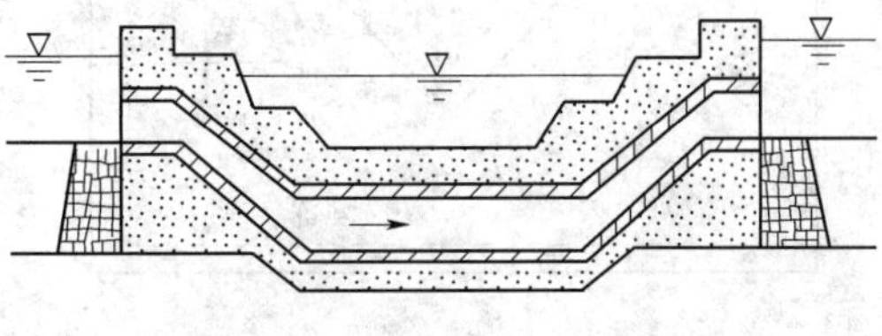

图 6-51　倒虹吸剖面图

4. 衔接建筑物

当渠道沿程坡度发生较大变化，从一个阶地降落到下级阶地，为保证较大落差下渠床不被冲坏，需要修建消能、防冲的联接建筑物，一般采用陡坡跌水，或一级、多级跌水。

图 6-52 为跌水剖面图，图 6-53 为陡坡剖面图。

图 6-52 跌水

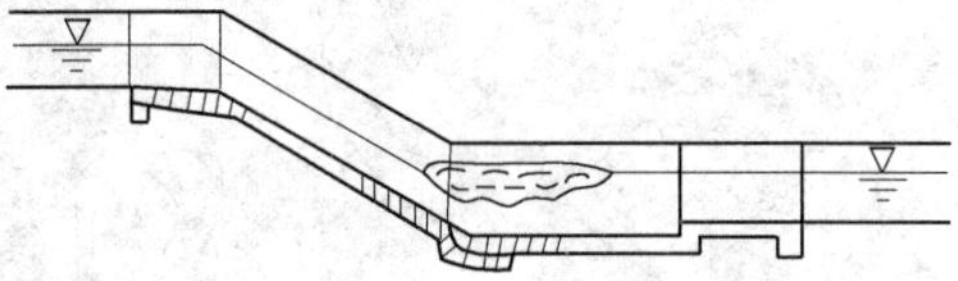

图 6-53 陡坡

5. 量水建筑物

量水是实施灌溉管理和计划用水、节约用水的重要保证。量水设施的作用主要有三个方面：一是较准确地控制各级渠道的放水流量，避免配水不足或过多现象；二是利用量水记录，分析计算各级渠道的输水能力和输水损失，统计计算各乡、村用水量和各种作物的灌溉定额，为计划用水提供必要的数据，同时也为新建、扩建、改建灌区提供基本资料；三是为按水量征收水费提供较可靠的依据。

灌区量水方法主要有以下三类：一是用流速仪或浮标测定渠道流速并计算确定流量。二是利用渠道水位～流量关系曲线确定流量，但实测水位渠段需顺直、稳定，断面规则，不受下游节制、壅水建筑物回水的影响，通常可利用直线渠段上的建筑物进行水位观测。三是用特设量水设备量水，如各种量水堰、量水槽、量水喷嘴等。

灌溉渠道的引水、分水、泄水、退水处均应设量水设施，并宜与灌排建筑物结合布置。对于大、中型渠道通常利用已有渠系建筑物，如闸、渡槽、涵洞、跌水等测量通过的水量；而小型渠道则通过专用量水建筑物量水，以量水堰最为常用。量水堰一般用铁皮或木板制成，具有结构简单、移动与安装方便、精度较高等优点，但缺点是导致渠道较大的壅水和堰前的泥沙淤积。按其缺口形状的不同可分为三角形量水堰和梯形量水堰。三角形量水堰的一般结构如图 6-54 所示。巴歇尔量水槽也是广泛使用的一种量水建筑物，虽然结构比较复杂，造价较高，但壅水较小，行进流速对量水精度的影响较小，进口和喉道处的流速很大，泥沙不易沉积，能保证量水精度，如图 6-55 所示。

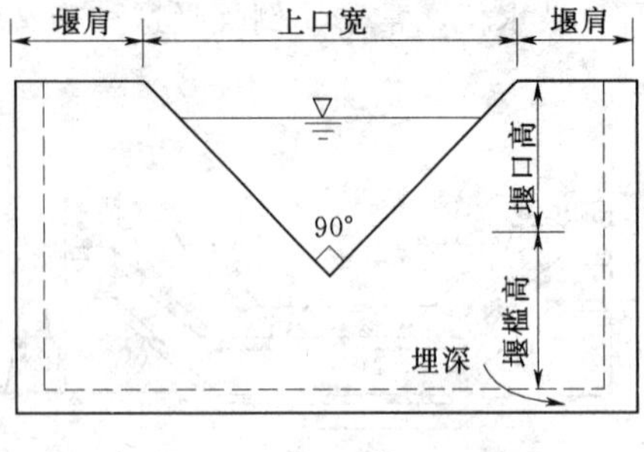

图 6-54 三角形量水堰

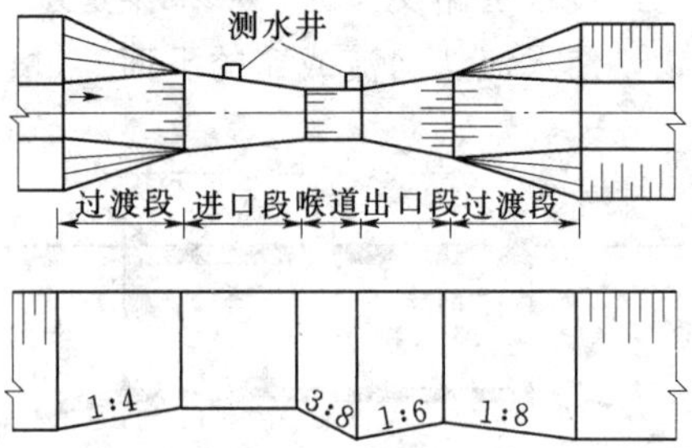

图 6-55 巴歇尔量水槽

为适应灌区量水现代化管理的需要，在有条件的地方，提倡采用技术先进、量测精度高、设备稳定可靠的新型量水设备。

6. 泄水建筑物

为了防止由于沿渠坡面径流汇入渠道或因下级（游）渠道事故停水而使渠道水位突然升高，威胁渠道的安全运行，必须在重要建筑物和大填方渠段的上游以及山洪入渠处的下游修建泄水建筑物，泄放多余的水量。通常是在渠岸上修建溢流堰或泄水闸，当渠道水位超过加大水位时，多余水量即自动溢出或通过泄水闸排泄出去，确保渠道的安全运行。泄水建筑物具体位置的确定，还要考虑地形条件，应选在能利用天然河沟、洼地等作为泄水出路的地方，以减少开挖泄水沟道的工程量。从多泥沙河流引水的干渠，常在进水闸后选择有利于泄水的地形，开挖泄水渠，设置泄水闸，根据需要开闸泄水，冲刷淤积在渠首段的泥沙。为了退泄灌溉余水，干、支、重要斗渠的末端应设退水闸和退水渠。

三、渠系建筑物设计标准和水力要素

1. 渠系建筑物设计标准

（1）渠系建筑物等级划分。GB50288—99《灌溉与排水工程设计规范》中规定，灌排建筑物的级别，应根据过水流量的大小按表 6-36 确定。当倒虹吸、涵洞等渠系建筑物与公路或铁路交叉布置时，其级别不低于公路或铁路的级别。

表 6-36　　渠系建筑物分级指标

工程级别	1	2	3	4	5
过水流量（m^3/s）	＞300	300～100	100～20	20～5	＜5

（2）渠系建筑物洪水标准。渠系永久性建筑物的洪水标准，应根据其级别，按表 6-37 确定。

表 6-37　　渠系永久性建筑物的洪水标准

建筑物级别	1	2	3	4	5
洪水重现期（年）	100～50	50～30	30～20	20～10	10

（3）渠系建筑物过流标准。灌溉建筑物按设计流量设计，加大流量验算。

2. 渠系建筑物水力要素

通常情况下，渠系建筑物所在的渠道纵横断面设计以后，可提供出渠道设计流量、加大流量、最小流量，渠道设计水位、加大水位、最小水位，这些水力要素可作为建筑物设计依据。另外，当建筑物有防洪要求时，还应求出设计标准情况下最大洪峰流量，用以复核建筑物的过流和稳定要求。

第七章　灌溉水源和取水方式

第一节　灌　溉　水　源

灌溉水源是指天然资源中可用于灌溉的水体，有地表水和地下水两种形式。地表水包括河川径流、当地地表径流、湖泊以及城市污水。地下水一般是指潜水和逐年更新的深层地下水。在缺水山区，通过坡面、道路等集雨工程将雨水收集起来也可用于灌溉，海水和高矿化度地下水经淡化处理后也可用于灌溉。为了扩大灌溉面积和提高农业灌溉保证程度，必须充分利用各种灌溉水源，将雨水、地表水、地下水、浅层微咸水、城市生活污水和灌溉回归水等综合开发利用，实现水资源的可持续利用和农业的持续发展。

灌溉工程规划时，首先要进行灌溉水源的选择与确定。选择灌溉水源时，水源位置尽可能靠近规划区，附近具备便于引水的地形条件，同时还应对水源的水量、水质以及水位条件进行分析研究，以便制定利用水源的可行方案。

一、灌溉水源的类型与特点

（一）地表灌溉水源

我国河川径流多年平均总量约为2.65万亿m^3，占世界河川径流总量的5%以上，仅次于巴西、前苏联、加拿大、美国和印尼，居世界第六位。但是每亩耕地平均占有水量仅为1760m^3，相当于世界平均值的一半左右，而人均占有水资源量仅为2350m^3，约为世界平均水平的1/4，是世界上最缺水的国家之一见表7-1。2003年全国用水总量为5320亿m^3，其中农业用水总量为3096.4亿m^3，占全国用水总量的58.2%。我国用全世界5.8%的水资源和7.2%的耕地，养育了全球1/5的人口，从中可以窥测我国的水土资源是多么稀缺，我国灌溉水源并不丰沛，在扩大水源的同时，必须合理调配各种灌溉水源，高效利用。

表7-1　　中外年径流量比较表

国　　家	巴　西	原苏联	加拿大	美　国	印　尼	中　国	印　度	世界总计
年径流量（万亿m^3）	5.19	4.71	3.12	2.97	2.81	2.65	1.78	47.00
亩均水量（万m^3）	1.070	0.139	0.477	1.040	1.319	0.176	0.072	0.236
人均水量（万m^3）	4.220	1.780	13.000	1.350	1.900	0.260	0.260	1.080

我国灌溉水源可利用的水量在时程上的分布很不均匀，年内径流量一般有50%～70%集中在夏秋四个月份，其他时期水量不足。径流量的年际变化也较剧烈，我国代表性河流最大与最小年径流量倍比系数在1.8～80之间，长江以南地区各河流量倍比系数小于3，长江以北地区各河流量倍比系数一般为3～8，且时常出现连续枯水年或连续丰水年的现象。河川径流的这一特点，表明调蓄径流以丰补歉是很必要的。

我国灌溉水源的水量在地区上的分布也极不均衡，南方水多，北方水少；沿海地区水量较充裕，内陆地区则水量不足，见表7-2。就一个较小范围的地区而言，也存在类似情况。水资源和土地资源在地域上分布不协调，表明利用灌溉水源时，在较小范围以至在很大区域之间实行跨地区的调水具有实际意义。

表7-2　　我国主要流域水资源分布表

流　域	河川年径流 ($10^8 m^3$)	人　口 (万)	耕　地 ($10^4 hm^2$)	人均水量 (m^3/人)	单位耕地面积水量 (m^3/hm^2)
松花江	742	5112	1044	1451	7110
辽　河	148	3400	443	435	3345
海滦河	288	10987	1130	262	2550
黄　河	661	9233	1216	716	5430
淮　河	622	14169	1230	439	5055
长　江	9513	37972	2345	2505	40575
珠　江	3360	8202	469	4097	71670

开发利用灌溉水源或进行灌区规划选择灌溉水源，需要分析灌溉水源的总量及变化过程。对于地面水源来说，以河流为主要灌溉水源时，主要是分析研究年径流总量、年际变化规律与年内变化规律、年径流量的分布过程及统计规律，还要进行现状及规划年可引水量分析。以水库为主要灌溉水源时，需要分析不同代表年水库可蓄水量、可供水量，进行水库径流调节计算。

天然条件下灌溉水源的具体情况，一般均与灌溉用水的要求存在一定差距，无论是总量或年内时程分配都会出现这种现象。利用或选择灌溉水源时，就要弄清楚这种差距，以便据此确定必要的工程技术设施。

（二）地下灌溉水源

埋藏在地面以下的地层（如砂、砾石、砂砾土及岩层）裂隙、孔洞等空隙中的重力水，一般称为地下水。地下水分潜水和承压水。

潜水是在地表以下第一个稳定的隔水层以上含水层中的地下水，又称浅层地下水。潜水具有自由水面，其埋藏分布与补给区基本一致，水分运动以垂向运动为主。其补给来源主要为大气降水和地表水，排泄以蒸发和开采为主。因此潜水的水位、水质在很大程度上决定于气候条件和附近河流的水文状况。

充满于两个隔水层之间的含水层内、具有承压水头的地下水称为有压层间水，简称承压水。由于层间含水层上下均有隔水层或弱透水层阻隔，其补给区是在含水层露出地面的地方，因而补给区和分布区并不一致，有时相距甚远。因此，承压水以侧向补给为主，其排泄向以侧向排泄和垂向开采为主。

供农业开采利用的地下水资源可分为两部分，一部分是可以补偿的资源，一部分是原储存在含水层中的资源。前者是指在开采过程中地下水含水层所接受的垂直和水平方向的补给，后者是指开发利用前储存在含水层中的水量。可以开发利用的地下水资源的多少除决定于区域天然水文地质条件外，还与开采条件有关。

潜水含水层直接承受大气降水、渠道、河流和灌溉水的渗漏，以及区外的地下径流的侧向补给，在开采之后易于在天然和人为条件下得到补偿和恢复。且潜水埋深小，易于用造价低、收效快的水井开采。由于潜水的给水度远大于承压含水层，在动用的储存量相同时，水位降幅小，因而动能消耗和运行费用远较承压含水层低。在垂直补给比较丰富，且水质适于灌溉的地区，应以浅层地下水作为主要灌溉水源，深层承压水由于上下均为弱透水层阻隔，不能接受大气降水和地表水的直接补给，越层补给也有一定限制。在远离补给地区的情况下，侧向径流微弱，可以动用的弹性储量甚小，虽然开采初期具有较高的压力水位，甚至可以达到自流，但长期大面积超采，将引起地下水位大幅度下降。因此，承压水不宜作为主要的灌溉水源，仅能作为非常干旱年份的后备水源。

地下水作为灌溉水源时，主要是分析地下水储存量及补给来源、埋藏深度、可能出水量以及开采条件等。

（三）雨水做灌溉水源

雨水是地球表面陆地上淡水的总来源。当雨水作为一种用来满足人们生活生产及生态环境需要的物质资料时，它就成为雨水资源。雨水转化为可利用资源的过程就是所谓的雨水资源化。即采取一定的工程技术措施，对自然降雨及径流进行干预，使其蓄存起来或就地入渗，用于干旱季节农业灌溉。

据测算，每年我国西北地区的降雨有10%～15%白白流失，65%～70%无效蒸发，仅有20%～30%作为当地的水资源得到了利用，形成初级生产力。甘肃省实施“121”工程，即在干旱地区每一户修建两眼储水30～50m^3的水窖，发展1亩庭院经济作物。内蒙古的“112”工程，要求每户修建1眼水窖，发展2亩坐水灌或节水灌溉农业，取得了良好的效果。

山区或半山区，可利用自然集雨场充足、蓄集地表径流效率高的特点，修建小规模集水工程，如修筑水平梯田、隔坡梯田、水平沟、鱼鳞坑、小塘坝、水池、水窖等。平原地区可借助地下水窖、集流场、平原水库等集流工程收集雨水，雨水做灌溉水源的主要目的是进行灌溉用水的时空调节，即将雨季多余的降雨集蓄起来，用作干旱季节的补充灌溉，同时缓解雨季排水不畅的矛盾。

雨水作为灌溉水源，应考虑当地气象条件、集流场工程、集流材料与雨水集流效率，以及雨水拦蓄后的蓄存设施。

二、灌溉水源的基本要求

（一）灌溉水源的水质及其要求

灌溉水质主要是指水的化学、物理性状，水中含有物的成分及其含量。作为灌溉水源，水质要求主要包括含沙量、含盐量及水温等。灌溉水源的水质应符合作物生长和发育的要求，满足生态环境要求，还要兼顾人畜饮用以及鱼类生长的要求等。

1. 灌溉水的水温

水温对农作物的生长影响颇大：水温偏低，对作物的生长起抑制作用；水温过高，会降低水中溶解氧的含量并提高水中有毒物质的毒性，妨碍或破坏作物、鱼类的正常生长和生活。因此，灌溉水要有适宜的水温。麦类根系生长的适宜温度一般为15～20℃，最低允许温度为2℃；水稻生长的适宜温度一般不低于20℃。泉水、井水和水库底层水，温度常偏低，应采取适当措施，如延长输水路程，实行迂回灌溉，或采取水库分层取水等以提高水温。总之，应根据各种作物以及作物各生育阶段对温度的要求和各地的自然特点，采用适当的调节措施。

2. 水中的含沙量

灌溉对水中泥沙的要求主要指泥沙的数量和组成。粒径小的具有一定肥分，送入田间对作物生长有利，但过量输入，会影响土壤的通气性，不利作物生长。粒径过大的泥沙，不宜入渠，以免淤积渠道，更不宜送入田间。灌溉水允许含沙粒径一般为0.005～0.01mm，允许含沙量视渠道输水能力而定；粒径0.1～0.05mm的泥沙，可少量输入田间；粒径大于0.1～0.15mm的泥沙，一般不允许入渠。

3. 水中的盐类

鉴于作物耐盐能力有一定限度，灌溉水的含盐量（或称矿化度），应不超过许可浓度。含盐浓度过高，使作物根系吸水困难，形成枯萎现象，还会抑制作物正常的生理过程，如光合作用等；此外，还会促进土壤盐碱化的发展。灌溉水的允许含盐量一般应小于2g/L。土壤透水性能和排水条件好的情况，可允许矿化度略高；反之应降低。含有钙盐的灌溉水，由于危害不大，其矿化度可较高；含有钠盐的，一般要求其允许含盐量是：Na_2CO_3应小于1g/L，NaCI应小于2g/L，Na_2SO_4应小于3g/L。如果灌溉水含盐量过高，可以采取咸淡水交替灌溉，或咸淡水混合后灌溉。

4. 水中的有害物质

灌溉水中含有某些重金属如汞、铬、铅和非金属砷以及氰和氟等元素，是有毒性的。这些有毒物质，有的可直接使灌溉过的作物、饮用过的人畜或生活在其中的鱼类中毒，有的可在生物体摄取这种水分后经过食物链的放大作用，逐渐在较高级生物体内成千百倍地富集起来，造成慢性累积性中毒。因此，灌溉用水对有毒物质的含量需有严格的限制。

污水中含有各种有机化合物，如用于灌溉、有些是无毒的，如碳水化合物、蛋白质、脂肪等；有些则是有毒的，如酚、醛、农药等。这些有机化合物在微生物的作用下最终都分解成简单的无机物质，即二氧化碳和水等。这就是水中的生物化学过程，在这一过程中需要消耗大量的氧，这势必导致缺氧以致脱氧，从而对作物生长、鱼类的正常生活产生不良影响。因此，适宜的灌溉水质对生化需氧量要有一定限制。含有病原体的水不能直接灌入农田，尤其不能用于生食蔬菜的灌溉。

利用或选择灌溉水源时，各项水质指标应符合国家标准，否则，应采取相应工程技术措施，改变水中含有物的数量，排除某些含有物，改善水的温度等物理指标，以适应灌溉要求，达到促进作物生长的目的。

（二）灌溉水源的水位及水量要求

灌溉对水源在水位方面的要求，应该保证灌溉所需的控制高程；在水量方面，应满足灌区不同时期的用水需求。灌溉水源未经调蓄之前，都是受自然条件（降雨、蒸发、渗漏等）的综合影响而随时变化的，不但各年的流量过程不同，就是同一年内不同时期的流量过程也不同。而灌溉用水则有它自己的规律，所以未经调蓄的水源与灌溉用水常发生不协

表 7-3　　农田灌溉水质标准（中华人民共和国国家标准 GB5084—92）

序号	项　目	指　标		
		水　作	旱　作	蔬　菜
1	生化需氧量(BOD_5)≤	80	150	80
2	化学需氧量(COD_{Cr})≤	200	300	150
3	悬浮物≤	150	200	100
4	阴离子表面活性剂≤	5.0	8.0	5.0
5	凯氏氮≤	12	30	30
6	总磷(以 P 计)≤	5.0	10	10
7	水温,℃≤	35		
8	pH 值≤	5.5～8.5		
9	全盐量≤	1000（非盐碱土地区），2000（盐碱土地区），有条件的地区可以适当放宽		
10	氯化物≤	250		
11	硫化物≤	1.0		
12	总汞≤	0.001		
13	总镉≤	0.005		
14	总砷≤	0.05	0.1	0.05
15	铬（六价）≤	0.1		
16	总铅≤	0.1		
17	总铜≤	1.0		
18	总锌≤	2.0		
19	总硒≤	0.02		
20	氟化物≤	2.0（高氟区），3.0（一般地区）		
21	氰化物≤	0.5		
22	石油类≤	5.0	10	1.0
23	挥发酚≤	1.0		
24	苯≤	2.5		
25	三氯乙醛≤	1.0	0.5	0.5
26	丙烯醛≤	0.5		
27	硼≤	1.0（对硼敏感作物，如：马铃薯、笋瓜、韭菜、洋葱、柑橘等） 2.0（对硼耐受性较强的作物，如：小麦、玉米、青椒、小白菜、葱等） 3.0（对硼耐受性强的作物，如：水稻、萝卜、油菜、甘兰等）		
28	粪大肠菌群数，个/L≤	10000		
29	蛔虫卵数，个/L≤	2		

注　在以下地区全盐量水质标准可以适当放宽。

1. 具有一定的水利灌排工程设施，能保证一定的排水和地下水径流条件的地区。
2. 有一定淡水资源能满足冲洗土体中盐分的地区。

调的矛盾，即作物需水较多时，水源来水可能不足或灌溉需较高水位时，水源水位却较低，这就使水源不能满足灌溉要求。因此，人们经常采用一些措施，如修建必要的壅水坝、水库等，以抬高水源的水位和调蓄水量；或修建抽水泵站，将所需的灌溉水量提高到灌溉要求的控制高程；有时也可以调整灌溉制度，采用节水灌溉技术，以变动灌溉对水源水量提出的要求，使之与水源状况相适应。

三、灌溉设计标准

灌溉工程的水利计算是灌区规划工作的主要组成部分。通过水利计算可以揭示灌区天然来水情况和灌区需水要求之间的矛盾，并确定协调这些矛盾的工程措施及其规模，如灌区面积、坝的高度、进水闸尺寸、抽水站装机容量和水库库容等。进行灌溉工程的水利计算以前，必须首先确定灌溉工程的设计标准。实际工作中、多采用灌溉设计保证率作为灌溉工程的设计标准，有些地区也有采用“抗旱天数”的。

（一）灌溉设计保证率

灌溉设计保证率是指灌区用水量在多年期间能够得到充分满足的几率，一般以正常供水的年数或供水不破坏的年数占总年数的百分数表示，例如设计保证率 $P=80\%$ 表示灌溉设施在长期运用过程中，平均每 100 年可保证 80 年正常供水。

为了修正以样本资料推测总体规律的某些不合理的地方，灌溉设计保证率常用下式进行计算，即

$$P=\frac{m}{n+1}\times 100\% \tag{7-1}$$

式中 P——灌溉设计保证率，%；

m——灌溉设施能保证正常供水的年数；

n——灌溉设施供水的总年数。

灌溉设计保证率是一项在经济分析基础上产生的指标，由于它综合反映了灌区用水和水源供水两方面的影响，因此能较好地表达灌溉工程的设计标准。灌溉设计保证率因各地自然条件、经济条件的不同而有所不同。就全国来说在 50%～95%之间。一般缺水地区，多以旱作物为主，其灌溉设计保证率可低一些；而丰水地区，多以水稻为主，灌溉设计保证率可高一些，至于同一地区，以水稻为主的灌区，其灌溉设计保证率应比旱作物为主的灌区高一些。具体可参照 GB50288—99《灌溉与排水工程设计规范》所规定的数值，见表 7-4。

表 7-4　　灌溉设计保证率

灌水方法	地　区	作物种类	灌溉设计保证率(%)
地面灌溉	干旱地区或水资源紧缺地区	以旱作为主	50～75
		以水稻为主	70～80
	半干旱、半湿润地区或水资源不稳定地区	以旱作为主	70～80
		以水稻为主	75～85
	湿润地区或水资源丰富地区	以旱作为主	75～85
		以水稻为主	80～95
喷灌、微灌	各类地区	各类作物	85～95

注 1. 作物经济价值较高的地区，宜选用表中较大值；作物经济价值不高的地区，可选用表中较小值。
2. 引洪淤灌系统的灌溉设计保证率可取 30%～50%。

（二）抗旱天数

所谓抗旱天数，是指灌溉设施在无降雨情况下能满足作物需水要求的天数，它反映了灌溉设施的抗旱能力，是灌溉设计标准的一种表达方式。

关于抗旱天数的标准，水利电力部颁发的试行规范中规定“采用抗旱天数作为灌溉设计标准的地区，旱作物和单季稻灌区抗旱天数可为30～50天，双季稻灌区抗旱天数可为50～70天，有条件的地区应予提高”。

我国小型灌区和农田基本建设规划设计，多以抗旱天数作为设计标准，而在大中型灌溉工程及综合利用工程的规划设计工作中，主要以灌溉设计保证率作为灌溉设计标准。

四、扩大灌溉水源的措施

目前，我国农田灌溉总用水量约占全国各国民经济部门总用水量的60%左右，而我国水源总量折算成每亩耕地占有水量却又很低，因此，尽力利用各种可以利用的水源，减少废弃，提高利用程度，对于灌溉水源的利用来说，是十分重要的。

首先，兴建和用好蓄水设施，提高灌溉水源的利用程度。蓄水灌溉工程对水源的利用程度最高。由于河川径流的年际分布和年内分布与灌溉用水要求之间有着较大的差距，需要用工程设施对水源加以调蓄，以丰补缺，既满足灌溉要求，又提高了水源的利用程度，因此，蓄水灌溉工程占有重要位置。新中国成立以后40多年来，全国共兴建不同规模的水库86000余处，总库容4300亿m^3，是主要的供水设施，但是目前全国河川径流利用率仅为17.5%，还需进一步兴建新的蓄水工程，以满足农业和整个国民经济发展的需要，同时要使用好现有的蓄水工程，为农业增产发挥更大作用。

其次，实行区域之间水量调剂，解决好水资源与土地资源的分布不相协调的问题是很重要的。我国在流域之间实行水量调剂，已有许多成功的实例。如引滦入津、引黄济青、引大入秦等调水工程均已实现，目前正在实施的南水北调工程，即将长江流域的水北调到缺水严重的海河流域。地区之间以及各省范围的水量调剂则有更多的实例。有些大型灌溉系统本身就是一项水量调剂的工程设施，兼有输水至其他地区的功能。从丰水地区调水到缺水地区，常需兴建比较复杂和比较艰巨的工程，输水距离长，输送水量大、跨越障碍多、施工难度大而且工程造价高，此外，还须认真分析和研究调水前后地区生态环境可能产生的变化，以防出现环境恶化的后果。

第三，劣质水利用。劣质水也称非常规水资源，一般指地下水的淡咸水（矿化度在2.0～5.0g/L）和城市排放的污水等。在常规水资源不能满足工农业与生活用水需要时，发挥淡咸水、污水等在农业灌溉中的作用，是解决农业灌溉用水的方法之一。我国北方干旱地区利用咸水灌溉起步于20世纪50年代末，宁夏同心县用矿化度3～7g/L的咸水灌溉韭菜、芹菜和甘蓝。河北沧州1976年开始利用矿化度小于5g/L的咸水灌溉小麦，与旱地种植相比增产幅度一般在10%～30%，最高达49%。在污水灌溉方面，我国研究自20世纪40年代起，1972年后进入迅速发展阶段。污水用于农田灌溉，一方面可以缓解当地的农业水资源紧缺矛盾，另一方面，由于污水中含有丰富的氮、磷、钾等营养元素，为作物生长所必需。目前全国可用于污水灌溉的污水有300多亿t，污水灌溉面积达139.87万hm^2。可利用的微咸水资源为200.0亿m^3/年，其中华北地区微咸水资源量23.0亿m^3/年。劣质水灌溉时，应制定科学的灌溉计划，结合淡水灌溉或雨季同时进行，尽量减少污水灌溉引起的环境问题。同时进行长期的土壤质地、作物品质、地下水质等生态环境指标监测，防止生态环境恶化。

第四，雨水利用。雨水是陆地上淡水资源的总来源。由于自然界的蓄水和保水能力较差，雨水不能被保存下来成为区域性资源。雨水在转化成地表水和地下水的过程中，70%左右的雨水流失或蒸发掉了，因此，雨水利用潜力巨大。通过人工干预将雨水集蓄起来用于干旱季节农业灌溉，是干旱地区扩大灌溉水源的重要途径。山丘区有充足的自然集雨场地、地表径流蓄集效率高，当地建筑材料丰富，适宜于修建小规模集水工程。有条件的平原地区可建设坑塘堤坝、平原水库开展大规模的集雨灌溉；城郊蔬菜区可采用修建地下水窖，灌溉用水淡季，蓄存雨水或河水，达到调节用水、补充灌溉的目的。甘肃省结合自然条件特点，实施了“121雨水集流工程”，建成水窖230万眼，使20万hm^2以上的农田实现了集雨灌溉，69.5万hm^2的耕地实现了节水灌溉。

最后，实行地面水和地下水的联合运用，对于充分利用水资源，是十分有效的，特别是在北方水量不足的地区、井灌渠灌相结合，已得到很大发展。在两种水资源联合运用的情况下，地面水库和地下水库的配合使用，收效更好。这时多余的地面水除存蓄在地面水库中，尚可储存在地下水库，特别是在汛期地面水库废弃的洪水储存在地下水库，到灌溉季节，两水并用，大大提高了水资源的利用程度。此外，实行地面水与地下水联合运用，还可有效控制地下水位及土壤次生盐碱化，达到最佳的经济效益及环境效应。

第二节 灌溉取水方式

灌溉取水方式随水源类型、水位和水量的状况而定。利用地面径流灌溉，可以有各种不同的取水方式，如无坝引水、有坝引水、抽水取水、水库取水等；利用地下水灌溉，则需打井或修建其他集水工程，现分述如下。

一、地表水取水方式

（一）无坝引水

无坝引水是一种较简单的自流取水方式。灌区附近河流水位、流量均能满足灌溉要求时，即可选择适宜的位置作为取水口修建进水闸引水自流灌溉，形成无坝引水。在丘陵山区，灌区位置较高，可自河流上游水位较高的地点 *A* 引水（如图 7-1 所示），借修筑较长的引水渠，取得自流灌溉的水头。这种方式，引水口一般距灌区较远，引水干渠常有可能遇到难工险段。

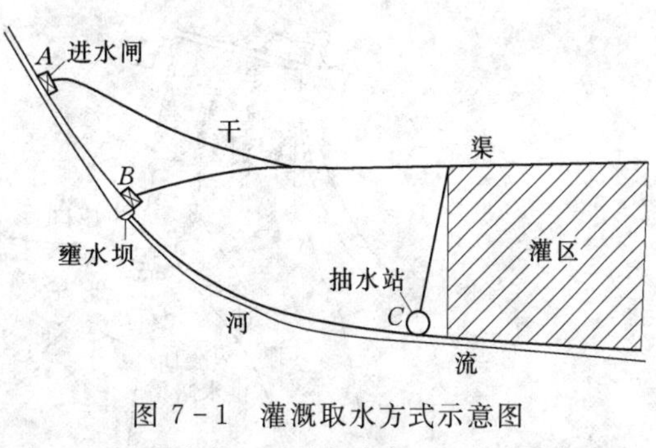

图 7-1 灌溉取水方式示意图

A—无坝取水；*B*—有坝取水；*C*—抽水取水

无坝引水工程简单、投资省、施工易、工期短、收效快，但因其不能控制河道水位，故常受考虑水涨落、泥沙运动以及河床变迁等因素影响。枯水期或河道主流偏离取水口时，引水往往得不到保证，严重时取水口甚至被泥沙淤塞不能使用，而且在引水过程中，会引入大量泥沙，使渠道淤积而不能正常工作。

无坝渠首位置的选择，对于保证灌区用水，减少泥沙入渠起着决定作用。在选择位置时，必须详细了解河岸的地形地质情况，河道洪水特性，含沙量及河床演变规律等。无坝渠首一般应设在河岸坚固、河床较稳定、河流弯道的凹岸，因为河槽主流总是靠近凹岸，同时还可利用弯道环流的作用，引入表层较清水流，防止泥沙流入渠口和底沙进入渠道。一般取水口宜设在凹岸中点的偏下游处，该处横向环流作用最强，同时避开了凹岸水流顶冲的部位。其距离弯道凹岸顶点的距离可按下式确定

$$L = KB\sqrt{4\frac{R}{B}+1} \tag{7-2}$$

式中 L——引水口至弯道段凹岸顶点的距离（弧长），m；

K——为系数，取值范围为 0.6～1.0，一般可取 0.8；

B——弯道水面宽度，m；

R——弯道段河槽中心线曲率半径，m。

此外，渠首位置还应选在干渠路线较短，而且不经过陡坡、深谷及塌方的地段，以减少土石方量，节约工程投资。引水渠轴线与河道水流所成的夹角应为锐角，通常采用30°～45°。

若因灌区位置及地形条件限制，无法把渠首布置在凹岸而必须放在凸岸时，可把渠首放在凸岸中点的偏上游处，此处泥沙流程较少。

无坝引水渠首一般由进水闸、冲沙闸和导流堤三部分组成。进水闸控制入渠流量，冲沙闸冲走淤积在进水闸前的泥沙，而导流堤一般修建在中小河流中，平时发挥导流引水和防沙作用，枯水期可以截断河流，保证引水。渠首工程各部分的位置应相互协调，以有利于防沙取水为原则。

图 7-2 是历史悠久闻名中外的四川都江堰工程。它的进水口正好位于岷江凹岸顶点的下游，整个枢纽包括用于分水的鱼嘴，用于导流的金刚堤，用于排沙、溢洪的飞沙堰都很成功，已经运行了 2200 多年，是无坝引水的典范。

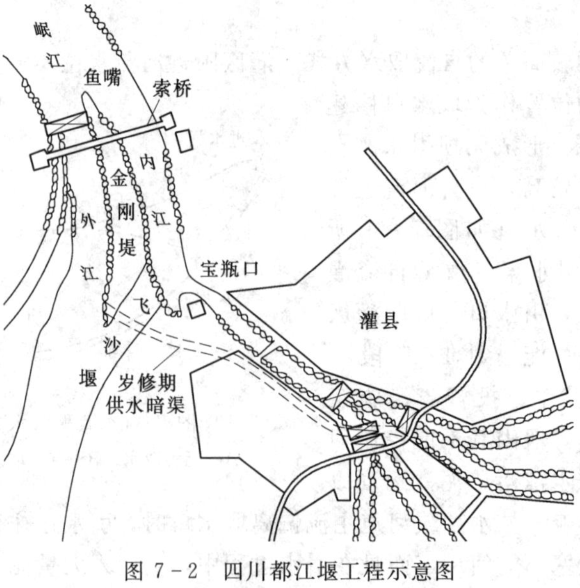

图 7-2 四川都江堰工程示意图

（二）有坝（低坝）引水

当河流水源虽较丰富，但水位较低时，可在河道上修建壅水建筑物（坝或闸），抬高水位，自流引水灌溉，形成有坝引水的方式。如图 7－1 中的 B 点。在灌区位置已定的情况下，此种方式与有引渠的无坝引水相比较，虽然增加了拦河坝（闸）工程，但引水口一般距灌区较近，可缩短干渠线路长度，减少工程量。在某些山区丘陵地区洪水季节虽然流量较大，水位也够，但洪、枯季节变化较大，为了便于枯水期引水也需修建临时性低坝。

有坝引水枢纽主要由拦河坝（闸）、进水闸、冲沙闸及防洪堤等建筑物组成，如图7－3所示。

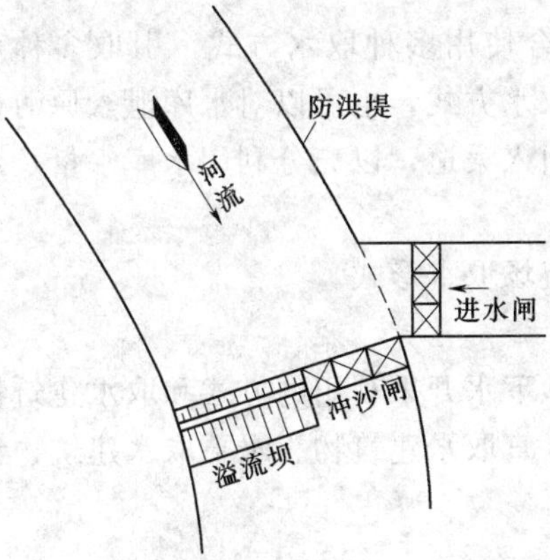

图 7－3　侧面引水示意图

1. 拦河坝

拦截河道，抬高水位，以满足灌溉引水的要求，汛期则在溢流坝顶溢流，宣泄河道洪水。因此，坝顶应有足够的溢洪宽度，在宽度增长受到限制或上游不允许壅水过高时，可降低坝顶高程，改为带闸门的溢流坝或拦河闸，以增加泄洪能力。

2. 进水闸

进水闸用以引水灌溉。其主要有两种方式：

（1）侧面引水。进水闸过闸水流方向与河流方向正交，如图 7－3 所示。这种取水方式，由于在进水闸前不能形成有力的横向环流，因而防止泥沙入渠的效果较差，一般只用于含沙量较小的河道。

（2）正面引水。这是一种较好的取水方式。进水闸过闸水流方向与河流方向一致或斜交，如图 7－4 所示。这种取水方式，能在引水口前激起横向环流，促使水流分层，表层清水进入进水闸，而底层含沙水流则涌向冲沙闸而被排掉。

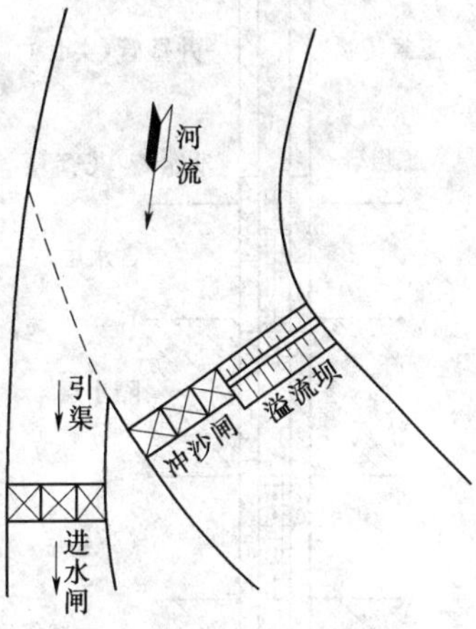

图 7－4　正面引水示意图

3. 冲沙闸

冲沙闸是多沙河流低坝引水枢纽中不可缺少的组成部分，它的过水能力一般应大于进水闸的过水能力，冲沙闸底板高程应低于进水闸底板高程，以保证较好的冲沙效果。

4. 防洪堤

为减少拦河坝上游的淹没损失，在洪水期保护上游城镇、交通的安全，可在拦河坝上游沿河修筑防洪堤。

此外，若有通航、过鱼、过木和发电等综合利用要求，尚需设置船闸、鱼道、筏道及电站等建筑。

（三）抽水取水

河流水量比较丰富，但灌区位置较高，修建其他自流引水工程困难或不经济时，可就近采取抽水取水方式，如图 7－1 中的 C 点。这样，干渠工程量小，但增加了机电设备及年管理费用。

（四）水库取水

河流的流量、水位均不能满足灌溉要求时，必须在河流的适当地点修建水库进行径流调节，以解决来水和用水之间的矛盾，并综合利用河流水源，这是河流水源较常见的一种取水方式。采用水库取水，必须修建大坝、溢洪道和进水闸等建筑物，工程较大且有相应的库区淹没损失，因此必须认真选择好建库地址，但水库能充分利用河流水资源，这是优于其他取水方式之处。

上述几种取水方式，除单独使用外，有时还能综合使用多种取水方式，引取多种水源，形成蓄、引、提结合的灌溉系统。即便只是水库取水方式，也可以对水库泄入原河道的发电尾水，在下游适当地点修建壅水坝，将它抬高引入渠道，以充分利用水库水量及水库与壅水坝间的区间径流。

除了上述几种取水方式外，地表取水还有雨水集流场取水形式。

二、地下水取水建筑物

由于不同地区地质、地貌和水文地质条件不同，地下水开采利用的方式和取水建筑物的形式也不相同。根据不同的开采条件，大致可分为垂直取水建筑物、水平取水建筑物和双向取水建筑物三大类。

（一）垂直取水建筑物

1. 管井

管井是在开采利用地下水中应用最广泛的取水建筑物，它不仅适用于开采深层承压水，也是开采浅层水的有效形式。由于水井结构主要是由一系列井管组成，故称为管井。当管井穿透整个含水层时，称为完整井，穿透部分含水层时，称为非完整井。根据我国北方一些地区农田用水经验，井深在60m以内，井径以在700～1000mm之间为宜；60～150m的中深井，井径可采用300～400mm；150m以上的深井，井径可取200～300mm。由于管井出水量较大，一般采用机械提水，故通常也称为机井。

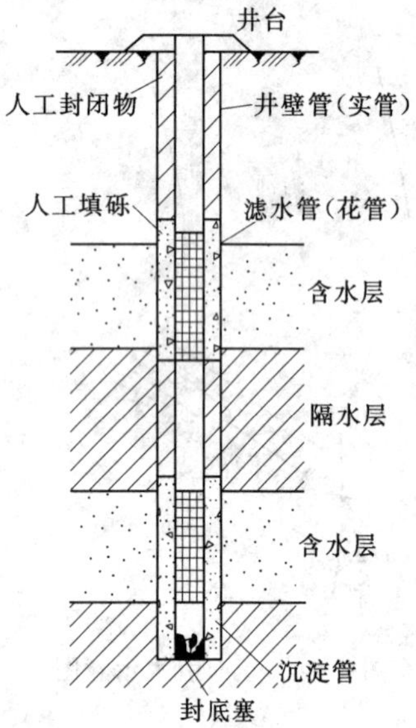

图 7-5 管井

管井的一般结构如图7-5所示，把井壁管（亦称实管）和滤水管（亦称花管）连接起来，形成一个管柱，垂直安装在打成的井孔中，井壁管安装在隔水层处和不拟开采的含水层处，滤水管安装在开采的含水层处，管井最下一段为沉淀管（4～8m），用以沉淀流入井中的泥沙。在取水的含水层段，井管与井孔的环状间隙中，填入经过筛选的砾石（人工填料），以起滤水阻砂的作用；在填砾顶部的隔水层或不开采的含水层段，用粘土球止水，以防止水质不好的水渗入含水层，破坏水源。此外在井管上端井口处，应用砖石砌筑或用混凝土浇注，以便安装抽水机和保护井口。

2. 筒井

筒井是一种大口径的取水建筑物，由于其直径较大（一般为1～2m）形似圆筒而得名，有的地区筒井直径达到3～4m，最大者至12m，这种筒井又称为大口井，筒井多用砖石等材料衬砌，有的采用预制混凝土管作井筒。筒井具有结构简单、检修容易、能就地取材等优点；但由于口径太大，井不宜过深（过深后，施工、建筑和用料等都有困难），因而筒井多用于开采浅层地下水，其深度一般为6～20m，深者达30m左右。

筒井有三个组成部分（如图7-6所示）：

1）井台：是筒井的地上部分，起保护井身，安放提水机械和生产管理之用。

2）井筒：井筒亦称旱筒，是含水层以上的部分。

3）进水部分：它是埋藏在含水层的部分，故亦称水筒，是筒井中最主要的组成部分，地下水自含水层通过井壁（非完整井还通过井底）进入井中。

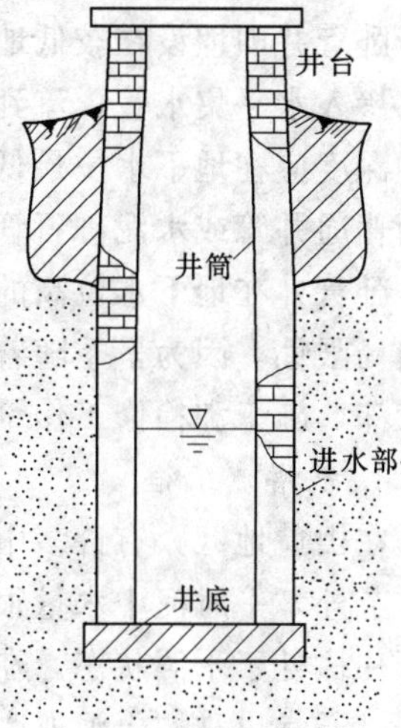

图7-6 筒井

（二）水平采水工程

1. 坎儿井

这种井主要分布在我国新疆地区山前洪积冲积扇下部和冲积平原的耕地上。高山融雪水经过洪积冲积扇上部的漂砾卵石地带时，大量渗漏变为潜流。劳动人民采取开挖廊道的形式，引取地下水。当地称这种引水廊道为坎儿井，如图7-7所示。

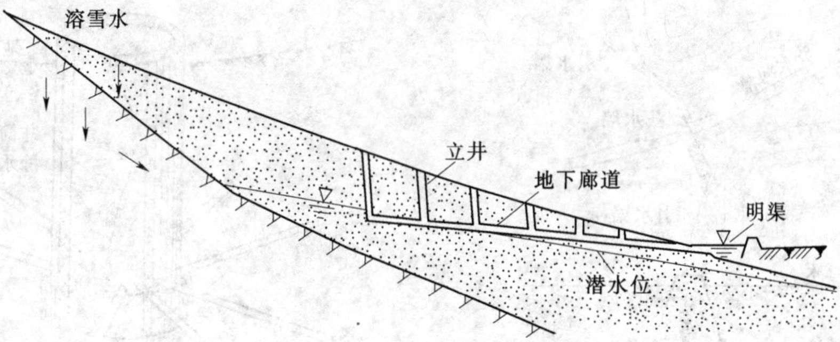

图7-7 坎儿井

坎儿井工程由地下廊道和立井组成，地下廊道是截取地下潜流和输水的通道。廊道的比降小于潜流的水力坡降，约为0.1%～0.8%，廊道出口处底部与地面相平，向上游开挖，逐渐低于地下水位，于是潜流就可以顺廊道流出地面，进入引水渠。廊道底部高于地下水位的部分起输水作用，顺水流方向开挖，廊道底部低于地下水位的部分起集水作用，可垂直地下水流向开挖。廊道断面为矩形，拱顶用木料和块石砌成。立井与地面垂直，是廊道开挖过程中出土和通风用的，又称工作井。立井间距15～30m，上游较稀，下游较密，每个坎儿井的立井由数十到百余个组成。坎儿井的下游与引水渠相接，可自流灌溉。

2. 卧管井

卧管井即埋设在较低地下水水位以下的水平集水管道。集水管道与提水竖井相通，地下水渗入水平集水管，流到竖井，可用水泵提取灌溉。为了增加卧管井的出水量，集水管埋置深度应在地下水位最低水位以下 2～3m。集水管长度 100m 左右、间距 300～400m，可用普通井管或水泥砾石管。为了防淤，周围应填砂砾料。

卧管井在地下水位高的沼泽化和盐渍化地块上，可起暗管排水作用。但用在抗旱上有一定局限性，因为旱季随着地下水位的降低，卧管井的出水量将显著减少。另外，卧管埋置较深，施工和检修工作量都很大。

3. 截潜流工程

在山麓地区，有许多中、小河流，由于砂砾、卵石的长期沉积，河床渗漏严重，除洪水季节外，平时河中水量很小，大部分水量经地下沙石层潜伏流走，特别是在干旱季节，河床往往处于干涸状态。在这些河床中筑地下坝（截水墙），拦截地下潜流，即称截潜流工程，通常也称“干河取水”或“地下拦河坝”工程，如图 7-8 所示。

（三）双向取水建筑物

为了增加地下水的出水量，有时采用水平和垂直两个方向相结合的取水形式，称为双向取水建筑，如辐射井即属于这种型式。

在大口井动水位以下，穿透井壁，按径向沿四周含水层安设水平集水管道，以扩大井的进水面积，提高井的出水量。由于这些水平集水管呈辐射状，因而称为辐射井（如图 7-9所示）。

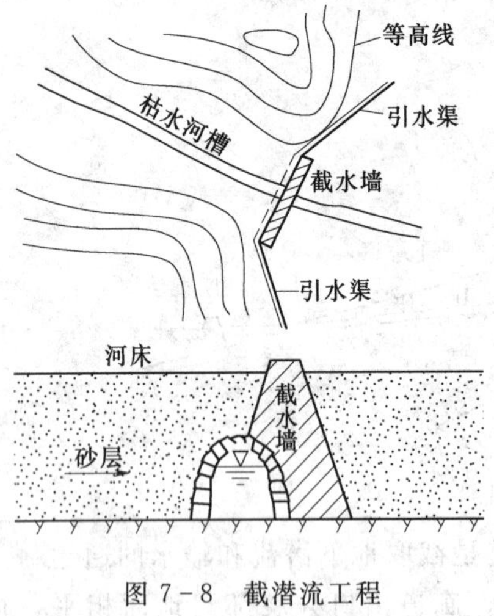

图 7-8 截潜流工程

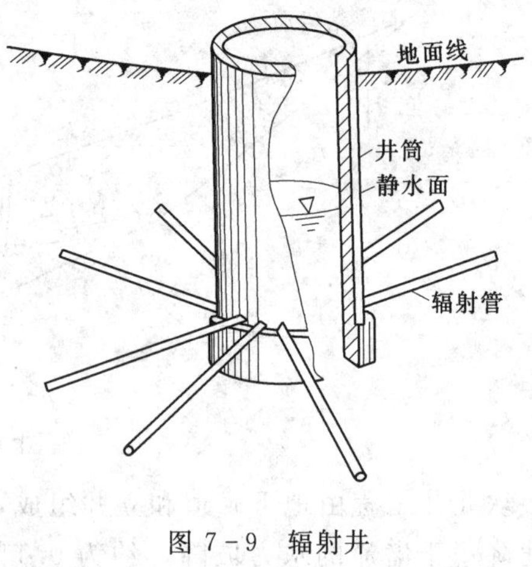

图 7-9 辐射井

辐射管的作用在于集取地下水。大口竖井除具有较好的集水作用外，主要是为打辐射管提供施工场所，并把从辐射管流出的水汇集起来供水泵抽取，因此又把辐射井中的大口竖井叫做“集水井”。辐射管沿井管周长均匀分布，其数目一般为 3～8 个，长度视要求的水量和土质而定。集水井直径应根据辐射井施工要求而定，一般以 3m 为宜。在黄土和裂隙粘土、亚粘土等粘土层中钻成的辐射孔，一般不需要下水平滤水管，只需要在辐射孔的出口处打进 1m 左右长的护筒。在沙性土层中钻孔则需安装滤水管，以防止孔壁坍塌。为了增加水头和出水量，辐射孔的位置应布设在集水井下部。为了便于施工操作，并使集水井发生淤积时不致堵塞孔口，集水井的最下部应留一定沉沙段。

第三节　地下水开发与利用

一、地下水资源分析计算

为了在一个地区内合理调配使用地面水和地下水资源，在井灌区规划之前，必须首先进行地下水资源评价和分析计算工作。

浅层地下水直接接受大气降水及其他形式的补给，常年补给的水量比较丰富，因此，大面积的农田供水应以开发利用浅层地下水为主，而以承压水为辅。由于浅层地下水的补给随气象条件（降雨、蒸发等）和水文条件（河流的流量、水位等）而变化，而农田用水量也是随气象条件而变化的，故各年的地下水补给量和灌溉用水量都不相同，干旱年份地下水补给量小，灌溉用水量大，开采量超过补给量时，将消耗一部分地下水储存量而形成水位下降。丰水年份降雨量大，在地下水补给量超过开采量时，地下水位就会回升。在多年的地下水开发利用中以丰补欠，在一个适当的农田供水规划下，地下水位将会有某一相对稳定的数值。为此，对浅层地下水资源，不可能通过个别年份的分析做出正确的评价，而必须从多年角度进行分析，如果地下水资源能满足一定的灌溉设计保证率的用水要求，将会有一个周期性相对均衡的地下水降深变化过程，其降深的最大值即是选取（或校核）提水设备的依据。当这一降深超过提水设备的允许值，或者由于超量开采，即多年平均开采量超过多年平均地下水补给量，地下水位在多年运用中持续下降而不能维持一个稳定的水位时，则应对规划的开采水平进行适当的修正，或者降低灌溉保证率，或者考虑采用其他水源以及人工回灌措施。

井灌区地下水资源分析计算包括：

（1）分析地下水的补给、排泄条件，估计多年平均单位耕地面积上可以得到的地下水补给量和地区可以得到的总补给量，作为确定井灌规划的依据。

（2）拟定不同的开发利用方案，计算各年灌溉用水量，进行地下水多年调节计算，通过计算：

1）分析在多年运用情况下的地下水动态，在连续干旱年份动用的地下水储存量，能否在丰水年得到回补，亦即地下水在多年的开发利用中能否达到动态平衡；

2）得出在达到动态平衡（周期性均衡）条件下的最大降深（一般出现在连续干旱年份之末）；

3）根据求得的降深和相应的灌溉设计保证率及技术经济条件，选择开采方案，确定可采水量和相应的设计降深，作为水井规划和选择提水设备的依据。

在地下水资源不能完全满足灌溉用水需要（从多年运用的角度而言）的地区，可以考虑采用人工回灌措施，以补充地下水资源之不足。所谓人工回灌，是借助某些工程措施，在非用水季节，将地表水（本地区的或从外区引进的）引入地下，利用地层作为调蓄库容，进行季节性和多年的调节。在这种情况下，应根据不同回灌方案分析地下水多年动态变化，确定开采深度，选定最优回灌方案和制定地下水开发利用规划的依据。

井渠结合地区，在地下水资源计算中，须计入渠灌的补给量，拟定不同的井渠结合方案进行比较，最后确定最优方案。

目前常用的区域性大面积浅层地下水资源分析计算方法有：

(1) 成因分析法。包括区域水均衡法，非稳定流计算法。

(2) 统计分析法（相关分析法）。

均衡法是以一定均衡区（或均衡地段）作为一个整体进行分析计算的方法，它具有概念清楚，方法简便等优点，是目前生产实践中应用最广的方法之一，本节将着重介绍多年均衡法的基本概念和方法。

（一）多年均衡法（地下水库的多年调节）的概念

将均衡区作为一个整体进行水量均衡分析时，Δt 时段内水量均衡方程式为

$$\mu \Delta H A = Q_i - Q_0 + WA - VA \tag{7-3}$$

平均到单位面积上的水量均衡方程式为

$$\mu \Delta H = \frac{Q_i - Q_0}{A} + W - V$$

式中 μ——水位变幅范围内土层的给水度；

ΔH——在时段 Δt 内均衡区平均的地下水位变幅；

A——均衡区面积；

Q_i——均衡区在时段内的入流总量，$Q_i = q_t \Delta t$；

Q_0——均衡区在时段内的出流总量，$Q_0 = q_0 \Delta t$；

V——计算时段内单位面积上的开采量；

W——计算时段内单位面积上的补给（或消耗）量。

对于潜水

$$W = P_r + R_r + W_r + W_y - E \tag{7-4}$$

$$W_r = \frac{k'}{m'} \Delta H' \Delta t$$

式中 P_r——计算时段 Δt 内的降雨入渗补给量；

R_r——计算时段 Δt 内大型河流和渠道对地下水的补给量；

W_r——计算时段灌溉水对地下水的补给量；

W_y——计算时段的越层补给量；

k'——弱透水层的渗透系数；

m'——弱透水层的厚度；

ΔH——开采含水层水位与相邻含水层的水位差；

E——计算时段的潜水蒸发量。

对于承压含水层

$$W = W_y + W_s \tag{7-5}$$

式中 W_s——计算时段弱透水层的释水量。

在多年的运用过程中，地下含水层相当于一个地下水库，它的范围与开采区的范围基本相同，而它的库容则决定于所使用的提水机械的吸水扬程（相当于地面水库的坝高）。

和地面水库一样，地下水库有最高渍水位（汛期滞蓄渗入地下的渍水允许短期内达到的最高水位，与地面水库的最高洪水位相当）、正常高水位（根据保证作物高产和防止土壤盐碱化所允许长期保持的最高水位，一般防渍要求的地下水埋深为1.5m，防碱要求的地下水埋深为2.5～3.0m，这一水位与地面水库的正常高水位相当）和最低静水位（提水机械吸水扬程所允许达到的最低水位，相当于地面水库的死水位）等三个特征水位，如图7-10所示。

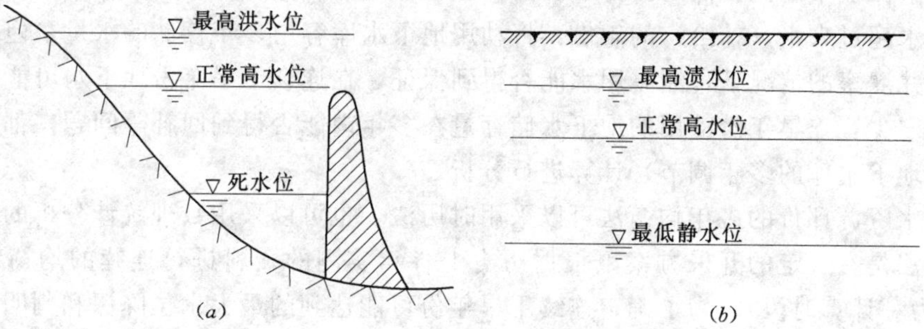

图7-10　地下水库和地面水库水位库容对照图

多年均衡法的基本思想是将地下水含水层作为一个多年调节的地下水库，根据水量平衡原理按照与地面水库相似的方法进行多年调节计算，确定地下水库的库容和最低静水位。地下水库的调节计算可从正常高水位开始，根据各年（或月）的补给量和开采量，逐年（或月）推算时段末的地下水埋深（或降深），经过多年调节计算，分析满足一定用水条件下（如满足一定灌溉保证率等）多年达到的最大降深和干旱年份动用的地下水储存量（即兴利库容）能否在丰水年份得到完全的回补。

（二）多年均衡法的计算方法与步骤

由于区域性均衡法是以某一划定的区域作为一个整体进行分析，因此，首先应将计算区域划分为若干均衡区，均衡区内根据条件的差异和计算要求又可分为若干均衡段。在划分均衡区、均衡段时，除了考虑地质和水文地质条件、地形和地貌条件比较均一，区域边界补给和排泄条件比较清楚外，还要考虑地区的行政区划和开采状况，尽量使区内机井密度、井灌率（指利用地下水灌溉的面积与耕地面积之比值）和地下水开采强度比较均匀。

在均衡区（段）确定之后，为了进行均衡计算，必须首先确定各区（段）的均衡要素（如区内降雨补给、蒸发消耗、灌水补给、地面水补给、区外侧向补给等）。在有专门均衡试验场的地区，可根据均衡场资料确定均衡要素。

北方干旱、半干旱地区一般多年平均补给量常小于多年平均用水量。在这种地区，单纯依靠天然地下水资源是不能全部保证灌溉用水需要的。因此，在进行地下水资源的分析计算时，应拟定不同井灌率的灌溉用水方案，通过多年均衡计算，确定可能达到的最大降深。在有人工回灌条件下，则需根据可能的回灌方案进行多年均衡计算，以确定不同回灌方案下的可采水量和最大降深。在井渠结合地区，则需要根据不同的渠灌方案（渠灌面积、渠灌次数和渠灌水量），通过均衡计算，确定相应的地下水埋深，为选定适宜井渠结合方案提供依据。

各种情况下具体计算要求虽有一定差异，但多年均衡计算的基本方法都是相同的。

(1) 计算参数及灌溉用水量：

1) 降雨入渗补给量。

2) 各年灌溉用水量。

(2) 地下水资源的多年均衡分析（地下水库的多年调节计算）：单纯进行地下水的年调节运用，保证率是比较低的。为了提高保证率，还必须进行多年调节。

在用水超过来水（补给）的年份，将动用地下水库容中多年存储的水量，但在多年过程中不同井灌率的情况下，灌溉用水能否得到保证，在连续干旱年份地下水可能达到的最大降深是多少，连旱年份动用的地下水储存量在多年内能否得到回补等问题，都要通过多年均衡（地下水库的多年调节）计算进行分析。

地下水资源评价的多年均衡法可以采用时历法，也可以采用数理统计分析的方法。

时历法是在一定的开采方案下根据历史上各年实测的资料进行连续的均衡计算方法（以一年为一计算时段）。为了确定连续干旱年份可能达到的最大水位降深和判明多年范围内地下水是否可以回补，可以自系列中的连旱年份第一年作为均衡计算的起始时间，而将这一时间以前的各年（来水较多的年份）排在实际系列终了年份的后面（即作为水文周期循环出现）。

二、水井的合理布局

为使地下水的开发能够有计划和有控制地进行，在制订地下水开发利用规划时，应根据各含水层的可采资源，确定各层水井数目和开采水量，作到分层取水，浅、中、深合理布局。在浅层淡水比较充足的地区，以开采浅层水为主，将深层水作为后备水源，平时尽量减小深层水的开采量，留备大旱和连旱之年抗旱保收之用。在浅层淡水缺乏又无地面水可供利用的地区，为了保证工农业用水需要，在一定时期内可以有计划地开采深层水但必须预见到地下水位下降、地面下沉、碱水界面下移等出现的可能性，争取在这些现象发生之前，采取有效措施，确保工农业用水的需要。

（一）水井出流量计算

1. 承压含水层单井抽水时非稳定流计算

图 7-11 表示单井从承压含水层抽水时地下水位的变化情况。根据达西定律，在某一瞬间 t，通过距井（坐标中心）r 处（采用极坐标，以井为坐标原点）断面（其周长为 $2\pi r$）的流量 q 为：

$$q = -2\pi rkm \frac{\partial h}{\partial r} \tag{7-6}$$

式中 k——含水层渗透系数；

m——含水层的厚度；

h——压力水位高程（以含水层底板为基准面）。负值表示水流方向与坐标方向相反。

在 r 变化 $\mathrm{d}r$ 时，q 的变化为 $\mathrm{d}q$，自上式得

$$\frac{\mathrm{d}q}{\mathrm{d}r} = 2\pi km \frac{\partial\left(r\frac{\partial h}{\partial r}\right)}{\partial r} = -2\pi km\left(r\frac{\partial^2 h}{\partial r^2} + \frac{\partial h}{\partial r}\right) \tag{7-7}$$

取距原点 r 处相差 dr 的两断面间含水层进行水量平衡分析，如图 7-11 所示。

1）含水层的来水有：①水平方向来流量 q；②垂直补给，可以是越层补给，也可以是越层损失（此时为负值）；若补给强度为 ε，则两断面间含水层所承受的总补给量为 $\varepsilon 2\pi r dr$。

2）含水层的出流量为 $q+dq$。

3）由于含水层内单位时间水位变化 $\frac{\partial h}{\partial t}$ 所蓄存或释放的水量，其值为 $\frac{\partial h}{\partial t}\times\mu_c 2\pi r dr$（$\mu_c$ 为承压含水层的释水系数或给水度）。

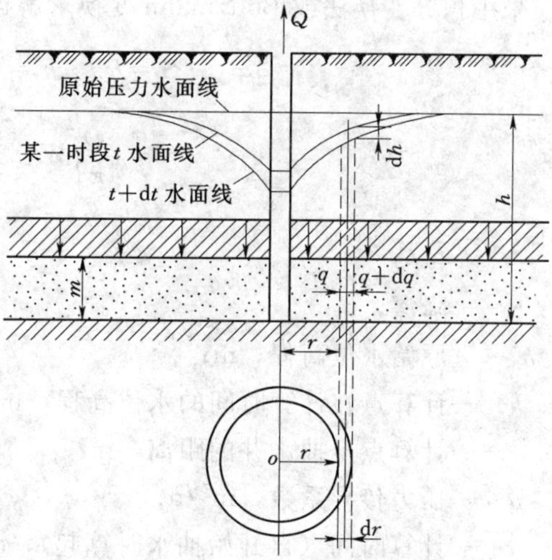

图 7-11 单井从承压含水层抽水时地下水位变化图

列出水量平衡方程：

来流量－出流量＝含水层在单位时间内蓄存（或释放）的水量，即

$$q dt + \varepsilon 2\pi r dr dt - (q + dq) dt = \frac{\partial H}{\partial t}\mu 2\pi r dr dt$$

将式(7-7) 代入上式，经整理得

$$\frac{KM}{\mu_e}\left(\frac{\partial^2 h}{\partial r^2} + \frac{1}{r}\frac{\partial h}{\partial r}\right) + \frac{\varepsilon}{\mu_e} = \frac{\partial h}{\partial t}$$

或

$$a\left(\frac{\partial^2 h}{\partial r^2} + \frac{1}{r}\frac{\partial h}{\partial r}\right) + \frac{\varepsilon}{\mu_e} = \frac{\partial h}{\partial t} \tag{7-8}$$

式中 a——压力传导系数，$a=\frac{T}{\mu_e}=\frac{KM}{\mu_e}$，$m^2/d$；

T——导水系数，$T=KM$，m^2/d。

若没有越层补给时，式(7-8) 中 $\frac{\varepsilon}{\mu_e}=0$。式(7-7) 即为单井地下水非稳定流的基本方程。

2. 泰斯公式

对于无限含水层在单井定流量抽（注）水时，假设：①含水层是均质各向同性；②含水层范围无限延伸（实际上是指在所计算的时间内含水层的边界位于抽水井影响范围以外）；③水和含水层假定为弹性体，并且从含水层中释放出的水量随着水头的降低而瞬时排出；④无垂直补给($\varepsilon=0$)；⑤含水层原始水位为水平；⑥抽水流量为定值；⑦水井为完整井，可得到如下定解问题

$$\begin{cases} a\left(\frac{\partial^2 H}{\partial r^2} + \frac{1}{r}\frac{\partial H}{\partial r}\right) = \frac{\partial H}{\partial t} & r_w < r < \infty, r > 0 \\ H(r,0) = 0 & r_w < r < \infty \\ H(\infty,t) = 0 & t > 0 \\ \lim\limits_{r\to 0} - 2\pi r T\frac{\partial H}{\partial r} = Q & t > 0 \end{cases} \tag{7-9}$$

采用积分变换法或 Boltzmann 变换求解得

$$S = h_0 - h = \frac{Q}{4\pi T}\int_{\frac{r^2}{4at}}^{\infty} \frac{e^{-\mu}}{u}du$$

$$= \frac{Q}{4\pi T}W(u) \tag{7-10}$$

式中 $u=\frac{r^2}{4at}$；

S——降深，m；

h_0——原始水位高程，m；

h——计算点在计算时间的水位高程，m；

r——计算点至抽水井的距离，m；

a——压力传导系数，m^2/d；

t——计算时间（自开始抽水时算起），d；

Q——抽水流量，m^3/d。

一般 $W(u)$称为井函数，该函数展开是一收敛级数，即

$$W(u) = -0.5772 - \ln u - \sum_{n=1}^{\infty}(-1)^n \frac{u^n}{nn!} \tag{7-11}$$

$W(u)$值可自表 7-5 中查得。根据式(7-8) 即可求得单井抽水时任一时间 t，任一距离 r（距抽水井的距离）处的压力水位降深值。

表 7-5 **井 函 数 $W(u)$ 表**

u	1.0	2.0	3.0	4.0	5.0	6.0	7.0	8.0	9.0
$\times 10^0$	0.219	0.049	0.013	0.0038	0.0011	0.00036	0.00012	0.000038	0.00
$\times 10^{-1}$	1.82	1.22	0.91	0.70	0.56	0.45	0.37	0.31	0.26
$\times 10^{-2}$	4.04	3.35	2.96	2.68	2.47	2.30	2.15	2.03	1.92
$\times 10^{-3}$	6.33	5.64	5.23	4.95	4.73	4.54	4.39	4.26	4.14
$\times 10^{-4}$	8.63	7.94	7.53	7.25	7.02	6.84	6.69	6.55	6.44
$\times 10^{-5}$	10.94	10.24	9.84	9.55	9.33	9.14	8.99	8.86	8.74
$\times 10^{-6}$	13.24	12.55	12.14	11.85	11.63	11.45	11.29	11.16	11.04
$\times 10^{-7}$	15.54	14.85	14.44	14.15	13.93	13.75	13. 60	13.46	13.34
$\times 10^{-8}$	17.84	17.15	16.74	16.46	16.23	16.05	15.90	15.76	15.65
$\times 10^{-9}$	20.15	19.45	19.05	18.76	18.54	18.35	18.20	18.07	17.95
$\times 10^{-10}$	22.45	21.76	21.35	21.06	20.84	20.66	20.50	20.37	20.25
$\times 10^{-11}$	24.75	24.06	23.65	23.36	23.14	22.96	22.81	22.67	22.25
$\times 10^{-12}$	27.05	26.36	25.96	25.67	25.44	25.26	25.11	24.97	24.86
$\times 10^{-13}$	29.36	28.63	28.26	27.97	27.75	27.56	27.41	27.28	27.16
$\times 10^{-14}$	31.66	30.97	30.55	30.27	30.05	29.87	29.71	29.58	29.46
$\times 10^{-15}$	33.96	33.27	32.86	32.58	32.35	32.17	32.02	31.88	31.76

当 $u=\frac{r^2}{4at}\leqslant 0.05$，即 $t\geqslant 5\frac{r^2}{a}$时，式（7-11）第三项可忽略不计，自式(7-10) 得

$$S=\frac{Q}{4\pi T}\left[-0.5772-\ln\frac{r^2}{4at}\right]$$

$$=\frac{Q}{4\pi T}\left[\ln\frac{r^2}{4at}-0.5772\right]$$

$$=\frac{0.183Q}{T}\ln\frac{2.25at}{r^2} \tag{7-12}$$

在无垂直补给和侧向边界无限的承压含水层中的单井抽水，理论上是不可能出现稳定状态的。但随着抽水时间的增加，漏斗范围不断扩展，自含水层四周向水井汇流的面积不断增大，水井附近地下水压力水位的变化渐趋缓慢，在一定范围内接近稳定状态，取任意两点，其距井孔的距离为 r_1 及 $r_2(r_2>r_1)$，当抽水延续时间 $t\geqslant 5\frac{r_2^2}{a}$时，$r_1$ 及 r_2 处的水位降深均可按式(7-12) 计算，即

$$S(r_1,t)=h_0-h(r_1,t)=\frac{Q}{4\pi T}\ln\frac{2.25at}{r_1^2}$$

$$S(r_2,t)=h_0-h(r_2,t)=\frac{Q}{4\pi T}\ln\frac{2.25at}{r_2^2}$$

$$S(r_1,t)-S(r_2,t)=h(r_2,t)-h(r_1,t)$$

$$=\frac{Q}{4\pi T}\left(\ln\frac{2.25at}{r_1^2}-\ln\frac{2.25at}{r_2^2}\right)$$

$$=\frac{Q}{4\pi T}\ln\frac{r_2^2}{r_1^2}=\frac{Q}{2\pi T}\ln\frac{r_2}{r_1} \tag{7-13}$$

如果 r_1 取在井径处，即 $r_1=r_\omega$ 则式(7-13) 可改写为

$$h(r_2,t)-h(r_\omega,t)=\frac{Q}{2\pi T}\ln\frac{r_2}{r_\omega}$$

式中 $h(r_2, t)$ ——在抽水延续时间为 $t\left(t\geqslant 5\frac{r_2^2}{a}\right)$时，距井轴 r_2 处的水位高程；

$h(r_\omega, t)$ ——在抽水延续时间为 t 时，井的水位高程。

3. 泰斯公式的讨论

(1) 压力水位降深的变化规律。

降深 S 正比于时间 t。当距离 r 一定时，u 随 t 值的增大而减小，而 $W(u)$ 值则增大，所以，计算点降深 S 随抽水时间的增加而增大。降深 S 反比于距离 r。对于某一时间 t，u 随 r 值的增大而增大，而 $W(u)$ 值则减小，所以，计算点降深 S 随计算点距离的增加而减小。当 r 超出一定的范围之后，抽水对降深 S 的影响即可忽略。

(2) 压力水位的下降速度 V。

以积分形式表达的泰斯公式为

$$S=\frac{Q}{4\pi T}\int_u^\infty\frac{e^{-u}}{u}du \tag{7-14}$$

$$H=H_0-S=H_0-\frac{Q}{4\pi T}\int_u^\infty\frac{e^{-u}}{u}du \tag{7-15}$$

对式(7-15) 两端对时间求导可得：

$$V=\frac{\partial H}{\partial t}=\frac{\partial}{\partial t}\left[H_0-\frac{Q}{4\pi T}\int_u^{\infty}\frac{e^{-u}}{u}du\right]$$

$$=\frac{Q}{4\pi T}\times\frac{1}{t}e^{-u} \quad (7-16)$$

压力水位的下降速度V反比于距离r。当t一定时，随着r的增大，e^{-u}值在减小，所以V也随之减小。压力水位的下降速度V反比于时间t。当t足够大时，$u\to 0$，则$e^{-u}=1$，所以当t继续增加时，V也随之减小。

(3) 开采区内流量变化规律。

对式(7-15) 两端对r求导得：

$$\frac{\partial H}{\partial r}=\frac{\partial}{\partial r}\left[H_0-\frac{Q}{4\pi T}\int_u^{\infty}\frac{e^{-u}}{u}du\right]$$

$$=\frac{Q}{4\pi T}\cdot\frac{e^{-u}}{u}\cdot\frac{r}{2at}=\frac{Q}{2\pi T}\cdot\frac{e^{-u}}{r} \quad (7-17)$$

所以

$$r\frac{\partial H}{\partial r}=\frac{Q}{2\pi T}e^{-u} \quad (7-18)$$

根据达西定律，在r处的过水断面的流量为：

$$Q_r=2\pi rKM\frac{\partial H}{\partial r}=2\pi T\cdot r\frac{\partial H}{\partial r} \quad (7-19)$$

将式(7-18) 代入得：

$$Q_r=2\pi T\frac{Q}{2\pi T}e^{-u}=Qe^{-u} \quad (7-20)$$

表明在r处的断面流量Q_r并不等于进出水流量Q，不同断面出水流量并不相等，与稳定流理论相反。因同r成正比，所以流量Q_r随r的增大而减小，即在流向井的过程中不断得到补充。

4. 泰斯公式应用中的特殊问题

在实际应用中，常会遇到如井群同时开采、变流量抽水和含水层有界等特殊情况，此时，不能直接应用泰斯公式，须进行一定的技术处理。当有若干井同时工作或含水层有边界限制，则根据线性方程的解可以叠加的原理，应用源流叠加和镜像反射的方法，自单井公式求得相应的水位降深。

(1) 井群叠加法。

若在平面上同时布置有几眼井，在抽水期间各井间即会产生相互干扰，从而使压力水位降深增加。在计算中可采用几何叠加法，即在各井运行状态下，单独考虑一个井对某点的影响，然后进行叠加。若开采区内有n眼抽水井，m眼注水井同时运行，则某点的实际降深为：

$$S=\sum_{i=1}^{n}S_i-\sum_{j=1}^{m}S_j \quad (7-21)$$

式中 S_i——抽水井所产生的水位降深值；

S_j——注水井所产生的水位上升值。

对于无越流补给的承压含水层，降深为：

$$S(r,t)=\sum_{i=1}^{m+n}\frac{Q_i}{4\pi T}W\left[\frac{r_i^2}{4a(t-t_i)}\right] \tag{7-22}$$

式中 Q_i——第 i 眼抽（注）水井的出水流量；

r_i——第 i 眼抽（注）水井到计算点的距离；

t_i——第 i 眼抽（注）水井运行起始时间，一般情况下各井运行历时不同。

（2）变流量抽水计算。

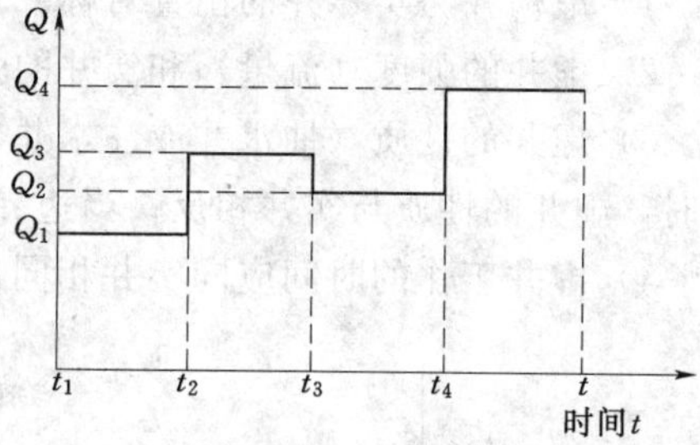

图 7-12 阶梯状变化流量分布图

在以上的计算中都假定井的出水流量是固定不变的，但在实际生产中，很多生产井的流量是季节性变化的，如农用井在灌溉季节抽水量大，而非灌溉季节抽水量较小，井的抽水流量系曲线变化过程，可以近似地将其概化成阶梯状变化，如图 7-12 所示。可以把该井阶梯状流量经过 t 时间后所产生的水位降深，分解为用流量 Q_l 抽水经过$(t-t_1)$时间后所产生的降深 S_1；流量（Q_2-Q_1）抽水经$(t-t_2)$时间后所产生的降深 S_2；流量（Q_3-Q_2）抽水经过$(t-t_3)$时间后所产生的降深 S_3；流量(Q_4-Q_3)抽水经$(t-t_4)$时间后所产生的降深 S_4，然后再将它们叠加。

$$S=\sum_{i=1}^{4}S_i \tag{7-23}$$

对于无越流的承压含水层有

$$\begin{aligned}S(r,t)&=\frac{1}{4\pi T}[(Q_1-Q_0)W(u_1)+(Q_2-Q_1)W(u_2)\\&\quad+(Q_3-Q_2)W(u_3)+(Q_4-Q_3)W(u_4)]\\&=\frac{1}{4\pi T}\sum_{i=1}^{4}(Q_i-Q_{i-1})W(u_i)\end{aligned} \tag{7-24}$$

$$u_i=\frac{r^2}{4a(t-t_i)} \tag{7-25}$$

式中 可取 t_0 与 Q_0 为零。

对于一般情况下有 n 个阶梯状变化时，降深可按下式叠加计算

$$S(r,t)=\frac{1}{4\pi T}\sum_{i=1}^{n}(Q_i-Q_{i-1})W(u_i) \tag{7-26}$$

（3）含水层有界时单井非稳定流计算。

在非稳定井流计算中，假设含水层范围无限延伸，侧向没有边界限制，但实际上，抽水井常会位于边界附近。含水层的侧面有河流（直线补给边界）或者隔水层（直线隔水边界）存在时，特别是在长期开采条件下，必然会影响地下水的运动。可采用“汇点源点映射法”，也叫镜像法。渗透水流以一定强度从各个方向沿半径方向流向一点，并被该点吸收，这种点为汇点。相反，渗透水流从某点沿半径方向流出去的则称为源点。在渗流理论中，把平面汇点设想为直径无穷小的抽水井，该井的流量代表汇点的吸收强度。平面源点设想为直径无穷小的注水井，该井的注水量即代表源点的发射强度。在平面镜前放一物

体，则在镜内对称的位置有一虚像存在。与此类似，在边界的一边，如有一个实际的抽水井，则在边界另一边和它相对称的位置，假想存在一个流量相等的虚构注水井或抽水井，用以代替地表水的补给作用或隔水层作用，并用叠加原理求解，这种方法称为映射法或镜像法。映射法的基本要求是映射后所得的无限含水层问题应保持映射前原有的边界条件和水流状态，所以要求：

1）虚构井与实际井的位置对称。

2）虚井的强度（流量）和实井的强度相等。

3）虚井的性质（抽水井或注水井）则取决于边界的性质。通常当边界为直线补给边界时，虚井的性质与实井相反；当边界为直线隔水边界时，虚井的性质与实井相同。

4）虚井工作的时间应同实井相同。

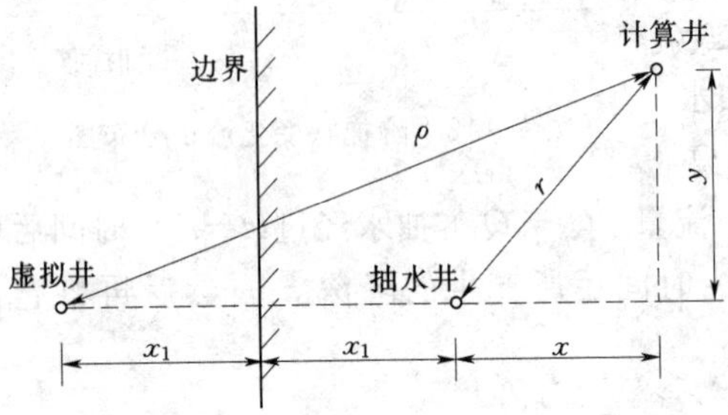

图 7-13　映射理论示意图

例如在无越流补给的承压含水层上有一直线隔水边界，如图 7-13 所示。根据映射原理在与抽水井（以隔水边界为界）完全对称的位置上存在一个虚拟抽水井，其抽水流量仍为 Q，工作时间也同原抽水井相同。则此时即可用虚井与实井共同工作的水流状态（无边界影响）来代替原边界状态下的水流运动特征。虚井与实井的计算用井群叠加法求解。对于 A 点的降深 S 值为

$$
\begin{aligned}
S_A &= \frac{Q}{4\pi T}W\left(\frac{\gamma^2}{4at}\right)+\frac{Q'}{4\pi T}W\left(\frac{\rho^2}{4at}\right)\\
&= \frac{Q}{4\pi T}\left[W\left(\frac{\gamma^2}{4at}\right)+W\left(\frac{\rho^2}{4at}\right)\right]
\end{aligned}
\tag{7-27}
$$

式中　ρ——计算点至虚拟井的距离；

Q'——虚井流量。对于补给边界同样可以类似得出，此时 $Q'=-Q$。当抽水井靠近两个边界，问题就较复杂。因为不仅虚、实两井需要映射，连边界本身也要跟着映射，然后虚、实两井再对虚拟的边界映射，形成一系列虚拟井。其他更复杂的情况如四周有边界或扇形边界等，仍可用上述原理进行映射叠加，不过此时计算较繁。

5. 潜水含水层单井抽水时非稳定流计算

在承压含水层中，水头的下降仅是压力的减小，它所引起的水的弹性膨胀和含水层的弹性压缩比较迅速，因而可以近似地假定弹性储量的释放（或储存）是瞬时完成的。但是，潜水含水层却不一样，地下水位的下降所引起的水量释放，是水自饱和的土体中由于重力的作用而排泄出来的，因而它不能瞬时完成，尤其是细粒土所组成的含水层更是明显。这种由于潜水位下降引起的饱和带水缓慢地排出的现象，称为滞后疏干（或滞后重力排水）。

布尔顿（Boultion）提出了考虑潜水含水层这种滞后疏干现象的分析方法。

假定在抽水开始以后某一时间 τ，和 $\tau+d\tau$ 之间，潜水位下降 δh，潜水含水层释放

（排出来）的水由两部分组成：

1）单位面积含水层柱体中弹性释放出的水其体积为 $\mu_c \delta h$，μ_c 是弹性释水系数。

2）单位面积含水层柱体由于潜水位下降 δh，在任意时间 $t(t>\tau)$ 的滞后疏干排水强度可用以下经验公式表示

$$\delta h a \mu_d \mathrm{e}^{-a(t-\tau)} \tag{7-28}$$

式中 μ_d——潜水含水层的给水度；

a——经验系数。

单位面积含水层柱体单位时间的滞后重力排水强度的总和为

$$a\mu_d \int_0^t \frac{\partial h}{\partial t} \mathrm{e}^{-a(t-\tau)} \mathrm{d}\tau \tag{7-29}$$

在考虑潜水滞后疏干作用的基础上，布尔顿根据以下条件：

1）含水层在抽水影响范围内是均质的，且厚度基本相同。

2）含水层的侧向延伸是无限的。

3）含水层的底板为一水平隔水层。

4）抽水井为完整井，井的半径可忽略。

5）水井的出水量是稳定的。

求得潜水运动的微分方程式为

$$kh_0\left(\frac{\partial^2 h}{\partial r^2} + \frac{1}{r}\frac{\partial h}{\partial r}\right) = \mu_e \frac{\partial h}{\partial t} + \alpha\mu_d \int_0^t \frac{\partial h}{\partial t} \mathrm{e}^{-\alpha(t-\tau)} \mathrm{d}\tau \tag{7-30}$$

在潜水含水层中 $\mu_d \geqslant \mu_e$，一般 $\eta = \dfrac{\mu_d + \mu_e}{\mu_e}$ 值均很大，在 $\eta = \dfrac{\mu_d + \mu_e}{\mu_e}$ 趋于∞时，求得地下水降深 $S(r,t) = h - h_0$ 的近似解为

$$\begin{aligned} S &= \frac{Q}{4\pi k h_0} \int_0^\infty 2J_0\left(\frac{r}{B}x\right)\left(1 - \frac{1}{x_2 + 1}\mathrm{e}^{-\frac{\alpha t x^2}{x^2+1}} - F\right)\frac{\mathrm{d}x}{x} \\ &= \frac{Q}{4\pi T} W\left(\mu_e, \mu_d, \frac{r}{B'}\right) \end{aligned} \tag{7-31}$$

式中 $F = \dfrac{x^2}{1+x^2}\mathrm{e}^{-\alpha\eta t(1+x^2)}$；

$J_0(x)$ ——虚变量零阶第一类贝塞尔函数；

$r = \sqrt{\dfrac{\eta - 1}{\eta}}$；

$B' = \sqrt{\dfrac{kh_0}{\alpha\mu_d}}$；

$\mu_e = \dfrac{r^2 \mu_e}{4kh_0 t}$；

$\mu_d = \dfrac{r^2 \mu_d}{4kh_0 t}$。

在抽水初期式(7-31)可简写为

$$S = \frac{Q}{4\pi T} W\left(\mu_e, \frac{r}{B'}\right) \tag{7-32}$$

在抽水后期式(7-31)可简写为

$$S=\frac{Q}{4\pi T}W\left(\mu_d,\frac{r}{B'}\right) \tag{7-33}$$

当抽水时间较长时，可以忽略井函数 $W\left(\mu_e,\ \frac{r}{B'}\right)$ 及 $W\left(\mu_d,\ \frac{r}{B'}\right)$ 中的 $\frac{r}{B'}$ 项，则式(7-32)和式(7-33)与承压含水层的泰斯公式一致。

前述各种含水层条件下水井计算公式，包含了渗透系数 k，导水系数 T，弹性释水系数 μ_e，给水度 μ_d，压力传导系数 $\alpha\left(\alpha=\frac{T}{\mu_d}\right)$ 等水文地质参数。如果已知这些参数，选定符合实际条件的计算公式，即可进行降深计算。如果进行抽水试验，取得抽水流量以及水位降深 S 等观测资料，可以用解释推断方法反求上述水文地质参数。

如果有若干水井同时工作或含水层有边界限制，则根据线性方程的解可以叠加的原理，或用源流叠加和镜像反射的方法，自单井公式求得相应的水位降深，参见竖井排水部分。

（二）水井的距离

水井的平面布置应根据水文地质条件，地下水资源状况并与地形、提水机械，水井和作物布局等情况结合起来考虑，保证在任何时间灌溉工作都能正常地进行，在多年运用中取水量不减少，取水条件不恶化。

在大面积水文地质条件差异不大、地下水的补给比较充足、地下水资源比较丰富、地下水利用量与补给量基本平衡的情况下，均匀分布水井的间距主要决定于井的出水量和所能灌溉的面积。如水井的流量为 $Q(m^3/h)$，渠系有效利用系数为 η，每次灌水定额为 m $(m^3/亩)$，每天灌水时间为 t(h)，整个面积完成一次灌水所需要的时间为 T(d)，则单井灌溉面积 A(亩) 为

$$A=\frac{QtT\eta}{m} \tag{7-34}$$

井的距离 D 应为

$$D=\sqrt{\frac{667QtT\eta}{m}}\quad (m) \tag{7-35}$$

上式中的 Q 值是在有群井抽水动水位相互干扰情况下，静水位降深达到相对稳定时的单井出水量，这一水量常小于开采初期单井的出水量。在动水位的干扰下每井出水量的大小，与井距 D 有关，一般应根据试验或计算确定。

由式(7-35)看出，在井出水量一定情况下，井距主要决定于灌水定额，而灌水定额又与土地平整、灌水技术有着十分密切的关系，为了扩大单井的灌溉面积，加大井距，减少井数，降低造价，必须大力搞好土地平整工作，尽量减少渠道的渗漏损失和采用先进的省水的灌水技术。

在地下水补给量不能满足灌溉用水需要的地区，应根据含水层允许的开采模数和每个水井的出水量确定单位面积上的井数和井距，根据平均受益的原则，在大面积内均匀布井。在这种情况下，每平方公里井数可按下式估算：

$$N=\frac{\varepsilon}{QtT} \tag{7-36}$$

式中　N——每平方公里平均井数；

ε——开采模数，$m^3/(km^2 \cdot a)$；

Q——单井出水量，m^3/h；

t、T——水井每日工作时数和每年工作日数。

井的间距

$$D = 1000\sqrt{\frac{1}{N}} = 1000\sqrt{\frac{QtT}{\varepsilon}} \quad (m) \tag{7-37}$$

井距决定后，在具体布井时还要考虑地形、地下水流向、作物种植、输电线路等条件。在成排布井时，注意与地下水流向垂直，井位互相错开成梅花形，或根据具体情况布置，输电线路布置要求经济合理，变压器布置在负荷的中心成放射状为最好，还要打破乡村界限，进行全面规划，避免局部地方布井过密或形成空白点。在条件许可时，井位应尽可能布置在高地，以便于输水和控制最大的灌溉面积。

第八章　农　田　排　水

第一节　农田排水的种类、任务与措施

一、排水种类与任务

排水主要是排除地面多余的水，降低地下水位，调节土壤水分，以适应农业稳产、高产和土壤改良的要求。农田排水可归结为过湿地排水和盐碱地排水两大类。过湿地排水的任务是排除农田中多余的水分，要求在一定的时间内排除过多的地表水，降低过高的地下水位，使土壤具有适宜的水气比例，达到除涝、防渍、改良沼泽地的目的。盐碱地排水的任务是控制地下水位，及时排除过多的地表水和地下水，防止盐分在土壤表面聚集，使盐碱地得到改良。总之，农田排水的任务就是为作物正常生长创造良好的水土环境。

洪、涝、渍、土壤盐碱化是农田常见的几种自然灾害。洪灾是指因降雨过多，大量地面径流得不到及时宣泄，致使农田被淹没造成的灾害；涝灾是由于降雨超渗部分在田间形成径流水层和低洼地汇集的地面积水引起的，这种排水称为除涝排水，又称排地面水。渍害是由于雨后坡度较小的地区和低洼地，在排除地面积水以后，地下水位过高，根系活动层土壤含水率太大，通气不良，作物根系呼吸困难，甚至在缺氧情况下产生有毒物质，造成作物减产，甚至死亡，这种排水称为防渍排水。涝灾与渍害往往是相伴发生且密切相关的。土壤盐碱化主要发生在我国干旱半干旱地区，当地下水位过高，地下水矿化度也较高，由于潜水蒸发强度大，地下水借土壤毛细管作用上升地表，水分蒸发后，盐分留在土壤表层，造成土壤盐碱化。冷浸田是指由于地表水、地下水和冷泉水的浸入，长期受冷水浸泡，形成“冷、烂、毒、酸、廋”的冷水田、烂泥田、锈水田等。由此可见，无论是消除或减轻洪、涝、渍等自然灾害，还是改造盐碱、冷浸等低产田，都必须搞好排水工程建设。

二、农田排水标准

农田排水根据防治灾害的要求有排涝、治渍和防治土壤盐碱化之分，所以治理区的排水设计标准应据此选定。农田排水标准的确定，虽然主要与作物、土壤、水文地质和气候等因素有关，但也受农业生产水平和经济条件的制约，因为排水标准直接关系排水工程量、减灾程度和经济效益。

（一）排涝标准

治理雨涝成灾的排涝工程设计标准，一般有三种表示方法：①暴雨重现期；②排涝保证率；③典型年。规范采用我国使用最普遍的第一种表示方法，即按治理区发生一定重现的暴雨时农田不受涝为准。当实际发生的暴雨不超过设计暴雨时，农田的淹水深度和淹水历时应不超过农作物正常生长允许的耐淹深度和耐淹历时。因此，排涝标准的设计暴雨重现期，应根据年系列暴雨与淹涝面积或成灾损失等因素，通过技术经济论证确定，一般可采用5～10a。经济条件较好或有特殊要求的地区，可适当提高标准；经济条件较差的地区，要分期达到标准。排涝标准是确定除涝工程规模的重要依据，标准确定合理与否将直

接影响排水工程投资效益及社会效益。设计暴雨历时和排出时间应根据排涝面积、地面坡度、植被条件、暴雨特性和暴雨量、河网和湖泊的调蓄情况，以及农作物耐淹水深和耐淹历时等条件，经论证确定。旱作区可采用1～3天暴雨从作物受淹起1～3天排除至田面无积水；稻作区可采用1～3天暴雨3～5天排至耐淹水深。

具有调蓄容积的排水系统，可根据调蓄容积的大小采用较长历时的设计暴雨或一定间歇期的前后两次暴雨作为设计标准；排空调蓄容积的时间，可根据当地暴雨特征，统计分析两次暴雨的间歇天数确定，一般可采用7～15天。目前我国各地区设计排涝标准见表8-1。

表8-1　各地区设计排涝标准

地　　区	设计暴雨重现期（a）	设计暴雨历时和排除时间
上海郊县（区）	10～20	1d暴雨（200mm），1～2d排出（蔬菜当日暴雨当日排出）
江苏水网圩区	10以上	1d暴雨（200～250mm），雨后2d排出
天津郊县（区）	10	1d暴雨（130～160mm），2d排出
浙江杭嘉湖地区	10	1d暴雨，2d排出，3d暴雨（276mm），4d排至作物耐淹深度
湖北平原地区	10	1d暴雨（190～210mm），3d排至作物耐淹深度
湖南洞庭湖区	10	3d暴雨（200～280mm），3d排至作物耐淹深度
广东珠江三角洲	10	1d暴雨，4d排至作物耐淹深度
广西平原区	10	1d暴雨，3d排至作物耐淹深度
陕西东方红抽水灌区	10	1d暴雨，1d排出
辽宁中部平原区	5～10	3d暴雨（150～220mm），3d排至作物耐淹深度
吉林丰满以下第二松花江流域	5～10	1d暴雨（118mm），1～2d排出
黑龙江三江平原	5～10	1d暴雨，2d排出
安徽巢湖、芜湖、安庆地区	5～10	3d暴雨（190～260mm），3d排至作物耐淹深度
福建闽江、九龙江下游地区	5～10	3d暴雨，3d排至作物耐淹深度
江西鄱阳湖区	5～10	3d暴雨，3～5d排至作物耐淹深度
河北白洋淀地区	5	1d暴雨（114mm），3d排出
河南安阳、信阳地区	3～5	3d暴雨（140～175mm），旱作区雨后1～2d排出

农作物的耐淹水深和耐淹历时因农作物种类、生育阶段、土壤性质、气候条件等不同而变化，是一个动态指标。鉴于我国目前还没有系统的农作物耐淹试验资料可供应用，因此各种农作物的耐淹水深和耐淹历时应根据各地实际调查和科学试验资料分析确定。无调查或试验资料时，可按表8-2选取。

表8-2　几种主要农作物的耐淹水深和耐淹历时

作物种类	生育阶段	耐淹水深（cm）	耐淹历时（d）
小麦	分蘖—成熟	5～10	1～2
棉花	开花、结铃	5～10	1～2
玉米	苗期～拔节期	2～5	1～1.5
	抽穗	8～12	1～1.5
	灌浆	8～12	1.5～2
	成熟	10～15	2～3
甘薯	全生育期	7～10	2～3

续表

作物种类	生育阶段	耐淹水深 (cm)	耐淹历时 (d)
春谷	苗期～拔节期 孕穗 成熟	3～5 5～10 10～15	1～2 1～2 2～3
大豆	苗期 开花	3～5 7～10	2～3 2～3
高粱	苗期 孕穗 灌浆 成熟	3～5 10～15 15～20 15～20	2～3 5～7 6～10 10～20
水稻	返青 分蘖 拔节 孕穗 乳熟	3～5 6～10 15～25 20～25 30～35	1～2 2～3 4～6 4～6 4～6

（二）治渍排水标准

农作物排渍标准包括设计排渍深度、耐渍深度、耐渍时间。农作物的设计排渍深度是指控制农作物不受渍害的农田地下水排降深度，通常是将排水区地下水位在降雨后一定时间内排降到农作物耐渍深度以下，以消除由于水分过多或水稻田土壤通气不良所产生的渍害。农作物的耐渍深度是指农作物在不同生育阶段要求保持一定的地下水适宜埋藏深度，即土壤中水分和空气状况适宜于农作物根系生长（有利于农作物增产）的地下水深度。当地下水位经常维持在农作物的耐渍深度时，则农作物不受渍害。农作物的耐渍时间指在作物生长期间，允许地下水有短期升至耐渍深度以上，其持续时间以不危害作物正常生长为限度，该持续时间称耐渍时间。

由于农作物的耐渍深度和耐渍时间因农作物种类、生育阶段、土壤性质、气候条件以及采取的农业技术措施等不同而变化，是一个动态指标。因此，各种农作物的耐渍深度和耐渍时间应根据当地或邻近地区作物种植经验的实地调查或试验资料，并考虑到一些动态因素的影响分析确定。表 8-3 列出的几种主要农作物排渍标准，可供无试验调查资料时参考选用。

表 8-3　　几种主要农作物的排渍标准

农作物	生育阶段	设计排渍深度 (m)	耐渍深度 (m)	耐渍时间 (d)
棉花	开花、结铃	1.0～1.2	0.4～0.5	3～4
玉米	抽穗、灌浆	1.0～1.2	0.4～0.5	3～4
甘薯	—	0.9～1.1	0.5～0.6	7～8
小麦	生长前期、后期	0.8～1.0	0.5～0.6	3～4
大豆	开花	0.8～1.0	0.3～0.4	10～12
高粱	开花	0.8～1.0	0.3～0.4	12～15
水稻	晒田	0.4～0.6	—	—

在治渍设计中，通常以主要作物生长期内的最大耐渍深度为设计排渍深度指标，并应满足渍害敏感期或作物生长关键期的最小耐渍深度的控制要求。一般旱作物的渍害敏感期多为苗期，生长关键期则视渍害对产量影响较大而定，稻田宜采用控制无效分蘖的晒田期。治渍排水工程应以满足农作物全生育期要求的最大排渍深度为工程控制标准，一般可视作物根深不同而选用0.8～1.3m。旱作区在渍害敏感期间可采用3～4d内将地下水埋深降至0.3～0.6m；稻作区在晒田期3～5天内降至0.4～0.6m；淹灌期的适宜渗漏率可选用2～8mm/d，粘性土取较小值，砂性土取较大值。

使用农业机械作业的设计排渍深度，应根据各地区农业机械耕作的具体要求确定，一般可采用0.6～0.8m。

（三）防治土壤盐碱化排水标准

在干旱半干旱地区常存在土壤盐碱化问题。通过排水，降低地下水位，减少潜水蒸发，是解决盐碱灾害的一种有效措施。

改良和防治土壤次生盐碱化，除执行以上的排涝、排渍标准外，还必须要求在返盐季节前将地下水位控制在临界深度以下，从而达到改良和防治土壤次生盐碱化的目的。在我国，防治盐碱化通常以地下水临界深度为工程设计标准，但由于土壤盐分和地下水位是经常变动的，所以有些国家不用临界深度作设计标准，而利用灌溉淋盐和排水排盐的功能进行排水设计。故当采取小于地下水临界深度设计时，应通过水盐平衡论证确定。

地下水位临界深度是指为了保证不致引起耕作层土壤盐碱化所要求保持的地下水最小埋藏深度。控制地下水位的临界深度主要与当地土壤性质、地下水矿化度及作物根系活动层深度等因素有关。因此，控制地下水位的临界深度值应根据各地区试验或调查资料确定。表8-4所列地下水临界深度值，可供无试验或调查资料时参考选用。

表8-4　地下水临界深度值　单位：m

土壤质地	地下水矿化度（g/L）			
	＜2	2～5	5～10	＞10
沙壤、轻壤	1.8～2.1	2.1～2.3	2.3～2.6	2.6～2.8
中壤	1.5～1.7	1.7～1.9	1.8～2.0	2.0～2.2
重壤、粘土	1.0～1.2	1.1～1.3	1.2～1.4	1.3～1.5

注　蒸发强烈地区宜取较大值，反之宜取较小值。

在地下水由高水位降至临界深度的过程中，因地下水的蒸发积盐，可能使根层的土壤含盐量超过作物的耐盐能力，为防止此情况的发生，必须确定适宜的排水时间。在我国一般采用8～15天将灌溉或降雨引起升高的地下水位降至临界深度，并达到以下要求：①在预防盐碱化地区，应保证农作物各生育期的根层土壤含盐量不超过其耐盐能力；②在冲洗改良盐碱土地区，应满足设计土层深度内达到脱盐要求。

三、农田排水的方法与措施

目前我国在生产上采用较多的排水措施，主要是明沟排水，其次是暗管排水、竖井排水和生物排水。

1. 明沟排水

明沟排水，就是在地面上挖沟或者利用天然沟道形成一个完整的地面排水系统，把地上、地下和土壤中多余的水排走，既要能加速排出地面水，又要能降低地下水位，保证农作物的正常生长。它的作用：一是直接从土壤和地下水中排出由灌溉、降水和冲洗时所淋洗出的盐分；二是降低地下水位，把盐碱化地区的地下水位控制到不致使土壤继续盐碱化的深度，消除使土壤继续盐渍化的潜在威胁，防止土壤次生盐渍化；三是排涝，在盐渍化碱土上可以较快地终止土壤的沼泽化，并改善土壤的理化性状，调节土壤水、肥、气、热状态，增进地力，为提高农作物产量创造条件。因此，明沟排水不仅是改良盐碱土的先决条件，而且也是防止次生盐渍化的关键措施。

2. 暗管排水

暗管排水是在地面以下一定深度内铺设透水管道，形成一个封闭暗管排水系统，其主要作用是排除土壤中多余的水分（地表水、土壤水、地下水），降低地下水位，调节土壤水、肥、气、热状况，保持适当比例，为农作物生长创造良好的环境条件。与明沟排水相比，它的优点：一是可以提高土地利用率；二是可减少施工土方量和地面建筑物，减少管理维修工作量；三是便于农田机械化作业；四是可减少排水排盐效果，尤其是在粉砂土壤地区，能维持一定的排水深度，有利于土壤脱盐和作物增产。

3. 竖井排水

竖井排水，主要是通过提取浅层地下水来降低和调控盐碱化地区的地下水位。并通过灌溉压盐或与明沟结合排走盐分。在地下水矿化度不高的情况下，可采取以灌带排的方式，排灌结合，所以有时把竖井排水也叫竖井排灌。在地下水矿化度高的地区，则可把井中的碱水抽出来排走；再引淡水灌溉，实行抽碱换淡，逐步淡化地下水。

4. 生物排水

所谓生物排水，就是通过建立农田防护林带，利用树木枝叶的蒸腾作用，把地下水排到大气中去，达到降低地下水位的目的。其作用：一是利用树木枝叶蒸腾作用降低地下水位；二是可调节小气候，减少地面蒸发，抑制土壤返盐。

第二节　田间排水沟设计

一、排除地面水的田间排水沟

排除地面水的目的主要是防止作物受淹，在达到设计暴雨时要保证田面积水不超过作物允许的耐淹历时和耐淹水深，降雨后要在允许的时间内将田面积水排除。田间排水沟的作用，就是加速径流的出流，减小径流在田间的滞留时间。排水系统的任务是要在规定的时间内宣泄产生的地面径流量。

（一）田面降雨径流过程分析

要合理布置田间排水沟，首先应对田面降雨径流的形成过程有所了解。在旱作灌区，若降雨强度超过土壤的入渗速度，田面将产生径流，由于田面具有一定的坡度，雨水将沿田面坡度由高向低方向汇流，因此，距离田块首端越远，形成的水层厚度越大。在地面坡度和作物覆盖等条件相同的情况下，田块越长，田块末端淹水的深度越大，淹水历时也越长，这对作物的生长是不利的。要保证作物能正常生长，必须开挖田间排水沟，缩短集流时间和集流长度，以减少淹水深度和淹水时间。排水沟的间距直接影响到田面淹水深度和淹水时间，图 8-1 反映了排水沟对降雨形成的田面水层所起的调节作用，从图中可看出，排水沟的间距越小，田面淹水的深度和淹水历时越小。表 8-5 是山东省齐河县测得的在降雨 116mm，降雨历时 4h，田间排水沟的深度为 0.8～1.0m 时，重壤土和粘土田块田间排水沟沟距与田面淹水时间的关系。

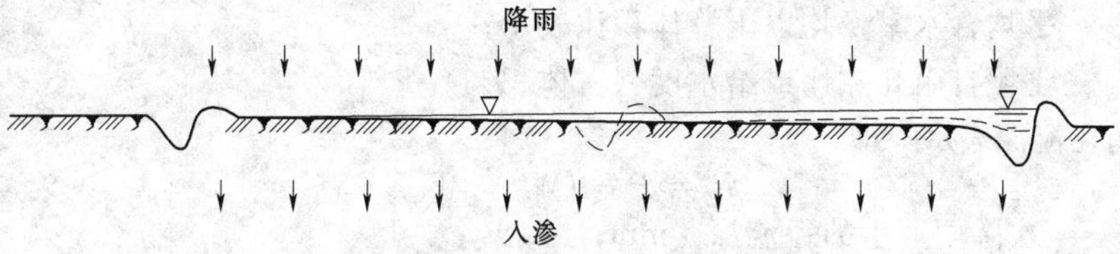

图 8-1　排水沟对田面水层的调节作用示意图

表 8-5　　田间排水沟沟距与田面淹水时间关系表

田间排水沟间距（m）	30	50	100	400
田面淹水时间（h）	3～4	5～6	10～12	72～96

1. 大田蓄水能力计算

旱作物田块本身具有拦蓄雨水的能力，它表现在由于降雨的入渗，使土壤含水量增大和补给地下水使地下水位升高。但为防止造成作物受渍，对雨后地下水位升高必须有一定的限制，这个限制条件是作物要求的适宜埋深，通常是把旱作物田块土层内部有限度的拦蓄雨水的能力称为大田蓄水能力。大田蓄水的水量有饱和地下水位以上土层所需要的水量和地下水位升高到允许高度所需的水量两部分组成，可用下式计算

$$V = HA(\beta_{max} - \beta_0) + H_1 A(1 - \beta_{max})$$

或

$$V = HA(\beta_{max} - \beta_0) + \mu H_1 \tag{8-1}$$

式中　V——大田蓄水能力，m；

H——降雨前地下水埋深，m；

β_{max}——地下水位以上土壤田间持水率，以占土壤孔隙的百分数计；

β_0——降雨前地下水位以上土壤平均含水率，以占土壤孔隙的百分数计；

H_1——降雨后地下水位允许上升高度，m；

A——土壤孔隙率，以占土壤体积的百分数计；

μ——给水度。

2. 净雨深计算

在进行农田排水规划设计时，必须首先确定设计暴雨产生的净雨深，湿润半湿润地区多用“超蓄产流法”($R=P-W$)计算；干旱半干旱地区当地下水位埋深较大时，一次降雨不可能使地下水位以上的土层中蓄满，可采用“超渗产流法”($R=P-I$) 计算。

(1) 利用超蓄产流法计算净雨深。

采用超蓄产流法计算农田排水量时，旱田单位面积的蓄水量可按下式计算

$$W = H(\theta_{max} - \theta_0) + \Delta H(\theta_s - \theta_{max})$$

或 $$W = H(\theta_{\max} - \theta_0) + \mu\Delta H \tag{8-2}$$

式中 W——一次降雨过程中从地下水位到地面土层中的蓄水量；

H——降雨前地下水位埋深；

ΔH——一次降雨允许地下水位上升高度，三者应采用同一单位，m 或 mm；

$\theta_{\max}$——地下水位以上土层的平均最大持水率，θ_s 为饱和含水率，θ_0 为降水前土壤平均含水率，均以土壤体积比表示；

μ——土壤自由孔隙比或给水度（占体积%）。

也可用径流深表示，即

$$R = P - (W_m - W_0) \tag{8-3}$$

式中 R——一次降雨产生的径流深，mm；

P——一次降雨量，mm；

W_m——非饱和带的蓄水容积，mm；

W_0——雨前土层中的含水量，mm。

其中 W_m 值建议在南方地区采用 80～120mm；北方地区可达 150mm 左右。

（2）利用超渗产流法计算净雨深

根据考斯加柯夫公式，采用超渗产流法计算田间蓄水量 I，即

$$I = \frac{i_1}{1-a}(t+T)^{1-a} = i_0(t+T)^{1-a}$$

或 $$t + T = \left(\frac{I}{i_0}\right)^{\frac{1}{1-a}} \tag{8-4}$$

式中 I——（$t+T$）时段内累计田间入渗量（或蓄水量），mm；

i_0——入渗第一个单位时间的平均入渗速度，mm/h；

i_1——第一个单位时间末的入渗速度，mm/h；

t——降雨历时，h；

T——降雨停止后作物允许的淹水历时，h；

a——经验指数，决定于土壤性质和初始含水率，变化在 0.3～0.8 的范围内，轻质土壤 a 值较大，初始含水率愈高，a 值愈小。

只有在地下水位埋深很大时才能用超渗产流计算田间蓄水量。当地下水位较高时，用超渗产流计算得到的入渗水量为 I，不能大于用超蓄产流计算得到的田间蓄水量 W，只能取 $I \leqslant W$，W 为用式(8－2）求出值。用 W 代替式(8－4）中的 I，可得

$$t + T \leqslant \left(\frac{W}{t_0}\right)^{\frac{1}{1-a}} \tag{8-5}$$

式(8－5）计算出的 T 要小于作物允许的耐淹历时。

产流汇流过程，受降雨量、雨强、土质、地面坡度等因素影响。除土壤蓄水以外，田间灌水沟、畦、排水沟均对降雨径流有一定的调蓄作用。目前尚无完善的计算农田产流汇流的公式。

（二）除涝田间排水沟深度和间距的确定

田间排水沟间距一般是指排水系统中末级固定排水沟间距。排水沟间距的大小直接影响到农田排水效果的好坏，排水沟的间距愈小，排水效果愈好。但排水沟间距太小，一是占地太多，二是将田块分得太小，机耕作业效率低。反之，若排水沟间距过大，则排水效

果差，不能满足除涝排水要求。因此，末级固定排水沟的间距，要根据田间作业对田块的要求，结合田间灌溉渠道的规划布置统一考虑确定。

合理确定田间排水沟的间距是排水系统规划的重要内容，排水沟间距与作物的允许淹水历时和淹水深度有密切关系，作物的允许耐淹历时是排水沟设计的重要根据，设计时要求排水沟在作物耐淹历时内将田面积水及时排除，一般把耐淹历时作为排水历时。但涝渍是相互联系的，为防治作物受渍，作物的允许耐淹历时还须用大田蓄水能力进行校核，使设计的排水沟能同时满足除涝和防渍要求。根据大田蓄水能力和土壤的入渗特性，可算出作物不致受渍的相应的允许淹水历时，若这个历时小于作物的允许淹水历时，则作物在耐淹历时内会因入渗水量过多而受渍。这种情况下，确定排水沟间距时，应采用根据大田蓄水能力算得的允许淹水历时作为排水历时，反之可按作物的耐淹历时作为排水历时进行沟距确定。

为使作物不受渍，则在 $t+T$ 时间内渗入田间的总水量应不超过大田蓄水能力，即

$$H_{(t+T)}=K_0(t+T)^{1-a}\leqslant V \tag{8-6}$$

式中 $H_{(t+T)}$——在 $t+T$ 时间内渗入田内的总水量，mm；

K_0——第一个单位时间内土壤平均入渗速度，mm/min；

a——渗吸指数；

t——降雨历时，min；

T——降雨停止后允许的淹水历时，min。

如果 $H_{(t+T)}>V$，说明田面积水虽在允许的淹水历时内排除，但渗入土壤中的水量过多，地下水位上升超过允许值，不能满足防渍要求，这时应将大田蓄水能力 V 代替 $H_{(t+T)}$ 带入式(8-6) 反求出 T 作为设计排水历时，即

$$T=\left[\frac{V}{K_0}\right]^{\frac{1}{1-a}}-t \tag{8-7}$$

从以上可看出，田面降雨径流过程、作物允许耐水历时、大田蓄水能力等都影响田间排水沟间距，此外，田间排水沟间距除应满足排水要求外，还要考虑机耕、灌溉等方面要求。因此，在生产实践中，一般根据实测资料，结合经验确定沟距。在我国北方地区，农沟间距一般在 150～200m 之间，天津、河北地区农沟间距一般采用 200～400m。沟深 2～3m，底宽 1～2m。南方地区农沟间距多为最末一级固定沟道间距一般在 100～200m。单纯排涝用的农沟深度一般为 1.0m 左右。表 8-6 为一般排水沟沟道规格，表 8-7 为江苏、安徽等地最末一级固定排水沟采用的数值，可供参考。

表 8-6　　一般排水沟规格

沟道名称	沟道深度（m）	沟道间距（m）
支 沟	2.0～2.5	1000～5000
斗 沟	1.5～2.0	300～1000
农 沟	1.0～1.5	100～300
行 沟	0.8～1.0	50～100
腰 沟	0.5～0.8	30～50

表 8-7　　江苏、安徽地区最末一级固定排水沟规格

地 区	间距（m）	沟深（m）	底宽（m）
徐淮平原	100～200	2	1～2
南通、太湖平原	200	2	1
安徽固镇	150	1.5	1

二、控制地下水的田间排水沟

（一）农田地下排水设计指标

1. 以控制地下水位作为控制指标

农作物的生长与地下水位的变化有着密切的关系。目前在盐碱土地区提出以控制地下水位作为设计指标时，常提出地下水临界深度这个概念；在非盐碱土地区，则提出地下水位适宜深度这个防止渍害的标准。采用地下水位作指标，不仅计算简化，而且观测方便，资料容易取得，因而国内外广为采用。

2. 以排水流量或排水总量作为设计指标

排水流量的大小，可以比较直接反映出排水的效果，故可作为设计指标。但排水流量指反映排水地段内排走的平均流量，不能反映出该地段任意处的排水流量及其在实践上的变化过程，实际应用较为困难。

3. 以排水量和蒸发量的比值（排蒸比）作为设计指标

排蒸比表示了排走水量与蒸发走水量之比。在排水地段中，各点地下水位下降速度不同，离排水沟近的地段，排蒸比大；远离排水沟地段排蒸比小；在排水沟作用范围以外地段，排走的水量为零。因此应考虑排蒸比在不同位置的差异性，从我国现有资料来看，尚难合理选定排蒸比。

（二）排水沟深度与间距的确定

控制农田地下水位的目的，是为了有效地排除渍害和防止土壤盐碱化。排水沟既要能加速排除地面水，又要能降低地下水位，保证农作物的正常生长。对于控制一定地下水位要求的农田排水系统而言，排水沟深度与间距存在着一定的关系，两者互为消长。在同一排水沟深度的情况下，排水沟的间距愈小，地下水位下降速度愈快，在一定时间内地下水位的下降值愈大；反之，排水沟的间距愈大，地下水位下降愈慢，在规定时间内地下水位的下降值也愈小，地下水位下降愈慢。在允许的时间内要求达到的地下水埋藏深度 ΔH 一定时，排水沟的间距 L_1 愈大，需要的深度 D_1 也愈大；反之排水沟的间距 L_2 愈小，要求的深度也愈小。

1. 排水沟深度的确定

设计排水农沟时，一般首先根据作物要求的地下水埋深、排水农沟边坡稳定条件、施工难易等初步确定排水沟的深度，然后再确定相应的间距。

当作物允许的地下水埋深 ΔH 一定时，排水沟的深度 D 可用下式表示

$$D = \Delta H + \Delta h + S \tag{8-8}$$

式中 ΔH——作物要求的地下水埋深，m；

Δh——当两沟之间中心点的地下水位至 ΔH 时，地下水位与沟中水位之差。此值视农田土质与沟的间距而定，一般不小于 0.2～0.3m；

S——排水沟中的日常水深，排地下水时沟内水深很浅，一般取 0.1～0.2m。

2. 排水沟间距的确定

排水沟间距的确定除与沟深有关外，还受土壤性质、地下含水层厚度等因素影响。实际观测资料表明，在一定的排水沟深的条件下，要求的排水沟间距与土层的导压系数 $a=kH/\mu$（k 为土壤渗透系数，H 为含水层平均厚度，μ 为土壤给水度）有着十分密切的关系。a 值愈大，排水沟的间距愈大，亦即土壤渗透系数愈大，含水层厚度愈大，土壤给水度愈小，满足一定地下水位控制要求的排水沟间距可愈大；反之，土壤渗水性愈差（土壤

愈粘重），含水层厚度愈小，土壤给水度愈大，排水沟间距愈小。调控地下水位的末级固定沟间距有 3 种确定方法：

(1) 排水试验法。

通过田间排水沟深度和间距的不同处理试验及其工程投资与效益的经济分析，可以确定适合当地情况的合理的沟深和间距，因而是基本方法。但是，试验需要一定的工程投资和周期，而且选择的试区虽要求有较大的代表性，但不可能对治理区内各种类型地区都同时开展试验。在缺乏实践经验的地方，尤其是采用某项新技术（如暗管排水）时，通过排水试验可增强理性认识，积累建设和管理经验，并达到示范的目的。同时，也可验证公式计算法和经验数值法对当地的适用程度。

(2) 公式计算法。

这是利用渗流理论在概化自然条件下得到的确定间距的方法。具体如下：

1) 水稻区田面有淹水层、排水沟边坡陡直、不计沟中水深、稳定渗流情况下的排水沟间距公式为（见图 8-2）

$$B = \frac{kH}{q\Phi_0} \tag{8-9}$$

$$\Phi_0 \approx 0.5 + 0.174\frac{H_d}{T} \tag{8-10}$$

上两式中　B——末级固定排水沟间距，m；

k——排水地段含水层平均渗透系数，m/d；

H——田面水位与沟底高程之差，即排水沟的作用水头，m；

q——设计要求的稻田渗透强度，m/d；

Φ_0——稳定渗流情况下，排水沟排水地段的渗流阻抗系数；

H_d——排水沟内水面至地面的垂直距离，即排水沟的有效深度，m；

T——排水地段含水层的平均厚度，m。

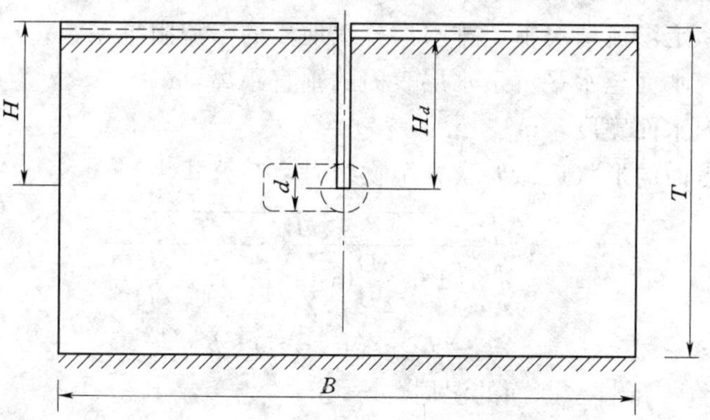

图 8-2　排水沟间距计算示意图

2) 旱作区或水旱轮作区田面无淹水层，地下水位逐渐降落，不考虑蒸发影响，非稳定渗流情况下，排水沟间距（见图 8-3）：

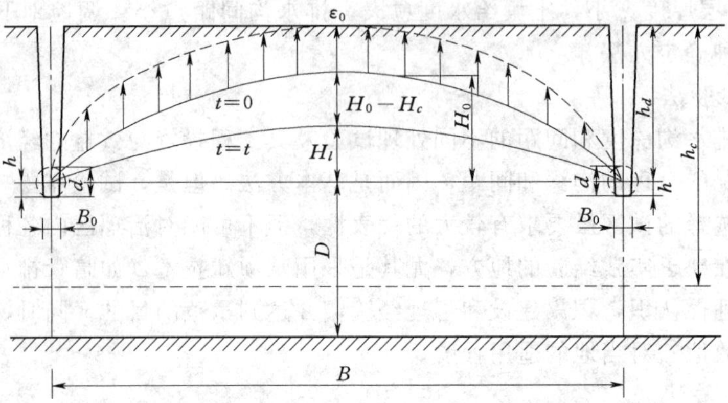

图 8-3 排水沟间距计算示意图

a. 当起始地下水面形状近似二次方曲线时，其公式为

$$B=\frac{kt}{\mu\Omega\ln\dfrac{H_0}{H_t}} \tag{8-11}$$

当 $D\leqslant B/2$ 时
$$\Phi=\frac{1}{\pi}\ln\frac{2D}{\pi B_0}+\frac{B}{8D} \tag{8-12}$$

当 $D>B/2$ 时
$$\Phi=\frac{1}{\pi}\ln\frac{2B}{\pi B_0} \tag{8-13}$$

式中 H_0——地下水位降落起始时刻，排水地段中部地下水位高于沟内水面的作用水头，m；

H_t——地下水位降落到 t 时刻，排水地段中部地下水位高于沟内水面的作用水头，m；

t——设计要求地下水位由 H_0 降到 H_t 的历时，d；

μ——地下水面变动范围内的土层平均给水度；

Ω——地下水面形状校正系数，采用 $\Omega\approx0.7\sim0.8$；

Φ——非稳定渗流情况下，排水沟排水地段的渗流阻抗系数；

D——沟内水面至水平不透水层表面的垂直距离，m；

B_0——沟内水面宽度，m。

b. 起始地下水面的形状近似四次方抛物线时，其公式为

$$B=\pi\sqrt{\frac{kDt}{\mu\left(1+\dfrac{8D}{\pi B}\ln\dfrac{D}{\chi}\right)\ln\left(1.16\,\dfrac{H_0}{H_t}\right)}} \tag{8-14}$$

$$\chi=b+2(1+m^2)^{1/2}h \tag{8-15}$$

式中 χ——排水沟梯形过水断面的湿周，m；

b——沟底宽度，m；

h——沟内水深，m；

m——边坡系数。

3）旱作区或水旱轮作区田面无淹水层，地下水位逐渐降落，起始地下水面形状近似

二次方曲线，但考虑蒸发影响，地下水蒸发强度与埋深关系指数 $n \geqslant 1$，该情况下排水沟间距公式(虚线箭头表示地下水蒸发沿程分布，如图 8-3 所示)：

$$B = \frac{kt}{\mu \Omega \Phi \sum C_{ni}} \tag{8-16}$$

$$\sum C_{ni} = \sum_{i=0}^{\overline{m}} \frac{C(H_0 - H_t)}{2\overline{m}\left[\frac{\Omega \varepsilon_0}{k} B\Phi \left(1 - \frac{H_d - H_i}{h_\varepsilon}\right)^n + H_i\right]} \tag{8-17}$$

$$H_i = H_0 - i\frac{H_0 - H_t}{\overline{m}} = H_t + (\overline{m} - i)\frac{H_0 - H_t}{\overline{m}} \tag{8-18}$$

式中 $\overline{m}$——地下水位下降幅度 $H_0 - H_t$ 的等分数，取值愈大，计算结果精度愈高，通常取 $\overline{m} = 5 \sim 10$；

i——等分 $H_0 - H_t$ 排列序号，即 $i = 0$、1、2、3、…、$\overline{m}$；

C——相当于排列序号 i 的正整数值，当 $i = 0$ 和 $i = \overline{m}$ 时，$C = 1$；当 $i = 1$、2、3、…、$\overline{m} - 1$ 时，$C = 2$；

H_i——排列序号为 i 的排水地段中部地下水位高于沟内水面的作用水头，m；

ε_0——地下水位埋深为零时的蒸发强度，m/d，若不考虑蒸发影响时，$\varepsilon_0 = 0$；

h_ε——地下水停止蒸发时的水位埋深，m；

n——地下水蒸发强度与水位埋深关系指数，通常 $n \geqslant 1$。

公式计算法常为设计者采用，究其原因是：使用方便，花费较少，而且能紧密结合排水设计标准，一定程度上反映了不同的自然条件。但因有关参数不易测准和自然条件概化较多等原因，而与实际情况有一定差异，影响了计算结果的准确性。尤其是每个公式都有其特定的初始条件和边界条件，若不注意结合当地条件选用公式，计算结果将不符合实际使用要求。

(3) 经验数值法。这是一种根据经验确定的方法。我国地域辽阔，各地自然条件差异较大，因此，应按当地或类似地区实践经验确定的经验值选用。表 8-8 是根据我国一些地区试验资料分析统计，列出的不同土质、不同沟深时需满足旱作物控制地下水位要求的排水沟间距的大致范围。

表 8-8　　末级固定排水沟深度与间距经验值

末级固定排水沟深度(m)	排水沟间距(m)		
	粘土、重壤土	中壤土	轻壤土、沙壤土
0.8～1.3	15～30	30～50	50～70
1.3～1.5	30～50	50～70	70～100
1.5～1.8	50～70	70～100	100～150
1.8～2.3	70～100	100～150	—

在盐碱化地区，排水沟的深度和间距，不仅要满足控制和降低地下水位的要求，而且要能达到脱盐和改良碱土的预期效果。宜通过田间试验确定，也可按上述公式计算，在无资料时可按表 8-8 确定。

第三节 暗管排水技术

一、暗管排水技术

（一）暗管排水系统组成、布置及其优缺点

暗管排水是指在田间埋设能透水的暗管，以排除土壤中过多的水分，降低地下水位，为作物生长创造良好的环境条件。该技术一般用于防止土壤浸渍、沼泽化和盐碱化。

1. 暗管排水系统的组成

暗管排水系统一般由吸水管、集水管（沟）、检查井、集水井等几部分组成，如图8-4所示。

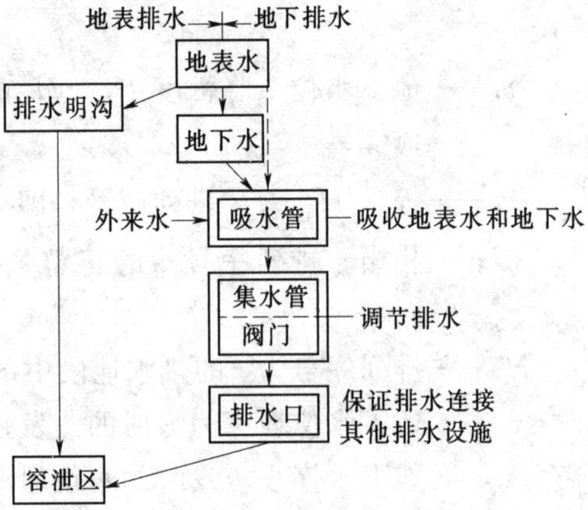

图8-4　暗管排水系统工作程序

1）吸水管。它是埋设于田间，直接由进水孔或接缝吸收和接受土壤中多余水分的管道。

2）集水管（沟）。用于汇集吸水管集水并输送于下一级排水沟道的暗管或明沟。在吸水管进入集水沟处应设有出口建筑物，防止水流冲刷集水沟，并在集水沟高水位时防止杂物或泥土进入暗管造成出口堵塞。

3）检查井。当暗管系统由多级暗管组成时，设置在集水管和吸水管相交处，用于冲沙、清淤、控制水流和管道检修的竖井。

4）集水井。当集水管出口处的外水位较高，积水不能自流排出时，需设置集水井汇集集水管的来水，由水泵排至下一级排水沟中。

在骨干排水系统可能出现高水位，集水不能自流外排时，在集水口出口处还应设置小型泵站，扬水排出。在水田轮作地区为了减少水田渗漏应对吸水管和集水管（沟）中水位进行控制。在旱作物生长季节有可能出现干旱时段，为了防止土壤含水率过低，应进行有控制的排水或间歇性的提高水位以进行浸润灌溉。在这种情况下，田间排水系统中还应有控制建筑物，根据作物生长需要，随水流进行调控。

图8-5　单管排水系统

2. 暗管排水系统的布置形式

暗管排水系统的布置形式基本上分为单管式排水系统、复式暗管排水系统和不规则布置形式3种，下面分别进行论述。

（1）单管排水系统。田间只有一级吸水管，渗入吸水管的水直接排入明沟，如图8-5所示。

（2）复式暗管排水系统。田间吸水管不直接排水入明沟，而是经集水管排入明沟或下级集水管。也有的集水管不仅起输水作用，同时通过管端隙缝进水，也起排水作用，如图8-6所示。

（3）不规则布置形式。指吸水管道与集水管道根据地形、水文地质和土壤条件的不同而进行布置，不要求形成等距和规则的排水系统，主要适用于一些地形条件复杂的山丘地区，如图8-7所示。

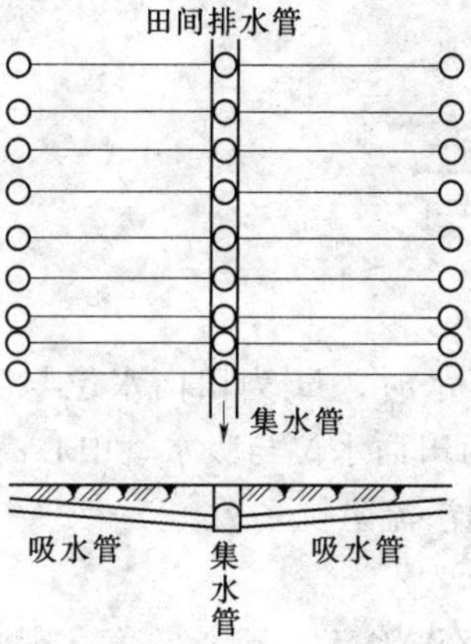

图8-6　复式暗管排水系统

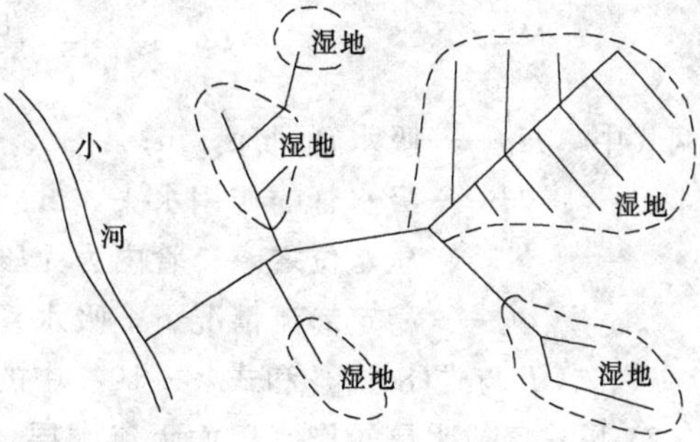

图8-7　不规则的地下排水系统

3. 暗管排水的优缺点

暗管排水技术和以往的明渠和暗沟排水相比，有以下优点：

1）土壤利用率高。由于暗管属于地下埋设，地面建筑少，有利于交通和农业机械的作业。

2）管道受外界条件的影响小，减轻了维修和管理的工作量。

3）和暗沟排水相比，由于埋设较深，对地下水的控制作用大；另外，其使用寿命较长。

4）在遇到水平不透水的隔层时，暗管也能有效地排水。

5）暗管排水在盐碱土地区效果显著，有利于土壤脱盐。

6）在有条件的地区，可利用暗管排水系统，根据农田的需要控制地下水位，或实行倒灌，达到地下灌溉的目的。

暗管排水的不足之处是：只能排地下水，不能同时排地表水，且基本建设投资大，还要有较大的坡降。

（二）暗管排水系统的设计

暗管的设计包括暗管深度和间距的确定，排水暗管设计流量的计算，管径和坡降的确定，管材和外包材料的选择等。

1. 排水暗管深度和间距的确定

排水暗管深度与间距的确定，除考虑排水深度的要求外，同时还要考虑田间耕作对田块大小的要求，既要满足提高土地利用率的要求，以及采用的间距和深度，也必须在工程技术上容易实现，而且经济合理。例如沟深要考虑边坡的稳定及施工条件等。

由于影响排水沟沟深、间距的因素较多且较复杂，所以生产上多采用田间直接试验的方法，即采用不同的沟深与间距，直接进行排水效果的观测，以取得效果较好又比较经济可行的方案或采用条件相似地区行之有效的沟深与间距值，同时也可采用下列公式进行计算确定吸水管间距：

1）水稻区田面有淹水层、吸水管内充满水、稳定渗流情况下吸水管间距按式(8-9)和式(8-19′)计算（虚线表示吸水管，如图8-2所示）

$$B = \frac{kH}{q\Phi_0} \tag{8-19}$$

$$\Phi_0 \approx \frac{1}{\pi}\ln\sqrt{\frac{8T}{\pi d}\tan\frac{\pi H_d}{2T}-1} \tag{8-19'}$$

上两式中　H_d——吸水管埋深，m；

H——吸水管的作用水头，m，管内为有压水时，H 为田面水位与吸水管承压水位之差；管内为无压水时，H 为田面水位与吸水管中心高程之差；

Φ_0——稳定渗流情况下，吸水管排水地段的渗流阻抗系数。

k、q、T 与式(8-9)和式(8-10)中的含义相同。

2）旱作区或水旱轮作区田面无淹水层，地下水位逐渐降落，不考虑蒸发影响，非稳定渗流情况下（虚线表示吸水管，如图8-3所示）：

起始地下水面形状近似二次曲线时，吸水管间距按式(8-11)、式(8-12)、式(8-13)计算，式中 $\Omega=0.8\sim0.9$，B_0 以 $2\sqrt{\Omega\overline{H}d}$ 代替，$\overline{H}$ 为非稳定渗流情况下吸水管排水地段的作用水头（m），按下式计算

$$\overline{H} = \frac{H_0 - H_t}{\ln\dfrac{H_0}{H_T}} \tag{8-20}$$

起始地下水面形状近似四次曲线时，吸水管间距按式(8-14)计算，但式中 $\chi=\pi d$。

3）旱作区或水旱轮作区田面无淹水层，地下水位逐渐降落，起始地下水面形状近似二次曲线，但考虑蒸发影响，地下水蒸发强度与埋深关系指数 $n\geqslant1$，该情况下吸水管间距按式(8-16)和式(8-18)计算，但式中 $\Omega=0.8\sim0.9$，B_0 以 $2\sqrt{\Omega\overline{H}d}$ 代替。

表8-9　吸水管埋深和间距经验值

吸水管埋深（m）	吸水管间距（m）		
	黏土、重壤土	中壤土	轻壤土、砂壤土
0.8～1.3	10～20	20～30	30～50
1.3～1.5	20～30	30～50	50～70
1.5～1.8	30～50	50～70	70～100
1.8～2.3	50～70	70～100	100～150

在缺乏资料时，可根据土壤质地和有关参数进行经验的或理论的计算，作为初步的沟深、间距值，然后再进行田间观测试验。无试验资料可参照表8-9选值。

2. 排水暗管的设计流量

排水暗管的设计流量可按下式计算确定。

$$Q = CqA \tag{8-21}$$

式中　Q——排水管设计流量，m^3/d；

A——排水暗管控制面积，m^2；

C——排水流量折减系数，可从表8-10中查得。

表 8-10　　　　排水流量折减系数

排水控制面积（hm^2）	<16	16~50	50~100	>100~200
排水流量折减系数	1.00	1.00~0.85	0.85~0.75	<0.75~0.65

当水稻面有淹水层时，q 为水稻田渗漏量的设计值（m/d），其值等于水稻田适宜日渗漏量与无排水管时水稻田渗漏量之差，而当田面无积水时，q 为非稳定渗流情况下地下水平均排水强度（m/d），其值可按式(8-22)计算：

$$q=\frac{\mu\Omega(h_{c0}-h_{ct})}{\overline{H}}-i_0\left(1-\frac{d_0+d_t}{2d_s}\right)^n \tag{8-22}$$

式中　μ——土层平均给水度；

Ω——地下水面形状校正系数，取 0.8~0.9；

h_{c0}——中部地下水初始水位高于沟中水面的作用水头，m；

h_{ct}——t 时刻中部地下水位高于沟中水面的水头，m；

$\overline{H}$——排水段含水层平均厚度，m；

i_0——地下水位埋深为零时的蒸发强度，m/d，如不考虑蒸发影响时，$i_0=0$；

d_0——排水段中部地下水位降落起始时刻的水位埋深，m；

d_t——排水中部地下水降落到 t 时刻的水位埋深，m；

d_s——地下水停止蒸发时的水位埋深，m；

n——地下水蒸发强度与埋深的关系指数，通常取 $n\geqslant1.0$。

与排水明沟的设计流量计算相似，排水暗管的设计流量也可为排水模数和排水的控制面积的乘积，即

$$Q_{设}=qF=qBL \tag{8-23}$$

式中　$Q_{设}$——暗管的设计流量，m^3/s；

F——控制面积，km^2；

q——排水模数，$(m^3/s)/km^2$；

B——暗管间距，m；

L——暗管长度，m。

3. 排水暗管纵坡与管径设计

排水暗管的纵坡应保证管中有一定的流速，以便使少量进入管中的土壤细粒能随水流排出。管径与纵坡之间存在着一定的关系。

管径与纵坡的确定与暗管布置形式和地形条件、管材糙率系数，施工质量等因素有关。计算方法如下：

(1) 均匀流的计算方式。

采用均匀流进行排水暗管水力设计，假设暗管全长均以同一流量满管输水。根据均匀流特征，暗管水力坡降可表示为

$$j=\frac{Z}{L}=\frac{\lambda}{d}\frac{v^2}{2g} \tag{8-24}$$

式中　j——管道水力坡降；

Z——水头损失，m；

L——管长，m；

λ——阻力系数，$\lambda=8gC^2$（其中 C 为谢才系数）；

d——管内径，m；

v——管中平均流速，m/s；

g——重力加速度，m/s^2。

式(8-24)的关键是 λ 的取值。λ 与水流状态、管壁糙率有关，一般应通过试验确定。根据大量试验资料分析，对不同管材，λ 以经验公式表示：

1）光壁管：包括烧制的瓦管、陶瓷管、光壁塑料管等。采用

$$\lambda = aRe^{-0.25} \tag{8-25}$$

及

$$Re = v\frac{d}{\gamma} \tag{8-26}$$

式中 a——与管的接头和缝隙有关的系数，对清洁的光壁管一般取 $a=0.4$；

Re——雷诺数；

λ——水的运动粘滞系数，10℃时 $\gamma=1.3\times10^{-6}$（m^2/s）；

其余符号意义同前。

对于圆管满管流，流量 Q 为

$$Q = \frac{\pi}{4}d^2 v,\ v = \frac{4Q}{\pi d^2} \tag{8-27}$$

将上述各值代入式(8-24)得

$$j = 26.3\times10^{-4}aQ^{1.75}d^{-4.75} \tag{8-28}$$

或

$$Q = 30a^{--0.57}d^{2.71}j^{0.57} \tag{8-29}$$

当取 $a=0.4$ 时，$Q=50d^{2.71}j^{0.51}$，此式称为韦塞林公式。

2）波纹管：波纹管可用曼宁公式计算，即

$$\mu = \frac{1}{n}R^{2/3}j^{1/2} \tag{8-30}$$

对于满管流 $R=d/4$。取 $K_m=\frac{1}{n}$，n 为曼宁公式中糙率系数。将上式乘以管断面面积，可得流量与水力比降、管径之间的关系为

$$j = 10.25k_m^{-2}Q^2d^{-5.33} \tag{8-31}$$

或

$$Q = 0.312k_m d^{2.67}j^{0.50} \tag{8-32}$$

（2）非均匀流的管径计算。

非均匀流是指暗管沿程均有地下水流汇入，此时管首端流量为零，末端流量达到最大值 Q_1 满流，取 $0.5Q_1$ 作为暗管的平均流量。如果将前述均匀流的流量 Q 看作是暗管首尾采用的同一流量，对相等的比降[$j_{(均匀)}=j_{(非均匀)}$]而言，非均匀流的平均流量 $0.5Q_1$ 约等于 $0.9Q$，即 $Q_1=2\times0.9Q=1.8Q$ 或 $Q=0.56Q_1$。这时，暗管尾流量 Q_1 用非均匀流方法确定的管内径与按均匀流方法用 Q 确定的管内径相同，管尾出口段将产生局部压力流。相应的非均匀流的水力比降 j 与流量 Q_1、管径 d 的关系为：

光壁管： $$Q_1 = qBL = 89d^{2.714}j^{0.572} \tag{8-33}$$

波纹管： $$Q_1 = qBL = 38d^{2.76}j^{0.5} \tag{8-34}$$

式中 q——排水模数，mm/d，即排水管控制范围内单位面积每天排出水层厚；

B——水管间距，m；

L——排水管长度，m；

d——管内径，mm；

Q_1——管尾流量，m^3/d。

式(8－28)、式(8－29)、式(8－31)、式(8－32) 及式(8－33)、式(8－34) 分别表示按均匀流和非均匀流确定的不同管材（光滑或波纹）的管径和坡降之间的关系。在具体设计中，考虑到经济管径与管道水压之间的实质，一般在吸水管设计时，按均匀流式(8－33)、式(8－34) 进行设计，但将超压值（超出管顶的高度）限制在 20cm 以内。由于集水管的长度大，为避免因集水管承压而影响吸水管排水，主管的设计宜采用均匀流计算式(8－28) ～式(8－32) 进行设计。

在排水实际设计中需解决的问题分为以下几种：

1）在管长、坡降已定的情况下，确定需要的管径。

2）在设计坡降、现有暗管管径已定的情况下，确定最大管长。

3）在暗管坡降、管长、管径均已确定情况下，计算暗管首端及沿程是否超压。

(3) 排水暗管的水力计算。

吸水管和集水管的内半径可分别按下两式计算确定

$$r = \left(\frac{nQ}{\alpha\sqrt{3j}}\right)^{3/8} \tag{8-35}$$

$$r = \left(\frac{nQ}{\alpha\sqrt{j}}\right)^{3/8} \tag{8-36}$$

式中 r——吸水管或集水管的内半径，m；

n——管的内壁糙率，可从表 8－11 查得；

j——暗管的水力比降，可采用管线的比降；

α——与管内水的充盈度 α 有关的系数，可从表 8－12 查得。

表 8－11　　排水管内壁糙率

排水管类别	陶土管	混凝土管	光壁塑料管	波纹塑料管
内壁糙率	0.014	0.013	0.011	0.016

注　当管的制作工艺不良或衔接不佳时，其糙率值应相应加大。

表 8－12　　系数 α 和 β 值

	0.60	0.65	0.70	0.75	0.80
α	1.330	1.497	1.657	1.805	1.934
β	0.676	0.693	0.705	0.714	0.718

注　管内水的充盈度 α 为管内水深与管的内径之比值。管道设计时，可根据管的内半径 r 值选取充盈度 α 值；当 $r<$ 50mm 时，取 $\alpha=0.6$；当 $r=50\sim100$mm 时，取 $\alpha=0.65\sim0.75$；当 $r>100$mm 时，取 $\alpha=0.8$。

圆形吸水管或集水管平均流速可按下式计算确定

$$v = \frac{\beta}{n} r^{2/3} j^{1/2} \tag{8-37}$$

式中 v——圆形吸水管或集水管平均流速，m/s；

β——与管内水的充盈度 α 有关的系数，可从表 8-12 查得。

排水管道的比降 j 应满足管内不淤流速的要求。当管内半径 $r \leqslant 100$mm 时，j 可采用 1/300～1/600；当管内半径 $r > 100$mm 时，j 可采用 1/100～1/1500。在地形平坦的地区，吸水管首端与末端的高差不宜大于 0.4m。当所需比降不符合上述规定时，可适当缩短吸水管长度。

吸水管实际选用的内径不得小于 50mm，集水管实际选用的内径不得小于 80mm。吸水管宜采用同一内径，集水管可根据汇流情况分段变径。

4. 暗管管材的选择

在进行暗管的规划布置时，应考虑管材的选择，国内外常用的暗管材料分为当地材料管和塑料管两大类。目前我国使用的以当地材料管为主，近年来塑料管也有一定的发展。

1）灰土管。用石灰和黏土按一定的体积比，做成一定的内径、一定的长度如马蹄形或内圆外方的管子。管顶留有孔眼可以进水，亦可靠接缝处预留缝隙进水。

2）水泥土管。将黏土、沙、水泥按一定的质量比，加适量的水制成与灰土管类似的暗管。

3）瓦管。瓦管的特点是可以就地取材，施工技术群众容易掌握，造价低，缺点是使用年限短。瓦管是我国很早就广泛采用的一种暗管。它是用普通黏土烧制而成，一般为内圆外方，内径 5～8cm，外断面 12cm×14cm，每节长 30～60cm。

4）陶瓷管。类似于城市下水道用的承插头连接的陶瓷管，管壁上每间隔 20cm 设孔径 1cm 的进水孔，排成梅花状；管壁厚 2cm，内径可达 20cm，每节管长 1m。其特点是使用年限较久，但造价较高。

5）混凝土管。混凝土管的种类很多，有用作排水管的无砂混凝土管（亦称多孔混凝土管），带孔的水泥砂浆管（亦称薄壁管），石棉水泥管；也有用作集水输水的普通混凝土管。

混凝土管的缺点是重量大，运输易损坏，在高矿化度地下水中耐腐蚀性差，造价高。

6）波纹塑料管。塑料管是 20 世纪中叶发展起来的一种新型排水暗管。由于它质轻、耐用、使用机械化施工，所以发展很快。目前美国、日本等塑料排水面积占暗管排水面积的 50%以上，原联邦德国、比利时占到 65%，荷兰占 79%。我国目前已广泛采用塑料暗管排水这种新技术。塑料管按材料分有聚乙烯(PE)管和聚氯乙烯(PVC)管两种。

5. 外包滤料的选择

外包滤料指包裹或充填在排水暗管周围的材料，它的作用是阻止土壤颗粒进入暗管，以避免沉淀和暗管阻塞，稳定暗管周围的土壤，改善暗管通道的渗水能力，以提高暗管的排水功能。充填在暗管周围，主要用于防止土壤中的细颗粒进入暗管的外包层一般称为滤层；主要用于改善暗管的渗透性能而放置在暗管上部或周围的外层称为裹层。

用做外包滤料的材料，一般由有机材料，无机材料和合成材料等三大类：

1）有机材料。多采用农业生产的副产品，如稻草、稻壳、棕皮、椰皮、芦苇、锯末等，这类材料可就地取材，价格低廉，因此应用比较普遍。我国多用稻草，日本多用稻壳。

2）无机材料。包括砂、碎石、贝壳等，这些材料耐久性极好，只要级配得当，它适用于各种暗管的透水防砂要求。缺点是重量大、用量多、运输和施工不便，且投资较高。

3）合成材料。主要是化纤制品，由粒状、片状和碎屑状等多种，但应用较多的有合成纤维丝和编制物、聚氯乙烯、聚苯乙烯等碎屑。

外包滤料的选择，应以取材容易，价格便宜，施工方便为原则，并符合耐酸碱，不易腐烂，不污染环境的要求。此外，①外包滤料的渗透系数应比周围土壤大 10 倍以上。②外包滤料的厚度可根据当地实践经验选取：散铺外包滤料的压实厚度，在土壤淤积倾向严重的地区，不宜小于 8cm，在土壤淤积倾向较轻的地区，宜为 4～6cm；在土壤无淤积倾向的地区，可小于 4cm（土壤的淤积倾向可用粘粒含量与粉粒加细沙粒含量的比值 R_g 作为判断指标，$R_g \geqslant 0.6$ 时，无淤积倾向；$R_g = 0.5$ 左右时，淤积倾向较轻；$R_g < 0.4$ 时，淤积倾向较重）。③散铺外包滤料的粒径级配可根据土壤有效粒径 d_{60} 按表 8-13 的规定确定。④各种化纤外包滤料的厚度和滤水防沙性能应通过实验确定。作为排水暗管外包滤料的土工织物，可按式(8-20) 进行初步选择，再通过试验确定。

$$\frac{O_{90}}{d_{85}} \approx 4 \qquad (8-38)$$

式中 O_{90}——土工织物的有效孔径，mm，即在土工织物孔径分布曲线上小于该孔径累计百分数为 90%的土工织物孔径；

d_{85}——在土壤粒径级配曲线上，相应于过筛百分数为 85%的土壤粒径，mm。

表 8-13 土壤有效粒径与外包滤料粒径级配关系

土壤有效粒径 d_{60}（mm）	外包滤料粒径级配 d'_n（粒径，mm）					
	d'_0	d'_5	d'_{10}	d'_{30}	d'_{60}	d'_{100}
0.02～0.05	0.074～0.590	0.30	0.33～2.50	0.81～8.70	2.00～10.00	9.52～38.10
0.05～0.10	0.074～0.590	0.30	0.38～3.00	1.07～10.04	3.00～12.00	9.52～38.10
0.10～0.25	0.074～0.590	0.30	0.40～3.80	1.30～13.10	4.00～15.00	9.52～38.10
0.25～1.00	0.074～0.590	0.30	0.42～5.00	1.45～17.30	5.00～20.00	9.52～38.10

二、竖井排水技术

（一）竖井排水作用

竖井是指由地面向下垂直开挖的井筒，也称立井。竖井排水是指在田间按一定的间距打井，井群抽水时在较大范围内形成地下水位降落漏斗，从而起到降低地下水位和除涝治碱的作用，如图 8-8 所示。利用竖井进行排水，具有以下作用。

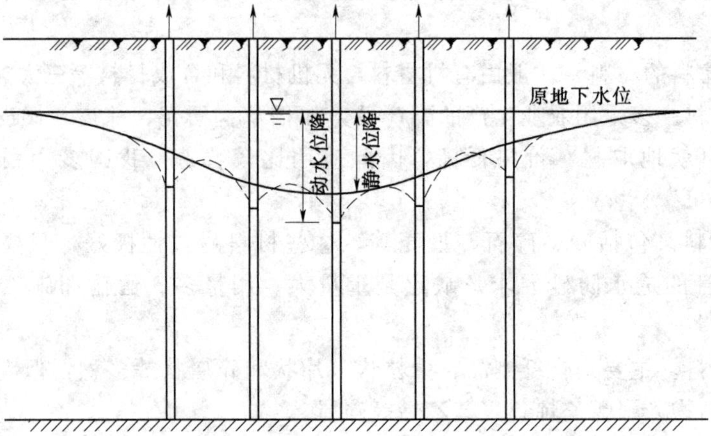

图 8-8 井群抽水降低地下水位示意图

(1) 降低地下水位，防止土壤返盐。

在井灌井排或竖井排水过程中，抽水使得静水位被破坏而降低，水井内外形成水头差，水井附近和井灌排地区内含水层中的水便在此水头差的作用下径向汇入井内，使得水井周围形成了以井孔轴心为对称轴的降落漏斗，同时，在含水层中水向水井汇集过程中发生了水头损失。由于这两方面的作用，使得地下水位显著降低，有效地降低了地下水位，减少了地下水的蒸发，起到防止土壤返盐的作用。

(2) 防涝防渍，增加抗旱灌溉水源。

在干旱季节，大规模开发利用地下水会导致大面积大幅度的地下水位下降。地下水位下降会疏干部分含水层，这样便为建立地下水库提供了有利的条件。有利于汛期大量存蓄入渗雨水，使得地下水位得以恢复，有力地保证了抗旱的灌溉水源。若考虑到防渍要求，则要恰当制定防渍临界水位。这样便可以就地拦蓄，不必外排，且不会成灾，不致造成土壤盐碱化，并有力地调控了地下水资源。

(3) 抽咸补淡，改善水源。

华北滨海地区和内陆部分地区，浅层含水层分布面积很广，厚度达几十甚至上百米，水位高，矿化度大，严重威胁农业生产。在该地区，可运用人工回补地下水的方法，排除咸水补充淡水，建立浅层淡水体，即进行抽咸补淡。利用这个淡水体的厚度，就可以建立一个良好的地下水库，调节地下水和地面水，控制地下水位，改善灌溉水源。

竖井排水除具有上述作用外，还具有减少田间排水系统和土地平整的土方工程量，占地少和便于机耕等特点，但采用竖井排水，首先电源要有保证，其次水文地质条件要符合打井的要求。据水利部门通过水文地质参数的研究，认为在渗透系数小于 3m/d，给水度小于 0.033 的条件下，不适宜采用竖井排水。在垂直剖面 0～5m 厚度范围内有胶泥层、钙结层时，采用竖井排水的效果也不好。含水层以粘砂或砂粘为主的地区，也不宜于布井。除此，一般均可打井。至于水质条件，不影响布井。若地下水为淡水，可实行排灌结合；若地下水为咸水，可只排不灌，实行井灌渠排。

（二）竖井的规划布置

1. 选取合理的井深和井型结构

在水井规划设计中，对井深、井型结构的选择，必须给予足够的分析考虑。如果选择不当，便可能造成水井的效率不高或水井不能真正起到灌溉、防涝、防渍、改碱、防止土壤次生盐碱化和淡化地下水的作用。为此，井深和井型结构的选择可分为以下几种情况：

1）如含水层埋藏在5～30m或至50m且多系潜水含水层，可采用直径为0.5～1.5m的浅筒井。如含水层厚度较大或富水性较强时，宜采用大口井，井径可根据需要，常为2～3m，甚至可增加到3～5m。视具体情况而定，可采用完整井型或非完整井型。如为了增加井的出水量，还可采用辐射井。

2）如上层潜水含水层的富水性较差或较薄，而下部有良好的承压水含水层且水压较低，水井可打至下部承压水层，使潜水层补给承压含水层。如下部承压水的水头很高，但富水性较差，则上部可建成不透水的大口井，以蓄积承压水。对于这几种情况，均可采用大口井与管井的联合井型。

3）在50m以内的黄土含水层或厚度较薄的弱含水层，如采用其他井型，其出水量较小时，以选用辐射井为宜。

2. 井距的选定及井群布置

水井的规划布置应根据地区自然特点、水利条件和水井任务而定。在利用竖井单纯排水地区，井的间距主要决定于控制地下水位的要求。如果有地面灌溉水源实行井渠结合，在保证灌溉用水的前提下，井灌井排的任务是控制地下水位，除涝防渍，并防止土壤次生盐碱化。在这种情况下，井的间距一方面主要决定于单井出水量所能控制的灌溉面积，另一方面也决定于冲洗改良盐碱地时所要求的单井控制地下水位。

竖井在平面上一般多按等边三角形或正方形布置，由单井的有效控制面积可求得有效控制半径R和井距L，如图8-9所示。当采用等边三角形布置时，单井间距$L=\sqrt{3}R$，当采用正方形布置时间距$L=\sqrt{2}R$。

在局部地区进行竖井排水时，在相同的水井间距和单井抽水量情况下，在抽水过程中

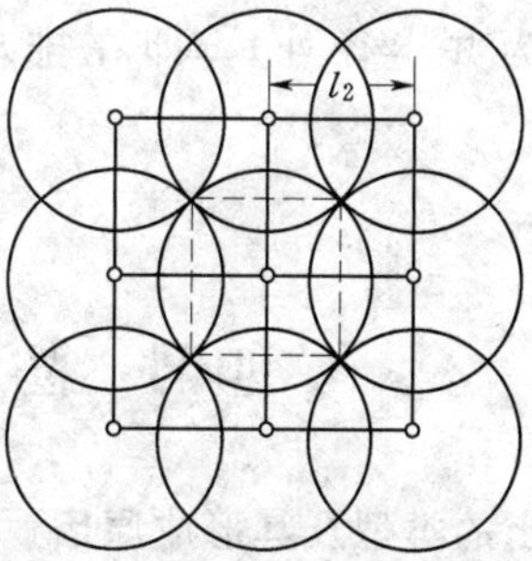

图8-9 竖井布置示意图

局部井排对降低地下水位的作用不如大面积并排显著。且在水井停抽后，由于外区补给，地下水位回升较快。在井群同时抽水时，在其干扰范围内，任一井的水头或水位的降深，通常采用各井在单独抽水时对该井所引起动水位降深迭加法计算。采用泰斯公式进行计算。

$$S=\sum_{i=1}^{n}S_i=\sum_{i=1}^{n}\frac{Q_i}{4\pi T}W(u_i) \tag{8-39}$$

式中 S——全部井抽水引起地下水位的动水位降深，m；

S_i——第 i 口井抽水时所引起的水位降深，m；

Q_i——第 i 口井的抽水量，m^3/d；

T——含水层导水系数；

$W_{(u_i)}$——泰斯井函数，可查井函数表得出，$W(u_i)=W(r_i^2/4at)$；

r_i——第 i 口井与计算点的距离，m；

t——抽水时间，d；

$a=T/\mu$——压力传导系数；

μ——含水层释水系数或给水度。

对于大面积均匀布井实行竖井排水时，外区补给微弱，每个单井控制相同的面积，在这一面积内各点地下水位降深的大小，仅与单井控制有关。在水井抽水时间 $\left(t\geqslant 0.4\frac{R^2}{a}\right)$ 较长时，任一点（与抽水井距离为 r）地下水动水位下降深度 S 可采用下式计算：

$$S=\frac{Qt}{\mu\pi R^2}+\frac{Q}{2\pi Kh}\left(0.5\frac{r^2}{R^2}-0.75+\ln\frac{R}{r}\right) \tag{8-40}$$

$$S=\frac{\varepsilon t}{\mu}+\frac{Q}{2\pi T}\left(0.5\frac{r^2}{R^2}-0.75+\ln\frac{R}{r}\right) \tag{8-41}$$

式中 Q——井的抽水流量，m^3/d；

ε——单位面积的平均开采强度；

其他符号同上。

其中：在 $r=R$ 处即为两井中间一点处，由于 $\frac{R}{r}=1$，则 $S=\frac{\varepsilon t}{\mu}-\frac{Q}{8\pi T}=\frac{Qt}{\mu\pi R^2}-\frac{Q}{8\pi T}$；在 $r=r_\omega$（r_ω 为井半径处），即在排水井内，由于 $0.5\left(\frac{r_\omega}{R}\right)^2\rightarrow 0$，则 $S=\frac{\varepsilon t}{\mu}+\frac{Q}{2\pi T}\times\ln\frac{0.473R}{r_\omega}$。

第四节　防治盐碱土的水利技术

一、盐碱土的类型及其形成原因

（一）盐碱土的含义及形成原因

盐土、碱土及各种盐化、碱化土壤一般都统称为盐碱土。所谓盐碱土，是指对作物生长有害的水溶性盐类在土壤中的积累超过一定限度，达到对作物正常生长产生危害的土壤。

地下水都含有一定的盐分，如其水面接近地面，而该地区又比较干旱，由于毛细作用上升到地表的水蒸发后，便留下盐分，日积月累，土壤含盐量逐渐增加，形成盐碱土。盐碱土的形成除了要有盐分来源外，还要有一定的条件才能使盐分在土壤表面聚集起来。

1）地形条件。在低洼地区，地下水出流条件不好，成为地表水、地下水的汇集之处。盐随水来，不能随水而去，便逐渐集盐。

2）水文条件。地下水埋藏深度浅于3m，且矿化度高是形成盐渍化的重要条件。如果地下水位在10m左右，就不会发生盐渍化。

3）气候条件。我国北方干旱半干旱地区或季节性干旱地区降水量小于蒸发量，在高温低湿条件下，蒸发强烈，导致土壤深层的水分随毛管向上运动，溶解于水中的盐类聚集于土壤表层。形成旱地土壤盐分向上运动，雨季又随重力水向下运动的现象，易于集盐。而在降水量大于蒸发量的南方地区，盐分不断淋洗，一般无盐渍化问题。

4）生物条件。地表植被稠密，地面受到生物掩护，可减少土壤蒸发和土壤集盐；植被稀疏或光板地则因蒸发强烈而极易集盐。

5）人为因素。如无计划引水，大水漫灌，高矿化度水灌溉，有灌无排，无沟种稻，插花种稻，土地不平，有机肥不足，耕作不善等，都会造成或加剧盐渍化。

（二）盐碱土的分类

（1）根据土地盐碱化的成因及治理改良的难易程度，一般将盐碱土划分为两种类型：一种是原生型，此类属极重度盐碱土；另一类是次生型的，包括轻、中重度盐碱土，主要是不合理的耕作制度所致。

（2）按地区生态条件分类，全国可分为5个盐碱土区。

1）滨海盐碱土区，主要是长江以北沿海冲积平原及南方沿海地带。其特点是地势低平，地下水受海水顶托，出流不畅。盐分来自于海潮浸渍，盐分以氯化物为主。

2）华北盐碱土区，主要是黄河下游，海河流域中下游低洼地区。其特点是地势低平，地下水位高，河道集水区域大，面积广，排泄不畅，一到雨季，常构成地面积水，形成涝灾。

3）西北半干旱、干旱盐碱土区，主要是内蒙古、宁夏、新疆、甘肃、青海等省（自治区），是我国盐碱土面积最大的地区。其特点是降雨量少、蒸发强烈、气候干燥，多为荒漠与荒漠草原碱土。

4）东北盐碱土区，主要指东北的东部三角平原、北部平原及南部平原的北边，大兴安岭西麓黑土区和内蒙古的东北部。该区多为冲积平原，地下水位低，有不少苏打盐土和碱土。

5）灌溉地区的次生盐土化，灌区局部地区由于灌溉管理不善，渠道渗漏大，缺少排水系统等原因形成次生盐渍土，其特点是盐分多集中在土壤剖面的上层。

（3）按形态特征分类。各种不同的盐碱土，往往有不同的特征。分为：

1）（壳）盐土：以氯化钠为主，地表有灰白色的盐结皮（壳）。

2）湿盐土：以氯化钙、氯化镁为主，由于它具有较强的吸湿性，地表常呈潮湿状态。

3）松盐土：以硫酸钠为主，地表有一层薄薄的白色盐结皮，构成一层陷脚的疏松层，可以从中找到细微的硫酸钠（$Na_2SO_4 \cdot 10H_2O$）结晶。

4）打盐土（马尿碱）：碳酸钠、重碳酸钠含量较多，地表有马尿色的盐斑。

(4) 按碱化度分类。

1) 非碱化土壤，碱化度(ESP) <5%；

2) 轻度碱化土壤，碱化度(ESP) 5%～10%；

3) 中度碱化土壤，碱化度(ESP) 10%～20%；

4) 强度碱化土壤，碱化度(ESP) 20%～40%。

二、水盐运动规律及平衡方程

盐分在土壤中主要运动形式为对流和水动力弥散。对流是盐分随土壤水分运动而运动的过程。水动力弥散又由分子扩散和机械弥散两部分组成。分子扩散是由盐分浓度引起的分散现象。机械弥散是由于土壤空隙介质在微观分布不规则性造成的流速变化而引起的盐分分散现象。此外盐分在土壤中还有化合、分解、溶解、沉淀、吸附和离子交换等化学反应，与生物系统也有相互作用。

盐分在土壤中的分子扩散符合费克（Fick）第一定律，其通量 J_d 可表示为

$$J_d = -D_s \frac{\partial C}{\partial z} \tag{8-42}$$

式中 C——盐溶液的浓度；

D_s——盐分在土壤中的分子扩散系数；

z——水流方向坐标。

由机械弥散引起的盐分通量 J_h 也同样具有与扩散相同的形式，即

$$J_h = -D_h \frac{\partial C}{\partial z} \tag{8-43}$$

式中 D_h——盐分在土壤中的机械弥散系数，其大小与平均孔隙流速 v 成正比，即

$$D_h = \lambda \mid v \mid$$

盐分在土壤空隙中的水动力弥散过程取决于分子扩散和机械弥散作用，相应盐分通量 J_D 为

$$J_D = -[D_s + D_h(v)] \frac{\partial C}{\partial z} = -D \frac{\partial C}{\partial z} \tag{8-44}$$

式中 J_D——水动力弥散通量；

D——水动力弥散系数。

土壤水分运动同时携带盐分运动，其通量 J_c 即盐分对流通量，它等于溶液浓度与土壤水流通量 q 的乘积，即

$$J_c = qC \tag{8-45}$$

在水动力弥散和对流共同作用下盐分总通量为：

$$J = -D \frac{\partial C}{\partial z} + qC \tag{8-46}$$

根据质量守衡原理，溶质储存量在时间上的变化率，在数量上等于通量在空间上的变化率，但符号相反，即

$$\frac{\partial(\theta C)}{\partial t} = -\frac{\partial J}{\partial z} \tag{8-47}$$

对式(8-46)两端求导，并且将式(8-47)代入，得

$$\frac{\partial(\theta C)}{\partial t}=\frac{\partial}{\partial z}\Big(D\frac{\partial C}{\partial z}\Big)-\frac{\partial(qc)}{\partial z} \tag{8-48}$$

式中 q——土壤水流通量，即土壤的渗透速度。

上式即为土壤水盐平衡方程。它是一定尺度条件下盐分运移规律的数学描述；也是描述作物根系活动层中的盐分动态规律，并进行相应的预测预报的基础，可为制定相应的盐碱地改良措施提供必要的依据。

在土壤达到饱和($\theta=\theta_s$)，且初始含盐浓度上下基本均匀（浓度 $C=C_0$），冲洗水含盐浓度为 C_1，冲洗下渗水孔隙流速（在土壤孔隙中的流速）为 v 的情况下，若开始冲洗后表层含盐浓度瞬时降低至冲洗水的浓度时，方程式及其定解条件为

$$\frac{\partial C}{\partial c}=\overline{D}\frac{\partial^2 C}{\partial^2 z}-v\frac{\partial C}{\partial z} \tag{8-49}$$

初始条件 $$C(z,0)=C_0 \tag{8-50}$$

上边界条件 $$C(0,t)=C_1 \tag{8-51}$$

下边界条件 $$C(\infty,t)=C_0 \tag{8-52}$$

式中 $\overline{D}=\frac{D}{\theta_s}$即饱和弥散系数；

$v=\frac{q}{\theta_s}$，即土壤水孔隙速度。

通过数学变换，可求得方程（8-49）的解析解为

$$\frac{C-C_0}{C_1-C_0}=\frac{1}{2}\Big[\mathrm{erfc}\Big(\frac{z-ut}{2\sqrt{Dt}}\Big)-\mathrm{e}^{\frac{uz}{D}}\mathrm{erfc}\Big(\frac{z+ut}{2\sqrt{Dt}}\Big)\Big] \tag{8-53}$$

三、治理盐碱土的水利技术

1. 盐分冲洗淡化原理

灌区土壤产生盐碱化的原因主要是由于灌水量过多，排水量不足，地下水动态的平衡遭到破坏，造成地下水位的抬高而引起的。在非灌溉时期，带有盐分的土壤水分沿毛细管上升到地表，水分被蒸发后盐分便留在地面，土壤水分不断地蒸发，地表盐分便不断增加，这称为土壤盐分的积盐过程。当降水或灌溉时，土壤水分向下流通，耕作层的盐分被雨水或灌溉水溶解后，随着下降的水流也向下移动，把盐分从上层淋洗到下层，即形成土壤盐分的压盐过程。在良好的排水条件下，土壤中的水溶盐就可随下降水流渗入排水沟排走使土壤脱盐。盐分冲洗技术就是根据土壤的积盐脱盐过程，利用完善的排水系统和淡水资源对土壤进行冲洗，以减轻土壤盐碱化程度，改良盐碱土地。

冲洗改良的任务：一是以水溶盐，二是以水携带并排出盐分，三是要具备淡化土层和地下水，为作物生长创造必要的条件。冲洗必须具备两个必要的条件：一是要具有淡水来源，二是要具备完善的排水系统。

2. 冲洗脱盐标准

冲洗，虽然可以脱去土壤中大量盐分，但土壤中的盐分是不可能被彻底洗净的。冲洗只能做到降低土壤耕作层的盐分，达到作物正常生长许可的盐分浓度要求。因此，这里所

说的冲洗脱盐标准，包含两个指标：一是冲洗脱盐的土层厚度，二是要求厚度内的土壤允许含盐量。

(1) 脱盐层厚度。主要依所种作物的根系活动层深度来确定。一般植物的根系可分为直根系和须根系。棉花、玉米、苜蓿为直根系（也叫圆锥根系），其根系深度可达1m多，但大部分根系集中于50～60cm范围土层内。小麦、水稻和糜谷为须根系，其根系大部分分布在30～40cm土层内。从作物生长角度讲，应当是脱盐层越厚越好。但从生产角度讲，脱盐土层达到1m左右即能满足作物正常生长的需要。

(2) 土壤允许含盐量。主要以作物正常生长的耐盐能力来确定。不同作物，由于其生理特征不同，其耐盐能力不同，即使是同一作物在不同的发育阶段，其忍受盐分的浓度也有很大差异。通常作物苗期耐盐能力最弱，故脱盐标准一般以作物苗期为根据。根据各地试验资料，表8-14为几种主要作物的耐盐能力。

表8-14　几种作物的耐盐能力表

盐分类型 \ 土壤含盐量(%)	作物	向日葵	甜菜	棉花	高粱	苜蓿	玉米	小麦
氯化物盐土	苗期	0.4	0.4	0.3	0.3	0.22～0.33	0.25	0.2
	成长期	0.6	0.6	0.5	0.55	0.55～0.6	0.35	0.3
硫酸盐土	苗期	0.5	0.5	0.4	0.4	0.4	0.3	0.3
	成长期	0.8	0.8	0.7	0.7	0.8～1.06	0.4	0.5

3. 冲洗定额

使单位面积计划脱盐层土壤含盐量降低到一定标准所消耗的冲洗水量称为冲洗定额，通常指一个冲洗季节内1.0亩地上的总冲洗量。冲洗定额的大小与土壤脱盐效果有密切关系。在一般情况下，冲洗定额与土壤脱盐效果成正相关。冲洗定额愈大，脱盐量也愈大，冲洗的效果愈好。当然，过大或超过一定的限度，不但脱盐率增加不多，反而会增大冲洗工作量和排水负担，因此，要想做到经济有效，必须根据当地影响冲洗定额的因素，确定合理的冲洗定额。

(1) 影响冲洗定额的主要因素。

1) 盐分组成。不同类型的盐分组成具有不同的溶解度。溶解度大，脱盐率相应增大，在条件相近的情况下，氯化物盐土脱盐率高于硫酸盐土。脱盐率增大，意味着脱盐速度快，冲洗次数少，用水量减少。

2) 土壤含盐量。冲洗前土壤含盐量越大，冲洗水量相应增大。

3) 土壤质地。在一般情况下，沙壤土脱盐率高于粘土。

4) 排水条件。农沟间距小，出流条件好，土壤脱盐率高。

(2) 冲洗定额的计算。

计算冲洗定额，在缺乏试验资料的情况下可按下式计算

$$M = m_1 + m_2 + E - P \tag{8-54}$$

其中

$$m_1 = \beta_1 - \beta_2$$

$$m_2 = 1000hr(s_1 - s_2)/k$$

式中 M——冲洗定额，mm；

m_1——计划冲洗层的土壤含水量与田间持水量的差额，mm；

m_2——按计划的冲洗脱盐标准冲洗盐分所需的水量，mm；

E——冲洗期内的蒸发水量，mm；

P——冲洗期内可利用的降雨量，mm；

h——计划冲洗层的深度，m；

r——计划冲洗层的土壤容重，kg/m^3；

β_1——田间持水量时计划冲洗层内水量，mm；

β_2——计划冲洗层的土壤实际水量，mm；

s_1——计划冲洗层的实际含盐量占干土重的百分数，%；

s_2——计划冲洗层的土壤允许含盐量占干土重的百分数，%；

k——排盐系数，为单位体积冲洗水能排走的盐量，kg/m^3，一般取 $15\sim75kg/m^3$。

由于冲洗定额 M 往往较大，不能在一定时段内冲洗完毕，一般为提高冲洗效率，往往分期冲洗，分期冲洗定额

$$m \leqslant 10r(H\beta + \delta h) \tag{8-55}$$

式中 m——分期冲洗定额，mm；

H——计划冲洗层深度，m；

β——田间持水量与冲洗前计划冲洗层含水量之差（占干土重%）；

δ——饱和含水量与田间持水量之差（占干土重%）；

h——地下水位允许上升高度，m，即冲洗前地下水位与冲洗后地下水位之差。冲洗次数为

$$n \approx M/m \tag{8-56}$$

4. 冲洗技术

(1) 明沟排水。

明沟排水是改良盐碱土的一项主要措施。其作用是：加速排出土壤和地下水中由洗盐、灌溉和降雨所淋溶的盐分；降低地下水位，防止高矿化度地下水向地表运移而引起土壤积盐和地表返盐；及时排除涝水，调节区域水文状况。为充分满足作物对土壤水分、空气、养分和温度的需求创造良好条件。

由于盐碱土形成的自然条件和所处地形位置的不同，所采取的排水措施也应有所不同。在地下水埋藏较深的冲积平原的中上部，盐渍化较轻，排盐任务不大，只需修建稀疏的排水深沟，以控制雨季时地下水位上升；在有洪涝的地区为了及时排洪，则应健全排水系统，在田间增开浅沟；在地下径流不畅、水质差、盐碱重兼有洪涝危害的平原区坡地，应健全干、支、斗、农、毛配套的深沟排水系统；而在土壤含盐量高，透水性差的干旱地区，为了冲洗盐碱，促进土壤脱盐，有灌有排，以加速冲洗水的排除。

(2) 井灌井排。

井灌井排是我国北方盐碱地区采取的一项综合治理旱、涝、盐碱的有效措施。其优

点是：

1）洗盐速度快，脱盐效率高。由于在机井排水条件下进行灌溉，受地下水的顶托作用小，自然淋盐作用强，脱盐深度大，效果好。

2）能降低地下水位，腾出地下“库容”。当机井抽水时，其周围的地下水位下降，若为长期群井抽水，则降低地下水位的效果更明显，还腾出较大的地下“库容”，增加土壤的蓄水能力。

3）抽咸补淡，加速地下水淡化。在地下水源不足的地下咸水地区，采取浅井深井结合，井水渠水并用，利用浅井抽咸、渠水深井水补淡，可使地下咸水加速淡化。

井灌井排降低地下水位主要是在浅层地下水中进行。由于大面积井灌抽取的地下水量，超过地下水的自然补给和人工回补水量，而使地下的潜水位普遍下降，起到排水作用。因此，这项措施的运用应具有适宜的水文地质条件。即在地层上部应有较好的砂层或有裂隙，这样才有较好的透水性，使潜水位下降。此外，在井灌井排的布局上，为了满足井灌压盐和降低地下水位的要求，需因地制宜地采用浅、中、深井结合，实行分层取水，合理开采，同时与沟、渠、塘灌排体系相结合，切实做到地面水、土壤水和地下水统一调度和控制。

（3）灌水冲洗。

灌水冲洗就是把水灌到盐碱地里，使土壤盐分溶解，通过水在土壤中的渗透，自上而下地把土壤中的次生盐碱淋洗下去，渗入排水沟加以排除。在水利条件较好的地区，这是改良重盐碱地和开垦盐碱荒地的重要措施。灌水冲洗有以下两种情况：

1）盐碱荒地开垦前的冲洗。应使用大定额的冲洗水，使 1m 土层中的含盐量降低到作物能正常生长的范围内。

2）盐碱耕地的灌溉冲洗。盐碱耕地进行灌溉冲洗时既要淋洗土壤盐分，又要满足作物对水分的要求，调节土壤溶液浓度，使土壤水盐动态向稳定脱盐方向发展，并要结合农业技术措施，巩固和提高土壤脱盐效果。灌溉冲洗宜在水量充沛、蒸发量小、地下水位低的季节进行，以避免冲洗用水与作物灌水发生矛盾，或冲洗后由于蒸发量大而迅速返盐，保证洗盐水能及时顺利排出。

无论是盐碱荒地冲洗或是盐碱耕地冲洗，都必须有排水工程，才能排除土壤中的含盐水分和降低地下水位。

（4）放淤改良。

放淤是把含有高泥沙的河水，通过渠系，引入事先筑好田（地）埂的地块，用减慢水流速度的办法使淤泥沉淀下来，在地面上形成一层淤泥层。这一措施在引黄灌区应用较多，对改良盐碱地特别是盐碱沙荒地的效果较好。其作用是：

1）放淤后可在盐碱地面上形成深厚的淡土层，相应抬高了地面，降低地下水位，有利于防止返盐。

2）引放大量淤水相当于一次大定额的冲洗，可淋洗盐分，起到土壤脱盐的作用。

3）淤水含有大量粘粒速效养分与有机质，放淤后可改善土壤理化性状，提高土壤肥力。

放淤改良应首先修建灌排系统和配套工程，筑田埂围堰。格田面积视地形平坦程度而定，一般为 1.33～3.33hm^{2}一块。放淤时间宜选择河流水量丰富、泥沙含量大的季节进行。放淤方法有动水放淤、静水放淤和动静水结合 3 种。动水放淤是边放边排，相当于串灌放淤地块，但质量差，用水多；静水放淤是围淤水于堤内，待泥沙沉淀后，再排出表层清水，此法省工省水，落淤质量好，但所需时间长；动静水结合是先动水漫灌放淤，到接近完成计划淤层厚度时，再倒灌回淤，静水沉积数次，此法速度快，质量也好，多被采用。淤层厚度一般以 0.3～0.5m 为宜。

第九章　排水沟道系统的规划设计

本章主要讲述排水系统的组成及规划布置；明沟排水系统的设计流量的确定，排水沟道设计水位的推算、排水沟断面设计、排水容泄区的整治与排水泵站的组成选择。要求学生了解排水系统的组成和规划设计原则、排水容泄区的选择及整治；重点掌握排水沟设计流量计算方法中的排涝设计流量、排渍设计流量的计算方法并了解其各自的优缺点。有能力进行排水沟道纵、横断面的设计及排水沟设计水位的推算。

第一节　排水沟道的规划布置

一、排水系统的组成

一定数量的水以降水、地下水入流、地表径流及引进的灌溉水等方式从外部进入一个农业区。这些外来水的总量通常会超过该农业区的实际需要，尤其是具有灌溉设施的地区。因此，除了作物蒸发蒸腾消耗和地下水出流外，这些地区往往还需要排出多余的水。所以，必须建立完善的排水系统。

排水系统的作用是：收集田间排出的水并将其输送到容泄区，以及排出农业区的弃水，以达到排除地面水和降低地下水位的目的，即起到除涝、排渍、治碱的目的。

排水系统一般由排水区内的排水沟系和蓄水设施（如湖泊、河沟、坑塘等）、排水区外的容泄区及排水枢纽（如排水闸、抽排站等）三大部分组成，根据我国各地区排水系统的各种组成和形式，可概括为如下模式，如图 9-1 所示。

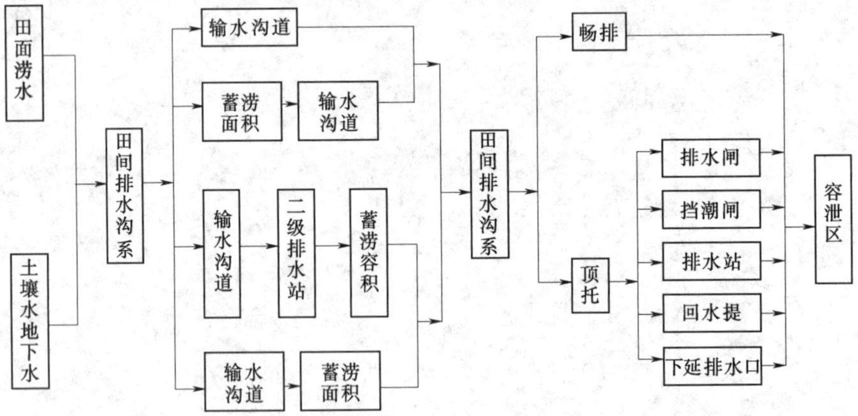

图 9-1　排水系统模式图

一般排水沟系与灌溉渠系配套使用，且和灌溉渠系相类似，分为干、支、斗、农 4 级固定沟道，若排水面积较大或地形较复杂，固定排水沟可多于 4 级，如干沟上有总干、分干，支沟之下有分支；反之，也可少于 4 级。某一地区或灌区的排水沟系究竟适合采用几级，主要取决于灌区面积、灌区地形、流域防洪除涝规划等方面。干、支、斗3级排水沟属于输水系统，其作用为收集田间排水系统所排出的水量，并输送到容泄区。农沟及其以下的沟道属于田间排水系统，其作用为聚集排水地段上土壤内或地面上多余的水，并向下一级沟渠输送。容泄区一般多为天然湖泊、河网、洼地，但也有人工兴建的容泄区。

地区或灌区内排水系统的规划，通常是建立在流域防洪除涝规划的基础上。流域防洪、除涝规划的目的是确定流域范围内骨干防洪除涝工程的规模和布局，同时也为流域内局部地区或灌区的排水系统提供必要的规划设计依据。

我国排水地区的具体情况差异较大，在排水系统规划时，需根据实际情况，搜集和分析相关资料，然后依据涝、渍和盐碱化的状况与程度及原因制定具体规划原则，确定规划标准和主要技术与工程措施，合理制定各种方案。通过技术经济论证，最后选定合适方案并拟出分期实施计划。

二、排水地区（包括灌区）的涝渍成因

排水地区的涝渍成因，主要有以下两方面：一是排水不良，二是来水过多。

排水不良的原因，可以归纳为以下几个方面。

1. 排水区外部原因

1）容泄区水位虽然低于内水位，但水位差较小。

2）容泄区水位（又称外水位）高于排水区内的渍涝水位（即内水位）。

3）排水闸宽度和排水泵站装机容量不足。

4）排水出口断面狭窄或堵塞等。

2. 排水区内部原因

1）土壤透水性差。

2）排水系统不配套或排水沟排水能力不足或工程老化。

3）排水地区的地形过于平坦或比较复杂。

4）有些地区由于利用排水沟道蓄水灌溉，造成沟道阻塞，以致降低和失去排水作用。

5）地区内部缺乏必要的渍涝河湖容积。

6）田间排水沟的沟深间距没有达到规定的标准等。

3. 管理方面的问题

排水系统管理不善，排水管理体制不合理等，都限制了排水工程作用的发挥，造成地区排水不良。经过对灌区或排水地区深入的调查研究后，则针对渍涝原因提出合理的排水规划方案，其主要内容可包括：

1）布置防洪堤线。

2）划分排水区，如按水文条件、地形和现有水利设施等将排水区可划分为高排区和低排区、自排区和抽排区等。

3）选择排水容泄区。

4）规划布置排水系统，包括渍涝区、排水闸、排水泵站、截流沟（又称撇洪沟）以及各级排水沟等，并通过水文水利计算确定其规模。

5）协调各地区、各单位之间的排水要求及预估排水效果。

6）编制除涝排水系统的费用概算，来比较方案。

多余的来水，主要有以下几部分：

1）由当地暴雨形成的地面径流；

2）以地面径流的形式流入本地区的外来水，例如通过邻近高地流入的地面径流，由容泄区（江、河、湖、海）倒灌入侵的来水；

3）以地下径流形式流入本地区的外来水，如来自周边地区的渗透水和承压地下水等。这些不同数量、不同形式的涝渍水源，都可引起不同性质和不同程度的涝渍灾害；

4）盐碱土冲洗水量及灌区灌溉多余水量等。

三、排水系统的规划

1. 排水方式

排水沟系统的布置，通常由灌区或地区的排水方式所决定。我国各地区或灌区的排水类别可以归纳为以下几种：

1）水平（沟道）排水和垂直（或竖井）排水。对于主要由降雨和灌溉渗水形成的涝地地区，一般采用水平排水方式；如由于地下深层承压水补给潜水所导致的渍涝，可考虑采用竖井排水方式；对于旱涝碱兼治地区，如地下水质和含水层出水条件较好，适宜实行井灌井排，并配合田间排涝明沟，形成垂直与水平相结合的排水系统。

2）自流排水和抽水排水。当容泄区水位低于排水干沟出口水位时，一般采用自流排水，否则须采取抽水排水或抽排与滞蓄相结合的除涝排水方式。

3）排涝和排渍。排涝是为了避免耕地受涝水淹没及江河泛滥。排渍则是为了控制地区的地下水位和农田水分。两者排水任务虽然不同，但均是为了保障农、林、牧业的正常生产，所以在规划布置排水沟系时，应均满足这两方面的要求。

4）地面截流沟（又称撇洪沟）和地下截流沟排水。对于外区流入排水区的地面水或地下水及其他特殊地形条件所形成的涝渍，可分别采用地面或地下截流沟排水的方式。

2. 规划布置原则

排水系统的规划布置，主要包括选择容泄区和排水出口及布置各级排水沟道两部分。由于排水地区的具体情况不同，因此排水系统规划时必须因地制宜，合理制订各种方案，根据排水系统的作用及任务，布置排水系统时应根据下列原则：

1）充分利用水土资源，尽量增加自流排水面积，减少占地面积，节省投资。

2）系统分级合理，长短适当，排水与行政区划相结合，以利于机耕和统一管理。

3）尽量利用现有水利设施，特别注意不打乱自然排水流势，以保障排水流畅。

4）建筑物尽量集中，尽量减少交叉。

5）系统线路在满足排水要求的前提下，争取做到“一直、二短、三安全”。线路尽量避免深挖高填、风化岩层、节理发育的破碎带和强透水地带。

6）灌排配套，有灌有排，保证及时灌溉与排水。

3. 具体规划方法

(1) 划分排水区。在制定排水系统规划方案时，首先要确定和划分排水区：一种是将整个需要排水的地区（例如一个圩区）或灌区，作为一个排水整体区，布置为一个独立的排水系统，仅设一个出水口，集中排入容泄区。第二种是将排水区或灌区划分为多个排水单元，分别布置各单元的排水系统，每个单元各设自己的排水出口，分别排入容泄区（图

9-2)。集中排水的流量大，干沟和出水口的断面也要大；分散排水的流量小，干沟和出水口的断面也小。究竟采用何种形式，排水单元如何划分，一般经分析比较排水区地形、汇水面积大小、天然水系分布以及容泄区的水位等具体条件加以确定。

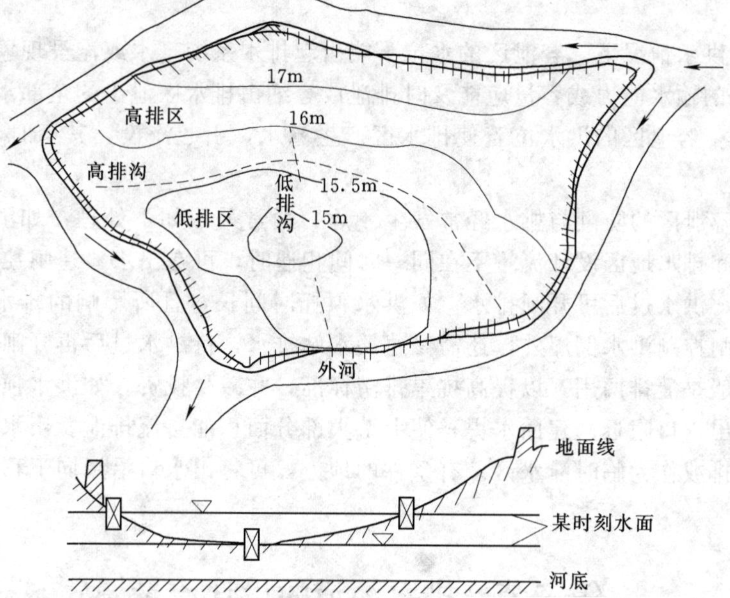

图 9-2　分散排水系统示意图（单位：m）

(2) 输水系统布置规划。输水系统是由干、支、斗沟道组成的骨干排水工程。无论采用集中排水还是采用分散排水，排水干沟通常选在排水区的低处，或者利用天然沟道有利于排水。但也要考虑容泄区的水位，适当提高排水沟位置，使大部分地区能自流排水，少部分低洼地可抽排或作为临时蓄水区。天然沟道断面不整齐，多弯曲，甚至有些地方淤积堵塞，用作排水干沟时，应截弯取直，进行改造，以扩大其排水能力。

骨干排水沟道的布置规划，除满足排涝、排滞、控制地下水位、改良土壤和淡化地下水的要求外，还要考虑承担蓄存外水进行灌溉的任务。因此，要采用较大的深度和断面，通常干沟深度常在 4～5m 以上。根据防渍改碱的要求，沟内水位必须保持在不产生盐碱化和作物不受盐害的地下水临界深度上。为了能够分级蓄水，分级排水，能自如蓄泄雨季涝水，灵活调配旱季灌水，及保证地下咸水有排泄出路。在河网地区，骨干沟一般都联通成网，一处有水，可经多条沟道滞蓄和分泄。当地势低洼、不能自流外排沟道涝水时，则须建抽水站提排。这种系统由于沟深，互相联通，形成沟网，称为深沟河网，其布置应尽量利用天然河道或原有排水沟，予以加深、拓宽。为适应蓄水要求，应在保障排水流畅的前提下、适当减小比降。在地形平缓地区，主要蓄水沟道宜垂直等高线布置。为减少工程量和交叉建筑物，骨干沟道应与主干公路结合布置，尽量利用已有公路。同时也要尽量缩短排水路径，加快排水速度，增加利用容泄区低水头时自流抢排的机会。

排水支沟、斗沟的布置应与同级灌溉渠系相配合布置。如灌溉渠道单向分水时，渠道和排水沟应相邻排列；如灌溉渠道双向分水，或地形中间低时，渠道和排水沟应相间排列。排水沟的设计水面高程都比同级渠道水面高程低，以利排除渠道渗漏水和地下水，防止土地盐碱化。上下级排水沟大体互相垂直或斜交。

(3) 容泄区的选择。容泄区是承受排水干沟下泄水量的地方。确定容泄区时应尽量满足如下要求：

1) 在设计洪水情况下，容泄区的水位不能引起排水系统壅水或淹没现象。

2) 容泄区的输水能力或容量应能及时排泄或容纳由排水区泄出的全部水量。

3) 在汛期，容泄区的洪水位若使排水区产生壅水，引起淹没，其历时不应超过设计规定的时间。

在汛期，容泄区的防洪与排水经常发生矛盾，通常采取如下处理：如洪水历时较短，或容泄区洪水和排水地区设计流量不在同一时间相遇时，可在出水口建闸控制，以避免洪水进入排水区，洪水过后可开闸排水。如洪水顶托时间长，且所影响的排水面积较大时，除在出水口建闸控制洪水倒灌外，还需修建抽水站排水，待洪水过后再开闸自流排水。这种抽水站，一般是灌排两用，以提高抗旱排涝标准，并减少投资。如洪水顶托，回水距离不远时，可在出水口附近修建回水堤，使上游大部分面积能自流排泄。田水堤附近下游局部洼地，可抽排或作为临时滞水区。有条件的地方，可将出水口沿岸向下移，以争取自流排泄。

第二节　排水沟道的设计流量

排水流量是确定各级排水沟道断面、沟道上建筑物规模及分析现有排水设施排水能力的主要依据。设计排水流量有设计排渍流量和设计排涝流量两种。设计排涝流量用以确定排水沟道的断面尺寸；而设计排渍流量则作为满足控制地下水位要求的地下水排水流量，又称日常排水流量，以此来确定排水沟的沟底高程和排渍水位。

一、除涝设计标准

除涝设计标准，通常有3种表示方式。

1. 暴雨重现期

暴雨重现期是以治理区发生一定重现期的暴雨，作物不受涝作为除涝设计标准。这种表达方式除明确指出一定重现期的暴雨外，还规定在这种暴雨发生时作物不允许受涝。即当实际发生暴雨不超过设计暴雨时，农田的淹水深度、历时不应超过农作物正常生长所允许的耐淹水深和历时。

2. 排涝保证率

排涝保证率是以治理区作物不受涝的保证率作为除涝设计标准。作物不受涝的保证率，是指治理工程实施后作物能正常生长的年数与全系列总年数之比（经验保证率）。实际应用时，先假定在不同的工程规模下分别进行全系列的排涝演算，求出各种规模下作物能正常生长的经验保证率。然后选择经验保证率与治理设计保证率相一致的工程规模，作为设计采用值。这种方法能综合反映雨量、水位及其他有关因素在时间、地点和数量上的组合情况，比较符合实际。但需要有相当长的降雨、水位等资料，且计算比较复杂，除大型的重要治理区外，通常较少采用。

除涝设计标准确定得是否合理，直接影响工程的经济效益及其可行性；所以必须进行多种方案比较，从中择优选取。

3. 典型年

以某一定量暴雨或涝灾严重的典型年作为排涝设计标准。这种表达方式可以反映涝灾的实际情况，概念比较明确、具体，不因资料的加长而改变结果。与第二种表达方式一样，具有能反映各种有关因素之间有机联系的优点，但定量暴雨或典型年仅有一定重现期的概念，在选择定量暴雨或典型年时仍需进行频率分析。

我国目前在除涝规划设计中，使用最普遍的是第一种表达方式，即按治理区发生一定重现暴雨时农田不受涝为准。

除涝设计标准是确定排水沟排涝流量的重要依据，它直接影响着排水沟、排水闸、排水站等除涝工程的规模。如标准定得过高，则排涝流量、工程规模过大，导致投资高，效率低，浪费资源。相反如果标准过低，则工程规模过小，虽减少了投资，但达不到除涝目的。所以，在确定除涝标准时，应做到立足眼前，考虑长远，遵守规范，具体分析。即应综合考虑涝区的自然条件、灾害轻重、影响大小，正确处理需要与可能、现在与未来的关系，根据年系列暴雨与淹涝面积或成灾损失等因素，通过技术经济论证来确定排涝标准的设计暴雨重现期。

根据湖北省荆州地区的调查资料，江汉平原、西湖地区的排涝工程，按 10 年一遇暴雨设计，当发生 20 年一遇暴雨时，将有 30～40mm 雨水超过 3 天才能排除，所造成的水稻损失不超过 10%；若将排涝标准提高到 20 年一遇暴雨设计，则排涝设计流量将增大 43%，导致加大工程规模和投资，而经济效益相对降低。两者比较，以选用 10 年为宜。目前，我国各地采用的除涝设计标准见表 9-1。由表可见，我国除少数地区采用了暴雨重现期大于 10 年一遇的除涝设计标准和个别地区采用小于 5 年一遇的除涝设计标准外，大多数地区采用了暴雨重现期为 5～10 年一遇的除涝设计标准。另外根据我国易涝耕地 3.67 亿亩，1997 年统计已治理 3.08 亿亩，其中 1.28 亿亩尚未达到 5 年一遇的标准，占已治理面积的 41.6%，而达到 5 年一遇标准治理面积占总易涝耕地面积的 49.05%。所以，从我国当前大多数地区的情况出发考虑，除涝设计标准的重现期规定为 5～10 年一遇是合理的。考虑到大概还有 16%左右尚未治理的地区及有些治理难度很大的地区，可以适当降低标准；而对有些已达到 10 年一遇除涝标准的地区，除涝设计标准根据需要可适当提高。

除涝标准除规定一定重现期的暴雨外，还包括暴雨历时和排涝时间。除涝设计标准中的暴雨历时，通常采用 1、3、7、15、30 天等时段。采用暴雨历时长短，由流域面积大小、地形、植被等条件所决定。在小流域中，对规划设计排水沟起决定作用的是形成洪峰的短历时暴雨。据华北平原地区实测资料分析，对于 100～500km^2 的排水面积，洪峰流量主要由一日暴雨形成。又根据黑龙江省三江平原资料，在近 100km^2 的耕地上，经对暴雨历时与农作物减产率的相关分析得到，与年最大 3 日降雨最密切，最大 1 日降雨次之，其后依次为全年、30 日和 15 日。所以，根据上述资料并参照表 9-1，确定设计暴雨的历时为 1～3 日，应视各地雨型和治理区的面积大小酌情选用。

表 9-1　　目前各地采用的排涝设计标准表

地　　区	设计暴雨重现期（年）	设计暴雨和排涝天数
天津郊县（区）	10	1d 暴雨 2d 排出
河南安阳、信阳地区	3～5	3d 暴雨 1～2d 排出（旱作区）
河北白洋淀地区	5	1d 暴雨 14mm3d 排出
辽宁中部平原区	5～10	3d 暴雨 3d 排至作物耐淹深度
陕西交口灌区	10	1d 暴雨 1d 排出
黑龙江三江平原	5～10	1d 暴雨 2d 排出
吉林丰满以下第二松花江流域	5～10	1d 暴雨 118mm1～2d 排出
湖北平原湖区	10	1d 暴雨 3d 排至作物耐淹深度
湖南洞庭湖区	10	3d 暴雨 3d 排至作物耐淹深度
广东珠江三角洲	10	1d 暴雨 4d 排至作物耐淹深度
广西平原区	10	3d 排至作物耐淹深度
浙江杭嘉湖区	10	1d 或 3d 暴雨分别 2d 或 4d 排至作物耐淹深度
江西鄱阳湖区	5～10	3d 暴雨 3～5d 排至作物耐淹深度
江苏水稻圩区	5～10	1d 暴雨 1d 排至作物耐淹深度
安徽巢湖、芜湖、安庆地区	5～10	3d 暴雨 3d 排至作物耐淹深度
福建闽江、九龙江下游地区	5～10	3d 暴雨 3d 排至作物耐淹深度
上海郊县（区）	10～20	1d 暴雨 1～2d 排出（蔬菜田当日排出）

注　数据摘自 SUT4—1999《农田排水工程技术规范》。

排涝时间应按发生雨涝时农作物不同生育期的耐淹水深和耐淹历时确定。由于各地的工程基础不同，雨情和灾情不同，农业发展对治涝的要求也互有差异，应因地制宜地通过综合分析来确定。根据本章的表 9-1 各地采用的排涝天数，通常规定旱作区可采用 1～3 日排除，稻作区可采用 3～5 日排至耐淹深度是适宜的。

二、设计排涝流量的计算

推求设计排涝流量（又称最大设计流量）的基本途径有两种方法，一是用流量资料推求，二是用暴雨资料推求。因为平原地区水文测站少，资料年限短，设计标准较低，受人类活动的影响较大，例如排水河道开挖前与开挖后，同样的暴雨所形成的流量相差很大等，故通常难以根据实测径流资料进行统计分析，而通常采用由设计暴雨推求排涝流量的方法。但是在不同地区和不同情况下，这类由暴雨推求排涝流量的方法也是各不相同的。

1）对于通常不受下游河、沟水位影响的排水沟，可由设计暴雨推求最大峰量作为设计排涝流量。

2）对于不直接排入容泄区而汇入低洼滞涝区的排水沟，则须通过推求排涝流量过程线来确定设计排涝流量，这种经过滞涝区调蓄后的设计排涝流量常比最大排涝峰量小得多。

3）对于山丘区或比降较陡的排水河沟或撇洪、截流沟，其暴雨排水过程线通常采用单位线法推求。

4）对于平原低洼地区，河沟排涝流量还常常受下游容泄区水位或潮位的影响，应按非恒定流或非均匀流理论计算。

关于上述后面三种情况，由暴雨推求排水流量过程线的具体方法，参见《水力学》和

《水文学》有关部分。下面将针对第一种情况予以介绍。

（一）由降雨推求排涝流量或排涝模数的分析

影响排涝流量或排涝模数（单位面积上的排涝流量）的因素主要有：设计降雨、排涝面积的大小和形状、地面坡度、地面覆盖和作物组成、土壤性质、排水沟网配套情况及沟道比降等。因为影响因素较复杂，难于通过成因分析得到计算排涝流量或排涝模数的理论公式，通常采用各种经验公式进行估算。

1. 排涝地区地面径流的形成过程

设在某一典型排水地区内（如图 9-3 所示），AB 为排水干沟、1—1、2—2、3—3 等为支沟，其相应长度为 λ_1、λ_2、λ_3 等。而介于支沟之间的集水坡地长度为 l_1、l_2、l_3 等，则在这一面积上所产生的地面径流，开始时总是沿着集水坡地（长度为 l）流动，然后流入支沟、最后经干沟而注入容泄区。在通常情况下，各支沟所控制的集水坡地长度、面积、土壤性质及地形等皆不相同，加上降雨分布不均匀，所以径流从坡地流入沟道的过程十分复杂。

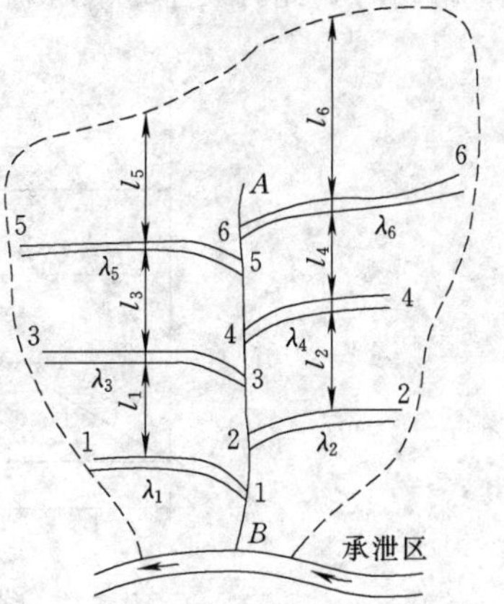

图 9-3　典型排水地区示意图

同时，各级沟道的比降、糙率以及沟口的位置等因素都不同，所以径流在沟道内流动的历时和速度也各有差异。地面径流从排水面积（或集水面积）、汇入沟道、流入容泄区的时间先后不一，所以，地面径流的排泄过程总是按照某种曲线形状变化，通常开始时流量较小，然后增加到最大流量，有时并在一定时间内保持这一最大流量，然后再逐渐减小。为了利于对集流过程现象的理解，首先研究基本（无排水设备）集水坡地的径流情况。

(1) 地面径流的集流过程通常可分为 3 种基本情况。

1) 在降雨停止前就开始发生最大径流，这种现象常发生在降雨历时较久、集水面积较短及径流流动速度较大情况下。此时 $l/u<t$，其典型径流过程线大致呈梯形（如图 9-4 所示）。同时，发生最大径流时的集流面积（$A_{\max}$）等于排水总面积（$A_{总}$），而 K 值（$Q_{\max}/Q$）则介于 1.0 和 2.0 之间。

2) 最大径流恰巧发生在降雨停止的时刻，即 $l/u=t$（l—集水坡地的长度；u—径流沿坡地流动的速度；t—降雨历时）。其径流过程线呈三角形（如图 9-5 所示）。此时，发

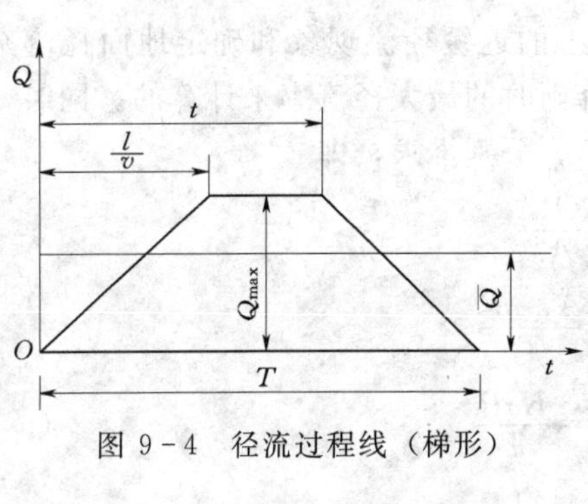
图 9-4　径流过程线（梯形）

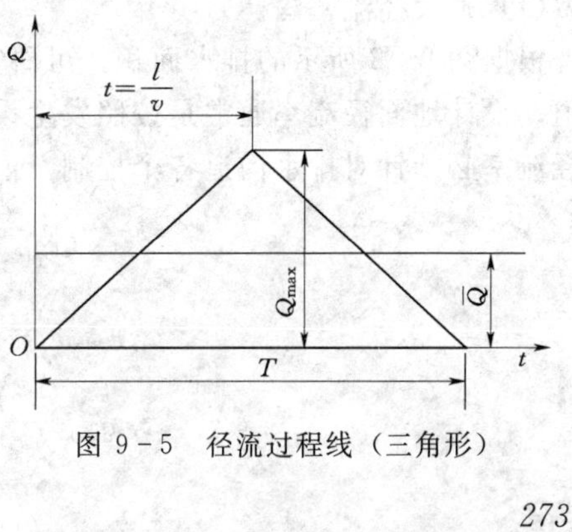
图 9-5　径流过程线（三角形）

生最大径流时的集流面积（A_{max}）恰等于排水总面积（$A_{总}$），并且最大流量 Q_{max} 为平均流量 $\overline{Q}$ 的 2 倍，若以 K 表示以上两种流量的比值（即 $K=Q_{max}/\overline{Q}$），则此时 $K=2$。K 常被称为径流过程线的形状系数。

3）在降雨停止后，即开始发生最大径流，这种现象发生在降雨历时较短，集水面积较长及径流速度较缓的情况下，此时 $l/u>t$，其径流过程线也大致呈梯形（如图 9－6 所示）。同时，此时发生最大径流时的集流面积（A_{max}）要比排水总面积（$A_{总}$）小。

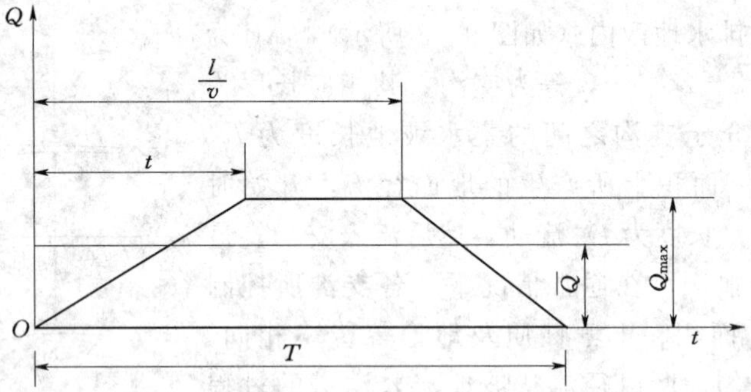

图 9－6　径流过程线（大致呈梯形）

实际上，径流过程线的形状大都是不规则的，列举出上述三种典型情况仅是用来说明各种条件下集流过程特征而已。

（2）径流迟缓系数。

根据径流形成的规律，并因为降雨强度的不均匀性，各时间阶段内由降雨而产生的径流量（或径流率）是不同的。但在设计排水沟道的输水能力时，特别重要的是确定最大径流量。在任何情况下，最大降雨径流量是绝对不会大于净降雨强度（除去蒸发及土壤入渗和截流外）与其集水面积的乘积的。如在 $l/u\leqslant t$ 的情况下，最大径流量至多等于净降雨强度与其集水面积的乘积。此时 $A_{max}=A_{总}$。而在其余的情况下（例如 $l/u>t$），由于径流的迟缓作用，最大径流量往往要比净降雨强度与其集水面积的乘积为小，此时 $A_{max}<A_{总}$。通常可以采用径流迟缓系数 $\varphi=A_{max}=A_{总}=1$ 或 $\varphi<1$ 来表示最大径流量是否等于或小于净降雨强度与其集水面积的乘积。

上述径流形成的规律同样也适用于有排水设备的情况。

2. 设计径流率

（1）最大径流率法。

根据图 9－2 所示的排水面积，可研究该面积上的迟缓径流现象和确定地面径流率的数值。设计地面径流率通常是按照发生设计频率降雨时的最大径流率来计算的。同时，设计径流率必须针对排水沟道各个控制（汇流）断面，分别推求，即

$$q_{设计}=q_{max}=\frac{Q_{max}}{A_{总}}$$

但

$$Q_{max}=K\overline{Q}=K\frac{A_{总}\sigma P}{T}$$

故

$$q_{max}=\frac{KA_{总}\sigma P}{TA_{总}}=\frac{K\sigma P}{T} \tag{9-1}$$

式中　q_{max}——最大径流率；

K——径流过程线的形状系数，当径流过程线为梯形时，$K<2.0$；为三角形时，$K=2.0$；

σ——径流系数；

P——降雨量；

T——集流历时。

集流历时 T 值的计算式应为

$$T = t + \frac{l}{v} + \frac{\lambda}{v_0} + \frac{L}{v_1} \tag{9-2}$$

式中　t——降雨历时；

l、λ、L——集水坡地、支沟、干沟的长度；

v、v_0、v_1——径流沿坡地、支沟、干沟的流速。

所以

$$q_{max} = \frac{K\sigma P}{t + \frac{l}{v} + \frac{\lambda}{v_0} + \frac{L}{v_1}} = \frac{\sigma P}{t}\left(\frac{K}{1 + \frac{l}{vt} + \frac{\lambda}{v_0 t} + \frac{L}{v_1 t}}\right) \tag{9-3}$$

若 P 以 mm 计，t 以 h 计，q_{max} 以 $m^3/(s \cdot km)$ 而

$$D = 1 + \frac{l}{vt} + \frac{\lambda}{v_0 t} + \frac{L}{v_1 t} \tag{9-4}$$

则

$$q_{max} = 0.28\frac{\sigma P}{t}\frac{K}{D} \tag{9-5}$$

式中　K/D——径流迟缓系数，从式中看出径流迟缓系数还与排水系统的结构与布置有关；

其余符号同前。

从公式（9-5）中可以看出，影响径流率的因素通常可分为两类：①集水面积上的不变因素，如集水面积的大小、形状、地面和地形坡度，排水系统的布置情况（λ、l、L 的大小）等；②随时间变化的因素，如降雨强度和延续时间、渗入土壤的雨量以及汇流的流速等。

（2）经验径流率公式。

考虑到在具体条件下，排水面积的大小，形状和排水设备（如沟道布置）并不相同，再加上其他因素的影响，由降雨产生的径流过程是十分复杂的，通常根据成因分析的理论，在运用和统计实测资料的基础上提出相应的径流率计算的经验公式，这些公式的基本形式

$$q_{max} = 0.28\frac{\sigma P}{t}\varphi \tag{9-5'}$$

这类公式的主要区别是如何根据影响径流率的各项因素，提出确定 φ 值的方法。

前苏联 A·H·考斯加可夫院士的公式

$$q_{max} = 0.28\frac{\sigma P}{t}\frac{K}{\sqrt[x]{A}}[m^3/(s \cdot km^2)] \tag{9-6}$$

式中　P——一定频率的一次降雨量，mm；

σ——径流系数；

t——降雨历时，h；

A——排水面积，$10km^2$；

K——系数，其平均值为2.0；

x——指数，与地面坡度、排水设备、地貌情况等因素有关。

当排水沟具有排地下径流任务时，上式中还应加上地下径流率 q_0 的数值。

即
$$q_{max} = 0.28\frac{\sigma P}{t}\frac{K}{\sqrt[x]{A}} + q_0 \tag{9-6'}$$

表9-2列出了欧美和前苏联各国所采用的几种主要的经验公式类型，可供参考。

国内常用的排涝流量（或排涝模数）计算方法分别介绍如下。

表9-2　欧美和前苏联各国所采用的几种主要的经验公式

欧 美 各 国	前 苏 联
$q=\frac{X}{F}+Y$ $q=\frac{X}{F+Y}+Z$ $q=\frac{X}{Y\sqrt{F}}$ 式中　q——排涝模数； F——流域面积，km^2； X、Y、Z——常数	$q=0.28\frac{p}{t}\varphi$ $q=\frac{A_p}{F_n}$ $q=\frac{A_p}{(F+C)^n}$ $q=\frac{A_p}{(F+C)^n}+B$ 式中　q——排涝模数（又称径流模数）； A_p——与频率有关的参数； F——流域面积，km^2； C、B——常数； n——指数； 其他符号意义同前

注　水利水电科学研究院，平原地区排涝模数经验公式的研究，1963年12月。

（二）国内计算排涝流量的常用方法

主要有经验公式法、平均排除法和排涝流量过程线法3种方法。

1. 排涝模数经验公式法

该法适用于大型涝区，需要求出最大排涝流量的情况，其公式为：

$$q = KR^mF^n \tag{9-7}$$

式中　q——设计排涝模数，$m^3/(s\cdot km^2)$；

F——排水沟设计断面所控制的排涝面积，km^2；

R——设计径流深，mm；

K——综合系数（反映河网配套程度、降雨历时、排水沟坡度及流域形状等因素）；

m——峰量指数（反映洪峰与洪量的关系）；

n——递减指数（反映排涝模数与面积的关系）。

公式中考虑了形成最大流量的主要因素。首先反映出的情况是随着排涝面积（或流域）的增大及其自然调整作用的增加而排涝模数逐渐减少；其次考虑了一次径流过程的峰量关系等。目前，各地区或各流域当应用公式（9－4）时，都应根据该地区的除涝排水标准，选用接近设计标准的河流或排水系统的实测资料进行统计分析，确定公式中的各项系数和指数（详见表9－3），供规划布置时参考使用。

表9－3　　　　我国部分地区排涝模数公式参数值表

地区		适用范围（km^2）	K日平均	m	n	设计降雨天数（d）
淮北平原地区		500～5000	0.026	1.00	−0.25	3
河南省	豫东及沙颍河平原区		0.30	1.00	−0.25	1
河南省	金堤河	＜1500	0.215	0.79	−0.43	
河南省	金堤河	＞1500	0.096	0.79	−0.43	
山东省沂沭泗地区	湖西地区	2000～7000	0.031	1.00	−0.25	3
山东省沂沭泗地区	邳苍地区	100～500	0.031	1.00	−0.25	1
河北省黑龙港地区		＞1500	0.058	0.92	−0.33	3
河北省黑龙港地区		200～1500	0.032	0.92	−0.25	3
河北省平原地区		30～1000	0.040	0.92	−0.33	3
山西省太原平原区			0.031	0.82	−0.25	
湖北省平原湖区		≤500	0.0135	1.00	−0.201	3
湖北省平原湖区		＞500	0.017	1.00	−0.238	3
辽宁省中部平原区		＞50	0.0127	0.93	−0.176	3

必须指出，公式中将很多因素的影响都综合在K值中，所以K值变动幅度较大，通常规律是：暴雨中心偏上，净雨历时长、平槽以下径流深大，地面坡度小，流域形状系数小，河网调节程度大，则K值小；反之则大。流域或地区较大时，若不考虑条件的差别，采用统一K值，会影响计算成果精度。

推求设计径流深，必须先确定设计暴雨。设计暴雨通常包括暴雨的大小、暴雨历时分布诸因素，它们都和除涝排水面积的大小有关。在我国华北平原地区，根据实测资料分析证明，对于100～500km^2的排水面积，洪峰流量主要由一日暴雨形成；而对于500～5000km^2的排水面积，洪峰流量面积通常由三日暴雨形成；所以在上述两种情况下，应分别采用一日和三日作为设计暴雨历时。对于具有滞涝容积的排水系统，则应考虑采用长历时的暴雨，有的还须采用具有一定间隙期的前后两次暴雨作为设计标准。当除涝排水面积较小时，通常可用点雨量代表面雨量；当除涝排水面积较大时，由于整个除涝排水面积上的平均面雨量和点雨量的差别较大，需要用面雨量计算。推算设计暴雨的方法有两种，一种是频率法，即当流域内有足够的测站和较长的降雨资料，用各年最大的一次面平均降雨量，直接进行面雨量的频率计算，求得设计标准的暴雨量；另一种是典型年法，即采用排水地区内某个涝灾严重的年份作为典型年，以这一年的某次最大暴雨作为设计暴雨。

由设计雨量推求径流深（净雨）R，均以径流和降雨的实测资料作为依据。计算方法有暴雨扣损法及降雨径流相关图法两种。水田的净雨深常按暴雨扣损法计算。而旱作区通常采用以前期降雨量 P_a 为参数的降雨径流相关图即 $P+P_a \sim R$ 关系曲线。前期影响雨量是反映该地区发生暴雨之前的土壤干湿情况。可采用与设计标准相似的若干场暴雨的平均值作为设计值。小汇水面积的径流深，亦可由设计暴雨 P 乘径流系数 a 得出，a 值通常是指一次暴雨和该次暴雨所产生的径流深的比值（$a=\frac{R}{P}$），亦有把前期影响雨量考虑在内的（$a=\frac{R}{P+P_a}$）。

2. 平均排除法

平均排除法是以排水面积上的设计净雨在规定的排水时间内排除的平均排涝流量或平均排涝模数作为设计排涝流量或排涝模数的方法，即

$$Q=\frac{RF}{86.4t} \tag{9-8}$$

或

$$q=\frac{R}{86.4t} \tag{9-9}$$

对于水田

$$R=P-h_{田蓄}-E \tag{9-10}$$

对于旱田

$$R=aP \tag{9-11}$$

式中 Q——设计排涝流量，m^3/s；

q——设计排涝模数，$m^3/(s\cdot km^2)$；

F——排水沟控制的排水面积，km^2；

R——设计径流深，mm；

a——径流系数；

P——设计暴雨量，mm；

$h_{田蓄}$——水田滞蓄水深，mm，由水稻耐淹水深确定；

E——历时为 t 的水田田间腾发量，mm；

t——规定的排涝时间，天，主要根据作物的允许耐淹历时确定。对于水田，通常选3～5天排除；对于旱地、因耐淹较差，排涝时间应当选得短些，通常取1～3天。

如排水区既有旱地又有水田时，则首先按上式分别计算水田和旱地的排涝模数，然后按旱地和水田的面积比例加权平均，即得综合排涝模数。

这一方法确定的排涝流量或排涝模数，是一个均值，为了与前述按照最大排涝模数确定排水沟设计流量的方法相区别，故把这种方法称为平均排除法。对于水网区和抽水排水地区，由于河网有一定调蓄能力，不论排水面积大小，此方法都是比较适用的。而对于排水沟道调蓄能力较差的地区（如有些坡水区等），按此法算得的排涝流量可能偏小，故通常认为它仅适用于控制面积较小的排水沟，这是因为较小的排水沟，在不超过作物允许耐淹历时的条件下，可以允许地面径流在短时间内漫出沟槽。此法计算简便是其优点，但它没有反映出排水面积越大、其排涝模数越小这一规律，而且当排水面积很大时，涝水汇流时间往往也超过计算中通常规定的排涝时间3～5天。所以应用此法时，首先要针对具体条件，分析其适用性。

3. 排涝流量过程线法

当涝区内有较大的蓄涝区时，即蓄涝区水面占整个排涝区面积的5%以上时，需要

考虑蓄涝区调蓄涝水的作用，并合理确定蓄涝区和排水闸、站等除涝工程的规模。对于这种情况，就需要采用概化过程线等方法推求设计排涝流量过程线，供蓄涝、排涝演算使用。

三、排渍流量的计算

地下水排水流量，自降雨开始至雨后同样也有一个流量高峰和一个变化过程。当地下水位达到一定控制要求时的地下水排水流量称为日常流量，它不是流量高峰，而是一个比较稳定的较小的数值。单位面积上的排渍流量称为设计地下水排水模数或排渍模数[$m^3/(s\cdot km^2)$]，其大小决定于地区排水系统的密度、水文地质条件、土质条件和气象特点（降雨、蒸发条件）等因素。对于排渍模数，通常难以进行理论分析，给出计算公式，而是根据实测资料分析确定。

通常在降雨持续时间长、排水沟系密度较大和土壤透水性强的地区，设计排渍模数具有较大的数值。根据某些地区资料，由于降雨而产生的设计排渍模数见表9-4。

表9-4 各种土质设计排渍模数表

土 质	设计排渍模数[$m^3/(s\cdot km^2)$]
轻砂壤土	0.03～0.04
中壤土	0.02～0.03
重壤土、黏土	0.01～0.02

在盐碱土改良地区，由于冲洗而产生的设计排渍模数常大于表9-6所列数值。如山东省打渔张灌区在洗盐的情况下，实测的排渍模数约为0.02～0.1$m^3/(s\cdot km^2)$。而防止土壤次生盐碱化地区，在强烈返盐季节，其地下水控制在临界深度时的设计排渍模数通常较小。例如河南省引黄人民胜利渠灌区，其排涝模数在0.002～0.005$m^3/(s\cdot km^2)$以下。

第三节 排水沟道设计水位的推算

一、排水沟的设计内、外水位

排涝计算中的设计内水位是指排水出口处的沟道通过排涝流量时的水面高程；在排渍情况下，设计内水位通常应定在农田地下水位降到规定深度的高程上。

目前我国部分地区设计外水位的采用情况见表9-5。从表9-5可见，各地区采用的设计外水位虽然不尽相同，但从中可以概括出两点基本规律。

表9-5 我国部分地区设计外水位

省、市	地 区	设计外水位（m）	备 注
广东	珠江、韩江三角洲地区	采用年最高洪水位的多年平均值	洪水区
		采用5年一遇年最高水位	湖区
湖南	洞庭湖区	采用外江6月份最高水位的多年平均值；以5～8月份最高水位多年平均值中的最高进行校核	大型排水站
湖北		采用与排水设计标准同频率、与设计暴雨同期出现的旬平均水位或采用暴雨设计典型年排涝期间相应的日平均水位，也有采用江河警戒水位的	

续表

省、市	地 区	设计外水位（m）	备 注
江西	鄱阳湖地区	采用10年一遇五日最高平均水位	
		采用年最高水位的多年平均值	大型电排站
安徽		采用5～10年一遇汛期日平均水位	
江苏		采用历年汛期平均最高外水位设计按历年汛期最高外水位校核	中小型排水站
		采用20年一遇汛期最高外水位	大型电排站
福建		采用5年一遇洪水位	闽江下游
		采用10年一遇洪水位	九龙江下游
河南	安阳地区（黄河）	采用黄河3年一遇水位	考虑黄河淤积至1970年时的水位
	信阳地区（潍河）	采用河道堤防保证水位（5～20年一遇）	
黑龙江		采用20年一遇汛期最高日平均水位	
天津		采用汛期最高洪水位	

1）对于选择水位特征期，则有以下多种选择，如年或汛期最高日平均水位、年或汛期最高水位、旬平均水位或汛期最高5日水位、最高汛期平均水位等。具体选择时，可采用如下原则：①当涝区设计降雨与容泄区水位同频率遭遇的可能性较小时，可根据各地的具体情况确定，通常可采用排涝天数（3～10天）平均高水位的多年平均值。②当涝区设计降雨与容泄区水位同频率遭遇的可能性较大时，可采用相应于涝区设计降雨同频率的容泄区排涝天数（3～10天）平均水位作为设计外水位。

2）对于选择水位标准，一种情况是采取相应于涝区暴雨重现期的水位；另一种情况是采用多年平均水位。通常当涝区设计降雨与容泄区水位同频率遭遇的可能性较大时，采用前者；否则采用后者。

涨潮河段的设计外水位，原则上可与上述设计外水位的确定方法相同。取各年排涝期内的高潮位与低潮位，按排涝天数的平均值（即连续高潮与高低潮的半潮位）作频率计算，并取相应于涝区设计降雨同频率的潮位作为设计潮水位。

近几年，由于江河湖泊泥沙淤积逐年加剧以及其他原因的影响，在流量不变的情况下，其水位逐年增高。在确定设计外水位时，要考虑这种因素，以留有余地。

二、排水沟的设计水位

设计排水沟，一方面要使沟道能通过排涝设计流量，使涝水顺利排入外河；另一方面还要使沟道能通过排涝设计流量，使涝水顺利排入外河。排水沟的设计水位可以分为排渍水位和排涝水位两种，确定设计水位是设计排水沟的重要内容和依据，需要在确定沟道断面尺寸（沟深与底宽）之前，加以分析拟定。

1. 排渍水位（又称日常水位）

这是排水沟经常需要维持的水位，在平原地区主要由控制地下水位的要求（防渍或防止土壤盐碱化）所决定。

为了控制农田地下水位，排水农沟（末级固定排水沟）的排渍水位应当低于农田要求的地下水埋藏深度，离地面通常不小于1.0～1.5m；有盐碱化威胁的地区，轻质土不小于2.2～2.6m，如图9-7所示。而斗、支、干沟的排渍水位，要求比农沟排渍水位更低，因为需要考虑各级沟道的水面比降和局部水头损失，例如排水干沟，为了满足最远处低洼农田（见图9-8）降低地下水位的要求，其沟口排渍水位可由最远处农田平均田面高程（A_0），考虑降低地下水位的深度和斗、支、干各级沟道的比降及其局部水头损失等因素逐级推算而得，即

$$z_{排渍} = A_0 - D_{农} - \sum Li - \sum \Delta z \tag{9-12}$$

式中 $z_{排渍}$——排水干沟沟口的排渍水位，m；

A_0——最远处低洼地面高程，m；

$D_{农}$——农沟排渍水位离地面距离，m；

L——斗、支、干各级沟道长度，m，见图9-8；

i——斗、支、干各级沟道的水面比降，如为均匀流，则为沟底比降；

Δz——各级沟道沿程局部水头损失，如过闸水头损失取0.05～0.1m，上下级沟道在排地下水时的水位衔接落差通常取0.1～0.2m。

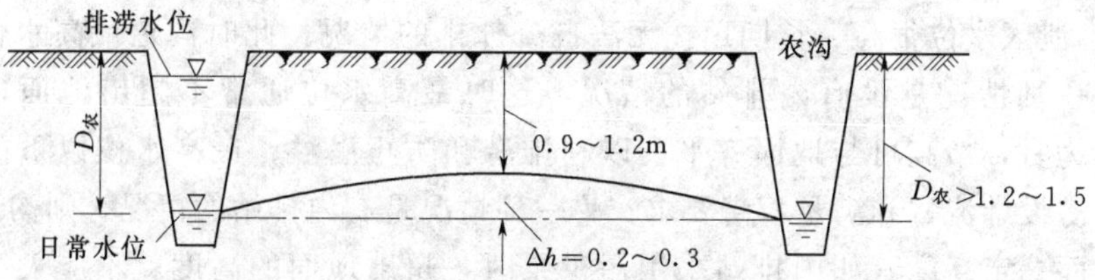

图9-7 排渍水位与控制地下水位的关系（单位：m）

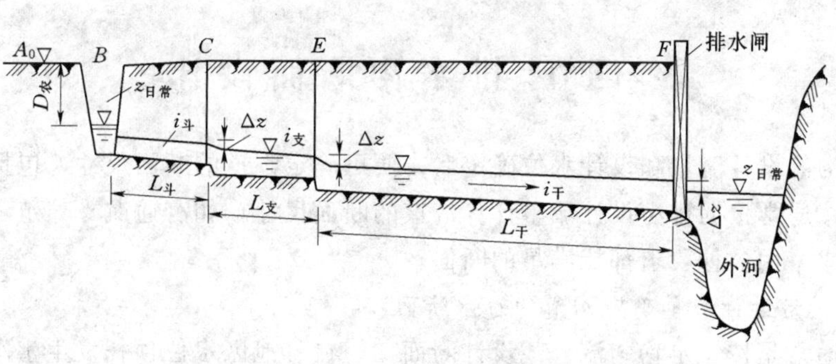

图9-8 干、支、斗、农排水沟排渍水位的关系图

对于排渍期间容泄区（又称外河）水位较低的平原地区，如干沟有可能自流排除排渍流量时，按上式推得的干沟沟口处的排渍水位$z_{排渍}$，应不低于容泄区的排渍水位或与之相平。否则，应适当减小各级沟道的比降，争取自排。而对于经常受外水位顶托的平原水网圩区，则应利用抽水站在地面涝水排完以后，再将沟道或河网中蓄积的涝水排至容泄区，使各级沟道经常维持排渍水位，以便控制农田地下水位和预留沟网容积，准备下次暴雨后滞蓄涝水。

2. 排涝水位（又称最高水位）

排涝水位是排水沟宣泄排涝设计流量（或满足滞涝要求）时的水位。由于各地容泄区水位条件不同，确定排涝水位的方法也不同，但基本上分为下述两种情况。

1）当容泄区水位通常较低，如汛期干沟出口处排涝设计水位始终高于容泄区水位，此时干沟排涝水位可按排涝设计流量确定，其余支、斗、沟的排涝水位亦可由干沟排涝水位按比降逐级推得；但有时干沟出口处排涝水位比容泄区水位稍低，此时如果仍须争取自排，势必产生壅水现象，于是干沟（甚至包括支沟）的最高水位就应按壅水水位线设计，其两岸常需筑堤束水，形成半填半挖断面，如图 9-9 所示。

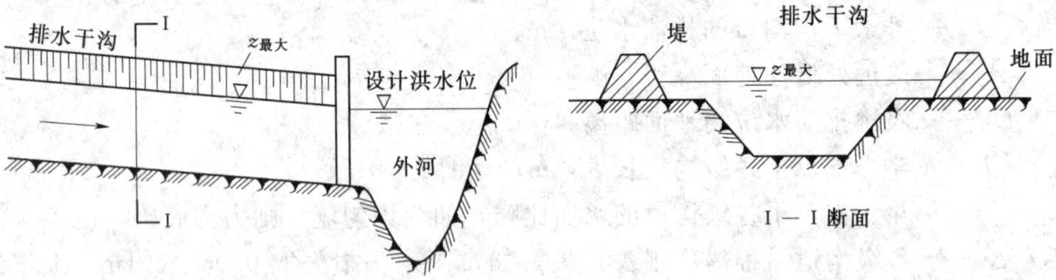

图 9-9　排水出口壅水时干沟的半填半挖断面示意图

2）在容泄区水位很高、长期顶托无法自流外排的情况。此时沟道最高水位是分两种情况考虑，一种情况是没有内排站的情况，这时最高水位通常不超出地面，以离地面 0.2～0.3m 为宜，最高可与地面齐平，以利排涝和防止漫溢，最高水位以下的沟道断面应能承泄除涝设计流量和满足蓄涝要求；另一种情况是有内排站的情况，则沟道最高水位可以超出地面一定高度（如内排站采用污工泵时，超出地面的高度就不应大于 2～3m），相应沟道两岸亦需筑堤。

第四节　排水沟断面设计

当排水沟的设计流量和设计水位确定后，便可确定沟道的断面尺寸，包括水深与底宽等。设计时，通常根据排涝设计流量计算沟道的断面尺寸，如有通航、养殖、蓄涝和灌溉等要求，则应采用各种要求都能满足的断面。

1. 根据排涝设计流量确定沟道的过水断面

排水沟通常是按恒定均匀流公式设计断面，但在容泄区水位顶托发生壅水现象的情况下，往往需要按恒定非均匀流公式推算沟道水面线，从而确定沟道的断面以及两岸堤顶高程等。推算水面线的方法已在水力学中详述，本节从略；但对于排水沟道的断面因素如底坡 J、糙率 n、及边坡系数 m 等应结合排水沟特点进行分析拟定。

（1）排水沟的比降（i）。主要决定于排水沟沿线的实际地形和土质情况，沟道比降通常要求与沟道沿线所经的地面坡降相近，以免开挖太深、同时，沟道比降不能选得过大或过小，以满足沟道不冲不淤的要求，即沟道的设计流速应当小于允许不冲流速（见表 9-6）和大于允许不淤流速（0.3～0.4m/s）。此外，对于连通内湖与排水闸的沟道，其比降还决定于内湖和外河水位的情况；而对于连通抽水站的沟道比降，则须注意抽水机安装高程的限制，通常说来，对照上述要求，平原地区沟道比降可在下列范围内选择：干沟为1/6000～1/20000，支沟为1/4000～1/10000，斗沟为1/2000～1/5000。

而在排灌两用沟道内有反向输水出现的情况下，则沟道比降宜较平缓，其方向则以排水方向为准。对于有些结合灌溉、蓄涝和通航的沟道，其比降也有采用平底的情况。为了便于施工，同一沟道最好采用均一的底坡，在地面比降变化较大时，也要求尽可能使同一沟道的比降变化较少。

表 9-6　允许不冲流速表

土壤类别	允许不冲流速（m/s）
淤土	0.2
重粘壤土	0.75～1.25
中粘壤土	0.65～1.00
轻粘壤土	0.6～0.9
粗砂土（d=1～2mm）	0.6～0.75
中砂土（d=0.5mm）	0.4～0.6
细砂土（d=0.05～0.1mm）	0.25

（2）沟道的边坡系数（m）。这主要与沟道土质和沟深有关，土质愈松，沟道愈深，采用的边坡系数应愈大。由于地下水汇入的渗透压力、坡面径流冲刷和沟内滞涝蓄水时波浪冲蚀等原因，沟坡容易坍塌，所以排水沟边坡通常比灌溉边坡为缓。设计时可参考表9-7。

表 9-7　土质排水沟边坡系数表

土质	边坡系数			
	挖深＜1.5m	挖深＜1.5～3m	挖深3～4m	挖深4～5m
砂土	2.5	3.0～3.5	4～5	≥5
砂壤土	2.0	2.5～3	3～4	≥4
壤土	1.5	2～2.5	2.5～3	≥3
粘土	1.0	1.5	2	≥2

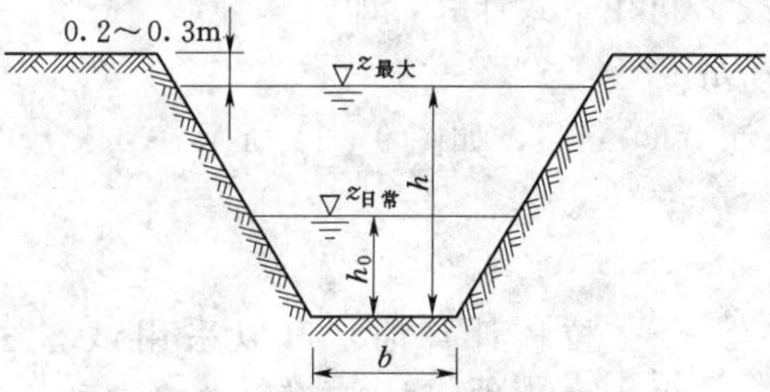

图 9-10　排水沟横断面图

（3）排水沟的糙率（n）。对于新挖沟道，其糙率与灌溉渠道相同。约为0.02～0.025，而对于容易长草的沟道，通常采用较大的数值，取0.025～0.03。

2. 根据通航、养殖要求校核排水沟的水深与底宽

按除涝设计流量确定的排水沟水深 h（相应的排渍水深为 h_0）及底宽 b（见图9-10），往往还不一定是最后采用的数值。考虑到干、支沟在有些地区需要同时满足通航、养殖要求，所以还必须根据这些要求对沟道排渍水深 h_0 及底宽 b 进行校核。

沟道通航水深决定于通航船只的吨位。干沟通常要求通航50～100t的船只，支（斗）沟通航50t以下的船只，相应要求的通航水深见表9-8。养殖水深通常要求1.0～1.5m，干、支沟都一样。

表 9-8　通航、养殖对排水沟的要求

沟名	通航要求		养殖水深
	水深（h_0）	底宽（b）	
干沟	1.2～2.0	5～15	1.0～1.5
支沟	0.8～1.0	2～4	1.0～1.5

通过校核，如果按排涝设计流量算出的沟道水深与底宽不能满足在排渍水位下通航、养殖和控制地下水位的要求，则沟道应按要求拓宽加深。在排涝流量和排渍流量相差悬殊且要求的沟深也显著不同的情况下，可以采用复式断面。

3. 根据滞涝要求校核排水沟的底宽

平原水网圩区的一个特点，就是汛期（5～10 月）外江（河）水位高涨、关闸期间圩内降雨径流无法自流外排，只能依靠抽水机及时提水抢排一部分，大部分涝水需要暂时蓄在田间以及圩内部的湖泊洼地和排水沟内，以便由水泵逐渐提排出去。除田间和湖泊蓄水外需要由排水沟容蓄的水量（因蒸发和渗漏量很小，故不计）为

$$h_{沟蓄} = P - h_{田蓄} - h_{湖蓄} - h_{抽排} \tag{9-13}$$

式中 $h_{沟蓄}$——沟道蓄水量；

P——设计暴雨量（1 天暴雨或 3 天暴雨，以 mm 计），按除涝标准选定；

$h_{田蓄}$——田间蓄水量，水田地区按水稻耐淹深度确定，通常取 30～50mm，旱田则视土壤蓄水能力而定；

$h_{抽排}$——水泵抢排水量；

$h_{湖蓄}$——湖泊洼地蓄水量，根据各地野境内部现有的或规划的湖泊蓄水面积及蓄水深度确定。

$h_{沟蓄}$、$h_{抽排}$、$h_{湖蓄}$均为折算到全部排水面积上的平均水层，mm。

由公式（9-8）可见，只要研究确定了 P、$h_{田蓄}$、$h_{湖蓄}$、$h_{抽排}$等值，便可求得需要排水沟容蓄的涝水量，这部分水量就蓄在各级沟道（干、支、斗）的滞涝容积 $V_{滞}$ 内，即图 9-11 中最高滞涝水位与排渍水位（或称汛期预降水位）之间的阴影部分。沟道滞涝水深 h 通常为 0.8～1.0m，排水沟的滞涝总容积（$V_{滞}$）可用下式计算，即

$$V_{滞} = \sum bhl \tag{9-14}$$

式中 b——各级滞涝河网或沟道的平均滞涝水面宽度（m），如图 9-11 所示；

l——各级滞涝沟道的长度，m；

$\sum bhl$——各级滞涝沟道的 bhl 之和，m^3。

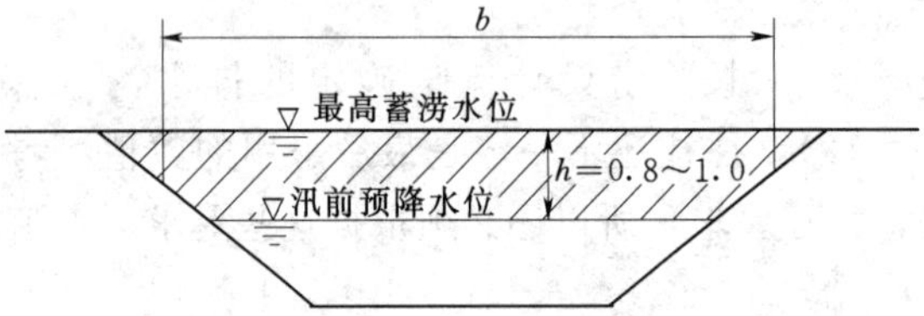

图 9-11 河（沟）道的滞水位和预降水位（单位：m）

校核计算时，可以采用试算法，即先按排涝或航运等要求确定的沟道断面计算其滞涝容积（$V_{滞}$），如果这一容积小于需要沟道容蓄的涝水量，除可增加抽排水量外则须适当增加有关各级沟道的底宽（或改为复式断面）或沟深（甚至增加沟道密度），直至沟道蓄水容积能够容蓄涝水量为止。

4. 根据灌溉引水要求校核排水沟道底宽

当利用排水沟引水灌溉时，水位往往形成倒坡或平坡，这就需要按非均匀流公式推算排水沟引水灌溉时的水面曲线，借以校核排水沟在输水距离和流速等方面能否符合灌溉引水的要求，如不符合，则应调整排水沟的水力要素。

在通常工程设计中，对斗、农沟常常采用规定的标准断面（根据典型沟道计算而得），

不必逐一计算，而只是对较大的主要排水沟道，才需要进行具体设计。设计时，通常选择以下断面进行水力计算，(a) 沟道汇流处的上、下断面（即汇流以前和汇流以后的断面）；(b) 沟道汇入外河处的断面；(c) 河底比降改变处的断面等。对于较短的沟道，若其底坡和土质都基本一致，则在沟道的出口处选择一个断面进行设计即可。

排水沟在多数情况下是全部挖方断面，只有通过洼地或受容泄区水位顶托发生壅水时，为防止漫溢才在两岸筑堤，形成又挖又填的沟道。从排水沟挖出的土方，可用以修堤、筑路、填高农田田面和居民点房基，或结合灭螺填平附近废沟旧塘，不要任意乱堆在沟道两岸，以免被雨水冲入沟中，影响排水。通常堤与弃土堆距离沟的上口，不应小于1.0m，堤（路）高应超出地面或最高水位以上0.5～0.8m，堤顶宽取0.5～1.0m，如兼作各种道路，则结合需要另行确定。对于较大的排水干沟，有时为了满足排除涝水和地下水的综合要求，特别在排涝设计流量和排渍流量相差悬殊的情况下，排水沟可以设计成复式断面，这样可节省土方和减少水下的施工。

防止排水沟的塌坡现象是设计沟道横断面的重要问题，特别是在砂质土地带，更需重视。沟道塌坡不但使排水不畅，而且增加清淤负担。针对边坡破坏的主要原因，在结构设计中，除应用稳定的边坡系数外，还可以采取下列措施以稳定排水沟的边坡。

1）防止地面径流的冲蚀，如利用截流沟、截流堤或沟边道路防止地面径流漫坡注入沟道；或采取护坡措施，如种植草皮和干砌块石等。

2）减轻地下径流的破坏作用，排水沟与灌溉渠道如采取相邻布置的方式，则沟、渠之间可安排道路或使沟道采用不对称断面，即靠近灌渠一侧采用较缓的边坡。

3）对干沟道较深和土质松散的排水沟，采用复式断面，可以减少沟坡的破坏。复式断面的边坡系数（m），随各种土质而定，可选用一种或几种数值。排水沟开挖深度大于5.0m时，应在沟底以上每隔3～4m设置宽度不小于0.8～1.0m的戗台。

在设计排水沟的纵断面时，通常要求各级沟道之间在排地下水时不发生壅水现象，即上、下级沟道在排除日常流量（排渍流量）时，水位衔接应有一定的水面落差（Δz），通常取0.1～0.2m（如图9-12所示）。在通过排涝设计流量时，沟道之间产生短期的壅水现象，是可以允许的，但通常沟道的最高水位，尽可能低于沟道两侧的地面高程0.2～

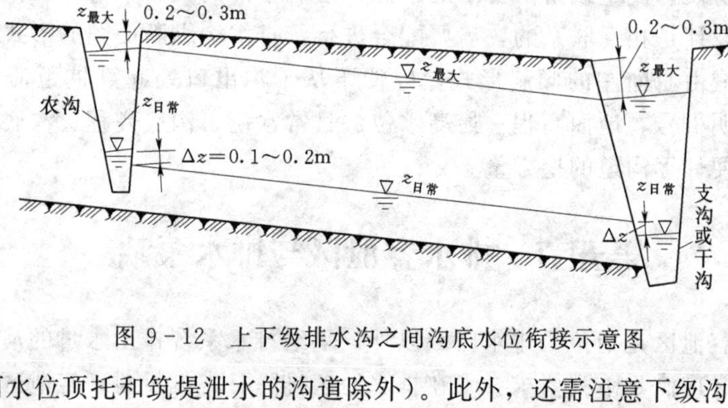

图9-12　上下级排水沟之间沟底水位衔接示意图

0.3m（受外河水位顶托和筑堤泄水的沟道除外）。此外，还需注意下级沟道的沟底不高于上级沟道的沟底。

下面结合图9-13说明排水沟纵断面图的绘制方法与步骤。通常首先根据沟道的平面

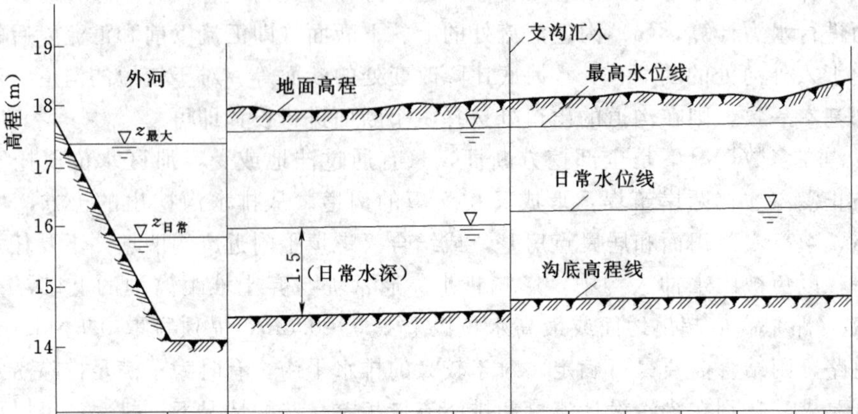

桩号	0+000	0+200	0+400	0+600	0+800	1+000		1+200	1+400	1+600	1+800	2+000	2+080	2+200
地面高程	17.80	17.82	17.91	17.96	18.00	18.00		18.15	18.15	18.25	18.25	18.06	18.28	18.35
最高水位	17.60	17.62	17.64	17.66	17.68	17.70		17.72	17.74	17.76	17.78	17.80	17.81	17.82
日常水位	16.00	16.02	16.04	16.06	16.08	16.10	16.30	16.32	16.34	16.36	16.38	16.40	16.41	16.42
沟底高程	14.50	14.52	14.54	14.56	14.58	14.60	14.80	14.82	14.84	14.86	14.88	14.90	14.91	14.92
挖方深度	3.30	3.30	3.37	3.40	3.42	3.40	3.20	3.33	3.31	3.39	3.37	3.16	3.37	3.43
沟底比降	$\frac{1}{10000}$													

单位:m

图 9-13 排水干沟纵断面图

布置图，按干沟沿线各桩号的地面高程依次绘出地面高程线；其次，根据干沟对控制地下水位的要求以及选定的干沟比降等，逐段绘出日常水位线；然后在日常水位线以下，根据宣泄日常流量或通航、养殖等要求所确定的干沟各段水深，定出沟底高程线；最后再由沟底向上，根据排涝设计流量或蓄涝要求的水深，绘制干沟的最高水位线。排水沟纵断面的设计和其横断面设计是相互联系的，需要配合进行。排水沟纵断面图的形式和灌溉渠道相似，但有时可绘成由右向左的倾斜形式，以便于从干沟出口处起算桩距，如图 9-13 所示。在图上应注明桩号、地面高程；最高水位、日常水位、沟底高程、沟底比降以及挖深等各项数据，以便计算沟道的挖方量。

第五节 排水容泄区与排水泵站

排水系统的容泄区是指位于排水区域以外，承纳排水系统排出水量的河流、湖泊或海洋等。容泄区通常应满足下列要求：①在排水地区排除日常流量时，容泄区的水位应不使排水系统产生壅水，保证正常排渍；②在汛期，容泄区应具有足够的输水能力或容蓄能力，能及时排泄或容纳由排水区排出的全部水量。此时，不能因容泄区水位高而淹没农田，或者虽然局部产生浸没或淹没，但淹水深度和淹水历时不得超过耐淹标准；③具有稳定的河槽和安全的堤防。

容泄区的规划通常涉及排水系统排水口位置的选择和容泄区的整治，分别介绍如下。

一、排水口位置的选择

排水口的位置主要根据排水区内部地形和容泄区水文条件决定，即排水口应选在排水区的最低处或其附近，以便涝水易于集中；同时还要使排水口靠近容泄区水位低的位置，争取自排。由于平时和汛期排水区的内、外水位差呈现出各种情况，所以排水口的位置可以选择多处，排水口也可以有多个，以便于排泄和符合经济要求为准。另外，在确定排水口的位置时，还应考虑排水口是否会发生泥沙淤积，阻碍排水；排水口基础是否适于筑闸建站；抽排时排水口附近能否设置调蓄池等。

由于容泄区水位和排水区之间往往存在矛盾，通常可采取以下措施处理：

1）当外河洪水历时较短或排涝设计流量与洪水并不相遇时，可在出口建闸、防止洪水侵入排水区，洪水过后再开闸排水。

2）洪水顶托时间较长，影响的排水面积较大时，除在出口建闸控制洪水倒灌外，还须建泵站排水，待洪水过后再开闸排水。

3）当洪水顶托、干沟回水影响不远，可在出口修建回水堤，使上游大部分排水区仍可自流排水，沟口附近低地则建站抽排。

4）如地形条件许可，将干沟排水口沿容泄区下游移动，争取自排。

当采取上述措施仍不能满足排水区排水要求或者虽然能满足排水要求但在经济上不合理时，就需要对容泄区进行整治。

二、容泄区整治

降低容泄区的水位，以改善排水区的排水条件，这是整治容泄区的主要目的，而整治容泄区的主要措施通常有以下几点。

1）疏浚河道：通过疏浚，可以扩大泄洪断面，降低水位。但疏浚时，必须在河道内保留一定宽度的滩地，以保护河堤的安全。

2）退堤扩宽：当疏浚不能降低足够的水位以满足排水系统的排水要求时，可采取退堤措施，扩大河道过水断面。退建堤段应尽量减少挖压农田和拆迁房屋，退堤通常以一侧退建为宜，另一侧利用旧堤，以节省工程量。

3）截弯取直，整治河道：当以江河水道为容泄区时，如果河道过于弯曲，泄水不畅，可以采取截弯取直措施，以短直河段取代原来的弯曲河段。由于河道流程缩短，相应底坡变陡，流速加大，这样就能使本河段及上游河段一定范围内的水位降低。截弯取直段所组成的新河槽，在整体上应形成一条平顺曲线。截弯取直通常只应用于流速较小的中、小河流。对于水流分散，断面形状不规则的河段，应进行各种河道整治工程，如修建必要的丁坝、顺堤等，以改善河道断面；稳定河床，降低水位，增加泄量，给排水创造有利条件。

4）治理湖泊、改善蓄泄条件：如调蓄能力不足，可整治湖泊的出流河道、改善泄流条件，降低湖泊水位。在湖泊过度围垦的地区，则应考虑退田还湖，恢复湖泊蓄水容积。

5）修建减流、分流河道：减流是在作为容泄区的河段上游，开挖一条新河，将上游来水直接分泄到江、湖和海洋中，以降低用作排水容泄区的河段水位。这种新开挖的河段常称减河。分流也是用来降低作为容泄区的河段水位的。这一措施，通常也在河段的上游，新开一条新的河渠，分泄上游一部分来水、但分泄的来水，绕过作为容泄区的河段后仍汇入原河。有些地区，为了提高容泄区排涝能力，还采取另辟泄洪河道，使洪涝分排。

6）清除河道阻障：临时拦河坝、捕鱼栅、孔径过小的桥涵等，往往造成壅水，应予清除或加以扩建，以满足排水要求。

以上列举了一些容泄区的整治措施，但各种措施都有其适用条件，必须上下游统一规划治理，不能只顾局部，造成其他河段的不良水文状况，应该通过多方案比较，综合论证，择优选用。

三、排水泵站组成

当田间排水沟的末一级排水沟的设计水位，低于外河道或容泄区水位时，排水沟道不能实现自流排水，这时便需要设立排水泵站进行强排，以保证农田免除涝害或渍害。

排水泵站的工作特点是它所抽提的水是农田的排水，通常含有大量的杂质和泥沙，而且来水的流量逐日逐时都在变化。

排水泵站的基本组成包括：机器间、集水池、格栅、辅助间，有时还附设有变电所。机器间内设置水泵机组和有关的附属设备。格栅和吸水管安装在集水池内，集水池还可以在一定程度上调节来水的不均匀性，以使水泵能较均匀工作。格栅的作用是阻拦水中粗大的固体杂质，以防止杂物阻塞和损坏水泵，所以，格栅又叫拦污栅。辅助间通常包括贮藏室、修理间、休息室和厕所等。

四、水泵的选择

1. 泵站设计流量的确定

农田的排水量是不均匀的。要正确地确定水泵的出水量及其台数以及决定集水池的容积，必须知道排水量为最高时，末一级排水沟道内水量的变化情况。排水泵站的设计流量通常均按设计标准下，末一级沟道内的排水流量决定。

通常小型排水泵站（最高日污水量在 5000m^3 以下），设 1～2 套机组；大型排水泵站（最高日污水量超过 15000m^3）设 3～4 套机组。

2. 泵站扬程的确定

泵站扬程可按下式计算

$$H = H_{ss} + H_{sd} + \sum h_s + \sum h_d \tag{9-15}$$

式中 H_{ss}——吸水地形高度，m，为集水池内最低水位与水泵轴线之间高差；

H_{sd}——压水地形高度，m，为水泵轴线与输水最高点（即压水管出口处）之高差；

$\sum h_s$、$\sum h_d$——污水通过吸水管路和压水管路中的水头损失（包括沿程损失和局部损失）。

应该指出，由于排水泵站通常扬程较低，局部损失占总损失比重较大，所以不可忽略不计。

考虑到排水泵在使用过程中因效率下降和管道中阻力增加而增加的能量损失，在确定水泵扬程时，可增大 1～2m 安全扬程。

工作泵可以选用总的要求是在满足最大排水量的条件下，减少投资，节约电耗，运行安全可靠，维护管理方便。在可能的条件下，每台水泵的流量最好相当于 1/2～1/3 的设计流量，并且以采用同型号水泵为好。这样对设备的购置，设备与配件的备用，安装施工，维护检修都有利。但从适应流量的变化和节约电能考虑，采用大小搭配较为合适。如选用不同型号的两台水泵时，则水泵的出水量应不小于大泵出水量的 1/2；如设一大两小共 3 台水泵时，则水泵的出水量不小于大泵出水量的 1/3。

为了保证泵站的正常工作，需要有备用机组和配件。如果泵站经常工作的水泵不多于 4 台，且为同一型号，则可只设一套备用机组；超过 4 台时，除安设一套备用机组外，在仓库中还应存放一套。

第十章 雨水汇集利用

第一节 雨水径流集蓄灌溉工程

一、雨水径流集蓄灌溉意义

旱区通常是指广大的干旱地区、半干旱地区、半干旱半湿润地区以及半湿润偏旱地区。雨水径流集蓄灌溉工程是导引、收集雨水径流，并把它蓄存起来，作为一种有效水资源而予以灌溉利用的工程技术措施。

雨水径流集蓄利用已有悠久的历史。远古时期，人们为了在沙漠或其他干旱缺水地区生存和发展，就已开始集蓄利用雨水径流。如公元前4500年，中东一些地区已开始收集雨水用于人饮和农业生产。据今4000多年以前，以色列Negev沙漠的居民修建了石制的雨水收集工程灌溉农作物。墨西哥的考古遗迹表明，雨水集蓄系统早在公元300年就有了。据今700～900年以前，居住在美国西南部的印第安人也应用了类似的雨水利用系统。世界上有些地方，人们收集屋顶上的雨水径流专门作为家庭用水。如在威尼斯，屋顶雨水集流和储存是直到16世纪为止1300年间的主要水源。雨水径流集蓄利用技术目前已在世界许多地方得到不断发展，包括发达国家中的美国、瑞典、澳大利亚、加拿大、以色列以及发展中国家如印度、孟加拉、印度尼西亚、马来西亚、新几内亚、加勒比群岛、突尼斯、约旦等，集蓄的雨水用于人畜饮用，厕所、冷暖用水，草坪、果园、菜园以及大田作物灌溉。

我国尤其在西北、华北的许多地区，雨水一直被以多种形式广泛地利用着。我国干旱半干旱及半湿润偏旱山丘区的耕地总面积约占全国总耕地面积的1/3左右，区内人口约占全国人口的32%。这类地区，蒸发量大，降水量小，且多以暴雨形式集中发生在年内几个月份（6～9个月）。水资源贫缺是其农业生产发展受阻的最主要原因，有些地方甚至人畜饮水都成问题。许多地区，如陕西北部，山西西北部及甘肃、宁夏的许多山丘地区，在中等干旱年情况下，其农作物产量仅能达到平原灌溉条件地区的1/4左右。面对大面积这类地区的农业生产，尤其是近几年果树等经济作物的迅速发展，只要有水源，即在需水关键期进行一两次限额灌水，也能大幅度提高产量，增加收入。

这类地区，还会经常遭受汛期暴雨径流的冲刷，致使水土流失严重，土层剧烈剥蚀，生态环境恶化。若能充分有效地利用当地雨水资源，不仅可在很大程度上解决缺水问题，而且还可有效减少暴雨径流灾害，防止水土流失。因此，当地雨水径流的集蓄利用有利于振兴该地区的社会经济，改善其生态环境，经济效益、社会效益和生态效益显著，对旱区建设具有重要意义。

二、雨水径流集蓄灌溉工程系统组成

从工程技术的角度分析，雨水径流集蓄灌溉工程基本上是由4大部分组成，即集水工程、输水工程、蓄水工程和灌溉工程。集水工程和输水工程是雨水集蓄灌溉工程的基础，

蓄水工程是雨水集蓄灌溉工程的"心脏"(起调节作用，类似于调节水库)，灌溉工程则是其目的。

（一）集雨区

集雨区是集雨灌溉工程的水源地，可分为非耕地与耕地两大类。

1. 非耕地集雨区

这是目前普遍的作法，即收集区院（含屋顶）、道路、荒山荒坡以及经过拍实、硬化的弃耕地的雨水，为了提高集流效率在条件允许时，需对集雨区的表面进行防渗处理，如硬化、铺膜、喷防渗材料等。非耕地集雨区的优点是技术比较简单，集雨季节长，其缺点是集雨区末硬化时会带来较多的泥沙。

2. 耕地集雨区

利用耕地作为集雨区的方法有两种：一种是把耕地既作为灌区又作为水源地，降雨高峰期通过作物垄间塑膜，收集部分雨水并妥善蓄存，在作物最干旱时进行灌溉；另一种方法是在人均耕地较多的地方，可采用土地轮休的办法，用塑膜覆盖耕地作为集流面，第二年该集流面转为耕地，可另选一块地作为集流面。耕地集雨区的优点是无泥沙淤积，且不受水源地条件的束缚，可以使所有旱地实施集雨灌溉。缺点是费用较高，直接用于大田尚需进一步研究试验方可推广。

集雨区面积的大小与当地降雨量的大小、集水的容积和集雨区的表面植被等因素有关（见表 10－1）。表中列出几种下垫面条件下集 1m³ 水所需集雨区的面积。

表 10－1　集 1m³ 水所需集雨区面积　单位：m²

水源地类型		降雨量（mm）			
		400～450	451～500	501～550	551～600
非耕地集雨	土路面	≥12.0	11.0	10.0	9.0
	沥青路面	≥4.4	4.0	3.6	3.2
	塑料薄膜	≥4.1	3.8	3.4	3.0
耕地集雨	塑料薄膜	≥7.0	6.3	5.6	5.0

（二）截流输水工程

截流输水工程的作用是把集水区汇集的雨水输入到蓄水区，并尽可能地减少输水损失。可以采用暗渠或管道输水，以减少渗漏和蒸发。其基本类型有 3 种：

1）屋面集流面的输水沟布置在屋檐落水下的地面上，庭院外的集流面可以用土渠或混凝土渠将水输入到蓄水工程。输水工程宜采用 20cm×20cm 的混凝土矩形渠、开口 20cm×30cm 的 U 形渠、砖砌、石砌、暗管（渠）和 UPVC 管。

2）利用公路作为集流面且具有公路排水沟的截流输水工程，从公路排水沟出口处连接修建到蓄水工程，或者按计算所需的路面长度分段修筑与蓄水工程连接。

3）利用荒山荒坡作集流面时，可在坡面上每 20～30m 沿等高线修截流沟，截流沟可采用土渠，坡度宜为 1/30～1/50，截流沟应连接到输水沟。输水沟宜垂直等高线布置并采用矩形或 U 形混凝土渠，尺寸按集雨流量确定。

（三）蓄水工程及其配套设施

蓄水工程可以是水（窑）窖、蓄水池、涝池或塘坝等类型。由于水窖具有基本不占用耕地，材料费少、可以基本做到无蒸发和渗漏以及技术易为群众掌握等优点，所以，是目前最主要的集雨蓄水工程形式。在水流进入蓄水工程之前，要设置沉淀、过滤设施，以防杂物进入水池。同时应在蓄水窖（池）的进水管（渠）上设置闸板并在适当位置布置排水道，在降雨开始时，先打开排水口，排掉脏水，然后再打开进水口，雨水经过过滤后再流入水窖（池）蓄存，窖蓄满时可打开排水口把余水排走。根据各地区开展集雨灌溉工程的经验，水窖形式以缸式和瓶式水窖为主。容积一般为 40～60m^3，若配以节水农业技术，每窖控制灌溉面积 0.13～0.2hm^2。

（四）灌溉设施

由于受到蓄水工程水量的限制，不可能采用传统的地面灌水方法进行灌溉。必须采用节水灌溉的方法，如担水点浇、坐水种、地膜穴灌、地膜下沟灌、渗灌和滴灌等，这样才能提高单方集蓄雨水的利用率。对于雨水集蓄灌溉工程，在地形条件允许时，应尽可能实行自流浇地。

（五）旱作农业措施

集雨灌溉的目的在于提高旱地的农业生产能力，使农民群众得到更大的经济效益。因此，为了充分发挥集雨灌溉工程的效益，必须配套地膜覆盖、适水种植等旱作农业技术，这样才能真正提高旱地的农业生产能力。

第二节　雨水集蓄工程规划

一、用水量分析计算

用水量分析计算的任务是根据当地可供雨水资源量和农田灌溉及生活用水要求，进行分析和平衡计算，进而确定雨水储蓄工程的规模。

（一）年集水量的计算

全年单位集水面积上的可集水量按下式计算

$$W = E_y R_P / 1000 \tag{10-1}$$

$$R_P = K P_P \tag{10-2}$$

$$P_P = K_P P_0 \tag{10-3}$$

式中　W——保证率等于 P 的年份单位集水面积全年可集水量，m^3/m^2；

E_y——某种材料集流面的全年集流效率，以小数点表示。由于集雨材料的类型，各地的降水量及其保证率的不同。全年的集流效率也不同，要选用当地的实测值，若资料缺乏，可参考类似地区选用，表 10-2 列出了甘肃和宁夏两省（自治区）推荐值，供参考；

R_P——保证率等于 P 的全年降雨量，mm，可从水文气象部门查得，对雨水集蓄来说，P 一般取 50%（平水年）和 75%（中等干旱年）。也可按式（10-2）和式（10-3）计算；

P_P——保证率 P 的年降水量，mm；

P_0——多年平均降水量，mm，由气象资料确定；

K_P——根据保证率及 C_v（离差系数）值确定的系数，用小数表示，可从水文气象部门查得；

K——全年降雨量与降水量之比值，用小数表示，可根据气象资料确定。

表 10-2　　不同材料集流场在不同降水量及保证率情况下全年集流效率表

多年平均降水量（mm）	保证率（%）	集流效率（%）								
		混凝土	塑膜覆砂	水泥土	水泥瓦	机瓦	青瓦	黄土夯实	沥青路面	自然土坡
400～500	50	80	46	53	75	50	40	25	68	8
	75	79	45	25	74	48	38	23	67	7
	95	76	36	41	69	39	31	19	65	6
300～400	50	80	46	52	75	49	40	26	68	8
	75	78	41	46	72	42	34	21	66	7
	95	75	34	40	67	37	29	17	64	5
200～300	50	78	41	47	71	41	34	20	66	6
	75	75	34	40	66	34	28	17	64	5
	95	73	28	33	62	30	24	13	62	4

（二）用水量的计算

用水量包括灌溉用水量和生活用水量。在庭院种植和近村地带的蓄雨设施，往往灌溉和生活用水要同时考虑。在远离村庄地带的蓄雨设施，一般只考虑灌溉用水。

1. 灌溉用水量

雨水集蓄的作物种植要突出“二高一优”的模式。合理确定粮食、林果、瓜类和蔬菜等作物的种植比例，以充分发挥水的效益。农业灌溉应采用适宜的节水灌溉方法，在节水灌溉的前提下，按非充分灌溉（限额灌溉）的原理进行分析计算。计算所需的作物需水量或灌溉制度资料，要用当地的试验值，降雨量资料由当地气象站或雨量站搜集。若当地资料缺乏，可搜集类似地区的资料分析选用。单位面积年灌溉用水量可按下式计算

$$M_d = (W - P - WT)\eta \qquad (10-4)$$

式中 M_d——非充分灌溉条件下年灌溉定额，m^3/a；

W——灌溉作物的全年需水量，m^3/hm^2；

P——作物生育期的有效降雨量，mm。可采用同期的降雨量值乘以有效系数而得。该系数对不同地区、不同作物则不同，如甘肃和宁夏两省（自治区）建议夏作物取 0.7～0.9，秋作物取 0.8～0.9；

WT——播种前土壤中的有效储水量，根据实测资料确定；缺乏实测资料时，可按（0.15～0.25），作粗略估计；

η——灌溉水的利用系数，若采用滴灌等节水灌溉技术 η 可取 0.9。

式（10-4）中的 W 值若是地面灌溉条件下的试验数值，应用在节水灌溉条件下，其值应乘以一个系数，根据所采用的灌溉方式不同来选用。若采用滴灌或膜下灌时，甘肃和宁夏两省（自治区）建议取 0.5～0.8。单位面积上的年灌溉用水量也可根据灌水定额和

灌水次数进行估算，即用水量＝各次灌水定额×灌水次数。表 10－3 列出了甘肃和宁夏两省（自治区）集雨灌溉作物的灌水次数和灌水定额供参考。

表 10－3　　甘肃和宁夏两省（自治区）集雨灌溉作物的灌水次数和灌水定额

项　目	粮　食　作　物		果　实	蔬　菜　瓜　果	
	夏作物	秋作物			
灌水次数	降雨量 300mm	3～4	3～4	4～5	8～9
	降雨量 400mm	2～3	2～3	3～4	6～8
	降雨量 500mm	2～3	1～2	2～3	5～6
灌水定额（m^3/亩）	滴灌、膜孔灌	150～225	150～225	120～225	150～225
	点浇、注水灌	75～150	75～150	75～120	75～150

2. 生活用水量

生活用水主要指人及牲畜、家禽的饮用水量。规划时要考虑未来 10 年内可能达到的人口数及牲畜、家禽数，并按不同保证率年份的用水定额进行计算。各地的定额标准可能不一样，根据已求得的集水量（来水）和灌溉用水量以及生活用水量，进行平衡计算，确定工程的规模。包括集雨面积、灌溉面积和蓄水容积。工程各类材料集流面应满足灌溉和生活用水要求，即符合式（10－5）。计算时应对典型保证率年份分别计算相应的集流面积，选用其中最大值进行设计，即

$$W_p = S_{P1}F_{P1} + S_{P2}F_{P2} + \cdots + S_{Pn}F_{pn} \qquad (10-5)$$

式中　W_P——保证率等于 P 的年份需用水量（m^3），即灌溉用水量与生活用水量之和；

S_{P1}、S_{P2}、S_{Pn}——保证率等于 P 的年份不同集雨材料的集流面积，m^2；

F_{P1}、F_{P2}、F_{pn}——保证率等于 P 的年份不同集雨材料单位集水面积上可集水量，m^3/m^2。

蓄水设施的总容积可按下式计算

$$V = \alpha W_{max} \qquad (10-6)$$

式中　V——蓄水设施总容积，m^3；

α——容积系数，一般取 0.8；

W_{max}——不同保证率年份用水量中的最大值（m^3），其中生活用水量可按平水年考虑。

二、总体规划

在对基本资料进行分析、采用水平衡法计算的基础上，就可以进行雨水集蓄工程的集流场规划、蓄水系统规划、灌溉系统规划，以及投资预算、效益分析和实施措施等总体规划。

（一）集流场规划

广大农村都有公路或乡间道路通过，不少农村，特别是山区农村房前屋后一般都有场院或一些山坡地等，应充分利用这些现有的条件作为集流面，进行集雨场规划。若现有集雨场面积小等条件不具备时，应规划修建人工防渗集流面。若规划结合小流域治理，利用荒山坡作为集流面时，要按一定的间距规划截流沟和输水沟，把水引入蓄水设施或就地修

建塘坝拦蓄雨水。用于解决庭院种植灌溉和生活用水的集雨场，首先利用现有的瓦屋面作集雨场，若屋面为草泥时，考虑改建为瓦屋面（如混凝土瓦），若屋面面积不足时，则规划在院内修建集雨场作为补充。有条件的地方，尽量将集雨场规划于高处，以便能自压灌溉。

（二）蓄水系统规划

蓄水设施可分为蓄水窖、蓄水池和塘坝等类型，要根据当地的地形、土质、集流方式及用途进行规划布置。用于大田灌溉的蓄水设施要根据地形条件确定位置，一般应选择在比灌溉地块高10m左右的地方，以便实行自压灌溉。用于解决庭院经济和生活用水相结合的蓄水设施，一般应选择在庭院内地形较低的地方以方便取水。为安全起见，所有的蓄水设施位置必须避开填方或易滑坡的地段，设施的外壁距崖坎或根系发达的树木的距离不小于5m，根据式（10-6）计算的总容积规划一个或数个蓄水设施，两个蓄水设施的距离应不少于4m。公路两旁的蓄水设施应符合公路部门的排水、绿化、养护等有关规定。蓄水设施的主要附属设施如沉沙池、输水渠（管）等应统一规划考虑。

（三）灌溉系统规划

雨水集蓄系统规划的任务是确定灌溉地段具体范围，选择节水灌溉方法和类型、系统的首部枢纽和田间管网布置等。

1. 灌溉范围的确定

根据水量平衡计算结果规划的集雨场和蓄水设施，确定单个或整个系统控制的范围，并在平面图上标出界线，以便进行管网布置。

2. 灌溉方法的选定

雨水集蓄应采用适宜的节水灌溉方法，如滴灌、渗灌、注水灌和坐水种等。具体采用哪一种方法，要根据当地的灌溉水源、作物、地形和经济条件等来确定。

3. 灌溉类型的选定

集雨灌溉，水量非常有限，一般应采用节水灌溉技术。为了节省投资，有条件的地方，首先应考虑自压灌溉方式，没有自压条件的地方。才考虑人工手压泵或微型电泵提水。

（四）投资预算

较大的工程应分别列出集雨场、蓄水系统与附属设施、首部枢纽、管网系统（含灌水器）的材料费、施工费、运输费、勘测设计费和不可预见费等几项，算出工程的总投资和单位面积投资。若灌溉和生活用水结合的工程，应按用水量进行投资分摊。

（五）效益分析

对工程建成投入运行后所能产生的经济、社会和生态效益进行分析，进而证明工程建设的必要性，经济效益主要是对工程的投资、年费用及增产效益进行分析计算。规划阶段一般用静态分析法计算，对较大的系统可同时用静态法和动态法进行计算。社会效益是指工程建成后对当地脱贫致富和精神文明建设等方面的内容。生态效益是指对当地生态环境影响，如对缓解用水矛盾、减少水土流失、环境卫生条件改善等方面的内容。

（六）实施措施

对较大的工程，为了保证工程的顺利实施，要根据当地具体情况提出具体的实施措施。一般包括组织施工领导班子和施工技术力量，具体施工安排材料供应，安全和质量控制等内容，雨水集流场设计。

影响集流效率的重要因素有：

(1) 降雨特性对集流效率的影响。

全年降雨量的多少及雨强的大小影响到集流效率。随着降雨量和雨强的增加，集流效率也增加。在多年平均降雨量越小的地区，说明该地区越是干旱，小雨量、小雨强的降雨过程也就多，全年的集流效率也就越低。也就是说，愈是干旱的年份（保证率愈高），全年的集流效率也就愈低。

(2) 集流面材料对集流效率的影响。

雨水集流的防渗材料有很多种，各地试验结果表明以混凝土和水泥瓦的效率最高，可达70%～80%。这是因为这类材料吸水率低，在较小的雨量和雨强下即能产生径流。而土料防渗效率差，一般在30%以下。各种防渗材料集流效率大小依次为混凝土、水泥瓦、机瓦、塑膜覆沙（或覆土）、青瓦、三七灰土、原状土夯实、原状土。同一种防渗材料在不同地方全年集流效率亦有差别，这主要是各地施工质量差别所造成。

(3) 集流面坡度对集流效率的影响。

一般来讲，集流面坡度较大，其集流效率也较大。因为坡度较大时可增加流速，可减少降雨过程中坡面水流的厚度，降雨停止后坡面上的滞留水也减少，因而可提高集流效率。下垫面材料相同，不同坡度对集流效率的影响差别也较大。据甘肃省的试验，榆中集流场坡度为1/50，混凝土面集流效率仅40%～50%，西峰集流场坡度为1/9，集流效率达68%～80%。西峰试验原土夯实全年效率可达19%～30%。而榆中试验，在一般雨量下不产生径流，在每次降雨达到10mm以上时才能产流，效率也仅为10%～15%。因此，为了提高集流效率，集流场纵坡应不小于1/10。

(4) 集流面前期来水量对集流效率的影响。

前次降雨造成集流面含水量高时，本次降雨集流效率就高。下垫面材料不同这种影响差别也较大，特别是土质集流面，前期含水量对集流效率的影响更明显。据甘肃西峰试验，原状土夯实地块在前期土壤饱和度达95%时，集流效率达80%以上，混凝土面集流面则影响较小。集流场位置与集流面材料的选择利用当地条件集蓄雨水进行作物灌溉时，首先应考虑现有的集流面，如沥青公路路面，乡村道路、场院和天然坡地等。现有的集流面面积小，不能满足集水量要求时，则需修建人工防渗集流面来补充。防渗材料有很多种，如混凝土、瓦（水泥瓦、机瓦、青瓦）、天然坡面夯实，塑料薄膜、片（块）石衬砌等。要本着因地制宜、就地取材、集流效率高和工程造价低的原则选用。若当地砂石料丰富，运输距离较近时，可优先采用混凝土和水泥瓦集流面。因这类材料吸水率低，渗水速度慢，渗透系数小，在较小的雨量和雨强下即能产生径流，在全年不同降水量水平下，效率比较稳定，可达70%～80%，而且寿命长，集水成本低、施工简单、干净卫生。混合土（三七灰土）因渗透速度和渗透系数都较大，受雨强和前期土壤含水率影响也较大，故集流面形成的径流相对较少。原状土夯实比混合土集流面形成的径流又少，这是因为土壤表面的抗蚀能力较弱，固结程度差，促使土壤下渗速度加快。下渗量增大，因而地表径流就相应减少，效率一般在30%以下，所需集流面积较大，且随着年降雨水平的不同，年效率不稳定，差别较大。若当地人均耕地较多，可采用土地轮休的办法，用塑膜覆盖部分耕地作为集流面，第二年该集流面转为耕地，再选另一块耕地作为集流面，这种材料集流效率较高，但塑膜寿命短。在有条件的地方，可结合小流域治理，利用荒山坡地作为集流面，并按设计要求修建截流沟和输水沟，把水引入蓄水设施。

三、截流输水工程的设计

由于地形条件和集雨场位置、防渗材料的不同，其规划布置也不相同。对于因地形条件限制离蓄水设施较远的集雨场，考虑长期使用，应规划建成定型的土渠。若经济条件允许，可建成U形或矩形的素混凝土渠。利用公路、道路作为集流场且具有路边排水沟的截流输水沟渠，可从路边排水沟的出口处连接到蓄水设施。路边排水沟及输水沟渠应进行防渗处理，蓄水季节应注意经常清除杂物和浮土。利用山坡地作为集流场时，可依地势每隔20～30m沿等高线布置截流沟，避免雨水在坡面上漫流距离过长而造成水量损失。截流沟可采用土渠，坡度宜为1/30～1/50，截流沟应与输水沟连接，输水沟宜垂直等高线布置。并采用矩形或U形素混凝土渠或用砖（石）砌成，利用已经进行混凝土硬化防渗处理的小面积庭院或坡面，可将集流面规划成一个坡向，使雨水集中流向沉沙池的入水口。若汇集的雨水较干净，可直接流入蓄水设施，也可不另设输水渠。

（一）设计资料的收集与计算

当地降雨量的多少关系到集流场面积大小的确定和工程造价等问题。由于各地自然地理和气象条件的不同，降雨量差别也较大，因此，需根据当地资料来计算分析才符合实际。降雨资料主要从当地水文气象部门搜集，若只有降水资料，可根据式（10-2）和式（10-3）计算。

（二）灌溉用水量的确定

尽量搜集当地或类似地区不同作物的灌溉用水量资料。若资料缺乏可参考式（10-4）进行估算，用水保证率按$P=75\%$设计。

（三）集流场面积的确定

由集水量推求集流面积公式为

$$S = 1000W/P_pE_p \qquad (10-7)$$

式中 S——为集流场面积，m^2；

W——为年蓄水量（m^3），可按式（10-1）～式（10-4）计算。也可查表（10-4）选用；

P_p——为用水保证率p时的降水量，mm；

E_p——为用水保证率等于P时的集流效率，当地试验资料缺乏时可参考表（10-2）选用。表（10-4）为宁夏不同材料集水场在不同降水量及保证率情况下全年集水量。

（四）集流面的设计

集流面材料有很多种，设计要求也不同，主要有以下几种。

1. 混凝土集流面

施工前应对地基进行洒水翻夯处理，翻夯厚度以30cm为宜，夯实后的干容重不小于$1.5t/m^3$。没有特殊荷载要求的可直接在地基上铺浇混凝土。若有特殊荷载要求，如碾压场、拖拉机或汽车行驶等，则应按特殊要求进行设计。砂石料丰富地区，可将河卵石、小块石砸入土层内，使其露出地面 2cm，然后再浇混凝土，集流面宜采用横向坡度为 1/10～1/50，纵向坡度 1/50～1/100。一般用 C14 混凝土分块现浇，并留有伸缩缝，厚度 3～6cm。砂石料含泥量不大于 4%，并不得用矿化度大于 2g/L 的水拌和，分块尺寸以 1.5m×1.5m 或 2m×2m 为宜，缝宽 1～1.5cm。缝间填塞浸油沥青砂浆牛皮纸，3 毡 2 油沥青油毡、水泥砂浆、细石混凝土或红胶泥等。在兼有人畜饮水用的集流面，其缝间不得用浸油沥青材料，伸缩缝深度应与混凝土深度一致。在混凝土面初凝后，要覆盖麦草、草袋等物洒水养护 7 天以上，炎热夏季施工时，每天洒水不得少于 4 次。

表 10-4　　宁夏不同材料集水场在不同降水量及保证率情况下全年集水量

多年平均年降水量 (mm)	保证率 (%)	集流量 ($m^3/100m^2$)						
		混凝土	水泥土	机瓦	青瓦	黄土夯实	沥青路面	自然土坡
400～500	50	40	26.5	25	20	12.4	34	4
	75	39.5	22.5	24	19	11.5	33.5	3.5
	95	38	20.5	19.5	15.5	9.5	32.5	3.0
300～400	50	32	20.8	19.6	16	10.4	27.2	3.2
	75	31.5	18.4	16.8	13.6	8.4	26.4	2.8
	95	30	16	14.8	11.6	6.8	25.6	2.0
200～300	50	23.4	14.1	12.3	10.2	6	19.8	1.8
	75	22.5	12	10.2	8.4	5.1	19.2	1.5
	95	21.9	9.9	9	7.2	3.9	18.6	1.2

2. 瓦面集流

瓦有水泥瓦、机瓦、青瓦等种类。水泥瓦的集流效率要比机瓦、青瓦高出 1.5～2 倍，故应尽量采用水泥瓦做集流面。用于庭院灌溉和生活用水的要与建房结合起来，按建房要求进行设计施工。一般水泥瓦屋面坡度为 1/4，也可模拟屋面修建斜土坡。铺水泥瓦作为集流面，瓦与瓦间应搭接良好。

3. 片（块）石衬砌集流面

利用片（块）石衬砌坡面作为集流面时，应根据片（块）石的大小和形状采用不同的衬砌方法。片（块）石尺寸较大，形状较规则，可以水平铺垫，铺垫时要对地基进行翻夯处理，翻夯厚度以 30cm 为宜，夯实后干容重不小于 $1.5t/m^3$，若尺寸较小、形状不规则，可采用竖向按次序砸入地基的方法，厚度不小于 5cm。

4. 土质集流面

利用农村土质道路作为集流面要进行平整，一般纵向坡度沿地形走向，横向倾向于路边排水沟，利用荒山坡地作集流面，需对原土进行洒水翻夯深 30cm，夯实后干容重不小于 $1.5t/m^3$。

5. 塑膜防渗集流面

该集流面可分为裸露式和埋藏式两种。裸露式是直接将塑料薄膜铺设在修整完好的地面上，在塑膜四周及接缝可搭接 10cm，用恒温熨斗焊接或搭接 30cm 后折叠止水。埋藏式可用草泥或细沙等覆盖于薄膜上，厚度以 4～5cm 为宜。草泥应抹匀压实拍光，细沙应摊铺均匀。塑膜集流面的土基要求铲除杂草、整平，适当拍实或夯实，其程度以人踩不落陷为准，表面适当部位用砖块、石块或木条等压实。

四、雨水集蓄水源工程的结构设计

（一）水源工程位置的选择

1. 窖（窑）

北方干旱地区，特别是西北黄土丘陵区地形复杂，梁、峁、墟、台、坡等地貌交错，草地、荒坡、沟谷、道路以及庭院等均有收集天然降水的地形条件。选择窖（窑）位置应按照因地制宜的原则，综合考虑窖址的集流、灌溉和建窖土质三方面条件，即：选择降水后能形成地表径流且有一定集水面积；水窖应选在灌溉农田附近；引水取水都比较方便的位置。山区要充分利用地形高差大的特点多建立自流灌溉窖，同时窖址应选择在土质条件好的地方，避免在山洪沟边、陡坡、陷穴等地点打窖。不同土质条件的地区要选择与之相适应的窖型结构，如土质夯实的黄土、红土地区可布设水泥砂浆薄壁窖，而土质较疏松的土质（如砂壤土）地区则布置混凝土盖窖或素混凝土盖窖。

2. 蓄水池

蓄水池按其结构形式和作用可分为涝池、普通蓄水池和调压蓄水池等。

(1) 涝池。在黄土丘陵区，群众利用地形条件在土质较好、有一定集流面积的低洼地修建的季节性简易蓄水设施。在干旱风沙区，一些地方由于降水入渗形成浅层地下水，群众开挖长几十米、宽数米的涝池，提取地下水发展农田灌溉。

(2) 普通蓄水池。蓄水池一般是用人工材料修建的具有防渗作用，用于调节和蓄存径流的蓄水设施。根据其地形和土质条件可修建在地上或地下，其结构形式有圆形、矩形等。蓄水池水深一般为2～4m，防渗措施也因其要求不同而异，最简易的是水泥砂浆面防渗。蓄水池的选址分以下两种情况。

1）有小股泉水出露地表。可在水源附近选择适宜地点修建蓄水池，起到长蓄短灌的作用，其容积大小视来水量和灌溉面积而定。

2）在一些地质条件较差、不宜打窖的地方，可采用蓄水池代替水窖，选址应考虑地形和施工条件。另外一些引水工程（包括人畜饮水工程和灌溉引调水工程），为了调剂用水，可在田间地头修建蓄水池，在用水紧缺时使用。

(3) 调压蓄水池。在降雨量多的地方，为了满足低压管道输水灌溉，喷灌、微灌等所需要的水头而修建的蓄水池。选址应尽量利用地形高差的特点，设在较高的位置实现自压灌溉。

3. 土井

土井一般指简易人工井，包括土圆井、大口井等。它是开采利用浅层地下水，解决干旱地区人畜饮水和抗旱灌溉的小型水源工程。适宜打井的位置，一般在地下水埋藏较浅的山前洪积扇，河漫滩及一级阶地，干枯河床和古河道地段，山区基岩裂隙水、溶洞水及铁、锰和侵蚀性二氧化碳高含量的地区。

（二）容积设计

1. 水窖容积的确定

按照技术、经济合理的原则确定水窖的容积是集水工程建设的一个重要方面。影响水窖容积的主要因素有地形和土质条件，按照不同用途要求、当地经济水平和技术能力来选择窖型结构。

(1) 根据地形土质条件确定水窖容积。

水窖作为农村的地下集水建筑物，其容积大小受当地地形和土质条件影响和制约。当地土质条件好，土壤质地密实，如红土、黄土区，开挖水窖容积可适当大一些。而土质较差的地区，如砂土、黄绵土等，如窖容积大，则容易产生塌方。一些地方因土质条件甚至不宜建窖。

(2) 按照不同的用途要求选择的窖型结构和容积。

如主要用于解决人畜饮水的窖大都采用传统土窖，有瓶式窖、坛式窖等，其容积一般为 20～40m^3。这类窖要求窖口口径小（60cm 左右），窖脖长，如图 10－1 所示。用于农田灌溉的水窖一般要求容积较大，窖身和窖口通常采取加固措施，以防止土体坍塌，如改进型水泥薄壁窖、盖窖、钢筋混凝土窖，水窖容积一般为 50m^3，60m^3 和 100m^3 左右。窑窖一般适用于土质条件好的自然崖面或可作人工剖理的崖面，先开挖窑洞，窑顶作防潮处理，然后在窑内开挖蓄水池。这种在窑内建蓄水池或窖的设施被群众俗称为窑窖，窑窖的容积根据土质情况和集流面的大小确定，容积一般为 60～100m^3，个别容积可达 200m^3。水窖容积的确定除考虑上述因素外，还受当地经济水平和投入能力的制约。修建水窖时要考虑适宜的窖型结构、容积大小和使用寿命的长短。根据土质条件和适宜的建窖类型，可参考表 10－5 确定建窖容积。

表 10－5　　建窖容积

土质条件	适宜建窖类型	建窖面积（m^3）
土质条件好，质地密实的红土、黄土区	传统土窖	30～40
	改进型水泥薄壁窖	40～50
	窑窖	60～80
土质条件一般的壤质土区	混凝土盖碗窖	50～60
	钢筋混凝土窖	50～60
土壤质地松散的砂质土区	不宜建窖，易修建蓄水池	100

2. 蓄水池容积的确定

(1) 确定蓄水池容积的原则。

确定蓄水池容积时：第一，考虑的是可能收集、贮存水量的多少，是属于临时或季节性蓄水还是常年蓄水，蓄水池的主要用途和蓄水量要求；第二，要调查、掌握当地的地形、土质情况（收集 1/500～1/200 大比例尺地形图，地质剖面图）；第三，要结合当地经济水平和可能投入与技术要求参数全面衡量、综合分析；第四，选用多种形式进行对比、筛选，按投入产出比（或单方水投入）确定最佳容积。

(2) 蓄水池容积的计算。

蓄水池因用途、结构不同有多种多样：按形状、结构可分为圆形池、方形池、矩形池等；按建筑材料、结构可分为土池、砖池、混凝土池和钢筋混凝土池等；按用途作用可分为涝池（涝坝、平塘）、普通蓄水池（农用蓄水池）、调压蓄水池等。

1）涝池。涝池形状多样。随地形条件而异，有矩形池、平底圆池、锅底圆池等。涝池的容积一般为 100～200m^3，最小不小于 50m^3，其容积计算如下

矩形池容积为

$$V=(H+h)\frac{F+f}{2} \tag{10-8}$$

平底圆池容积为

$$V=\frac{\pi}{2}(R^2+r^2)(H+h) \tag{10-9}$$

锅底圆池，参照其形状近似计算其容积，在计算实际最大蓄水量时，要减去超高部分。

式中 V——为总容积，m^3；

H——为水深，m；

h——为超高，m；

F——为池上口面积，m^2；

f——为池底面积，m^2；

R——为池上口半径，m；

r——为池底半径，m。

2）普通蓄水池。主要用于小型农业灌溉或兼作人畜饮水用。蓄水池根据用途、结构等不同，其容积一般为 50～100m^3，特殊情况蓄水量可达 200m^3。按其结构、作用不同一般可分为两大类型，即开敞式和封闭式类型。开敞式蓄水池是季节性蓄水池，它不具备防冻、防蒸发功能。农用蓄水池只是在作物生长期内起补充调节作用，即在灌水前引入外来水蓄存，灌水时放水灌溉，或将井、泉水长蓄短灌。开敞式蓄水池一般根据来水量和用水量，选定蓄水容积，其变化幅度较大。就其结构形状可分为圆形和矩形两种，蓄水量一般 50～100m^3。对于开敞式圆形蓄水池，可根据当地建筑材料情况可选用砖砌池、浆砌石池、混凝土池等，池内采取防渗措施。主要规格尺寸：长 4～8m，宽 3～4m，深 3～3.5m，蓄水量 50～100m^3。封闭式蓄水池的池顶增加了封闭设施，具有防冻、防蒸发功效，可常年蓄水。可用于农业节水灌溉，也可用于干旱地区的人畜饮水工程。结构形式，可分为以下两种形式：

梁板式圆形池。又可分为拱板式和梁板式两种，但其蓄水池结构尺寸是相同的。主要规格尺寸：直径 3～4m，深 3～4m，蓄水量 25～45m^3。盖板式矩形池，顶部选用混凝土空心板，再加保温层防冻，冬季寒冷期较长的西北地区生活用水工程普遍采用。主要规格尺寸：池长 8～20m，池宽 3m，深 3～4m，蓄水量 80～200m^3。

盖板式钢筋混凝土矩形池。主要用于特殊工程之用，其结构多为钢筋混凝土矩形、圆形池，蓄水量可根据需要确定，一般在 200m^3 左右。宁夏固原县西塬自压喷灌压力池长 25m，宽 7.2m，深 3.7m 的钢筋混凝土结构，蓄水量可达 500m^3，既可蓄水调压、又兼有沉沙作用，为自压喷灌提供可靠水源。

3）调压蓄水池。调压蓄水池的结构形式和普通蓄水池一样，只要选好地势，形成自

压水头，就可达到调压目的，其蓄水量根据用水需求选定。

（三）结构设计

1. 窖（窑）

（1）窖（窑）常用的结构形式。

水窖按其修建的结构不同可分为传统型土窖、改进型水泥薄壁窖、盖碗窖、窑窖、钢筋混凝土窖等。按采用的防渗材料不同又可分为胶泥窖、水泥砂浆抹面窖、混凝土和钢筋混凝土窖、土工膜防渗窖等。由于各地的土质条件、建筑材料及经济条件不同，可因地制宜选用不同结构的窖形。在建窖中，对用于农田灌溉水窖与人畜饮水窖在结构要求上有所不同。根据黄土高原群众多年的经验，人饮窖要求窖水温度尽可能不受地表和气温的影响，窖深一般要达到 6～8m，保持窖水不会变质，长期使用，而灌溉水窖则不受深度的限制。

（2）适合当前农村生产的几种窖形结构。

1）水泥砂浆薄壁窖。水泥砂浆薄壁窖（如图 10－1 所示）窖型是由传统的人饮窖经多次改进，筛选成型。窖体结构包括水窖、旱窖、窖口和窖盖 3 部分。水窖位于窖体下部，是主体部位，形似水缸，旱窖位于水窖上部，由窖口经窖脖子（窖筒）向下逐渐呈圆弧形扩展，至中部直径（缸口）后与水窖部分吻接。这种倒坡结构，受土壤力学结构的制约，其设计结构尺寸是否合理直接关系到水窖的稳定与安全，窖口和窖盖的作用是稳定上部结构，防止来水冲刷，并连接提水灌溉设施。

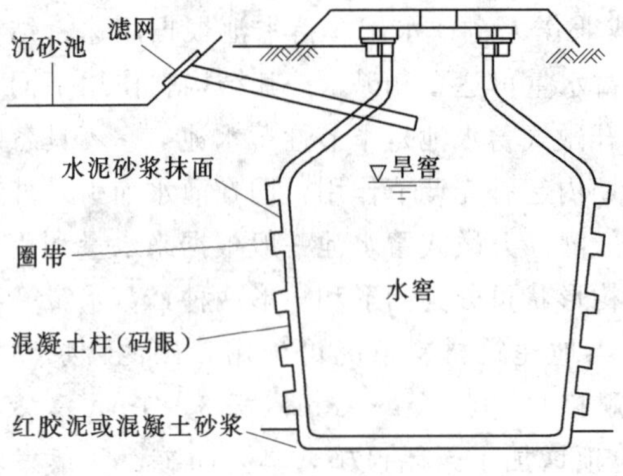

图 10－1　水泥砂浆薄壁窖

水泥砂浆薄壁窖近似“坛式酒瓶”缩短了旱窖部分长度，由传统人饮窖的 4～5m 缩减为 3m 左右。加大了水窖中部直径和蓄水深度，将窖口尺寸由传统土窖的 0.5～0.6m 扩大到 0.8～1.0m，减轻了上部土体重量，便于施工开挖取土。防渗处理分为窖壁防渗和窖底防渗两部分。为了使防渗层与窖体土层紧密结合并防止防渗砂浆整体脱落，沿中径以下的水窖部分每隔 1.0m，在窖壁上沿等高线挖一条宽 5cm、深 8cm 的圈带，在两圈带中间，每隔 30cm 打混凝土柱（码眼），品字形布设，以增加防渗砂浆与窖壁的整体性。

窖底结构以反坡形式受力最好，即窖底呈圆弧形，中间低 0.2～0.3m，边角亦加固成圆弧形。在处理窖底时，首先要对窖底原状土轻轻夯实，增强土壤的密实程度，防止底部发生不均匀沉陷。窖底防渗可根据当地材料情况因地制宜选用，一般可分为两种：①胶泥防渗，可就地取材，是传统土窖的防渗形式。首先要将红胶泥打碎过筛、浸泡拌捣成面团状，然后分 2 层夯实，厚度 30～40cm，最后用水泥砂浆墁一层，作加固处理；②混凝土防渗。在处理好的窖底土体上浇筑 C19 混凝土，厚度 10～15cm。此窖型适宜土质比较密实的红、黄土地区。对于土质松疏的砂壤土地区和土壤含水量过大地区不宜采用。其主要技术指标为窖深 7～7.8m，其中水窖深 4.5～4.8m，底径 3～3.4m，中径 3.8～4.2m。旱窖深（含窖脖子）2.5～3.0m，窖口径 0.8～1.1m，窖体由窖口以下 50～80cm 处圆弧形向下扩展至水窖中径部位，窖台高 30cm，蓄水量 40～50m³。附属设施包括进水渠，沉沙池（坑）、拦污栅、进水管（槽）、窖口和窖台等。有条件的地方还要设溢流口、排水渠等。

2）混凝土盖碗窖。混凝土盖碗窖（如图 10－2 所示）形状类似盖碗茶具，故取名盖碗窖。此窖型避免了因传统窖型窖脖子过深，带来打窖取土、提水灌溉及清淤等困难。适宜于土质比较松散的黄土和砂壤土地区，适应性强。窖体包括水窖、窖盖与窖台三部分。混凝土帽盖为薄壳型钢筋混凝土拱盖，在修整好的土模上现浇成型，施工简便。帽盖上布设圈梁、进水管、窖口和窖台。

3）素混凝土肋拱盖碗窖。窖体包括水窖、窖盖和窖台三部分。水窖部分结构尺寸与混凝土盖碗窖完全一样。混凝土帽盖的结构尺寸也与混凝土盖碗窖相同，不同之处是将原来的钢筋混凝土帽盖改进为素混凝土肋拱帽盖，可节省 30kg 钢筋和 20kg 铅丝。适应性更强，便于普遍推广。其结构特点为帽盖为拱式薄壳型，混凝土厚度为 6cm，在修整好的半球状土模表面上由窖口向圈梁辐射形均匀开挖 8 条宽 10cm、深 6～8cm 的小槽。窖口外沿同样挖一条环形槽，帽盖混凝土浇筑后，拱肋与混凝土壳盖形成一整体，肋槽部分混凝土厚度由拱壳的 6cm 增加到 12～14cm，即成为混凝土肋拱，起到替代钢筋的作用。适用范围、主要技术指标、附属设施与混凝土盖碗窖相同。

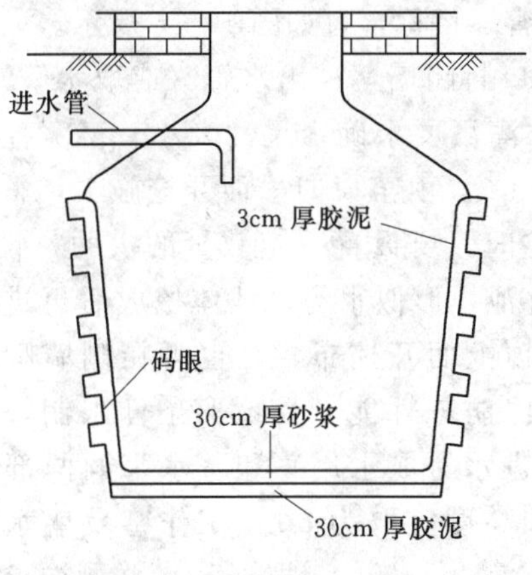

图 10－2　混凝土盖碗窖

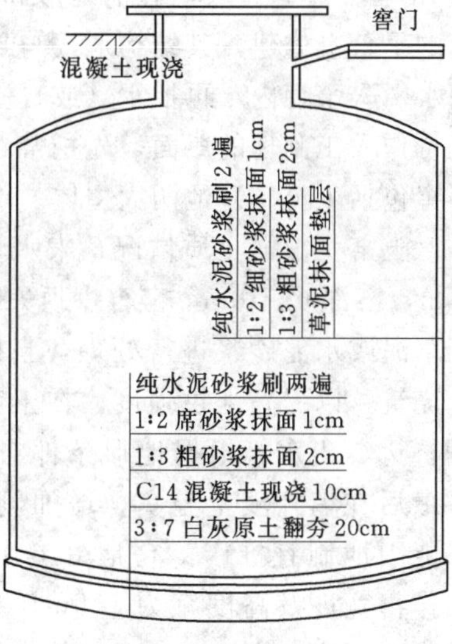

图 10－3　混凝土拱底顶盖圆柱形水窖

4）混凝土拱底顶盖圆柱形水窖。该窖型是甘肃省常见的一种形式（如图 10－3 所示），主要由混凝土现浇弧形顶盖、水泥砂浆抹面窖壁、三七灰、混凝土顶盖水泥砂浆抹面窖剖面、原土翻夯窖基、混凝土现浇弧形窖底、混凝土预制圆柱形窖颈和进水管等部分组成。

5）混凝土球形窖。该窖型为甘肃省的一种形式（如图 10－4 所示）。主要由现浇混凝土上半球壳、水泥砂浆抹面下半球壳、两半球接合部圈梁、窖颈和进水管等部分组成。

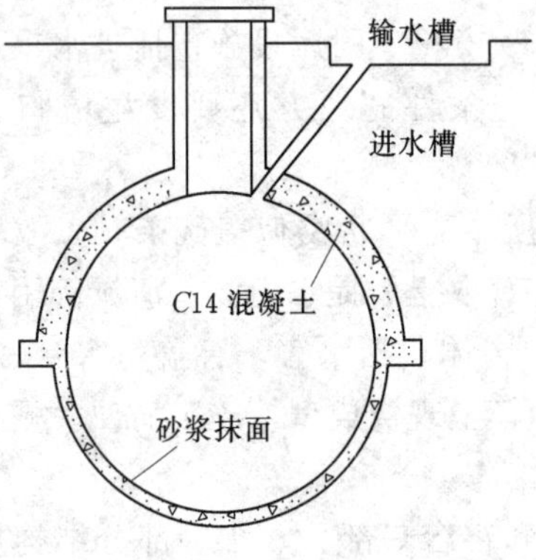

图 10-4 凝土球形窖

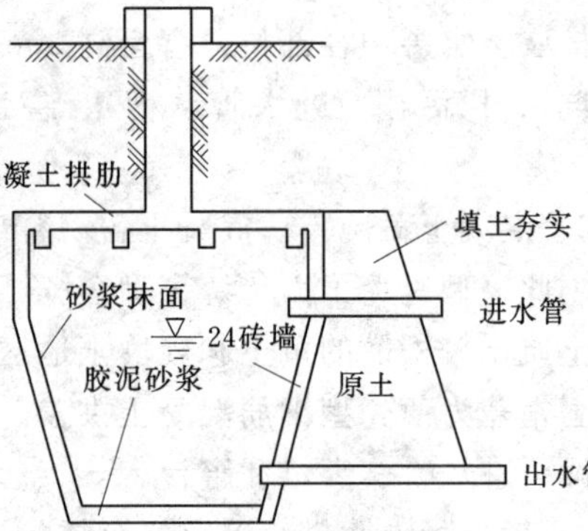

图 10-5 砖拱窖

6）砖拱窖。这种窖型是为了就地取材，减少工程造价而设计的一种窖型，适用当地烧砖的地区。窖体包括水窖、窖盖与窖口 3 部分，水窖部分结构尺寸与混凝土盖碗窖相同。窖盖，属盖碗窖的一种形式，为砖砌拱盖，如图 10-5 所示。结构特点为：窖盖为砖砌拱盖，可就地取材，适应性较强，施工技术简易、灵活。一般泥瓦工即可进行施工，既可在土模表面自下而上分层砌筑，又可在大开挖窖体土方后再分层砌筑窖盖，适用范围和主要技术指标与混凝土盖碗窖基本相同。

7）窑窖。窑窖按其所在的地形和位置可分为平窑窖和崖窑窖两类。平窑窖一般在地势较高的平台上修建，其结构形式与封闭式蓄水池相同（参阅封闭式蓄水池）。将坡、面、路壕雨水引入窑窖内，再抽水（或自流）浇灌台下农田，崖窑窖是利用土质条件好的自然崖面或可作人工刮理的崖面，先挖窑然后在窑内建窖，俗称窑窖如图 10-6 所示。

窑窖包括土窑、窖池两大主体。附属部分有窖口封闭墙，进出水管（或取水管）、溢流管等。土窑是根据土质情况、来水量多少和蓄水灌溉要求确定尺寸大小。窑宽控制在 4～4.5m，窑深 6～10m，窑窖拱顶矢跨比不超过 1∶3。由窑口向里面开挖施工，整修窑顶后用草泥或水泥砂浆进行处理，当拱顶土质较差时，要设置一定数量的拱肋，且 C19 混凝土浇筑，以提高土拱强度。在土窑下部开挖窖池，形似水窖，池体挖成后再进行防渗处理。进、出水管根据地形条件布设，可在窑顶上面开挖布置，也可在侧墙脚埋设安装，最后在墙外填土夯实，增加侧墙强度和保温防冻性能。受地形条件限制，这种形式只能因地制宜推广。它是由工作窑（取土、进水、取水用）和蓄水窑洞两部分组成。工作窑宽度及高度宜为 1.5m，蓄水窑宽度和高度宜取为 3m。工作窑及盛水窑为抛物线状，蓄水池深 2m 为宜，单位长度窑深蓄水量约 4.7m^3，根据蓄水总量推求窑窖深度。

8）土窖。传统式土窖因各地土质不同，窖型样式较多，归纳起来主要有瓶式窖和坛式窖两大类。其区别在于瓶式窖脖子小而长，窖深而蓄水量小；坛式窖脖子相对短而肚子大，蓄水量多。当前除个别山区群众还习惯修建瓶式窖用来解决生活用水外，现在主要多采用坛式土窖。传统土窖因防渗材料不同又分为红胶泥防渗和水泥砂浆防渗两种。窖体由水窖、旱窖、窖口与窖盖 4 部分组成。

土窖适宜于土质密实的红、黄土地区。粘土防渗土窖更适合干旱山区人畜饮用。土窖

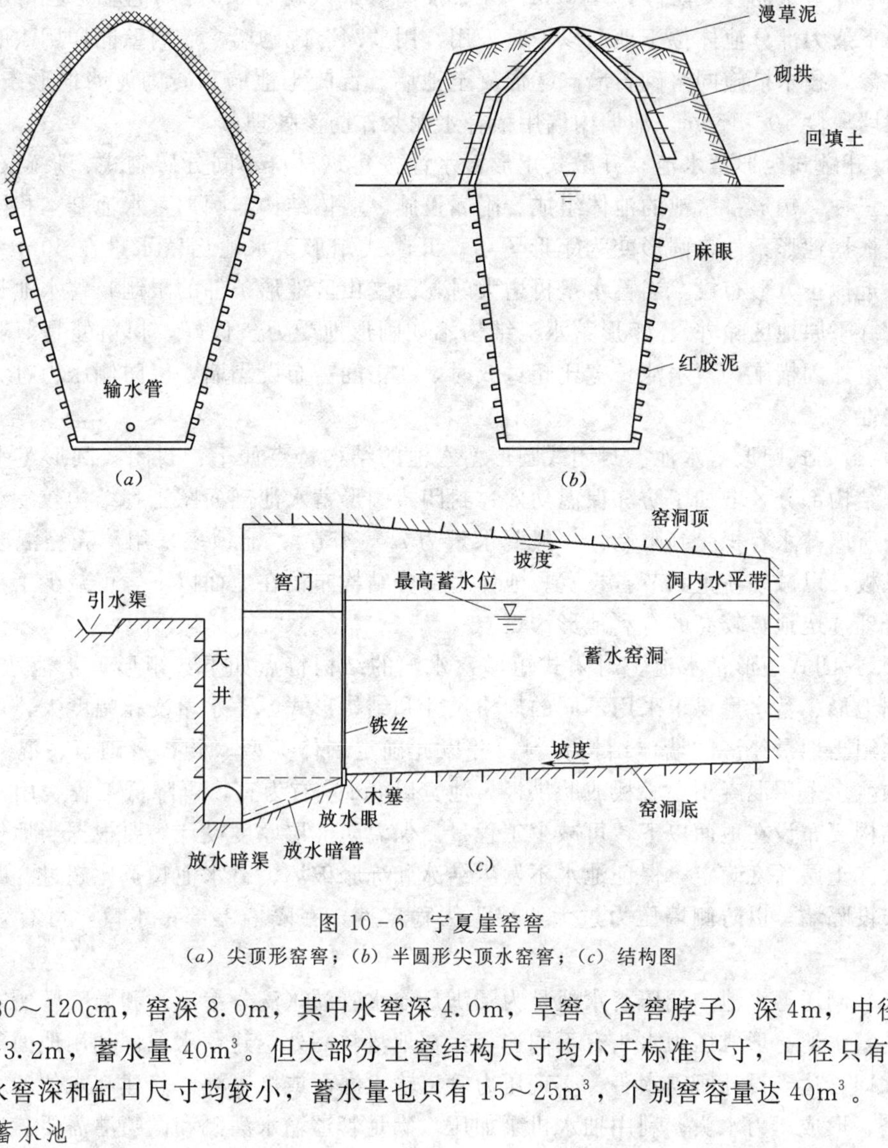

图 10-6　宁夏崖窑窖

(a) 尖顶形窑窖；(b) 半圆形尖顶水窑窖；(c) 结构图

的口径 80～120cm，窖深 8.0m，其中水窖深 4.0m，旱窖（含窖脖子）深 4m，中径 4m，底径 3～3.2m，蓄水量 $40m^3$。但大部分土窖结构尺寸均小于标准尺寸，口径只有 60cm 左右，水窖深和缸口尺寸均较小，蓄水量也只有 15～$25m^3$，个别窖容量达 $40m^3$。

2. 蓄水池

(1) 涝池。涝池包括矩形池、平底圆池、锅底圆池等，因其结构简单，技术要求不高，故予以省略。

(2) 普通蓄水池。普通蓄水池按其结构作用不同分为开敞式和封闭式两大类，按其形状特点又可分为圆形和矩形两种。

1) 开敞式圆形蓄水池。因建筑材料不同有砖砌池、浆砌石池、混凝土池等。

圆形蓄水池由池底、池墙两部分组成。附属设施有沉沙池、拦污栅、进水管、出水管等，池底用浆砌石和混凝土浇筑，底部原状土夯实后，用 75 号水泥砂浆砌石，并灌浆处理，厚 40cm，再在其上浇筑 10cm 厚 C19 混凝土。池墙有浆砌石、砌砖和混凝土三种形式，可根据当地建筑材料选用。①浆砌石池墙。当整个蓄水池位于地面以上或地下埋深很小时采用。池墙高 4m，墙基扩大基础，池墙厚 30～60cm，用 75 号水泥砂浆砌石，池墙内壁用100号水泥砂浆防渗，厚3cm，并添加防渗剂（粉）；②砖砌池墙。当蓄水池位于地面以下或大部分池体位于地面以下时采用，用“74”砖砌墙，墙内壁同样用100号水泥砂浆防渗，技术措施同浆砌石墙。③混凝土池墙。混凝土池墙和砖砌池墙地形条件相同，混凝土墙厚度10～15cm。池塘内墙用稀释水泥浆作防渗处理。

2）开敞式矩形蓄水池。开敞式矩形蓄水池按建筑材料不同分砖砌式、浆砌石式和混凝土式三种。矩形蓄水池的池体组成、附属设施、墙体结构与圆形蓄水池基本相同，不同的只是根据地形条件将圆形变为矩形罢了。开敞式矩形蓄水池当蓄水量在60m^3以内时，其形状近似正方形布设，当蓄水量再增大时，因受山区地形条件的限制，蓄水池长宽比逐渐增大（平原地区除外）。矩形蓄水池结构不如圆形池受力条件好，拐角处是薄弱处，需采取防范加固措施。蓄水池长宽比超过3时，在中间需布设隔墙，以防侧压力过大边墙失去稳定性。

3）封闭式圆形蓄水池。封闭式圆形蓄水池的结构特点如下：封闭式圆形蓄水池增设了顶盖结构部分，增加了防冻保温功效，封闭式圆形蓄水池剖面图工程结构较复杂，投资加大，所以蓄水容积受到限制，一般蓄水量为25～45m^3；池顶多采用薄壳型混凝土拱板或肋拱板，以减轻荷重和节省投资。池体大部分结构布设在地面以下，可减少工程量。因此要合理选定地势较高的有利地形。

4）封闭式矩形蓄水池。封闭式矩形蓄水池的结构特点如下：矩形蓄水池适应性强，可根据地形、蓄水量要求采用不同的规格尺寸和结构形式，蓄水量变化幅度大，可就地取材，选用当地最经济的墙体结构材料，并以此确定墙体类型（砖、浆砌石、混凝土等），池体顶盖多采用混凝土空心板或肋拱板。池宽以3m左右为宜，可降低工程费用，池体大部分结构要布设在地面以下，可减少工程量。保温防冻层厚度设计，要根据当地气候情况和最大冻土层深度确定，保证池水不发生结冰和冻胀破坏。蓄水池长宽比超过3时，要在中间布设隔墙，以防侧墙压力过大边墙失去稳定性，在隔墙上部留水口，可有效地沉淀泥沙。

（3）调压蓄水池。调压蓄水池是为了满足输水管灌（滴、渗灌）和微喷灌所需水头而特设的蓄水池。形成压力水头有不同途径，在地势较高处修建蓄水池。利用地面落差用管道输水即可达到设计所需水头，实现压力管道输水灌溉或微喷灌。修建高水位的水塔，抽水入塔，形成压力水头，利用抽水机泵加压，满足管道输水灌溉和微喷灌需要。后两种方法投资大，不宜普遍推广。第一种方法投资最省，山区可因地制宜推广应用，因此在山区只要选好地形修建普通蓄水池就可实现调压目的。

3. 土井

（1）土井类型。土井一般分为土圆井和大口井两种形式。土圆井结构形式一般为开口直径在1.0m左右的圆筒形。大口井为开口较大的圆筒形、阶梯形和缩径形结构，上面开口大，下面底径小。大口井要根据水文地质和工程地质条件、施工方法、建筑材料等因素选型。

（2）土井结构设计。

1）井径、井深确定。井径要根据地质条件、便利施工的原则确定。土圆井多为人工加简易机械开挖施工，以便利人员上下施工为出发点，井径一般为80～100cm，大口井井径在 200cm 以下。但井口开挖口径要根据地下水埋深、土质情况、施工机具等决定。井深要根据岩性、地下水埋深、蓄水层厚度、水位变化幅度及施工条件等因素确定。

2）进水结构设计。土圆井、大口井，其进水结构要设在动水位以下，顶端与最高水位齐平。进水方式有井底进水、井壁进水和井底井壁同时进水 3 种形式。

井底进水结构。井底设反滤层进水，（井底为卵石层不设反滤层）一般布设 2～5 层，总厚度 1.0m 左右。

井壁进水结构。进水结构要根据地质情况和含水层厚度，含水量等情况选定。当含水层颗粒适中（粗砂或含有砾石）厚度较大时，可采用水平孔进水方式。当含水层颗粒较小（细砂）时，必须采用斜孔进水方式，以防细沙堵塞水道，当含水层为卵石时，可采用 ϕ5～50mm 的不填滤料的水平圆形或锥形（里大外小）的进水孔。

进水结构形式有砖（片石）干砌、无砂混凝土管和混凝土多孔管等。土圆井多采用砖石干砌和无砂混凝土管，根据当地建筑材料情况选用。大口井多采用分片预制的混凝土管和钢筋混凝土多孔管。滤水管与井壁空隙之间要填充滤料，形成良好的进水条件，严防用黏土填塞。

3）井台、顶盖。为便于机泵安装、维护、管理使用，土圆井要设井台、井盖。其规格标准按水窖形式设置，大口井可根据井口实际大小预制安装钢筋混凝土井盖。

第三节　雨水集蓄工程的配套设施与管理

为了充分发挥雨水集蓄工程的效益，配套设施的建设是不可缺少的。如为集蓄干净的水，需要配套拦污及沉淀、过滤设施；为充分蓄纳雨水及保护水源，需要建设输水及排水设施，此外为了更好地利用水源，需要配套机泵等。

一、水源的净化设施

（一）沉沙池

沉沙池主要用于减少径流中的泥沙含量，一般建于离蓄水池或水窖 2～3m 处，其具体尺寸依径流量而定。沉沙池是根据水流从进入沉沙池开始，水流所挟带的设计标准粒径以上的泥沙，流到池出口时正好沉到池底设计。

此外，在泥沙含量较大时为充分发挥沉沙池的功能，在沉沙池内可用单砖垒砌斜墙。这样一方面可延长水在池内的流动时间，有利于泥沙下沉，另一方面可连接沉沙池和水窖或蓄水池取水口位置，使正面取水变成侧面取水，更有利于避免泥沙进入窖或蓄水池。沉沙池的池底需要有一口相对高程通常为进水口底高的坡度（下倾）并预留排沙孔。沉沙池的进水口、出水口、溢水口的相对高程通常为，进水口底高于池底 0.1～0.15m，出水口底高于进水口底 0.15m，溢水口底低于沉沙池顶 0.1～0.15m。

（二）过滤池

对水质要求高时，可建过滤池，过滤池尺寸及滤料可根据来水量及滤料的导水性能确定，过滤池施工时，其底部先预埋一根输水管，输水管与蓄水池或窑窖相连。滤料一般采用卵石及粗砂，中砂自下而上顺序铺垫，各层厚度应均匀，同时为便于定期更换滤料。各滤料层之间可采用聚乙烯塑料密网或金属网隔开。此外，为避免平时杂质进入过滤池，在非使用时期，过滤池顶应用预制混凝土板盖住。

（三）拦污栅

在沉沙池、过滤池的水流入口处均应设置拦污栅，以拦截汇流中的大体积杂物。拦污栅构造简单，可在铁板或薄钢板及其他板材上直接呈梅花状打孔（圆孔、方孔均可），亦可直接采用筛网制成。但无论采用何种形式，其孔径必须满足一定的要求，一般不大于10mm×10mm 。

二、水源的输水与排水系统

汇集的雨水通过输水系统进入沉沙池或过滤池，而后流入蓄水池或窑窖中。输水一般采用引水沟（渠）。在引水沟（渠）需长期固定使用时，应建成定型土渠并加以衬砌，其断面形式可以是U形、半圆形、梯形和矩形，断面尺寸根据集流量及沟（渠）底坡等因素确定，采用明渠均匀流公式进行计算。

三、水源工程的维护管理

（一）窑（窖）工程的维护

窑（窖）管护工作的主要内容如下。

1）适时蓄水。下雨前要及时整修清理进水渠道、沉沙池，清除拦污栅前杂物，疏通进水管道，便不失时机地引水入窖。当窖水蓄至水窖上限时，即缸口处，要及时关闭进水口，防止超蓄造成窖体坍塌。引用山前沟壕来水的水窖，雨季要在沉沙池前布设拦洪墙，防止山洪从窖口漫入窖内，淤积泥沙。

2）检查维修工程设施。要定期对水窖进行检查维修，经常保持水窖完好无损，蓄水期间要定期观测窖水位变化情况，并做好记录。发现水位非正常下降时，分析原因，以便采取维修加固措施。

3）保持窖内湿润。水窖修成后，先用人工担水3～5担，灌入窖内，群众称为养窖。用粘土防渗的水窖，窖水用完后，窖底也必须留存一定的水，保持窖内湿润，防止干裂而造成防渗层脱落。

4）做好清淤工作。每年蓄水前要检查窖内淤积情况，当淤积轻微（淤深小于0.5m）当年可不必清淤，当淤深大于1.0m时，要及时清淤，不然影响蓄水容积。清淤方法因地制宜，可采用污水泵抽泥、窖底出水管排泥（加水冲排泥）及人工窖内掏泥等。

5）建立窖权归户所有的管护制度，贯彻谁建、谁管、谁修、谁有的原则。

（二）蓄水池维护

蓄水池管护工作内容如下。

1）适时蓄水。蓄水池除及时收集天然降水所产生的地表径流外，还可因地制宜引蓄外来水（如水库水、渠道水、泉水等）长蓄短灌，蓄灌结合，多次交替，充分发挥蓄水与节水灌溉相结合的作用。

2）检查维修工程设施。要定期检查维修工程设施，蓄水前要对池体进行全面检查，蓄水期要定期观测水位变化情况，作好记录。开敞式蓄水池没有保温防冻设施冬季不蓄水，秋灌后要及时排除池内积水，冬季要清扫池内积雪，防止池体冻胀破裂。封闭式蓄水池除进行正常的检查维修外，还要对池顶保温防冻铺盖和池外墙进行检查维护。

3）及时清淤。开敞式蓄水池可结合灌溉排泥，池底滞留泥沙用人工清理。封闭式矩形池清淤难度较大，除利用出水管引水冲沙外，只能人工从检查口提吊。当淤积量不大时，可两年清淤一次。

四、配套设施的维护管理

水源工程是雨水集蓄工程的主体，配套设施也是其中不可缺少的组成部分。

（一）集水场维护管理

集水场主要指人工集水场。有混凝土集水场、塑膜覆砂、三七灰土、人工压实土场（麦场和简易人工集水场）及表土层添加防渗材料等多种形式。

(1) 维护管理的内容。维护人工集水设备的完整，延长使用寿命，提高集水效率。

(2) 维护管理的措施。

1) 设置围墙。在人工集水场四周打 1.0m 高的土墙，可有效地防止牲畜践踏，保持人工集水场完整。

2) 冬季降雨雪后及时清扫，可减轻冻胀破坏程度，对混凝土集水场和人工土场均有良好的效果。

（二）沉沙池维护管理

我国北方地区尤其是黄土高原地区水土流失严重，而雨水集蓄工程主要集蓄降雨径流，来水中含沙量大。因此合理布设沉沙池和加强对沉沙池的管护至关重要，沉沙池管护的主要内容如下：

1) 每次引蓄水前及时清除池内淤泥，以便再次发挥沉沙作用。

2) 冬季封冻前排除池内积水，使沉沙池免遭冻害。

3) 及时维修池体，保证沉沙池完好。

第十一章 灌排系统管理

灌溉排水管理的主要任务是通过灌排系统管理实现灌区的用水和排水的合理调配，实行科学用水和排水，适时适量地调节农田水分状况，在节约灌溉用水的同时，为农业的增产增收创造有利的水分条件；通过对灌排系统的科学管理和运用，使水资源得到最有效的保护、开发和利用，协调区域内部的水资源供求关系，在供水量有限情况下，分析确定灌溉用水量的最佳分配方案；通过灌排系统管理体制的改革和完善，利用市场经济手段，建立有利于促进灌区经济实现良性循环的运行机制。

灌排系统管理包括用水管理、工程管理、经营管理、组织管理 4 个方面内容。用水管理是指利用灌排系统科学地调配水量和流量以及合理安排灌、排水的时间等，它对充分发挥灌排工程效益起着重要作用。工程管理主要是渠系工程的检查、观测、养护、维修、改建、扩建和防汛、抢险等。做好工程管理是做好用水管理的基础，只有做好工程管理，使渠系工程配套完善，并不断提高工程质量，才能保证工程安全运行，才能为用水管理提供可靠的工程保障。经营管理指灌区内结合工程管理、用水管理开展的综合利用、多种经营以及水费征收等工作。充分利用灌区范围内的水土资源、技术、人力和设备优势，因地制宜地发展水产养殖业、农、林、牧业、工副业、旅游业等多种经营项目，扩大水利工程的综合效益。组织管理是指建立与健全专业的与群众性的灌区管理组织，配备管理人员等。组织管理是完成用水管理、工程管理和经营管理任务的保证。

随着我国灌溉事业的发展，加强灌排系统管理已经成为节约农业用水、缓解水资源供需矛盾的关键环节，灌区的管理体制和运行机制逐步完善，灌排系统管理的制度日趋健全，新的节水灌溉技术逐步得到推广。灌溉农业效益的好坏在很大程度上取决于管理水平。不论灌溉工程建设的标准多高，如果管理粗放，灌溉工程的效益不可能得到很好地发挥。在过去相当长一段时期内，由于受到重建轻管指导思想的影响，使管理工作一直处于落后状态，加之灌区长期实行低价水费的政策，灌区工程更新改造资金来源不足，致使很多灌溉工程老化失修，带病运行，效益衰减，严重到无以为继的程度；有些灌区由于缺乏科学的、有效的灌排系统管理，不合理的灌溉引起地下水位逐年上升，从而导致土壤次生盐碱化的发生，导致土地生产力下降，生态环境恶化。

要充分发挥灌溉工程的效益，就必须大力加强灌排系统管理工作，不断提高管理水平，做到科学用水、计划用水、节约用水；结合产业结构调整与灌区管理体制的改革，把发展高产、优质、高效农业与灌排工程设施的配套、更新、改造结合起来，通过加强管理，不断提高灌溉工程效益，为节水型灌溉农业的可持续发展创造条件；搞好灌溉管理，不仅要掌握先进的管理方法和技术，而且要随着形势的发展建立起适合我国社会主义市场经济的管理体制和运行机制，并通过有偿服务和综合经营，不断壮大管理单位的经济实力，使灌区较快地走上自我维持、良性发展的道路。

第一节 灌区计划用水

灌区用水管理的主要任务是实行计划用水，计划用水是灌区用水管理的中心环节。所谓计划用水，就是有计划地进行蓄水、取水和配水。在用水之前，根据作物对水分的要求、水源情况、工程条件以及农业生产的安排等，编制用水计划；在执行用水计划过程中，视当时的具体情况（特别是当时的降雨条件），调整和修改用水计划，进行具体的蓄水、取水和配水工作；在阶段用水结束后，认真进行总结，为以后更好地实行计划用水积累经验。无论是大灌区，还是小灌区，都要做好用水管理工作，都必须实行计划用水。

一、用水计划的编制

灌区的用水计划是灌区从水源取水并向各用水单位（县、乡、村或农场）或各渠道配水的计划。它包括灌区取水计划和配水计划。

（一）灌区取水计划的编制

灌区的取水计划是由灌区管理机构编制的，它是在预测计划年份各时期（月、旬）水源来水量和灌区用水量的基础上，进行供需水量的平衡分析计算，通过协调、修改，确定计划年内的灌溉面积、取水时间、各时期内的取水量、取水天数和取水流量等。对于水库灌区，其取水计划就是水库的年度供水计划。以下仅讲述引水、提水灌区取水计划的编制方法。

1. 渠首可能引取水量的分析

渠首可能引取的水量取决于河流水源情况及工程条件。因此，应首先分析灌溉水源，在无坝引水和抽水灌区，需分析和预测水源水位和流量；在低坝引水灌区，一般只分析和预测水源流量。对于含沙量较大的水源，还要进行含沙量分析。

（1）水源供水流量的分析。

主要是确定计划年内的径流总量及其季、月、旬的分配，即水源供水水量或流量的过程。目前采用的方法主要有成因分析法、平均流量法和经验频率法等。

1）成因分析法。利用实测的径流、气象系列资料，从成因上分析水文、气象等因子与河流径流的关系，并绘制相关图或建立降水、径流相关方程。在此基础上也可根据前期径流和降水预报来估算河流的径流过程。由于各时段径流成因不一，在分析方法上有退水趋势法和流域降水径流相关法等。①退水趋势法：主要适用于汛后河流的退水时段，其径流变化主要受前期径流的影响，由此建立前后期径流相关关系。②降水径流相关法：主要适用于雨季和汛期，径流成因主要是降水，春汛期还受气温的影响，有的可用前期降水或前期径流为参数。

2）平均流量分析法。根据多年实测资料，按日平均流量，将大于渠首引水能力的部分削去，再按旬或5日求其平均值，作为设计的水源来水流量。这种方法虽然粗略，但所分析的成果，接近多年出现的平均情况，小灌区采用较多。

3）经验频率法。根据渠首水文站多年观测资料用经验频率方法分析确定水源供水流量，其阶段的划分，一般根据作物生长期、气候变化情况以及水源年内变化规律等，将全年划分为2～3个阶段，或只分析年中某一个阶段。如北方划分为春灌、夏灌等，南方的水稻灌溉期可划分为泡田期、生育阶段灌溉期等。经验频率法可采用分段假设年法或分段实际年法等。①分段假设年法：将该阶段内多年实测流量，按旬或五日平均后依递减顺序排列，取相应于所选频率的旬或五日流量，作为阶段内各旬（或每五日）的水源供水流量。②分段真实年法：将各年该阶段的平均流量依递减顺序排列，取所选频率的年份，以该年内各旬或五日平均流量作为水源供水流量。

（2）渠首可能引取流量的确定。

当河流水源的来水流量确定以后，即可相应地确定渠首可能引入的流量。对于低坝引水灌区，当水源供水流量大于渠首引水能力时，即以渠首引水能力作为可能引入流量；当水源供水流量小于渠首引水能力时，即以水源供水流量作为可能引入流量。对于无坝引水和抽水灌区，要根据水源水位与引取流量的关系来分析计算各阶段可能引取的流量。若水源同时供给几个灌区用水，则应由上一级管理机构统筹分析水源情况和各灌区需水要求，确定各灌区的引水比例，以此来安排本灌区的引水量。

2. 取水计划的编制

通过对各时段的水源来水量及灌溉用水量的分析和预测，确定渠首可能引取的水量和灌溉需要的水量，将两者进行平衡分析，进而编制出灌区各灌季的取水计划。

在平衡分析中，若某阶段可能的引取流量等于或大于灌溉需要的流量，则以灌溉需要的流量作为计划的引取流量；若可能的引取流量小于灌溉需要的流量，则以可能的引取流量确定计划引取流量过程，使各阶段的计划引取流量不大于水源可能的引取流量。供需水量平衡分析计算要按灌季或轮期进行。

（1）轮期的划分：轮期就是一个配水时段。把一个灌溉季节划分为若干个轮期，有利于协调供需矛盾。在用水不紧张时，可将作物一次用水时间作为一个轮期；在用水紧张水源不足时，为了达到均衡受益，可将作物一次用水时间划分为2～3个轮期。

（2）供需水量平衡计算。计算灌溉需水量应由下而上分别统计，整理出本灌季各级渠系的作物种植面积、各级渠道水的利用系数，以及各月的气温、降雨量及各轮期水源来水流量等预报参数。各轮期的需水量可按下式计算：

$$Q_x = \frac{G_{sd}G_{mj}}{86400T\eta} \tag{11-1}$$

式中 G_{mj}——灌溉面积，亩；

G_{sd}——平均灌水定额，m^3/亩；

η——灌区灌溉水的利用系数；

T——轮灌用水天数；

Q_x——灌溉需要的流量，m^3/s。

若某轮灌期可能引入的流量等于或大于灌溉需要的流量，以灌溉需要的流量作为计划的引水流量；若某轮灌期可能引入的流量小于灌溉需要的流量，则必须调整用水量：如缩小灌溉面积、降低灌水定额、或延长轮灌期用水天数等，如此反复修改，直至达到来用水量平衡。根据修正后的水量平衡计划，就可编制灌区取水计划。灌区取水计划一般按季度编制，如春灌引水计划或夏灌引水计划等，也有分次编制的，即在每次用水前编制，这样可使编制的计划更加符合实际情况。

（二）灌区配水计划的编制

灌区向各级用水单位配水的计划，一般是在每次灌水之前由相应的上一级灌区管理机构编制。通常是根据渠系或用水单位的分布情况，将全灌区划分成若干段（或片），在各段、片进口设立配水站、点，由灌区管理局（处）按一定比例统一向各管理段、片配水，各管理段、片再向所辖各配水点配水。我国各灌区的经验多是按渠系配水，故亦称渠系配水计划。编制配水计划，就是通过灌区的来用水量平衡分析，具体拟定每次灌水的配水方式、配水流量及配水顺序和时间（轮灌时）等。

1. 配水方式的选择

配水方式常采用续灌和轮灌两种。

（1）续灌。当水源比较丰富、供需水量基本平衡时，渠首向全灌区的干、支渠道采用同时连续供水的方式，即续灌配水。续灌时，水流分散，同时工作的渠道长度长，渠道渗漏损失量大。其优点是全灌区的用水单位基本上可以同时取水灌溉，不致因供水不及时而引起作物受旱减产，对全灌区来说受益比较均衡。所以，这是向干、支渠道配水的正常方式。但当水源来水量大幅度减少时，就不宜采用。否则水流分散后的干、支渠道流量锐减，水位降低，不仅使渗漏损失增大，而且使斗、农渠取水困难。当渠首引水流量降低到正常流量的30%～40%时，就不宜采用续灌，而采用轮灌配水方式。

（2）轮灌。当渠首引水流量锐减时，可在干渠之间或干渠上、下游段之间实行轮灌配水，把有限的引水量集中供给某一条干渠，灌完以后，再供给另一条干渠，或先供给干渠下游段，后供给干渠上游段。采取轮灌配水方式，水流比较集中，同时工作的渠道长度较短，渠道渗漏损失较小。但其缺点是有一些用水单位可能灌溉不及时，造成受益的不均衡。因此，在干渠之间或干渠上、下游段之间实行轮灌，是一种非常情况下的配水方式，只有当渠首引水流量降低到一定限度时才能采用。在支、斗渠道（或用水单位）内部实行轮灌则是正常的配水方式。即将支渠的流量按次序轮流配给各斗渠，斗渠的流量又轮流配给各农渠。

2. 配水水量的分配

（1）按灌溉面积的比例分配。

例如，某水库灌区，其干渠布置示意图（如图11-1所示），灌区总灌溉面积为6.0万亩。有东、西两条干渠，东干渠控制面积为4.0万亩，西干渠为2.0万亩。东干渠控制的面积大，且跨两个乡，因此，又将东干渠分为上、下两段配水。上段控制面积为3.0万亩，下段为1.0万亩。在西干、东干的渠首处设立①、②两个配水点，在渡槽处（乡的界线）设立第③个配水点，控制东干下段。

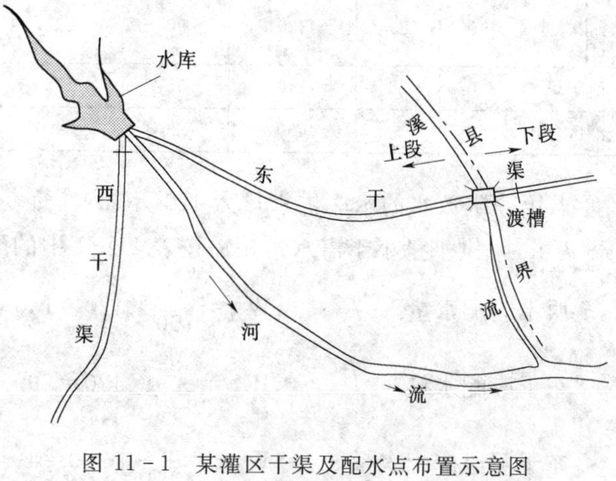

图 11-1　某灌区干渠及配水点布置示意图

以该年第一次灌水为例，若这次

灌水干渠的取水量为420万m。则按灌溉面积的比例分配水量，计算如下：

西干应配水量 $W_{西}=\frac{2.0}{6.0}\times420=140\ (10^4m^3)$

东干应配水量 $W_{东}=\frac{4.0}{6.0}\times420=280\ (10^4m^3)$

东干下段应配水量 $W_{东下}=\frac{1.0}{4.0}\times280=70\ (10^4m^3)$

按灌溉面积的比例分配水量，计算方法简便，缺点是没有考虑灌区内作物种类和土壤的差异，在土壤一致、灌溉作物单一的灌区，多采用这种方法分配水量。

在按灌溉面积分配水量的方法中，实际上把渠道输水损失的水量也按灌溉面积进行了分配，这在干、支渠输水损失较大、渠道长度与其控制的灌溉面积不相称时，计算的成果不太合理。此时，最好在按灌溉面积配水的基础上，考虑输水损失的修正。

(2) 按灌区毛灌溉用水量的比例分配。

如果灌区内种植多种作物，灌水定额各不相同。在这种情况下，就不能用灌溉面积比例分配水量，而应考虑不同作物及其不同的灌水要求。通常是先统计各配水点控制范围内的作物种类、灌溉面积以及灌溉制度等，计算出毛灌溉用水量，然后按各配水点要求的毛灌溉用水量比例，计算出各点的应配水量。

在图11-1的例子中，按此法计算的配水量比例（见表11-1）。

表11-1　　某水库灌区东西干渠配水量计算表

配水单位		灌溉面积（万亩）	综合灌水定额（m^3/亩）	田间净灌溉用水量（万m^3）	内部工程可供水量（万m^3）	渠道净灌溉用水量（万m^3）	灌溉水利用系数	要求的渠道毛配水量（万m^3）	配水百分比（%）计算值	配水百分比（%）采用值
(1)		(2)	(3)	(4)=(2)×(3)	(5)	(6)=(4)−(5)	(7)	(8)=(6)/(7)	(9)	(10)
东干渠	东干上段	3.0	80	240	50	190	0.69	275	$83.1\left(=\frac{275}{331}\right)$	83
东干渠	东干下段	1.0	80	80	40	40	0.72	56	$16.9\left(=\frac{56}{331}\right)$	17
东干渠	合计	4.0	80	320	90	230		331	$69.2\left(=\frac{331}{478}\right)$	69
西干渠		2.0	70	140	30	110	0.75	147	$30.8\left(=\frac{147}{478}\right)$	31
全灌区合计		6.0		460	120	340		478		

若第一次放水的水库供水量为420万m^3，而表11-1中要求水库提供的灌溉水量为478万m^3，供水量小于需水量，需按表11-1中的配水比例进行配水。则

西干应配水量 $W_{西}=\frac{31}{100}\times420=130\ (10^4m^3)$

东干应配水量 $W_{东}=\frac{69}{100}\times420=290\ (10^4m^3)$

东干下段应配水量 $W_{东下}=\frac{17}{100}\times290=49\ (10^4m^3)$

我国北方灌区内各部分的土壤条件、作物种类及其种植比例往往差别较大，一般多采用此法。

3. 配水流量和配水时间的确定

(1) 续灌条件下配水流量的计算。

在续灌条件下，渠首取水灌溉的时间就是各续灌渠道的配水时间。编制配水计划的主要任务，是把渠首的取水流量合理地分配到各配水点，即计算出各配水点的流量。

配水流量与配水水量的计算方法一样，有按灌溉面积比例分配与按毛灌溉用水量比例分配两种方法。如图 11-1 及表 11-1 的算例中，如果第一次灌水时渠首的取水流量为 6.60m^3/s，则按灌溉面积比例计算配水流量的结果为：

西干渠配水流量 $$Q_{西}=\frac{2.0}{6.0}\times6.60=2.20\ (m^3/s)$$

东干渠配水流量 $$Q_{东}=\frac{4.0}{6.0}\times6.60=4.40\ (m^3/s)$$

东干下段配水流量 $$Q_{东下}=\frac{1.0}{4.0}\times4.40=1.10\ (m^3/s)$$

按毛灌溉用水量比例（见表 11-1）计算配水流量的结果为：

西干渠配水流量 $$Q_{西}=\frac{31}{100}\times6.60=2.05\ (m^3/s)$$

东干渠配水流量 $$Q_{东}=\frac{69}{100}\times6.60=4.55\ (m^3/s)$$

东干下段配水流量 $$Q_{东下}=\frac{17}{100}\times4.55=0.77\ (m^3/s)$$

(2) 轮灌条件下配水水量和配水时间的确定。

在轮灌配水条件下，编制配水计划的主要内容是划分轮灌组、确定各组的轮灌顺序、确定每一轮灌组（或轮灌渠道）的配水水量和配水时间。

轮灌配水条件下各轮灌组（或轮灌渠道）的配水水量和配水时间的确定，可依据灌溉面积比例或毛灌溉用水量比例计算，见图 11-1和表 11-1。

轮灌顺序的确定，要根据有利于及时满足灌区内各种作物用水要求，有利于节约用水等条件来安排轮灌的先后顺序。在这方面，我国一些用水管理较先进的灌区，有以下一些经验：

1) 先灌远处，后灌近处，尽量保证全灌区均衡灌水。

2) 先灌高田、岗田，后灌低田、冲田。由于高田、岗田位置高，渗漏大，易受旱，且当地水源条件一般较差，故应先灌。此外，高田、岗田灌溉后的渗漏水和灌溉余水流向低田、冲田，可以再度利用。

3) 先灌急需灌水的田，后灌一般田。

4) 根据市场经济原则，按缴纳水费的具体情况确定配水的先后顺序。

4. 配水计划表的编制

根据选择的配水方式，计算出配水水量、配水流量和配水时间（轮灌时间）后，就可以编制配水计划表（见表 11-2）。

表 11-2　　某水库灌区第一次、第二次灌水干渠配水计划表

灌水次数、日期、历时	第一次，6月2～9日，共7.4d					第二次，7月6～15日，共10d				
配水方式	续　灌					轮　灌				
渠首取水流量（m^3/s）	6.60					4.00				
渠道名称	合计	西干	东　干			合计	西干	东　干		
配水比例（%）	100	33.3	66.7	上段 下段	75 25	100	31	69	上段 下段	83 17
配水量（10^4m^3）	420	140	280	上段 下段	210 70	346	107	239	上段 下段	198 41
配水流量（m^3/s）	6.60	2.20	4.40	上段 下段	3.30 1.10	8.00	4.00	4.00	上段 下段	4.00 4.00
配水时间	7.4d					10.03d	3.10d	6.93d	上段 下段	5.74d 1.19d
备　　注	按图11-1的灌溉面积比例确定配水水量和流量					按表11-1的灌区毛灌溉用水量的比例确定配水水量和配水时间				

二、用水计划的执行

编制各级用水计划，只是灌区实行计划用水管理的第一步，更重要的是要贯彻执行用水计划。

（1）用水计划的应变措施。

干旱半干旱地区，河源供水量及灌区气象条件变化较大，旱涝交错，供需不协调的现象经常发生。在执行用水计划时，应率先考虑自然特点，分析总结实践经验，制定应变措施，以适应可能遇到的各种情况。

（2）渠系水量调配。

灌区分配水量的原则是“水权集中，统筹兼顾，分级管理，均衡受益”。具体办法是：按照作物灌溉面积、灌水定额、渠系水的利用系数来分配水量。

配水工作必须做到“统一领导，水权集中，专职调配”。由管理局直属的配水站和专职配水人员负责全灌区干支渠水量调配工作，在引水、配水中要做到安全输水和“稳、准、均、灵”，稳即水位流量相对稳定；准即水量调配要准确及时；均即各单位用水均衡；灵是要随时注意气象及水源变化及时灵活调配。

各灌区在实际灌水期间，一般由各基层管理站在每天规定时间内向灌区配水中心提出第二天的需水流量申请，由配水中心按渠系布置，由下而上逐级推算全灌区各级渠系所需流量及渠首的需水流量，并依据水源的来水流量及工程引水条件确定出渠首的引水流量，通过来用水比较确定出配水方案。

（3）加强观测记载。

观测记载、实测技术资料是执行用水计划的一个重要内容，它为编制用水计划，提高计划用水质量提供可靠的依据。一般应观测土壤水分、渠道水位、流量、地下水位及水盐动态，测定灌水定额及各级渠道和田间水的利用系数等。

水账是平衡水量和按量计费的依据。各分水闸、配水点、干支渠段、斗口都要建立配水日志，定时观测水位流量；当水位流量变化时，要加测加记。各级管理组织根据记载的水位、流量及时结算水账，做到日清轮结，定期平衡水量。

三、灌区计划用水总结

编制与执行用水计划，必须从灌区的实际出发，因地制宜，不断积累和分析实测资料，总结实践经验，这是不断提高灌区计划用水管理水平的一项重要措施。计划用水工作总结的中心内容是检查总结用水计划的执行情况，通过用水总结可以及时地反映出灌区编制和执行用水计划的质量和水平。因此，灌区各级管理部门都应当在某一时段用水结束后，及时地作出计划用水的工作总结，特别是要算清水账，做到日清轮结。根据灌区用水的实际，应及时进行以下 4 种不同时段及要求的用水总结。

(1) 进行某一天的用水总结。由灌区配水中心及时分析打印出全灌区各管理站及各干支渠分水口某一日的实配水量，并算清各级渠道实配的斗口水量，所灌溉的面积及应结算的水费等。

(2) 进行某一轮期的用水总结。某一轮期用水结束，应及时结算各站及各干支渠段的实配斗口水量、实结斗口水量、水量的对口率；田间实结水量、各主要作物实际的灌溉面积、斗渠利用系数、净灌水定额、毛灌水定额、斗渠的灌溉效率、应结的水费、实结的水费、水费对口率以及单位面积受水单价、斗口每立方米水单价等。

(3) 进行某一灌季的用水总结。各轮期用水总结是灌季用水总结的基础，灌季用水总结的实质是将灌季内各轮期的用水总结信息累加，因而其总结的项目与轮期用水总结类同。

(4) 进行某一年度的用水总结。全年用水总结的实质是将各灌季的用水总结资料加以累加总结，因而其总结项目也与轮期用水总结类同。

通过对某一灌季或全年的用水信息汇总统计，参照灌排系统的技术经济评价指标体系，对全灌区以及各基层管理站某一灌季或全年的用水情况、计划用水的管理质量、管理的水平以及最后的水费征收等情况作出评价，为以后的灌区计划用水管理工作提供可靠的依据。

四、灌排系统管理技术指标

灌排系统管理的主要任务是通过对各种工程设施的管理运用，充分利用水资源，合理调配水量，实行计划用水和科学用水，促进农业高产稳产；加强经营管理，发挥工程的最大效益，促进水利工程经济早日实现良性循环。根据目前我国灌排系统管理状况，灌排系统管理技术指标主要包括以下内容。

1. 灌溉水量完成率（IR_1）

$$IR_1 = \frac{W_{ia}}{W_{ip}} \times 100\% \tag{11-2}$$

式中 W_{ia}——实际灌溉供（引、提）水量，从枢纽供水处测算，即称毛用水总量，m^3；

W_{ip}——当年需从水源得到的水量（毛水量），m^3。

2. 计划灌溉面积完成率（IR_2）

$$IR_2 = \frac{A_a}{A_{ip}} \times 100\% \tag{11-3}$$

式中　A_{ip}——有效灌溉面积，指灌区中已达到配套标准的面积，亩；

A_a——实际灌溉面积，指当年实际供水的灌溉面积，亩。

3. 排水量完成率（DR_3）

$$DR_3=\frac{W_{da}}{W_{dp}}\times 100\% \tag{11-4}$$

式中　W_{da}——从容泄区枢纽出口处测算的实际排除水量，m^3；

W_{dp}——当年需要排除的水量，m^3。

4. 工程设施完好率（ER_1）

$$ER_1=\frac{N_{ce}(1)}{N_{te}(1)}\times 100\% \tag{11-5}$$

式中　N_{ce}（1）——可使用的工程设施数量，按不同类型分别统计，对于渠、沟以长度为单位统计（km），对建筑物按渠沟级别以座为单位统计；

N_{te}（1）——设施总数量，km、座。

5. 设备完好率（ER_2）

灌区内灌排泵站、井房抽水装置，小水电站的设备（主机组、辅机、管路、附属设备）的维修、保养、运行技术状态可以设备完好率作为衡量指标。

$$ER_2=\frac{N_{ce}(2)}{N_{te}(2)}\times 100\% \tag{11-6}$$

式中　N_{ce}（2）——可使用设备台数；

N_{te}（2）——总设备台数。

根据灌排机电设备工作特点，设备完好率的检查统计每年可分两次进行，春季灌排前统计一次，作为上报依据；灌排结束后再统计一次，作为冬修保养的依据。

6. 灌排系统配套率（CDR）

$$CDR=\frac{N_{cda}}{N_{cdd}}\times 100\% \tag{11-7}$$

式中　N_{cdd}——设计确定的各种建筑物数量或各级渠、沟、林、路长度，km；

N_{cda}——实际完成达到设计标准的建筑物或渠、沟、林、路的建设长度，km。均按灌排渠系分级别统计。

7. 渠道水效率（η_c）

（1）输水渠道效率（η_{c1}）。它是表征无分流渠道水在输送过程中的有效利用程度。

$$\eta_{c1}=\frac{W_c}{W_0}\times 100\% \tag{11-8}$$

式中　W_0——渠道首部引入总水量（或称毛水量），m^3；

W_c——经过渠道尾站或末端送出的可利用的总水量（或称净水量），m^3。

（2）配水渠道效率（η_{c2}）。配水渠道效率是表征有多口分流渠道的水在分配过程中的有效利用程度。

$$\eta_{c2}=\frac{W_c+\sum_{i=1}^{n}W_i}{W_0}\times 100\% \tag{11-9}$$

式中　W_i——该配水渠下级第 i 条渠道的配水量；

n——该配水渠的分水口数，即从该渠引水的下一级渠道条数。

8. 渠系水利用效率（η_s）

其为衡量灌溉渠道系统水利用程度的综合性评估指标。

$$\eta_s = \frac{W_f}{W_0} \times 100\% \tag{11-10}$$

式中　W_f——渠系田间灌水总量，指从最末一级固定渠道放入田间（或临时渠道）的灌溉水总量，m^3；

其他符号意义同前。

9. 田间水利用效率（η_f）

其为表征田间实际灌水量被作物有效利用的程度。以全生育期为测算时段，

$$\eta_f = \frac{M_{use}}{M_f} \times 100\% \tag{11-11}$$

$$M_{use} = ET_a - P_0 - G - (W_B - W_E) \tag{11-12}$$

式中　M_f——农田实际灌溉水量，m^3/亩；

M_{use}——作物利用的有效总水量，m^3/亩；

ET_a——作物实际蒸散量，m^3/亩；

P_0——生育期内有效降雨量，m^3/亩；

G——生育期内地下水对作物根层的补给水量，当生育期内计算区地下水位变化时，应根据地下水位变动情况划分时段，分别求算地下水对根层的补给量；

W_B，W_E——生长期起始和终了日期作物根层的储水量，m^3/亩。

10. 灌溉水效率（η_0）

灌溉水效率表征灌溉系统水资源被灌溉作物利用的综合性总评估指标。

$$\eta_0 = \eta_s \cdot \eta_f \tag{11-13}$$

11. 水费实收率（$IRWF$）

$$IRWF = \frac{WF_a}{WF_0} \times 100\% \tag{11-14}$$

式中　WF_a——当年实收水费，万元；

WF_0——当年应收水费（万元）。指按照各省（市）自治区人民政府确定的各类供水价格和当年各用水部门实际用水量核定的应收水费总额。

12. 综合经营成本利润率（PRC_{d0}）

反映管理单位利用灌区的资源开发综合经营项目创造的价值与经营成本的比例关系。

$$PRC_{d0} = \frac{\sum_{i=1}^{n} B_{g(i)} - \sum_{i=1}^{n} C_{t(i)} - \sum_{i=1}^{n} T_{ax(i)}}{\sum_{i=1}^{n} C_{t(i)}} \times 100\%$$

$$= \frac{\sum_{i=1}^{n} B_{net(i)}}{\sum_{i=1}^{n} C_{t(i)}} \times 100\% \tag{11-15}$$

式中 $C_{t(i)}$——灌溉管理单位第 i 个项目的经营成本，万元；

$T_{ax(i)}$——灌溉管理单位第 i 个项目缴纳的税金，万元；

$B_{g(i)}$——管理单位完成第 i 综合经营项目的总产值，万元；

$B_{net(i)}$——第 i 综合经营项目的纯利润，万元。

第二节 灌区量水技术

灌溉渠道系统的量水工作是合理调配灌溉水资源、正确执行用水计划、实行科学用水、加强经济管理的必要措施。

（1）灌区量水工作的基本任务。

灌区量水工作的基本任务是按照用水计划由灌区配水中心直接调节、控制各级渠道流量，准确地从水源取水，向输水渠道配水和按定额向田间供水；掌握水量供需情况，合理修正、调整供水和配水方案；整理观测资料，为研究改进灌区管理工作提供依据。

（2）灌区量水常用的方法。

灌区量水常用的方法包括：利用渠系建筑物量水；利用特设的量水设施量水；利用流速仪测水。

（3）选择量水方法的原则。

选择量水方法的原则：①尽量使设备费用低廉；②尽可能利用当地的建筑材料；③观测、计算方便，便于群众掌握；④其精确度要适合需要。

一、利用渠系建筑物量水

利用渠系建筑物量水较为经济、简便，在有条件的地方应优先考虑利用渠系建筑物量水。用作量水的水工建筑物，须符合下列条件：

1）建筑物本身完整无损，无变形，不漏水，无淤积，无阻塞现象；

2）调节设备（即启闭闸门等）不漏水，无歪斜、扭曲、损坏现象，闸门边缘与闸槽能紧密吻合；

3）符合水力计算要求，水头损失不少于 5cm，水流呈潜流状态时，其潜没度（下游水深与上游水深之比）不大于 0.95；

4）建筑物高度或上面填土封闭高度，须高出最高水位，不允许由上面漫水。

1. 利用闸、涵量水

对于具有平面直立启闭式闸门的明渠放水的单孔闸、涵，当其闸底平，闸后无跌坎，闸后底宽等于入口宽，在有闸控制自由出流时，其主要标志是 $\frac{h_\omega}{H} \leqslant 0.65$ 和 $h_1 < h_\omega$，闸后水深小于闸门开启高度，但闸门下缘接触水。示意图（如图 11－2 所示），可采用下式进行流量计算：

$$Q = \mu b h_\omega \sqrt{2g(H - 0.65h_\omega)} \tag{11-16}$$

式中 Q——过闸流量，m^3/s；

H——闸前水深，m；

h_1——闸后水深，m；

b——闸、涵孔宽，m；

g——重力加速度，其值为 9.81m/s²；

h_ω——启闸高度，m；

μ——流量系数，因闸、涵进口翼墙形式的不同而有所差异，如翼墙为渐变翼墙时，流量系数 μ 可取 0.60。

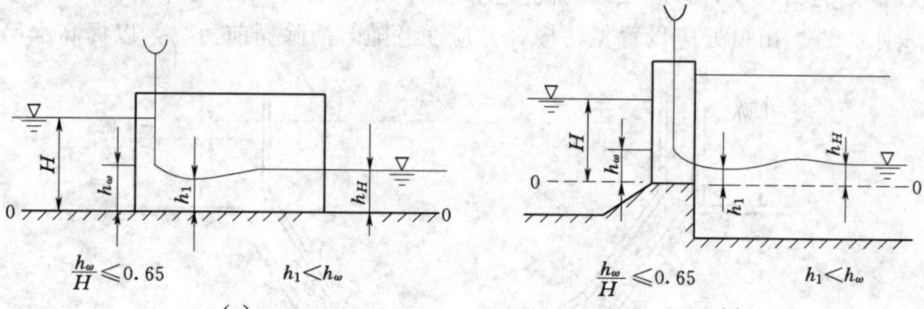

图 11-2　有闸控制自由流示意图

(a) 闸后无跌坎；(b) 闸后有跌坎

【例 11-1】　有一矩形明渠平底放水口，闸孔宽 b 为 0.8m，进口处为渐变翼墙，闸前水深 H 为 70cm，启闸高度 h_ω 为 30cm，闸后水深 h_1 为 20cm，μ 取 0.60。求过闸流量。

解：由 $\frac{h_\omega}{H}=\frac{30}{70}<0.65$ 和 $h_1<h_\omega$ 判定其流态为有闸控制自由流，可用式（11-16）计算流量

$$
\begin{aligned}
Q &= \mu b h_\omega \sqrt{2g(H-0.65h_\omega)} \\
&= 0.60\times 0.8\times 0.3\sqrt{2\times 9.81\times(0.7-0.65\times 0.3)} \\
&= 0.453(\mathrm{m^3/s})
\end{aligned}
$$

既过闸流量为 0.453m³/s。

2. 利用渡槽量水

渡槽断面一般为矩形（如图 11-3 所示），利用渡槽量水，在渡槽进、出口和中间槽

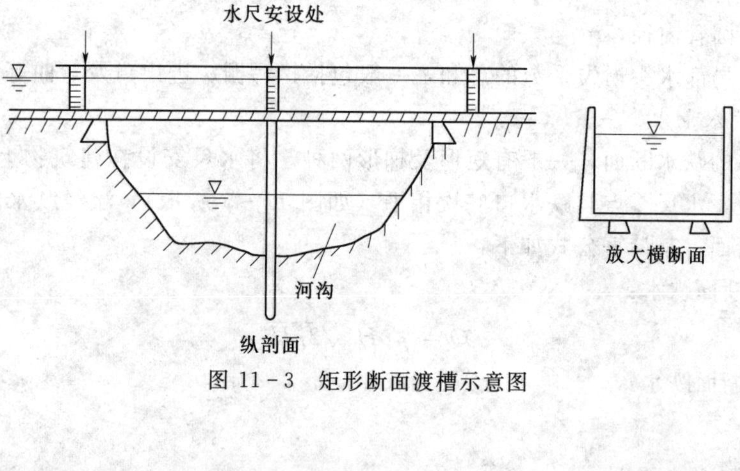

图 11-3　矩形断面渡槽示意图

壁上各设一个水尺，水尺的零点与该处槽底高程相平，目的是为了求水面比降和平均水深，两头水尺的水位差除以两头水尺的水平距离，即为水面比降。中间水尺读数，即为槽内水深或者称为平均水深。

如果渡槽的长度大于 20 倍最大水深，可用明渠均匀流公式计算流量。

3. 利用倒虹吸管量水

一般常见的倒虹吸为圆形截面的混凝土或钢筋混凝土管（如图 11-4 所示），利用倒虹吸管量水，进、出口处应设置拦污栅，并应注意随时清除栅前污物，以提高水尺读数的

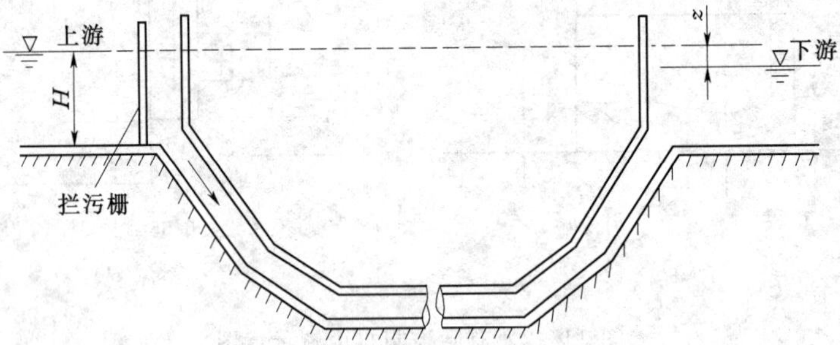

图 11-4 倒虹吸管示意图

精确度，并使水流通畅。水尺安设在倒虹吸上下游距进出口各约 4 倍渠道正常水深处，上下游水尺零点与进口底缘相平，则倒虹吸管的流量计算公式为：

$$Q = \mu A \sqrt{2gz} \tag{11-17}$$

式中 Q——流量，m^3/s；

A——过水断面面积，m；

z——上下游水位差，m；

μ——流量系数，与水头损失有关。μ 值可由实测求得，如无实测资料，可参考下列公式计算

$$\mu = \frac{1}{\sqrt{h_f L/d + k}} \tag{11-18}$$

式中 h_f——管内摩擦系数（混凝土管 $h_f = 0.022$）；

L——管长，m；

d——圆管内径，m；

k——局部水头损失系数的总和，一般包括拦污栅、进出口及弯曲等水头损失。

4. 利用跌水量水

用以量水的跌水断面，一般有矩形及梯形两种。将水尺安设在建筑物上游 3～4 倍渠道正常水深处，水尺零点与跌水口底坎相平（如图 11-5 所示）。流经跌水的流量，对不同的跌水口断面，其计算公式如下：

1）矩形断面跌水：

$$Q = \mu b H \sqrt{2gH} \tag{11-19}$$

2）梯形断面跌水：

$$Q=\mu(b+0.8mH)H\sqrt{2gH} \tag{11-20}$$

式中 Q——流量，m^3/s；

b——跌水底宽，m；

m——梯形断面边坡斜率；

H——上游水头，m，当来水流速大时，则应加上流速水头；

μ——流量系数，实测求得。

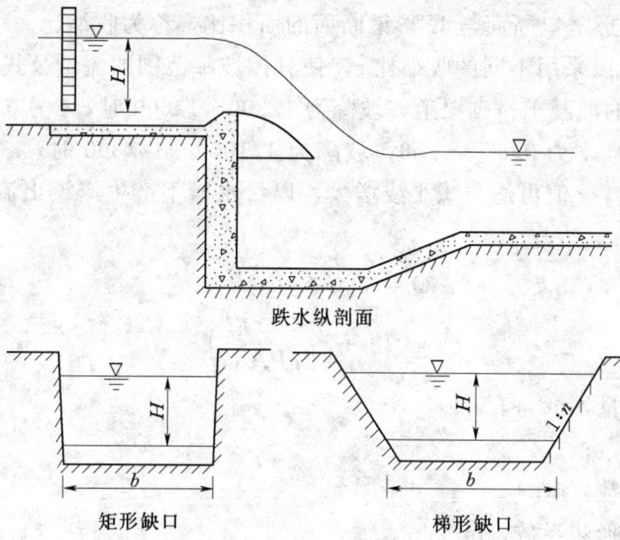

图 11-5 明渠跌水口示意图

二、利用特设量水设施量水

当渠系上水工建筑物不能满足量水的需要，或为取得特定渠段、地段的水量资料，可以利用特设量水设备进行量水。

特设量水设施常用类型：三角形量水堰、梯形量水堰、巴歇尔量水槽、无喉段量水槽等。这些量水设备可以现场施工，也可以预制成装配式构件；可做成固定式的，也可以做成活动式的。

在选择特设量水设备时，应考虑以下几点：

1）水头损失小、不妨碍渠道加大流量的通过；

2）观测计算方便；

3）在渠道通过允许输沙能力的流量时，量水不受影响；

4）设备费用及维修费用少。

在安装特设量水设备前，应先收集资料，包括渠道的比降、正常水位、加大水位及流量等，供设计量水设备时参考。

1. U 形渠道平底抛物线无喉段量水槽

U 形渠道平底抛物线形无喉段量水槽是一种临界水深槽。其量水原理是：在 U 形渠上安装一个底部与渠底相平、断面束窄的抛物线形喉口，喉口前后做成混凝土渐变段，渠道水流经过量水槽时因受侧向收缩，发生临界流现象，过槽流量与槽前水深呈一定的关系。根据这种关系制定流量查算表用于测算渠道流量。

抛物线形喉口的形状方程是 $y=Px^2$，其中 y、x 分别为纵横坐标（cm）；P 为抛物线形状系数，随喉口断面收缩比和 U 形渠形状改变：

$$P=\frac{16H^3}{9\varepsilon^2 A_0^3} \tag{11-21}$$

式中 H——U 形渠深，cm；

A_0——U 形渠断面面积，cm^2；

ε——抛物线形喉口断面与 U 形渠断面的面积比，称为收缩比。

不同坡降范围可以采用不同的收缩比 ε，使具体坡降范围的流量公式因 ε 相同而通用。对于糙率 $n=0.015$ 的混凝土衬砌渠道，坡降为 1/200～1/600 时，ε 为 0.65～0.70；坡降为 1/600～1/1000 时，ε 为 0.65～0.50；坡降为 1/1000～1/1500 时，ε 为 0.5～0.4。糙率 n 值增大或减小时，ε 值可适当减小或增大，以量水槽不产生淹没出流为条件。量水槽的通用流量公式为：

$$Q=C_dC_vh^2/\sqrt{P} \tag{11-22}$$

$$C_v=\left(1+\frac{a_0C_d^2C_vh^3}{2gPA^2}\right)^2 \tag{11-23}$$

式中 Q——过槽流量，m^3/s；

C_d——流量系数；

h——水尺读数，m；

P——抛物线形状系数，m^{-1}；

C_v——行近流速修正系数；

α_0——行近渠中流速分布不均匀系数，行近渠顺直且较长时可取 $\alpha_0=1.0$；

g——重力加速度；

A——行近渠中水深为 h 时的过水断面面积，m^2。

2. 巴歇尔量水槽

巴歇尔量水槽是一种由明渠收缩构成的量水设备。量水槽由进口收缩段、喉道、出口扩散段三部分组成（如图 11-6 所示），全槽两壁直立，进口段槽底呈水平比渠底略有抬高，喉道部分槽底向下倾斜，在出口处又向上升起。量水槽的结构布置要保证在各种条件下控制段的水深均为临界水深。上游水位测点位于喉道上游，距喉道段首距离 $\alpha=2/3A$，下游水位测点位于喉道末段以上 5cm 处。

巴歇尔量水槽的流量计算表达式为：

$$Q=Ch_1^n \tag{11-24}$$

式中 C——综合流量系数；

h_1——上游实测水头；

n——指数。

每种标准尺寸的巴歇尔槽有确定的系数和指数。当自由出流时 $\left(\frac{h_b}{h_a}<0.7\right)$，由量测的上游水深，确定流量，其公式为：

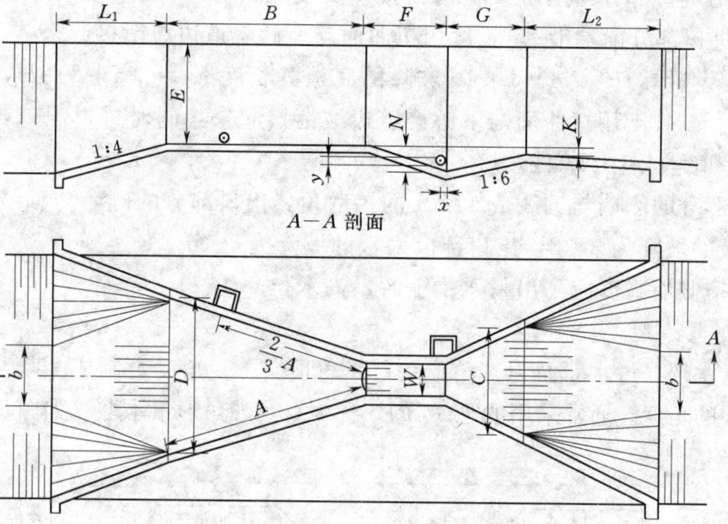

图 11-6 巴歇尔量水槽结构示意图

$$Q = 0.372W(h_a/0.305)^{1.569W^{0.026}} \tag{11-25}$$

式中 Q——流量，m^3/s；

W——喉道宽，m；

h_a——上游水尺读数，m；

h_b——下游水尺读数，m。

自由流流量计算，还可以采用下面的简化公式，按 $W^{0.026}=1$ 带入公式（11-25）可得：

$$Q = 2.4WH_1^{1.57} \tag{11-26}$$

经过计算证明，当 $W=0.5\sim1.5$m 时，用简化公式计算流量对精度影响不大。

用巴歇尔量水槽量水，当水流形态为潜流时，流量计算比较复杂；当$\frac{h_b}{h_a}>0.95$时，计算流量的准确度大大降低，其流量值不能采用（即此时量水槽不能量水）。故在可能的条件下，应设计成自由流使$\frac{h_b}{h_a}<0.7$。

设计和安装巴歇尔量水槽时，应注意下列事项：

1）安装巴歇尔量水槽的平直渠段不应小于渠道宽的 8～10 倍，在量水槽上游不得小于渠道宽的 2～3 倍，下游不得小于渠道宽的 4～5 倍；

2）安装量水槽渠段的渠床应该规则，无显著的变形现象，全长坡度一致，渠道宽度应稍大于量水槽的进口宽；

3）安装施工时，基础必须夯实，避免有沉陷、漏水的现象发生；

4）应严格遵守量水槽各部尺寸，并要保证侧墙垂直，喉道及出口部分底板的坡度准确，喉道进口段的槽底应保证水平；

5）量水槽的中心线与渠道水流中线应相一致。槽底高程应按设计要求，准确设置；

6）量水槽进口部分与上游渠道的衔接，要设置具有1∶4反坡的底板，其长度$L_1=4H$，两侧由进口部分前端沿L_1长度用扭曲面与上游渠道边坡衔接起来。出口部分与下游的衔接方法，设置具有1∶8～1∶10坡降的底板其长度$L_2=(6\sim8)H$，两侧由槽身出口部分末端沿L_2长度用扭曲面与下游渠道边坡衔接起来。同时进、出口与渠道衔接的底板末端，做一道埋入土中的截水墙；

7）进口部分的侧墙与轴线成11°19′的扩散角，出口部分的侧墙与轴线成9°28′的扩散角。喉道底板的坡降为3∶8，出口部分底板的坡降为1∶6（竖∶横）；

8）量水槽侧墙高度应高出量水槽上游最高水位0.1～0.2m。

3. 三角形量水堰

三角形量水堰，过水断面为三角形缺口，角顶向下，角度可制成20°、45°、60°、90°以及120°等不同的角度。通常采用的是90°的，称为直角三角形量水堰（如图11-7所示）。

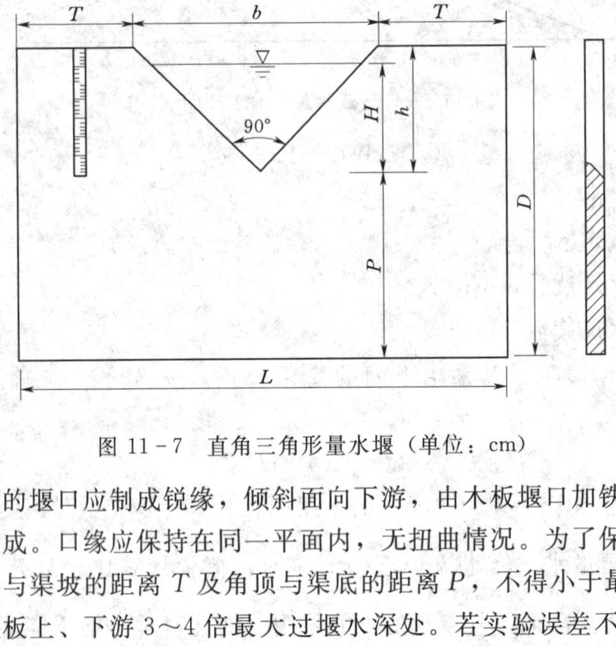

图11-7　直角三角形量水堰（单位：cm）

三角形量水堰的堰口应制成锐缘，倾斜面向下游，由木板堰口加铁皮或钢丝网混凝土薄板堰口加铁皮做成。口缘应保持在同一平面内，无扭曲情况。为了保证出流有足够的收缩余地，堰口两侧与渠坡的距离T及角顶与渠底的距离P，不得小于最大过堰水深H。

水尺安装在堰板上、下游3～4倍最大过堰水深处。若实验误差不大时，上游水尺也可安装在堰口旁侧板上，或直接绘于堰板上，水尺零点高程与堰口零点高程相同。水尺刻度至5mm。当水流是自由出流时，可以将相应于过堰水头的流量数值刻绘在水尺上，以便直接读出流量。

三角形量水堰结构简单，造价低廉。观测方便，精确度较高。缺点是过水能力较小，如过堰水流呈潜没状态（即下游水位高于堰口）时，计算复杂，精度降低。因此，一般适用于比降较大或有跌差的小型渠道上（如毛渠和试验地段的输水沟）。

（1）自由出流时（下游水位低于堰口）：流经三角形量水堰的流量，可用下列公式计算

$$Q=\frac{8}{15}\mu\sqrt{2g}\operatorname{tg}\frac{\theta}{2}H^{2.5} \tag{11-27}$$

当$\theta=90°$时即直角三角堰时

$$Q=1.343H^{2.47} \tag{11-28}$$

或 $$Q=1.4H^{2.5} \tag{11-29}$$

式中 Q——过堰流量，m^3/s；

H——过堰水深（m），通常不超过 0.3m，不小于 0.03m；

μ——流量系数，约为 0.6。

当 $\theta=20°$ $Q=0.25H^{2.5}$

$\theta=45°$ $Q=0.59H^{2.5}$

$\theta=60°$ $Q=0.82H^{2.5}$

$\theta=120°$ $Q=2.5H^{2.5}$

（2）潜流时（下游水位高于堰口）：流量计算比较复杂，在不影响渠道过水能力的情况下，可适当提高角顶高程，形成自由流，便于计算。

安装三角形量水堰时，应注意下列事项：

1）堰体应保持水平，堰壁应直立，并垂直于渠道水流轴线，堰身中线与水流轴线应相吻合，对于木制的三角堰应注意防止堰身浮动；

2）堰底及堰身两侧，不得有漏水现象；

3）安装位置与进口的距离，不得小于渠道正常水深 2～3 倍。

4. 梯形量水堰

梯形堰是锐缘薄壁收缩堰的一种。梯形量水堰为上宽下窄的梯形缺口，堰口侧边通常为 4∶1（竖∶横）的斜边，堰口呈锐缘形状（如图 11－8 所示）。

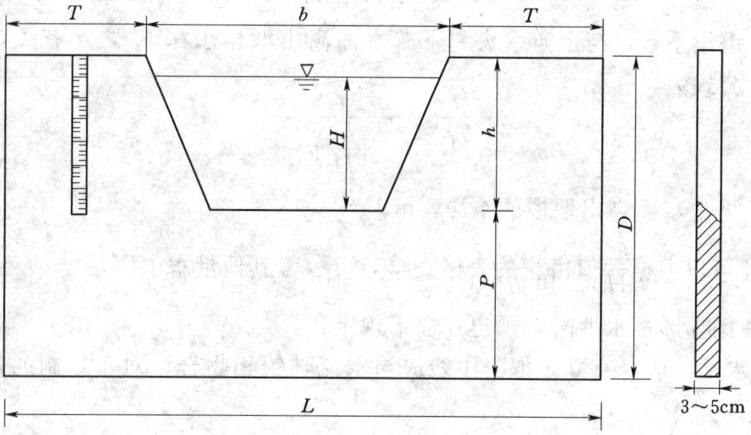

图 11－8 梯形量水堰示意图

梯形堰的特点：结构简单、造价低廉、易于制造、测计方便。梯形量水堰壅水较高，损失水头较大，不易通过泥沙，适于安设在比降大、含沙量小的渠道上。当流量在 100～1000L/s 之间，精度较高，平均误差约为±2%。

梯形堰的上、下游水位尺分别安设在堰板上、下游距离约 3～4 倍最大过堰水深处。上游水尺，若实验误差不大时，也可以绘设在堰板上。如下游水尺位置处水面波动过大，则应在旁侧设置观测井。水尺零点高程与堰槛高程应在同一水平上。

梯形量水堰水流形态如图 11－9 所示。流经梯形量水堰的过堰流量计算公式如下：

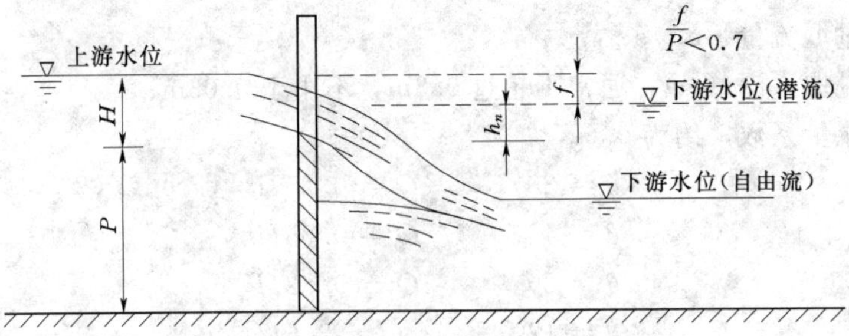

图 11-9　梯形量水堰水流形态示意图

(1) 水流形态为自由流时（下游水面低于堰槛）

$$Q = 1.86BH^{3/2} \tag{11-30}$$

式中　Q——流量，m^3/s；

1.86——流量系数，经实验求得。当来水流速大于 0.3m/s 时，则采用 1.91；

B——堰底宽，m；

H——过堰水深，m。

(2) 水流形态为潜流时（下游水面高出堰槛，上、下游水位差与堰槛高之比$\frac{f}{P}$小于0.7）

$$Q = 1.86\sigma_n BH^{3/2} \tag{11-31}$$

式中　σ_n——潜没系数，与上游水头和下游水面高出堰槛水深 h_n 之比有关，其经验计算公式为

$$\sigma_n = \sqrt{1.23 - \left(\frac{h_n}{H}\right)^2} - 0.127 \tag{11-32}$$

式中　h_n——下游水面高出堰槛的水深，m。

σ_n 的值还可以根据$\frac{h_n}{H}$值由相关表格查得，可参考其他量水书籍。

安装和使用梯形量水堰时，须遵守以下规定：

1）堰槛水平，堰身直立，堰身中线应与水流轴线相吻合。对于木制的量水堰应防止浮动。

2）堰口倾斜面朝向下游。

3）过堰水深不得大于 1/3 或小于 1/10 堰槛宽。

4）安装梯形量水堰的渠段宽度应大于堰身宽度，上游平直渠段长度不得小于 10 倍堰槛宽；下游平直渠段长度不得小于 4 倍堰槛宽。

5）欲使过堰水流为自由流，在能保持通过计划流量的前提下。安装时应使堰槛高出下游水面 2cm。如下游水面高于堰槛，则为潜流，应按潜流公式计算流量。

6）渠岸距堰口两侧应保持一定距离，其长度不应小于最大过堰水深，以保持原流量系数的精确度。

【例 11-2】　某梯形量水堰宽度为 1.5m，过堰水深为 0.4m，下游水面高出堰槛

0.36m，行进流速为0.2m/s，求过堰流量。

解：首先计算潜没系数

$$\sigma_n = \sqrt{1.23 - \left(\frac{h_n}{H}\right)^2} - 0.127$$

$$= \sqrt{1.23 - \left(\frac{0.36}{0.4}\right)^2} - 0.127 = 0.521$$

计算过堰流量

$$Q = 1.86\sigma_n BH^{3/2}$$

$$= 1.86 \times 0.521 \times 1.5 \times 0.4^{3/2}$$

$$= 0.367(m^3/s)$$

即过堰流量为0.367m^3/s。

三、利用流速仪测流法

流速仪测流，成果较为精确，但测流及计算流量均较费时、繁琐。在没有水工建筑物和特设量水设备可利用时，通常利用流速仪测流，利用流速仪还可校正其他测流水工建筑物的系数，测定量水设备的过水能力。

1. 用流速仪测流的步骤

(1) 选择断面，确定测线。

测流断面应选样在渠段平直、水流均匀、无漩涡或回流的地方，断面应与水流方向垂直。测汇段应尽可能具有稳定规则的断面。

测流断面的测速垂线数目，视渠道宽度而定，一般斗、农渠水面宽1.5～5m时，可设3～5条，干、支渠水面宽5～15m时，可设5～9条。

(2) 测定断面。

测流断面的施测，如渠床稳定，可每月施测1～2次。施测前先在渠道两岸拉一条有尺度的绳索，测出测深线的起点距（与断面起点桩的水平距离）。测线深度，用木制或竹制的测深杆施测。测杆上刻度不应小于2cm，杆底装置有铁盘或木盘，盘底与测杆零点相平。测线（水面至渠底）的深度，应在施测流速前测定，一般观测2次，取其平均值。同时观测相应水位。施测结果，应绘出测流断面图。

(3) 施测流速。

测线平均流速可用下列几种方法测定：

1) 一点法：测线平均流速，一般均假定在水深6/10处（自水面向下算起，下同），将流速仪放在该点上，测得之流速即为线上的平均流速。

$$v_{cp} = v_{0.6} \tag{11-33}$$

（式中v右下角小数表示测点深度与水深比值，下同）

2) 二点法：将流速仪放在水深2/10及8/10两处，分别测定流速，取其平均值即为平均流速。

$$v_{cp} = \frac{v_{0.2} + v_{0.8}}{2} \tag{11-34}$$

3) 三点法：将流速仪放在水深2/10、6/10及8/10处，各测流速，取其平均值。

$$v_{cp} = \frac{1}{3}(v_{0.2} + v_{0.6} + v_{0.8}) \tag{11-35}$$

或

$$v_{cp} = \frac{1}{4}(v_{0.2} + 2v_{0.6} + v_{0.8}) \tag{11-36}$$

4）五点法：将流速仪放在水面、水深 2/10、6/10、8/10 及渠底处，各测流速，按下式算出平均值：

$$v_{cp} = \frac{1}{10}(v_{0.0} + 3v_{0.3} + 3v_{0.6} + 2v_{0.8} + v_{1.0}) \tag{11-37}$$

水深小于 1m 时，通常采用一点法或二点法施测；水深为 1～3m 时，流速分布不均匀，则用三点法或五点法施测。

每一测点测速历时不宜少于 120s，转数不宜少于 20 转（旋杯式）或 100 转（旋桨式），以控制不稳定流速在时间上的变化。

（4）计算流量。

流量由流速与断面积相乘而得。流速在全断面内分布不均，需将全断面按测速垂线分成的部分测点数，求出每部分的平均流速与面积，部分平均流速乘部分面积，得出部分流量，部分流量之和即为全断面总流量。计算方法、步骤如下（符号含义见图 11－10 所示）：

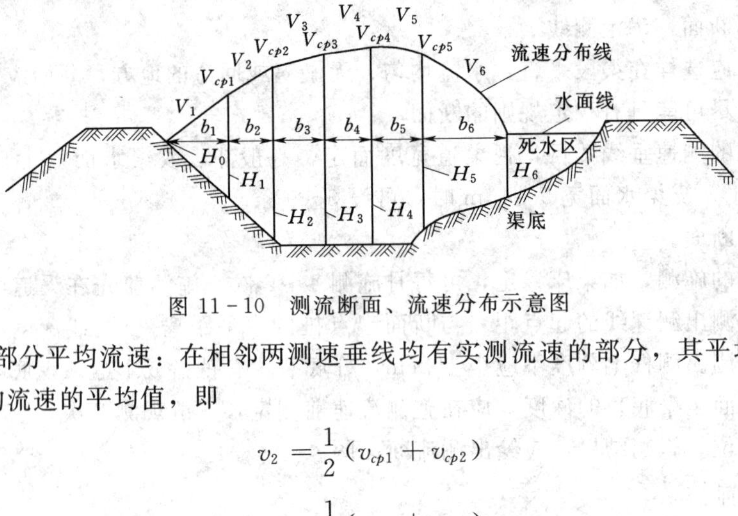

图 11－10　测流断面、流速分布示意图

1）计算部分平均流速：在相邻两测速垂线均有实测流速的部分，其平均流速为两侧测速垂线平均流速的平均值，即

$$v_2 = \frac{1}{2}(v_{cp1} + v_{cp2}) \tag{11-38}$$

$$v_3 = \frac{1}{2}(v_{cp2} + v_{cp3})$$

$$\cdots$$

对于梯形土渠，岸边至第一条测速垂线部分间的平均流速，等于从岸边起第一条测速垂线平均流速的 2/3，即

$$v_1 = \frac{2}{3}v_{cp1} \tag{11-39}$$

对于混凝土衬砌或其他低糙率衬砌的渠道，矩形渠道或陡岸边，在岸边至第一条测速垂线间平均流速为：

$$v_1 = av_{cp1} \tag{11-40}$$

式中 α 值为 0.8～0.9。

当河渠边有不流动的死水部分时（紧接死水边有流水），其平均流速等于自死水边起第一条测线平均流速的1/2，即

$$v_6 = \frac{1}{2} v_{cp5} \tag{11-41}$$

2）计算部分面积：相邻测线之间面积为部分面积 f，部分面积由相邻两测速垂线深 H 的平均值与其间水平距离 b 相乘而得，即

第一部分面积 $$f_1 = \frac{1}{2}(H_0 + H_1)b_1 \tag{11-42}$$

第二部分面积 $$f_2 = \frac{1}{2}(H_1 + H_2)b_2$$

$$\cdots$$

第六部分面积 $$f_6 = \frac{1}{2}(H_5 + H_6)b_6$$

3）计算部分流量：部分平均流速与部分面积相乘，得出部分流量 q，即

$$q_1 = v_1 \times f_1 \tag{11-43}$$

$$q_2 = v_2 \times f_2$$

$$\cdots$$

$$q_n = v_n \times f_n$$

4）计算总流量：总流量 Q 等于部分流量之和，即

$$Q = q_1 + q_2 + q_3 + \cdots + q_n$$

总流量除以全断面积 F，即求得断面平均流速；即

$$V = Q/F \tag{11-44}$$

2. 使用流速仪须注意的事项

1）测流前，应将流速仪各螺丝及零件旋紧，以防掉落水中；

2）测流前须将记数仪内的各种附件装置完善，并将电线连通；

3）测流时不得使用电线悬吊仪器，仪器须保持水平；

4）流速仪用毕后须用布擦干，各零件要适当涂油，以防生锈，置入仪器箱后应放在干燥洁净的地方，搬运和移动时须防止撞击；

5）每架流速仪均有其规定的测速范围。不得在显著超过其测速范围的情况下使用；

6）每架流速仪都有其经过率定的计算流速的公式，不宜随便自行拆卸修理，且每年应定期（灌溉结束后）送往水工实验室检修、调整和鉴定；

7）仪器所备零件、附件及工具，用完后应随时放回原处，以防失落；仪器说明书和检定图表、公式等，要妥善保存，以备检修使用时查阅。

第三节 灌区信息化

一、灌溉用水信息管理

灌溉用水信息管理是灌区灌溉管理的基础和中心。合理灌溉、科学用水的一切措施都

取决于正确的灌溉用水信息。因此，可以说灌溉用水管理在本质上就是灌溉用水信息管理。灌溉用水信息的主要内容有：

1）水源信息：河流、水库、地下水等的水位、流量、物理化学成分等。

2）气象信息：气温、气湿、日照、降水、风力、蒸发量等。

3）土壤信息：土壤含水量、水势、含盐量、温度、养分等。

4）作物信息：作物生长发育阶段、叶水势、叶面温度等。

5）农业生产信息：作物种类、种植面积、灌溉面积、施肥标准、耕作措施以及对农业的有关政策、规定等。

上述内容属于基本信息。对这些基本信息及历史资料进行微机加工处理，可以得到一些二级信息（如作物需水量、土壤贮水量……），进一步就可以得到三级信息，即用水管理信息，如灌溉（灌水量、灌水日期）预报、河源来水量预报、灌溉配水方案及其调整方案等（如图 11－11 所示）。

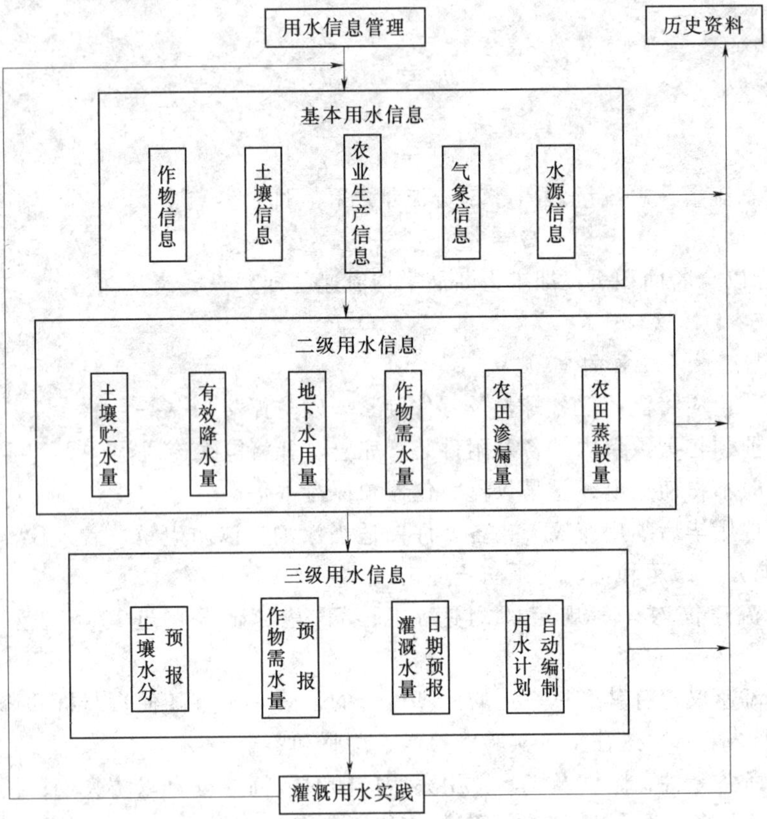

图 11－11　灌溉用水信息管理图

二、灌区用水信息管理系统

灌区用水信息管理系统是以微机系统为基础，包括数据采集系统、通信系统、数据库与数据处理系统、计划用水管理系统等软硬件在内的综合系统。其组成如图 11－12 所示。

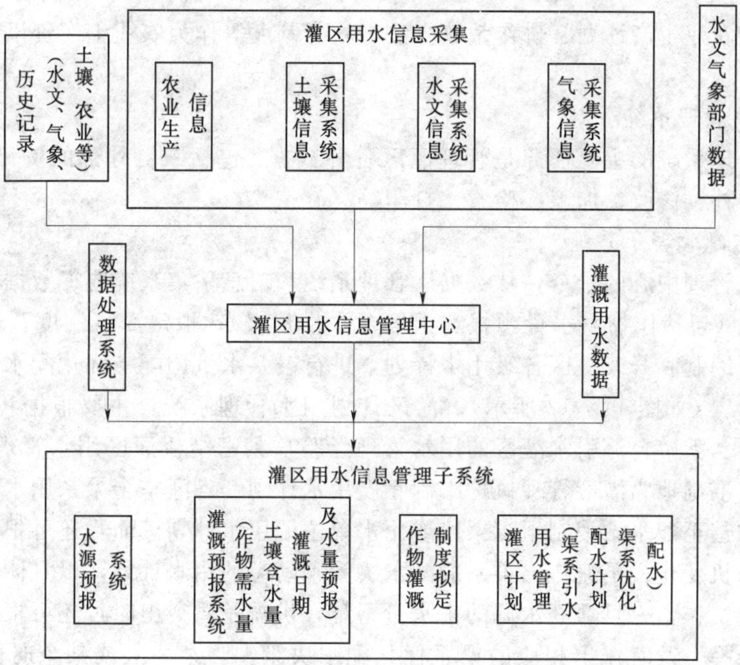

图 11-12　灌区用水信息管理系统

1. 灌区用水信息管理中心

灌区用水信息管理中心的任务是控制和管理各个子系统。它可以接受来自信息采集系统的信息，外部机构（水文、气象部门）提供的信息和灌区历史资料，并通过数据管理系统送入数据库。按照信息采集子系统所提供的用水信息进行灌区用水信息管理。例如按照配水计划或应变计划进行闸门及灌溉设施的操作；与管理站（段）进行电信联系，下达管理指令，并进行渠道和泵站的水位、流量监测。

通过数据管理系统送入数据库。按照信息采集子系统所提供的用水信息进行灌区用水信息管理。例如按照配水计划或应变计划进行闸门及灌溉设施的操作；与管理站（段）进行电信联系，下达管理指令，并进行渠道和泵站的水位、流量监测。

2. 灌区用水信息采集—传输子系统

灌区用水信息采集一传输子系统的任务是通过各种传感器、数/模、模/数装置及电信传输系统把所接收到的各种气象、水文、土壤、作物等信息传送到信息管理中心，它由以下部分组成。

1）气象信息采集系统：采集并传输气温、气湿、日照、风速、风向、蒸发量、降雨量等数据。

2）水文信息采集系统：采集并传输河流水位、流量、泥沙含量、地下水位、含盐量等数据。

3）土壤信息采集系统：采集并传输土壤含水量、土壤温度、土壤盐分及养分含量等数据。

4）作物信息采集系统：采集并传输农田作物生长发育状况、植物叶水势、作物冠层温度等数据。

此外关于农业生产计划、耕作栽培方法、施肥制度等作为农业生产资讯。亦可纳入灌区用水信息系统。

3. 数据库管理系统

数据库管理系统的主要任务是管理灌区各种数据（包括来自外部的资讯），即进行数据的存取、增补、修改、加工、检索、打印等。

4. 用水信息管理子系统

接受信息管理中心的指令，从数据库管理系统和信息采集系统取得数据，进行水源预报和灌溉预报（包括作物需水量预报、土壤含水量预报）；拟定灌溉制度，进行灌区计划用水管理，即编制和修改灌区各级用水计划，进行渠系水量调配与优化配水，并及时进行计划用水总结。（如图 11－12 所示）。灌区计划用水管理系统，主要根据我国北方地区，特别是黄河中、下游自流引水灌区的用水管理经验，紧密结合灌区用水管理的生产实际，不仅可快速、准确地为灌区管理机构编制年度用水计划，各灌季全渠系用水计划，还可供基层管理站，甚至配水站编制干支渠段或用水单位的用水计划。而且还可根据河源来水或农业气象的随机变化，迅速作出渠系的配水决策和动态的用水计划，以具体指导灌区实际的引水、配水工作。一旦灌溉水源的来水量不足，供需矛盾突出时，还可根据灌区对目标函数的不同选择，及时作出相应的渠系优化配水决策。当某一天或某个时段的用水结束时，还可对灌区计划用水工作及时进行总结。因此，随着计算机技术不断在灌排工程领域中的应用，必将促进灌区用水管理工作朝着科学化、现代化的方向发展，如图 11－13 所

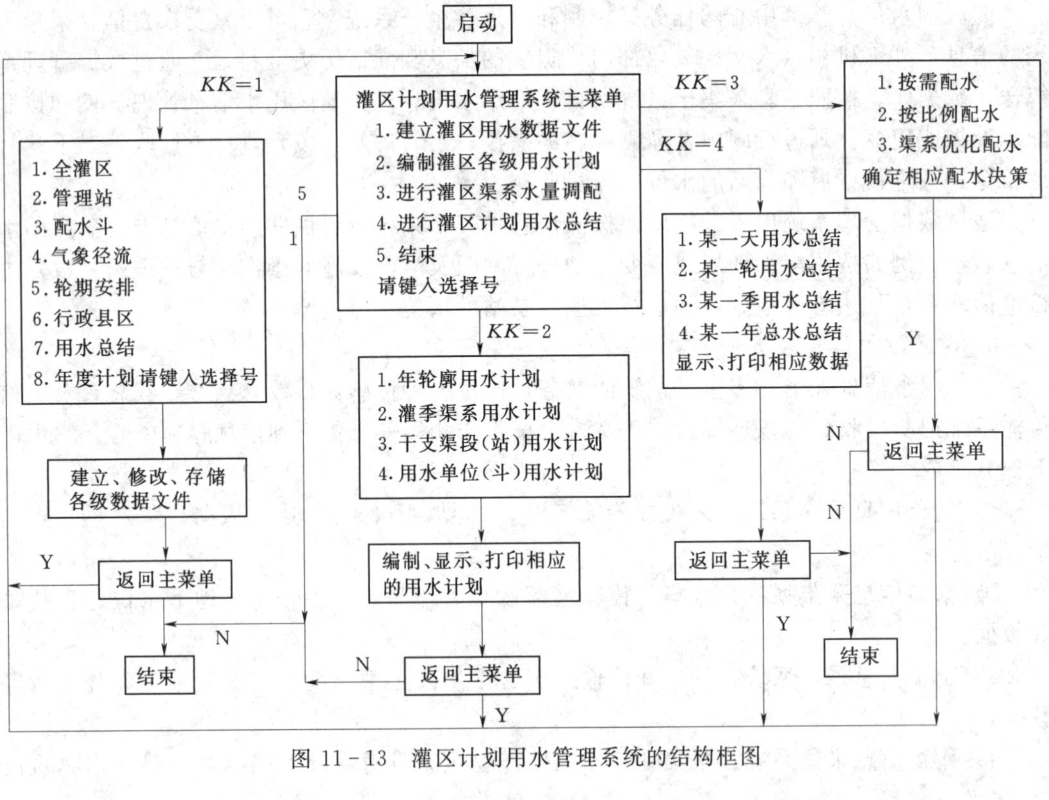

图 11－13　灌区计划用水管理系统的结构框图

示为灌区计划用水管理系统的结构框图。

5. 节水灌溉决策支持系统

我国水资源紧缺，供水危机已日益现实。国家已把实施节水农业，特别是推广节水灌溉作为促进农业持续稳定发展的一项革命性措施来抓。

1）节水灌溉决策支持系统。节水灌溉决策支持系统由5个子系统组成，如图11-14所示。它可通过实时采集某一区域或田块的农业气象、作物生长、土壤墒情及渠系水情等信息。

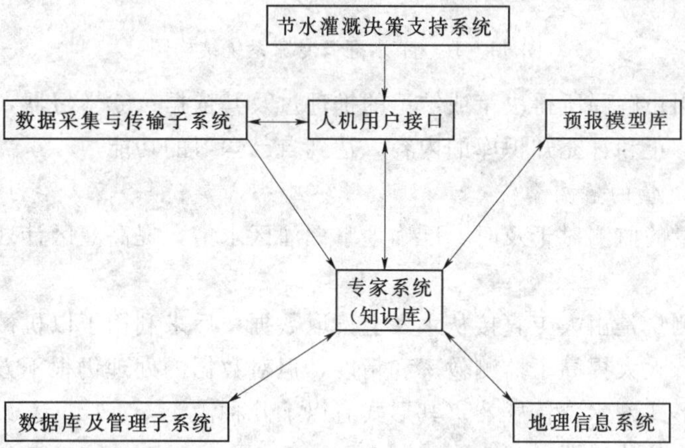

图11-14 节水灌溉决策支持系统

依据数据库资料与模型库的预报结果，并经专家系统的推理及人机对话，即可对这一区域或田块的作物实施节水灌溉提供决策依据与基本信息。同时还能从整个灌区的管理角度，进一步提供渠系引水、输水、配水和田间灌水的决策方案。

2）节水灌溉决策支持的专家系统（知识库）。专家系统（知识库）是整个节水灌溉决策支持系统的精髓，也可称为总控程序。它采用“知识管理驱动模型运行”的设计思想，即主要由知识库来管理、协调数据库、模型库及地理信息系统等功能子系统。

专家系统是指一个用基于知识的程序设计方法建立起来的计算机软件系统。它拥有某个特殊领域内专家的知识和经验，并能像专家那样运用这些知识，通过推理，在该领域内作出智能决策。

节水灌溉决策支持的知识库中主要存贮了两大规则集：一是模型管理规则集，嵌入了决策数据提取系统；二是专家经验规则集。前者由模型库管理子系统直接转化而来，后者是建立系统时与有关节水管理专家及用户讨论磋商后建立的，主要包括一些变量的获取机制及经验、模型预报结果的选择等。节水灌溉专家系统结构，如图11-15所示。

该系统由6部分组成：①用户接口，它是专家系统与用户及各模块间的交互接口；②中间数据库，又称“黑板”，它存放各种中间结果和通讯信息；③知识库，存放与数据采集、数据库、模型库、地理信息系统等的接口规则，数据提取机制，模型库管理规则链，以及节水灌溉专家知识等，包括事实性及规则性知识；④推理机，即如何应用知识，进行各种推理或搜索的策略，它由主控程序及完成各种任务或推理功能的程序组成；⑤解

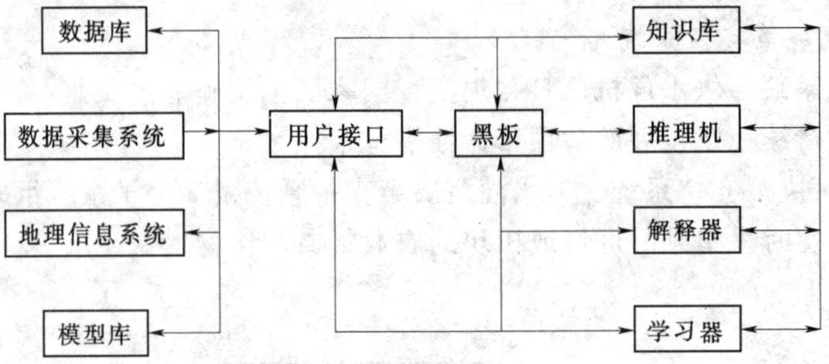

图 11－15　节水灌溉专家系统结构图

释器，该模块向用户解释所得决策或结论的推理过及其依据；⑥学习器，根据系统运行经验，不断自动地修正和补充知识库的内容，达到自己学习的功能。

6. 渠系水位流量的监测系统

渠系水位流量的监测对于及时、准确地掌握灌区水情，提高灌区计划用水管理水平具有重要的意义。

传统的水位测量是由人工直接从水尺上读取数据，后来利用了以机械或电气传动的模拟式自动水位计，大大提高了监测效率和精度，但对数据的处理仍很不方便。近年来国内外已研究出多种形式的水位传感器。其形式有以下几种。

（1）浮子式水位传感器。

1）电阻式水位传感器。电阻式水位传感器利用浮子随水位变化的原理，带动旋转，从而驱动多圈线性阻抗电位器产生角位移，使电桥中的电位器阻抗发生变化，来反映水位变化信息。

2）编码式水位传感器。编码式水位传感器使浮子的浮动通过悬索带动水位轮转动，水位轮角度的变化，使光电轴角编码器或磁感应式编码盘产生与水位变化相应的信息信号，此信号经转换、放大，即可传输给计算机进行处理；

浮子式水位传感器适用于水位变幅较大的场合，由于它采用悬索，故易受水流不规则流动及风力的影响，给测量带来误差。因此，一般应设置竖井，装设传感元件。

（2）水位跟踪式传感器。水位跟踪式传感器由机械升降器、控制器和信号转换 3 部分构成。跟踪水位传感器有两根不锈钢测针，一根接地，另一根接触水面。当测针相对于水面不动时，两侧针间的水电阻不变，电桥是平衡的无信号输出。当水位上升或下降时，水电阻增大或缩小，电桥失去平衡，产生输出信号。该信号经放大，可驱动可逆电机，使测针上下移动，回到平衡位置，实现了测针自动跟踪水位变化的目的。由于输出信号经编码盘将测针的直线位移量转换成数字量，很容易实现与计算机的连接，构成计算机自动监测系统。

（3）超声波水位传感器。超声波水位传感器是由发射换能器发出超声脉冲，在介质中传到液面，经反射后再通过介质返回到接收换能器。通过测量出超声脉冲从发射到接收所需要的时间，根据介质中的声速，计算出换能器到液面之间的距离，从而来确定水位。超声波水位传感器不需要运动部件，在安装和维护上有很大的优势性，它不仅能定点和连续检测，而且能方便地实现遥测。

(4) 水压传感器。水压传感器是利用硅单晶的压阻效应而研制的一种固态传感器。它由压电元件、信号放大器、连接导线及小直径通气管等组成。通气管的作用是把大气压力引入到压电元件的背面。在传感器的端头通过引压孔传递液体压力于压电元件的正面，从而使压电元件的压阻效应随水位或压力的变化而变化，反映出水压力。这种传感器的最大优点是精度与灵敏度高，体积较小，安装方便，使用寿命长。

(5) 渠系水位、流量监测系统。为了保证随时向灌区配水中心提供可靠的渠系水位、流量参数。通常水位流量的监测应自成系统，可选择价格较低、性能可靠且能满足测量精度要求的单片机、单板机、PC机及工业控制机等作为基础，配置适当的接口电路、传感元件、控制电路和控制机构，即可构成渠系水位、流量的自动监测系统。若配置通讯接口，则可通过有线的或无线的方式向灌区配水中心的高位微机定时传输测试成果，以便形成更大的渠系水情监控系统。

参 考 文 献

1 郭元裕. 农田水利学（第三版）. 北京：中国水利水电出版社，1997

2 郭元裕. 农田水利学（第二版）. 北京：中国水利水电出版社，1986

3 张蔚榛. 地下水与土壤水动力学. 北京：中国水利水电出版社，1996

4 熊运章，朱树人. 灌溉管理手册. 北京：中国水利水电出版社，1994

5 雷志栋，杨诗秀等. 土壤水动力学. 北京：清华大学出版社，1988

6 陈亚新，康绍忠. 非充分灌溉原理. 北京：中国水利水电出版社，1995

7 汪志农. 灌溉排水工程学. 北京：中国农业出版社，2000

8 李远华，罗金耀. 节水灌溉理论与技术. 武汉：武汉大学出版社，2003

9 冯广志. 中国灌溉与排水. 北京：中国水利水电出版社，2005

10 高占义，许迪. 农业节水可持续发展与农业高效用水. 北京：中国水利水电出版社，2004

11 水利部. 灌溉与排水工程设计规范（GB 50288—99）. 北京：中国计划出版社，1999

12 水利部. 渠道防渗工程技术规范（SL 18—91）. 北京：水利电力出版社，1991

13 中国水利水电科学研究院. 农田排水工程技术规范 SL/T 4—1999（中华人民共和国行业标准）. 北京：中国水利水电出版社，2000

14 中国灌溉排水发展中心. 渠道防渗工程技术规范 SL 18—2004（中华人民共和国水利行业标准）. 北京：中国水利水电出版社，2005

15 中国灌溉排水发展中心，水利部农田灌溉研究所. 灌溉试验规范（中华人民共和国行业标准）. 北京：中国水利水电出版社，2005

16 内蒙古自治区水利厅. 雨水集蓄利用工程技术规范 SL 267—2001（中华人民共和国行业标准）. 北京：中国水利水电出版社，2001

17 仝达人. 地下水利用. 第3版. 北京：中国水利水电出版社，1996

18 郑耀泉等编著. 喷灌与微灌设备. 北京：中国水利水电出版社，1998

19 周卫平等编著. 微灌工程技术. 北京：中国水利水电出版社，1999

20 赵竟成等编著. 喷灌工程技术. 北京：中国水利水电出版社，1999

21 《喷灌工程设计手册》编写组. 喷灌工程设计手册. 北京：水利电力出版社，1989

22 R G Allen，L Pereira，D R M Smith. Guidelines for computing crop water requirements. FAO Irrigation and Drainage Papers，1998 ，No. 56

23 J Doorenbos，W O Pruitt et al. Crop Water Requirements. FAO Irrigation and Drainage Papers，1977，No. 24

24 FAO Irrigation and Drainage Papers 33. Yield Response to Crop. Rome，1979

25 施炯林等编. 节水灌溉技术，兰州：甘肃民族出版社，2003

26 马孝义. 节水灌溉新技术. 北京：农业出版社，2000

27 李安国等编著. 渠道防渗工程技术. 北京：中国水利水电出版社，1998

28 D 希勒尔著，华孟，叶和才译. 土壤和水－物理原理和过程. 北京：农业出版社，1981

29 郭维东，裴国霞，韩会玲. 水力学（高等学校精品规划教材）. 北京：中国水利水电出版社，2005，

30 水利部国际合作与科技司. 水利技术标准汇编・灌溉排水卷・节水灌溉. 北京：中国水利水电出版社，2002

31 陈家琦，王浩，杨小柳. 水资源学. 北京：科学出版社，2002

32 顾斌杰，张敦强，潘云生等. 雨水集蓄利用技术与实践. 北京：中国水利电力出版社，2001

33 崔毅. 农业节水灌溉技术及应用实例. 北京：化学工业出版社，2005
34 林性粹等编著. 旱作物地面灌溉节水技术. 北京：中国水利水电出版社，1999
35 秦耀东主编. 土壤物理学. 北京：高等教育出版社，2003
36 谭徐明. 中国灌溉与防洪史. 北京：中国水利水电出版社，2005
37 马瑞崑，贾秀领. 冬小麦水分关系与节水高产. 北京：中国农业科技出版社，2005
38 马耀光，张保军、罗志成. 旱地农业节水技术. 北京：化学工业出版社，2004
39 吴普特. 中国西北地区水资源开发战略与利用技术. 北京：中国水利水电出版社，2001
40 刘肇祎，朱树人，袁宏源. 中国水利百科全书——灌溉与排水分册. 北京：中国水利水电出版社，2004
41 沙金煊. 农田不稳定排水理论与计算. 北京：中国水利水电出版社，2004
42 张明炷，黎庆淮，石秀兰. 土壤学与农作学（第三版）. 北京：中国水利水电出版社，2002
43 冯广志. 灌区节水改造规划（灌区节水改造技术丛书）. 北京：中国水利水电出版社，2004
44 钱正英，张光斗. 中国可持续发展水资源战略研究综合报告及各专题报告（中国可持续发展水资源战略研究报告集·第1卷）. 北京：中国水利水电出版社，2001
45 刘昌明，陈志恺. 中国水资源现状评价和供需发展趋势分析（中国可持续发展水资源战略研究报告集·第2卷）. 北京：中国水利水电出版社，2001
46 石玉林，卢良恕. 中国农业需水与节水高效农业建设.（中国可持续发展水资源战略研究报告集·第4卷）. 北京：中国水利水电出版社，2001
47 沈国舫，王礼先. 中国生态环境建设与水资源保护利用（中国可持续发展水资源战略研究报告集·第7卷）. 北京：中国水利水电出版社，2001
48 潘家铮，张泽祯. 中国北方地区水资源的合理配置和南水北调问题（中国可持续发展水资源战略研究报告集·第8卷）. 北京：中国水利水电出版社，2001
49 张忠祜，卢耀如. 中国西部水资源开发利用（中国可持续发展水资源战略研究报告集·第9卷）. 北京：中国水利水电出版社，2001
50 史海滨，郭可贞等. 参考作物腾发量计算方法及其适用性评价. 灌溉排水，1997（4）
51 杨树青，史海滨等. 微咸水灌溉条件下环境因子动态变化的预报. 水电能源科学，2005（2）
52 李和平，史海滨，郭元裕，沈佩君. 牧区水草资源持续利用与生态系统阈值研究. 水利学报 2005（6）
53 孔东，史海滨等. 水盐联合胁迫对向日葵幼苗生长发育的影响. 灌溉排水学报，2004（5）
54 霍再林，史海滨等. 参考作物潜在腾发量的人工神经网络模型研究. 农业工程学报，2004（1）
55 李为平，史海滨等. 向日葵株高和茎粗的空间结构性初步研究. 农业工程学报，2004（4）
56 乔冬梅，史海滨等. 盐渍化地区油料向日葵叶水势影响因素及变化规律研究. 灌溉排水学报 2005（4）
57 Shi Jiong-lin. Oasis Desertification and Water Resources Utilization in Shiyang River Basin., Proceedings of International Conference on Environmentally Sound Water Resources Utilization. Bangkok, Thailand. 1993, 11
58 施炯林. 论民勤绿洲的发展战略. 干旱区资源与环境. 1991，5（4）70～75